Die Macht der Daten

Uwe Saint-Mont

Die Macht der Daten

Wie Information unser Leben bestimmt

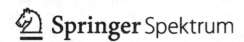

Springer Spektrum

Uwe Saint-Mont
Fachbereich Wirtschafts- und
  Sozialwissenschaften
Fachhochschule Nordhausen
Nordhausen, Deutschland

ISBN 978-3-642-35116-7   ISBN 978-3-642-35117-4   (eBook)
DOI 10.1007/978-3-642-35117-4

Mathematics Subject Classification (2010): 62-00

Die Deutsche Nationalbibliothek verzeichnet diese Publikation in der Deutschen Nationalbibliografie; detaillierte bibliografische Daten sind im Internet über http://dnb.d-nb.de abrufbar.

Springer Spektrum

Springer Spektrum ist eine Marke von Springer DE. Springer DE ist Teil der Fachverlagsgruppe Springer Science+Business Media
www.springer-spektrum.de

Nur der Narr oder der Irre wird jemals so tun,
als würde er die Autorität der Erfahrung infrage
stellen …

David Hume[1]

---

[1] None but a fool or madman will ever pretend to dispute the authority of experience …

Meinen verehrten Lehrern,
befreundeten Kollegen
und
aufmerksamen Schülern

Die Idee des Ganzen

Statistik, Informatik, Wissenschaft und Philosophie werden heute zumeist nicht als Einheit wahrgenommen. In einer Zeit hochgradiger Spezialisierung haben sich viele daran gewöhnt, dass jedes Fach sein Feld beackert und typischerweise recht wenig Notiz davon nimmt, „was die anderen so machen". Doch Differenzierung ohne Integration ist weniger als eine halbe Sache, viele brillante Einzelspieler sind noch kein schlagkräftiges Team. Erst der enge Zusammenhang zwischen allen im ersten Satz genannten Gebieten lässt ihre ganze, gemeinsame Stärke deutlich werden. Deshalb mag der Weg von den Daten bis zur Philosophie, vom ganz Konkreten bis zum höchst Abstrakten für ein mittellanges Buch zunächst sehr weit anmuten. Tatsächlich ist es jedoch mein Hauptanliegen deutlich zu machen, wie eng Praxis und Theorie, Statistik, Wissenschaft und die zugehörige empirisch-rational-quantitative Grundeinstellung zusammenhängen.

Da das Buch einen großen Leserkreis erreichen soll, habe ich mich mit mathematischen Formalismen (sehr) zurückgehalten. Auch die Quellenangaben sind weniger umfangreich. Wo immer möglich habe ich leicht zugängliche Internetquellen angegeben und hoffe, dass damit allen Lesergruppen gedient ist. Der versierte Leser soll genug Hintergrundmaterial finden, der Interessierte leicht das Original nachschlagen können und der Neuling einen Einstiegspunkt bekommen. Damit der Lesefluss möglichst wenig gestört wird, finden sich Literaturhinweise, Rechnungen und ergänzende Bemerkungen zumeist in den Fußnoten.

Der eher lockere Stil des Nachfolgenden sollte nicht darüber hinwegtäuschen, dass es vorrangig *nicht* um isolierte Anekdoten, ein paar Formeln, süffisante Bemerkungen, pointierte Zitate, lustige Beispiele oder skurrile Irrtümer geht. Die Intention ist viel mehr, mit Daten professionell umzugehen, Datenerhebung, -organisation und -analyse als Einheit aufzufassen, die innige Verbindung von statistischem Denken und wissenschaftlichem Arbeiten (bzw. statistischer Arbeit und wissenschaftlichem Denken) darzustellen, um schließlich und endlich die Kluft zwischen der Welt in der wir leben und unseren abstrakten Erklärungsversuchen zuverlässig zu überbrücken. Deshalb ist das ganze Buch letztlich eine ausführliche Beschreibung des folgenden Schemas, der „Pyramide des Wissens":

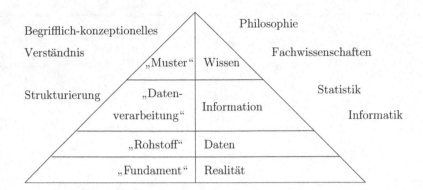

Insgesamt hoffe ich ein Bild dessen zu vermitteln, was gute angewandte Statistik und Informatik sowie empirisch fundierte Wissenschaft und Philosophie vermögen – und wie schlecht es ohne sie bestellt ist. Dank des „Zensus des Meereslebens"[2] wissen wir zum Beispiel, dass mindestens 8,7 Millionen Arten in den Ozeanen leben und die zugehörige, in mühevoller Feldarbeit zusammengetragene Datenbasis (das "Ocean Biographic Information System") kann als Grundlage weitreichender Forschungen dienen. Im ökonomischen Bereich hat hingegen noch niemand diese systematischen Mühen wirklich auf sich genommen, so dass wir eher schlecht als recht über die Lage informiert sind und oftmals Meinungen Fachwissen substituieren (müssen).

Konsens ist zumeist das Beste, was man im gesellschaftlichen Kontext erhoffen kann. Statistik und Wissenschaft orientieren sich hingegen an den empirischen Fakten. Auf letztere konsequent aufbauend streben sie nach mehr – Wahrheit. Es geht ihnen um die korrekte Beschreibung und Erklärung dessen, was ist. Über diesen Anspruch lässt sich natürlich lange „philosophieren" (was wir kaum tun werden). Fakt aber ist, dass wir auf diese Weise die Welt, in der wir leben, gründlicher verstanden haben als alle vorangegangenen Versuche. Und derartiges „hartes" Wissen bedeutet – wie unsere unbestrittenen technischen Fähigkeiten tagtäglich beweisen – auch Macht (Bacon 1620), mit der es gilt vernünftig und verantwortlich umzugehen.

Statistik zwischen Lüge und Wahrheit

Statistiker haben einen zweifelhaften Ruf. Je nach Vorurteil sind sie staubtrocken, ähnlich attraktiv wie die seitenlangen Datenkolonnen über die sie sich täglich beugen. Oder sie sind Computerfreaks, vorwiegend damit beschäftigt, aus überreichlich vorhandenem Datenmaterial weitere Zahlen zu generieren. Schlimmer noch, es könnte sich um Mathematiker handeln, die ja erst recht eine Geheimwissenschaft ohne praktische Relevanz betreiben. Wen interessiert schon, dass 2013 das internationale Jahr der Statistik

---

[2] Engl. "Census of Marine Life", siehe http://www.coml.org.

ist?[3] Zuweilen denkt man auch an den freundlich lächelnden Volkszähler, der vom unbescholtenen, auf seine Privatheit bedachten Bürger, freitagabends allen Ernstes wissen will, wie groß dessen Wohnraum denn nun ist – ohne Balkon, Küche und Flur, aber mit Hauswirtschaftsraum, Badezimmern und Dachboden, wobei letzterer womöglich nur zu zwei Dritteln zu berücksichtigen ist...

Kurzum, Statistik ist eine schrecklich unattraktive Wissenschaft, wenn sie überhaupt eine Wissenschaft sein sollte. Denn womöglich ist es ja weit mehr eine Kunst als eine Wissenschaft, Daten vernünftig zu sammeln und zu interpretieren. Noch nicht einmal moralisch ist sie über alle Zweifel erhaben. „Die Theoretiker, Statistiker und Selbstbediener sollen einmal wie das Volk leben und arbeiten [...]"[4] Und heißt es nicht, es gebe drei Arten von Unwahrheiten – nämlich Lügen, infame Lügen und Statistiken?[5]

Genau den letzten Satz habe ich als „Profi" in vielen Berufsjahren so oft gehört, dass ich immer weniger über ihn schmunzeln konnte. Er war einer der Gründe, dieses „populärwissenschaftliche" Buch zu schreiben. Wie kommt es, so habe ich mich gefragt, dass man meine Kollegen und mich regelmäßig und ungestraft der Lüge bezichtigen darf, während die Allgemeinheit den meisten anderen Berufen weit mehr Respekt zollt? Ärzte sind zwar nicht mehr „Götter in Weiß", doch habe ich noch nie gehört, dass jemand einen Chirurgen als „Aufschneider" bezeichnet hätte, auch wenn dies natürlich ganz und gar den Tatsachen entspricht. Es ist auch nur ein schwacher Trost, dass es, zumindest gefühlsmäßig, einige Leidensgenossen gibt:

Lehrer stehen unter dem Generalverdacht, von Schülern zu viel zu fordern. Sie bewerten Leistungen und verteilen – wenn sie ihren Beruf ernst nehmen – auch schlechte Noten. Damit machen sie sich bei den Schülern nicht unbedingt beliebt. So war es immer, doch leider scheinen sich immer mehr Eltern dem Lamento ihrer Kinder anzuschließen. Respekt vor dem Banker von nebenan? Dass der allen Ernstes darauf besteht, dass man das Geld, welches man sich bei ihm geliehen hat, auch wieder zurückzahlt, ist schwer einzusehen, wenn zugleich die Branche, für die er arbeitet, zuerst die Weltwirtschaft durch Zügellosigkeit auf Grund gesetzt hatte und dann gemeinsam mit vielen hemmungslosen Schuldnern, z. B. Staaten, im großen Stil „gerettet" wurde.

Zum Glück wurde publik, dass bei der Einführung des Euro manche Statistik „geschönt" war, sonst wäre wohl mit dem Renommee der Finanzbranche und mancher Regierung auch das kaum vorhandene Ansehen der Statistik weiter abgesackt. Doch wer bettet sich bequemer? Jener, der sich redlich um zutreffende Zahlen bemüht und dabei oft wie Don Quijote gegen Windmühlenflügel kämpft oder jener, der weder ehrlich noch dumm ist und sich „auf leisen Sohlen sein Schäfchen ins Trock'ne" holt (Reinhard Mey), sei es der korrupte Politiker, der mächtig kassierende Manager, der Winkeladvokat oder verwandte Gestalten.

---

[3] Siehe www.statistics2013.org.
[4] so ein Leserbrief in der Thüringer Allgemeinen vom 1./2. Mai 2012.
[5] "There are lies – damned lies – and statistics." Zumeist wird der britische Premierminister Disraeli (1804–1881) als Schöpfer dieses Zitats genannt, siehe jedoch Dienes (2008: 55).

Auch wenn das Bauchgefühl des Boulevards und die Meinung der viel zitierten Stammtische hier nicht maßgeblich sind, so ist doch festzuhalten, dass der Ruf des Berufsstands, dem ich mich zurechne, nicht der beste ist.[6] Sich zu ihm offen zu bekennen klingt fast schon verwegen. Gleichwohl trete ich für ihn und andere bedrohte Spezies ein: den Wissenschaftler, dem es auf die Sache selbst und nicht nur auf Drittmittel ankommt, den Pädagogen, der Kindern etwas mitgeben möchte, den Anwalt, der das Recht pflegt, den Politiker, der sich für das Gemeinwohl mehr als um Partikularinteressen kümmert, den korrekten Beamten, den echten Seelsorger, den ehrbaren Kaufmann, den seriösen Finanzberater – nun gut, irgendwo muss die Solidarität natürlich auch aufhören.

Daten: Information oder Manipulation?

Statistisches Denken hilft. Ist es zum Beispiel nicht verblüffend, dass die Medien jeden Tag ausführlich über Skandale, Katastrophen und andere Extreme berichten? Da Extreme fast schon per definitionem seltene Ereignisse sind, fragt man sich als Statistiker sofort, warum eine aufs Wesentliche zielende, seriöse Berichterstattung von Schlagzeile zu Schlagzeile hetzt. Wäre es nicht angemessener, über die vielen typischen, aber unspektakuläreren Fälle zu berichten? Könnte es nicht sogar sein, dass gerade die schwer visualisierbaren, dafür aber auch weit tiefgründigeren Informationen, viel wichtiger sind?

Was ist bedeutsamer: Das exzeptionelle Zaubertor in der Nachspielzeit oder aussagekräftige Zahlen über Ballbesitz, die Anzahl von Eckbällen, gewonnenen Zweikämpfen und gefährlichen Torraumszenen? Die immer gleichen Bilder von der stürmischen Küste oder ein Bericht über den schleichenden Anstieg des Meeresspiegels? Viele, wenn nicht sogar die meisten wichtigen Informationen setzen eine gründliche Recherche voraus und die dabei gefundenen Daten sprechen meist nicht für sich selbst. Man muss sie lesen, interpretieren und eingängig darstellen können. Dass solcher Qualitätsjournalismus den gut dotierten öffentlich-rechtlichen Medien gelingen sollte, ist wahrlich keine verwegene Forderung des Rundfunkgebührenzahlers.

Stößt man gleichwohl überall auf schlechte Statistik, nur dazu gemacht, den Leser zu verwirren und hinters Licht zu führen, so sollte jeder zurecht misstrauisch werden. Dasselbe gilt im Vorfeld, bei der Datenbereitstellung. Wenn in großem Umfang Daten erfasst, daraus aber fast nie nützliche Schlussfolgerungen gezogen werden, so stimmt etwas nicht. Sinnvolles Datenmanagement beginnt damit, dass man sich fragt, welche Informationen wichtig sind, wie diese zu organisieren und zu verwenden sind.

Das ist ein zweites Hauptanliegen dieses Buches. Heute und erst recht morgen müssen Datenströme gelenkt werden. Dabei ist weniger die Quantität, also die immens anschwellende Datenflut, problematisch. Kritisch ist vor allem, dass mit dem Aufkommen des Internet die Ermittlung, Speicherung und Weitergabe sensibler, oft personenbezogener

---

[6] Von der Entlohnung ganz zu schweigen…

Daten erheblich leichter geworden ist. Wer im Netz unterwegs ist hinterlässt dauerhafte Spuren, und es ist nicht schwer, daraus Bewegungs- und Personenprofile zu erstellen. Durch eine umfangreiche, automatisierte Datenverarbeitung können so ganz unauffällig, nahezu beiläufig, ganz elementare Grundrechte ausgehöhlt werden. Dies zu erkennen fällt einem technisch Versierten nicht schwer. Doch nur wenn auch die weniger Versierten überzeugt werden, entsteht politischer Handlungsdruck, der der Gefahr entgegenwirkt und Dämme errichtet, bevor Wertvolles – insbesondere unsere Privatsphäre – unreflektiert hinweggeschwemmt wird.

Kanalisiert man den Fluss der Daten hingegen vernünftig, so lässt sich gut informiert handeln. Unser wohlfundiertes Wissen bewässert viele Felder und lässt sie erblühen. Tatsächlich sind Daten in vielerlei Hinsicht wie Wasser: Zumeist leicht zu sammeln und doch schwer festzumachen, im Prinzip reichlich vorhanden, obwohl wir zuweilen (fast) verdursten, weil wir über keinerlei zuverlässige Information verfügen. Wir trinken ständig, selbst auf die Gefahr hin, dass wir uns an fragwürdigen Quellen den Magen verderben. Daten, Informationen, Wissen sind für das Leben und Gedeihen einer modernen Gesellschaft notwendig, auch wenn die ständig anschwellenden Datenströme manches Liebgewonnene mit sich reißen. Doch es hilft nichts. Wir müssen lernen, diesen wichtigen Rohstoff sinnvoll zu bewirtschaften. Ob wir wollen oder nicht, wir sind die "information generation".[7]

Vernunft, Verstand, Mathematik

Leider sind Daten, selbst Zahlen, für sich genommen stumm, man muss sie zum Reden bringen. Dabei hilft eine ganz entscheidende Größe: Der gesunde Menschenverstand, der selbst wieder auf eher vager empirischer Erfahrung, Intuition und rationalem Denken beruht. Es ist kein Zufall, dass die besten Schriftsteller nicht nur ihr Medium, also die natürliche Sprache, hervorragend beherrschen, sondern zugleich wie hervorragende Wissenschaftler über eine feine Beobachtungsgabe, einen messerscharfen Verstand und eine umfassende Bildung verfügen. Sie alle sind unabdingbar notwendig, um aus einem Haufen reichlich unstrukturierter Daten, zuweilen kaum mehr als beiläufige Beobachtungen, interessante Einsichten zu gewinnen.

Doch Worte bleiben oft an der Oberfläche, sie sind ungenau oder vielsagend, und dementsprechend groß sind auch die Interpretationsspielräume. Schnell stellt sich heraus, dass der mündige, nüchterne Umgang mit Fakten und Argumenten dann die überzeugendsten Resultate liefert, wenn man von der qualitativen zur quantitativen Ebene übergehen kann. Immer dann, wenn sich vernünftige, aber oft auch unpräzise Intuitionen, Beobachtungen und Gedankengänge zu mathematischen Argumentationssträngen verdichten lassen, werden überzeugende, präzise und weit reichende Schlussfolgerungen

---

[7] Hand (2007), Präsident der altehrwürdigen "Royal Statistical Society" (2008–2009).

möglich. In diesem Sinne lässt sich der gesunde Menschenverstand zuweilen – und wenn man sich anstrengt sogar recht häufig – auf Daten und Berechnungen reduzieren.

Das sollte man recht verstehen! Zwar sind es zumeist (letztlich) die Zahlen, die zählen, doch geht es nicht darum, alles und jedes in Zahlen zu fassen. Nicht alles ist sinnvoll quantifizierbar. So einfach es zuweilen fällt, physikalische Größen zu erfassen, so schwierig sind manche Faktoren in den „weichen" Wissenschaften zu greifen. Schon Kinder verstehen sich auf die Messung von Masse und Temperatur, doch wer vermag verbindliche Aussagen über deren Intelligenz und soziales Verhalten zu treffen? Kurz gesagt sollte man nur messen, was messbar ist.[8] Die übelsten Illusionen entstehen gerade dadurch, dass man sich am Nicht-Messbaren versucht, scheitert, und dann doch aufgrund der ganze Mühe meint, derartige „Daten" würden etwas aussagen. Der gesunde Menschenverstand rät nicht zuletzt zu Vorsicht und Zurückhaltung.

Dass man auf dem von uns eingeschlagenen Weg vieles falsch machen kann, ist selbstverständlich und wird hier nicht bezweifelt. Es ist so einfach wie unterhaltsam auf die zahllosen Fallstricke hinzuweisen, aufzuzeigen, wo andere gestolpert sind, möglicherweise sogar Schadenfreude zu zeigen. Doch ist dies unfair. Die Menge möglicher Fehler ist unendlich groß, Profis unterscheiden sich von Amateuren lediglich dadurch, dass sie neue Fehler machen, anstatt immerzu dieselben. Wer mit halb geschlossenen Augen und einem schläfrigen Geist durchs Leben geht, wird es auf kaum einem Gebiet weit bringen und leicht zum Gespött werden. Weit bessere Chancen hat, wer seine Scheuklappen ablegt, fleißig probiert und studiert. Doch selbst mit einer solchen Grundhaltung geht man schnell fehl: Wer weiß schon genug, um auf einem Gebiet wirklich mitreden zu können – zumal es schon schwer genug ist, die echten von den selbst ernannten Experten zu unterscheiden.

Realitätsnahe Wissenschaft

Oft können wir es nicht, verwechseln Popularität mit Bedeutsamkeit, seriöses Auftreten mit Integrität und einen klingenden Titel mit Kompetenz – und gehen prompt viel zu häufig Zahlen auf den Leim, die andere in ihrem Sinne verfälscht haben. Es heißt, Deutschland schaffe sich selbst ab (Sarrazin 2010), nicht zuletzt wegen zu vieler dummer Einwanderer. Doch egal welche Statistik man nimmt, ohne die zahlreichen Beiträge der Neubürger und ihrer Kinder wären die eher sterilen Alteingesessenen mit diesem Projekt wohl schon viel weiter. Wenn die Datenlage mangelhaft ist (z. B. weil die verfügbaren Zahlen große systematische und unsystematische Fehler aufweisen oder aus trüben Quellen stammen), genügt erst recht nur ein wenig kriminelle Energie um daraus genau jene Schlussfolgerungen zu ziehen, die ins eigene Kalkül passen. Leichter und häufiger als die meisten glauben mögen, werden wir bewusst getäuscht und manipuliert. Zeitungen

---

[8] Siehe aber die folgenden Seiten und S. 58.

und Gerichte beschäftigen sich alltäglich mit den dreistesten Vorkommnissen. Hinzu kommen wohl noch mehr unbewusste Fehleinschätzungen, denn spätestens seit Freud (1856–1939) ist wohlbekannt, dass wir Meister darin sind, uns selbst etwas vorzumachen.

Angesichts all dessen könnte man schier verzweifeln und die Flinte ins Korn werfen, ohne auch nur einmal auf die Jagd gegangen zu sein. Wir lassen uns jedoch nicht entmutigen. Statistik im speziellen und der gesunde Menschenverstand im allgemeinen sind, um ein bekanntes Wort von Churchill sinngemäß zu verwenden, zwar schlecht, aber immer noch besser als alle bekannten Alternativen.[9] Denn sind die Alternativen zur nüchternen, oft quantitativen Analyse der Welt, in der wir leben, so viel besser? Lieber eine klare Statistik als das „Unwesen der Expertokratie" (Steinbrück 2010: 313–320), insbesondere wohlfeiles, eitles Geschwätz in zahllosen Interviews und Talkshows. Besser ein sauber durchgeführtes Experiment als jahrelanges Mutmaßen über mögliche Gründe. Am besten ein stringentes Argument basierend auf unzweifelhaften Daten, als intransparentes Gemauschel um eine Lösung, die jedem gerecht werden soll, gut gemeint ist und doch alle Beteiligten in den Wahnsinn treibt.

Koryphäen sind ernst zu nehmen, weil sie sich auf eine datenbasierte Wissenschaft stützen. Genau deshalb haben im Laufe der Zeit Astronomen den Astrologen, Chemiker den Alchemisten und Ärzte den Quacksalbern ihren Rang abgelaufen. Zwar ist es nicht so, dass Akademiker automatisch kompetent sind oder Wissenschaftler immer besser Bescheid wüssten als der interessierte Laie. Doch stehen die Chancen gut, dass ein Nobelpreisträger auf seinem Gebiet eine vernünftigere Meinung vertritt als das sprichwörtliche Lieschen Müller von nebenan. Warum?

Das ist das dritte Thema und Kapitel dieses Buches. Wissenschaft ist erfolgreich, weil sie den Kontakt mit den Fakten, d. h. der Realität nicht scheut. Es sind die Daten, die uns weiterbringen, sie erzählen interessante Geschichten, weshalb der Satz, dass man „die Daten (für sich) sprechen lassen muss" ein häufiger vernommener Grundsatz ist. Er betont vollkommen zurecht, dass wir nur mittels Erfahrung, genauer Beobachtung, Experimenten usw. Kontakt mit der Realität aufnehmen, wir nur auf diese Weise Informationen über die Welt erhalten. Hören wir dann noch aufmerksam hin, vernehmen wir das Flüstern der Natur.

Doch aussagekräftige Daten fallen nicht vom Himmel, man muss sich um sie bemühen. Das Alltagsgeschäft des empirisch arbeitenden Wissenschaftlers besteht zu einem großen Teil darin, harte, also belastbare Informationen systematisch zu erheben, insbesondere theoretische Konzepte sinnvoll zu „operationalisieren" (d. h. experimentell greifbar zu machen). Das ist der eigentliche Grund, weshalb Sonden zu anderen Planeten geschickt, die Eisschilde angebohrt, tonnenschwere Apparate tief im Berg versenkt oder auf hohe Gipfel geschleppt und gigantische Computernetze installiert werden. Zuverlässige Daten über die entscheidenden Größen zu gewinnen, ist kurz gesagt so schwierig wie teuer. Dies

---

[9] "Democracy is the worst form of government except for all those others that have been tried." Also: Demokratie ist die schlechteste Form der Regierung – abgesehen von allen anderen Regierungsformen, die ebenfalls ausprobiert worden sind.

lässt sich insbesondere anhand aktueller wirtschaftlicher und gesellschaftlicher Fragen verdeutlichen, die denn auch, zusammen mit den zugehörigen Wissenschaften, den Kern von Kapitel 3 bilden.

Gelingt der Brückenschlag zwischen Theorie und Praxis, stützen hinreichend viele, hinreichend reliable Daten einen eleganten konzeptionellen Überbau, so zahlen sich die Mühen allemal aus. Schon eine Röntgenaufnahme lehrt, dass Einsicht gezieltes Handeln ermöglicht. Ganz allgemein ist nichts so praktisch wie eine gute Theorie – eine häufig zitierte Einsicht K. Lewins (1890–1947) – und bislang hat eine Investition in konzeptionelles Verständnis immer sehr gute Renditen abgeworfen, wie der außerordentlich beeindruckende wissenschaftlich-technische Fortschritt der letzten Jahrhunderte beweist. Benjamin Franklin (1706–1790) lag mit seiner Prognose „Eine Investition in Wissen bringt immer noch die besten Zinsen" goldrichtig.

Datenbasierte Philosophie

Damit kommen wir zum letzten Thema des vorliegenden Buches. Beschäftigt man sich intensiver mit Daten, angewandter Mathematik oder irgendeiner Wissenschaft, gelangt man nahezu zwangsläufig „vom Hölzchen aufs Stöckchen". D. h. ganz konkrete, die Alltagsarbeit dominierende technische Fragen führen, ehe man sich versieht, zu ganz grundlegenden, zuweilen sogar fundamentalen Problemen. Jene gelten als die Domäne von Philosophen. Der einfache Wissenschaftler schreckt vor ihnen zurück oder er vermag mit hochgeistigen Diskussionen so wenig anzufangen wie der typische Manager mit dem Feuilleton.

Das ist bedauerlich. Erstens, weil auch das Grundsätzliche durchaus wichtig ist. Zweitens, weil sich die besten Philosophen immer auf der Höhe der Wissenschaft ihrer Zeit befunden und konstruktive Beiträge geleistet haben. Drittens, weil sich, gestützt auf unser heutiges Verständnis, insbesondere die empirischen Wissenschaften, einige fundamentale Fragen besser angehen lassen als jemals zuvor. Auch unser Verständnis der empirischen Wissenschaften, also wie jene aufgebaut sind und warum sie funktionieren, ist größer als jemals zuvor. Schließlich ist die neuzeitliche Forschung Ausdruck eines „modernen Denkens", das seit Galilei (1564–1642) immer weiter um sich gegriffen hat. Seit nunmehr 400 Jahren beflügelt der Drang nach aussagekräftigen Zahlen, prägnanten Erklärungen und praktischer Anwendbarkeit das Denken. Warum nicht den letzten Schritt gehen und eine dieser erfolgreichen Entwicklung angemessene, konsequent(e) „wissenschaftliche Philosophie" formulieren? Ein solcher Plan ist natürlich einerseits ambitioniert, andererseits überfällig.

Verfolgt man ihn, so kommt man ganz natürlich zu der ganz am Anfang (S. X) vorgestellten Pyramide des (empirisch fundierten) Wissens. Dieses Wissen ist, basierend auf den Daten, hierarchisch angeordnet. Bei allen seinen Verästelungen bildet es eine Einheit, und das nicht nur, weil alle Bereiche ineinander greifen. Viel bedeutsamer ist, dass überall ausschließlich datengestützte und rationale Erklärungen akzeptiert werden.

Der moderne Geist ist nur dann von einem Argument überzeugt, wenn es empirisch-experimentell fundiert und in sich logisch stimmig ist. Ansonsten werden berechtigte Zweifel erhoben, mit dem Ziel, ein schlüssigeres Erklärungsmuster zu finden. Dieses Programm wurde in der frühen Neuzeit formuliert, doch seine immensen Konsequenzen werden erst jetzt, nach Jahrhunderten erfolgreicher Forschung – auf allen Gebieten – immer deutlicher.

Stilistische Anmerkungen

Jahrelange Lehrerfahrung hat mich davon überzeugt, dass es am überzeugendsten ist, allgemeine „Weisheiten" ausgehend von einfachen, anschaulichen Beispielen zu erläutern. Je abstrakter die Einsicht, desto konkreter muss die Illustration sein. Deshalb werde ich im Folgenden anhand gut zugänglicher, typischer Beispiele allgemeine Themen besprechen. Dabei sind weder Auswahl noch Reihenfolge zufällig: Ich gehe vom Kleinen (etwa Vögel im heimischen Garten) zum Großen (Weltwirtschaft und ökologische Krise) und vom Konkreten (z. B. Prostitution, Drogen) zum Abstrakten (z. B. Kulturgeschichte und ethische Normen).

Meist wird anhand eines konkreten Beispiel nur ein abstrakter Aspekt vertieft. Selbstverständlich könnte man zu vielen Fällen noch sehr viel mehr bemerken, zumal wenn die Daten viel zu erzählen haben. Da dies jedoch leicht den Umfang des Buches gesprengt hätte und Geschichten (wie akademische Arbeiten) nicht unbedingt besser werden, je länger sie sind, habe ich die Diskussion eher straff gehalten und lieber Fußnoten samt Literaturhinweisen statt weiterer Seiten eingefügt. Das heißt jedoch nicht, dass es sich nicht lohnen würde, das eine oder andere Sujet zu vertiefen.

Mehr noch als nach persönlichen Interessen habe ich die besprochenen Themen nach didaktischer Eignung, allgemeiner Bedeutsamkeit und Aktualität ausgewählt. Warum kalten Kaffee trinken, wenn es viel spannenderes Material gibt, etwa Statistiken zu allen Lebenslagen, die Verheißungen und Gefahren der elektronischen Vernetzung, die Krisen in Wirtschaft, Wissenschaft und Ökologie, die Natur des Menschen und die Pannenstatistik des ADAC. In diesem Sinne: Viel Vergnügen bei der Lektüre!

Inhaltsverzeichnis

Statistik: In Daten lesen

In diesem Kapitel geht es um Daten und die Geschichten, die sie erzählen. Dabei stellt sich heraus, dass vorliegende Zahlen immer in einen Kontext eingebettet sind, der einen großen Einfluss auf ihre Interpretation hat. Solche Randbedingungen, insbesondere wie Daten entstanden sind und welche Informationen wir ansonsten für relevant erachten, bestimmen ganz entscheidend unser Urteil. Wohl durchdachte, belastbare Schlüsse stützen sich in aller Regel auf sichtbare Phänomene, harte Fakten, Wissen und Erfahrung, ergänzt um Intuition (Ideen!), persönliche Anschauung und andere schwer fassbare, zuweilen tief verborgene Faktoren.

1.1 Gartenvögel und ihre Statistik

Schau mal, was da fliegt. . .

Die „Stunde der Gartenvögel" ist eine Erhebung, die alljährlich vom Naturschutzbund Deutschland[1] organisiert wird. Anfang Mai sind alle Bürger aufgerufen, an einem Wochenende zu ermitteln, wie viele Vögel in Gärten und Parks unterwegs sind. Die fünf häufigsten Arten sind

Vogelart	Beobachtete Anzahl (Anfang Mai 2011)
Haussperling	140.490
Amsel	102.595
Kohlmeise	75.869
Star	62.128
Blaumeise	57.713

---

[1] Siehe www.nabu.de

U. Saint-Mont, *Die Macht der Daten*, DOI: 10.1007/978-3-642-35117-4_1,
© Springer-Verlag Berlin Heidelberg 2013

Was sagen solche absoluten Zahlen aus? Welche Schlüsse sind aus der Tatsache, dass 2011 in Deutschland um die 140.000 Sperlinge, 100.000 Amseln, 75.000 Kohlmeisen usw. beobachtet wurden zu ziehen? Nimmt man nur die Zahlen der Tabelle, so ist dies nicht viel: Offenkundig sind die häufigsten Vogelarten nicht unmittelbar vom Aussterben bedroht. Auch sieht es so aus, als sei der Spatz deutlich häufiger als der Star, die Kohlmeise etwas häufiger als die Blaumeise usw. Einblicke in die Verbreitungsgebiete könnte man noch dadurch erlangen, dass die Zählungen mit den Orten der Beobachtungen kombiniert werden.[2]

Doch viel mehr lässt sich nicht folgern. Insbesondere weiß man, da es sich um eine Momentaufnahme handelt, nichts über zeitliche Schwankungen, also das Auf und Ab der Bestände von Jahr zu Jahr. Schwerwiegender noch ist die grundsätzliche Frage, wie sehr man sich überhaupt auf die Zahlen verlassen kann. Wurden wirklich mehr als 140.000 Sperlinge gesichtet, könnten es auch 102.500 Amseln gewesen sein, und welche Bedeutung ist der Tatsache beizumessen, dass genau 57.713 Blaumeisen beobachtet wurden und nicht ein paar mehr oder weniger?

Für sich genommen sagen die Daten also – wie so oft – fast nichts aus. Natürlich ist es wichtig, möglichst zuverlässige Informationen, z. B. über Vogelbestände, zu besitzen, doch nimmt man nur die Rohdaten, wie sie in der Tabelle stehen, so kommt man mit ihnen alleine nicht allzu weit. Die Daten sind weiter zu verarbeiten und hier scheint es zuallererst einmal sinnvoll zu sein, die Anzahl der beobachteten Vögel mit der Anzahl der Beobachter oder aber der Gärten, in denen die Vögel gesehen wurden, zu verrechnen. Es ist ja ein ganz erheblicher Unterschied, ob in 5.000 Gärten 10.000 Vögel gesehen wurden, oder ob hierzu 500 Gärten ausreichten; ob je Person acht Vögel zu verzeichnen waren oder 80.[3] Das heißt, pro Vogelart sollte die Anzahl der Vögel an der Anzahl Beobachter oder besser noch der Gärten relativiert werden. Man erhält so die durchschnittliche beobachtete Anzahl von Vögeln einer Art, also

$$\text{Dichte einer Art} = \frac{\text{Anzahl Vögel dieser Art}}{\text{Anzahl Gärten}}.$$

Dies ergibt die folgenden, ebenfalls vom NABU angegebenen Werte[4]:

---

[2] Für detaillierte geographische Informationen siehe die NABU-Internetseiten.

[3] Daran sollte man auch beim Einkaufen denken: Zumeist ist der auf den Etiketten im Supermarkt *klein* gedruckte relative Preis, also der Quotient „Geld/Warenmenge" *aussagekräftiger* als der in großen Lettern angegebene absolute Preis. Dass ein Müsli 3,95 Euro kostet, sagt wenig darüber aus, ob es günstig ist. Die entscheidende Frage ist, wie viel Ware – 300, 500 oder 750 Gramm – man für sein Geld erhält.

[4] Im Jahr 2011 wurde aus 27.033 Gärten berichtet. Daraus ergibt sich z. B. Sperlingsdichte = 140.490 Sperlinge/27.033 Gärten = 5,2. Die Buchstaben in der ersten Spalte der Tabelle bedeuten: männlich (m), weiblich (w), ungenanntes Geschlecht (x), keine bildliche Darstellung (k). Genauere Erläuterungen weiter unten im Text.

	Vogelart	Anzahl (2011)	Durchschnittliche Anzahl je Garten
m	Haussperling	140.490	5,2
m	Amsel	102.595	3,8
x	Kohlmeise	75.869	2,81
x	Star	62.128	2,3
x	Blaumeise	57.713	2,1
x	Elster	46.268	1,71
x	Mehlschwalbe	44.994	1,66
x	Mauersegler	41.631	1,54
x	Grünfink	39.605	1,47
x	Buchfink	28.440	1,05
w	Hausrotschwanz	26.289	0,97
k	Ringeltaube	22.379	0,83
x	Rotkehlchen	21.169	0,78

Messen: Wie genau darf's denn sein?

Was besagen nun diese Werte? Ganz einfach, wird man erwidern: Der typische Beobachter sah ca. fünf Spatzen in seinem Garten, 3,8 Amseln flogen herum, 2,81 Kohlmeisen usw. Doch – Moment – wie viele Nachkommastellen sind denn nun gerechtfertigt? Könnte es nicht sein, dass die größere Anzahl der Nachkommastellen eine höhere Genauigkeit vortäuscht, als eigentlich vorhanden ist? Es ist noch nicht einmal zu erwarten, dass die Messgenauigkeit bei allen Arten dieselbe ist. Denn es ist plausibel, dass die häufigsten Arten am besten bekannt sind und damit auch am genauesten erfasst wurden, während die Präzision der Beobachtungen bei den seltenen oder schwer zu unterscheidenden Arten wesentlich schlechter sein dürfte. Wenn man also schon zwischen einer und zwei Nachkommastellen unterscheidet, sollten die häufigsten Arten (z. B. die Amsel) mit mehr Nachkommastellen angegeben werden als die selteneren (z. B. das Rotkehlchen) und nicht umgekehrt.[5]

Soviel zur „relativen Genauigkeit", nun zur absoluten. Anders gesagt, ist es sinnvoll, mehrere Nachkommastellen anzugeben? Was suggerieren zwei Nachkommastellen dem Leser? Insgesamt wurden im genannten Jahr 933.015 Vögel von 42.545 Beobachtern in 27.033 Gärten gesichtet. Eine „2,0" in der letzten Spalte der Tabelle bedeutet also, dass typischerweise zwei Vögel einer bestimmten Art je Garten zu beobachten waren, womit „1,0" in absoluten Zahlen 27.033 Beobachtungen entspricht.[6] „0,01" bedeutet also, dass ziemlich genau 270 Vögel einer bestimmten Art gesehen wurden.[7] In ganz Deutschland ist dies bei über 42.000 Personen eine bemerkenswerte Genauigkeit! Denn irren sich auch nur

---

[5] Seit 2012 werden (fast) alle Werte kommentarlos auf zwei Nachkommastellen genau angegeben.

[6] Siehe die Tabelle: 28.440 Buchfinken entsprechen 1,05 Sichtungen je Garten, während 26.289 Hausrotschwänze zu 0,97 Beobachtungen je Garten führten.

[7] $270 = 0,01 \cdot 27.033$ (abgerundet).

1 % der Beobachter, also etwa 425 Personen,[8] so genügt das, eine Abweichung um ca. 425 Beobachtungen, entsprechend $0,016$[9] in der letzten Spalte zu erklären.[10]

Ist das Messinstrument so exakt? Hier ist sicherlich von Bedeutung, dass die Experten des NABU lediglich zur Beobachtung *aufgerufen* haben. Vermutlich wurden die meisten Vögel also von mehr oder minder geübten Laien gesehen. Dies macht die Werte unzuverlässiger, zumal wenn es sich um nicht alltägliche oder schwer zu unterscheidende Arten handelt, während bekannte oder auffällig Vogelarten – insbesondere also auch die häufigeren Arten – wohl häufiger richtig identifiziert werden. Jedes Kind erkennt eine Taube, die in aller Ruhe Körner pickt; doch wer vermag als Laie schon einen Haus- von einem Feldsperling sicher zu unterscheiden, zumal wenn der Vogel rasch vorbeihuscht?

Um solche Beobachtungsfehler zu verringern, stellt der NABU eine Bestimmungshilfe (farbige Abbildungen der Vögel) zur Verfügung. Diese ist jedoch *heterogen*. Bei den oben mit m gekennzeichneten Arten wird darauf hingewiesen, dass das männliche Tier dargestellt ist, bei der mit w gekennzeichneten Art das Weibchen. Bei x wird das Bild der Art ohne Angaben des Geschlechts gezeigt, zu allen anderen Arten fehlt eine Bestimmungshilfe. Was ist aufgrund dessen zu erwarten? Zumindest das folgende:

(i) Arten, bei denen sich Männchen und Weibchen stark unterscheiden, werden eher zu wenig notiert (nämlich nur das jeweils abgebildete Geschlecht).

(ii) Arten ohne bildliche Darstellung werden schlechter erkannt. Das heißt, entweder werden beobachtete Vögel nicht oder falsch erfasst, also einer anderen, womöglich abgebildeten Art zugeschrieben.

Glücklicherweise lässt sich der letzte Effekt abschätzen, indem man die Zahlen vor und nach der Aufnahme in die Bestimmungshilfe vergleicht. So schreibt der NABU 2006 zu den nachfolgenden Zahlen: „Erklärungsbedürftig ist der gemeinsame Sprung nach vorne, den Elster, Mehlschwalbe und Mauersegler auf die Plätze 6 bis 8 machten (2005: Plätze 10 bis 12). Die Antwort liegt auf der Hand, ist jedoch methodischer Natur: Diese drei Vogelarten wurden 2006 erstmals auf dem Flyer zur ‚Stunde der Gartenvögel' abgebildet, weil sie im Jahr zuvor die Top Ten erreicht hatten. Das hat die Zahl der Meldungen offenbar stark beeinflusst, denn sie alle wurden daraufhin etwa doppelt so oft registriert." Hier die Ergebnisse im Detail:

---

[8] $425 = 0,01 \cdot 42.545$ (abgerundet).

[9] $0{,}016 = 425/27.033$.

[10] Falls alle Beobachter sich in dieselbe Richtung irren. Wenn 425 Vögel mehr (weniger) gesehen wurden als eigentlich vorhanden waren, so steigt (fällt) der Wert in der letzten Spalte fälschlicherweise um 0,016. Bei Beobachtungsfehlern in beide Richtungen wäre es entsprechend weniger, es geht also um eine Abweichung von „bis zu" 0,016. Doch auch bei dieser realistischeren Betrachtungsweise ist zu erwarten, dass – je Art – systematische Fehler in die eine oder andere Richtung überwiegen. Die Berechnung stützt sich zudem maßgeblich auf die willkürliche Annahme, dass lediglich 1 % der Beobachter daneben liegen. Bei 10 % ist die Ungenauigkeit entsprechend höher.

Vogelart	Durchschnittliche Anzahl je Garten							
	2005	2006	2007	2008	2009	2010	2011	2012
Haussperling	5,6	5	5,2	5,1	5	4,7	5,2	5,33
Amsel	4,6	4,5	4,4	4,7	4	4	3,8	3,64
Kohlmeise	3,3	3,1	3	3	2,6	2,6	2,81	2,96
Blaumeise	2,7	2,5	2,4	2,3	2,1	2,1	2,1	2,31
Elster	**0,9**	**1,95**	2	1,9	1,7	1,7	1,71	1,76
Mehlschwalbe	**0,9**	**1,85**	1,9	2,3	1,8	1,8	1,66	1,4
Mauersegler	**0,8**	**1,83**	2,1	1,8	1,7	1,7	1,54	1,51
Singdrossel	**0,7**	**0,17**	0,2	0,1	0,1	0,16	0,14	0,15
Zaunkönig	**0,6**	**0,29**	0,3	0,3	0,3	0,28	0,2	0,22
Buntspecht	0,2	0,17	0,16	0,14	0,18	0,21	0,22	0,24

Hingegen wurden Singdrossel und Zaunkönig 2006 nicht mehr bildlich dargestellt. Deren Beobachtungshäufigkeiten gingen genauso erheblich, auf etwa die Hälfte bis ein Drittel des Ausgangswerts von 2005, zurück. Die Bestimmungshilfe scheint also manche Arten „ins Rampenlicht" zu rücken, während andere geradezu „ausgeblendet" werden. Sie ist *kein* neutrales Instrument, das die Messgenauigkeit, ähnlich einer Lupe mit stärkerem Vergrößerungsfaktor, gleichmäßig erhöhen würde. Vielmehr wirkt sie selektiv und verursacht artspezifisch eine erhebliche Verzerrung in die eine oder andere Richtung. In absoluten Zahlen: Da in jedem Jahr aus mehreren zehntausend Gärten berichtet wurde, bedeutet eine Veränderung um „1,0" auch immer, dass je nach Vorzeichen deutlich über 10.000 Vögel (mehr oder weniger) gemeldet wurden!

„Um solche Einflüsse zu minimieren, sollen künftig stets dieselben Gartenvögel abgebildet werden" war der Schluss, den der NABU daraus 2006 zog. Dass diese Maßnahme erfolgreich war, erkennt man in den Jahren danach, als die Werte erheblich weniger schwankten. Diesem wünschenswerten Effekt steht jedoch entgegen, dass womöglich häufige Arten durch die Nicht-Abbildung diskriminiert werden, sie erscheinen seltener, als sie tatsächlich sind. Zum Beispiel gibt es wohl erheblich mehr Zaunkönige, als die Untersuchung uns glauben macht und dies dürfte auch für seltenere, unbekannte Arten gelten!

Durchaus typisch ist übrigens auch, dass eine Umstellung der Methodik schnell wieder vergessen wird. So auch bei den Kommentaren zu den obigen Zahlen. Schon 2007 liest man: „Seinen Aufwärtstrend aus dem Vorjahr konnte auch der Mauersegler bestätigen, der sich mit über 78.000 Meldungen auf Platz 6 schob".[11] „Überraschend und erfreulich platzierte sich bereits im Anschluss die Mehlschwalbe bundesweit erstmals an sechster Stelle" heißt es 2008, doch fiele die Überraschung geringer aus, wenn der Autor einen Teil des Aufschwungs mit der bildlichen Darstellung dieser Art seit 2006 erklären würde.

---

[11] $0,8 \rightarrow 1,83$ (mit Bestimmungshilfe, die aber nicht erwähnt wird) $\rightarrow 2,1$.

Das Richtige richtig zählen

Vögel zu zählen ist gar nicht so einfach. Wenn Sie sich nun wie empfohlen an einen ruhigen Platz in einem Garten begeben und dann eine Stunde lang alle Vögel notieren, die in Ihr Blickfeld geraten, werden sie garantiert manche scheuen Exemplare gar nicht zu sehen bekommen, weil diese Ihnen aus dem Weg gehen. Andere Individuen hingegen werden ihnen mehr als einmal auffallen, etwa weil sie zutraulicher sind oder ihr Revier in der Nähe haben. Womöglich werden Sie deshalb ein und denselben agilen Sperling fünf oder sogar zehn Mal zu Gesicht bekommen. Diesen Fehler möchte man verständlicherweise vermeiden, weshalb der aufmerksame Vogelfreund auf den NABU-Internetseiten auch eine Zählhilfe findet, die folgendes besagt:

> Notieren Sie von jeder Vogelart die höchste Anzahl, die Sie während der Beobachtungsstunde gleichzeitig sehen (siehe Zähl-Beispiel).

Im konkreten Zähl-Beispiel wird dann ausgeführt, dass, wenn man einmal 2 Amseln, dann 4 Amseln und schließlich noch 3 Amseln sieht, nur die höchste beobachtete Anzahl – also vier Amseln – zu zählen sind. Natürlich geht auch damit ein Fehler einher, denn wenn zwei Star-Schwärme mit 20 bzw. 40 Tieren innerhalb einer Stunde über Ihre Obstbäume herfallen, melden Sie nur 40 Tiere, obwohl sie von insgesamt 60 Vögeln dieser Art „besucht" wurden.

Problematisch ist nicht die Zählhilfe, die eine sinnvolle, in der Praxis bewährte Korrektur von Mehrfachzählungen darstellt. Es lässt sich auch kaum etwas dagegen unternehmen, dass manche Vögel in Schwärmen auftreten und deshalb deren (große) Anzahl nur ungenau zu bestimmen ist, während einzelne, insbesondere auffällige, nicht scheue und bekannte Arten (z. B. Greifvögel) leicht Individuum für Individuum festgehalten werden können. Problematisch ist, wenn einige gut geschulte, erfahrene Beobachter die Zählhilfe korrekt verwenden und andere nicht. Insbesondere ist zu erwarten, dass die Zählhilfe oftmals gerade von Anfängern nicht gefunden oder nicht verstanden wird. Im Nachhinein lässt sich dann nur mit einigem Aufwand – wenn überhaupt – zwischen erfahrenen Meldern und unerfahrenen Neulingen unterscheiden. Noch schwerer dürfte es fallen, ornithologisch Gebildete und Ungebildete, sorgfältige und weniger gründliche Beobachter zu unterschieden. Gerade letztere könnten durch den Hinweis auf ein Preisausschreiben vermehrt zur Teilnahme angeregt werden und schlimmstenfalls Daten erfinden.

Leider machen die genannten Phänomene und auch alle anderen, nicht explizit berücksichtigten Effekte die Messung ungenauer. Insbesondere gibt es noch einen weiteren starken, aber nicht kontrollierten Einflussfaktor: das Wetter. Weder muss an einem Wochenende das Wetter in Deutschland überall gleich sein (womit je nach Region und Tageszeit mehr oder minder viele Hobbyforscher und beobachtbare Vögel unterwegs sind), noch sind über die Jahre hinweg die Wetterlagen vergleichbar. Vielmehr ist zu erwarten, dass im Großen wie im Kleinen entscheidende meteorologische Einflussgrößen wie Temperatur, Luftfeuchtigkeit, Bewölkung etc. erheblichen Schwankungen unterliegen.

Es wird also ein großes Gebiet unter heterogenen Bedingungen von einer größeren Anzahl ständig wechselnder Beobachter in Augenschein genommen. Das ist "citizen science" (Hand 2010): einerseits viele Beobachter und Beobachtungen, andererseits jedoch eine geringe Zuverlässigkeit des einzelnen Ergebnisses verbunden mit erheblichen Fluktuationen aus nicht kontrollierten Störquellen. Das Ergebnis über alle Jahre und Vogelarten hinweg zeigt dies deutlich, insbesondere schwankt die Anzahl der Tiere und Beobachter erheblich:

Jahr	Anzahl Vögel	Anzahl Beobachter	Vögel/Beobachter
2005	1.501.349	44.097	34
2006	1.200.000	64.000	19
2007	1.280.000	59.625	21
2008	960.807	45.810	21
2009	688.340	38.635	18
2010	837.157	39.776	21
2011	932.603	42.484	22
2012	975.107	42.431	23

Es ist durchaus verblüffend, dass trotz aller genannten Einwände, unkontrollierten Faktoren und erheblicher Variabilität die durchschnittliche Anzahl beobachteter Vögel (siehe die letzte Zeile der vorstehenden Tabelle) über die Jahre hinweg fast konstant ist. Denn lässt man das erste Jahr der Erhebung einmal beiseite, so sieht der typische Hobbyornithologe ca. 20 Vögel. Zwar führt jede Mittelung zu einer Stabilisierung (da sich unsystematische Messfehler ausgleichen), doch sollte man sich vor Augen halten, dass hier unkontrollierte *Wildbestände* untersucht werden.

Es ist in der Biologie bzw. Ökologie Allgemeingut, dass solche Bestände stärkeren Schwankungen unterliegen: So wie es gute und schlechte Jahre für Obst gibt, treffen Vögel Jahr für Jahr auf günstigere oder ungünstigere Umweltbedingungen. Harte Winter raffen viele Standvögel dahin, missliche Windströmungen überanstrengen Zugvögel und kalte Frühlinge erschweren die Aufzucht der Jungtiere. Damit sollten auch die Bestände mal größer und mal kleiner sein, und je Person und Jahr mehr oder weniger Tiere zu beobachten sein. Nimmt man noch die eher unzuverlässige Beobachtungsmethode hinzu, ist es tatsächlich verblüffend, dass *trotz alledem* Jahr für Jahr in etwa dieselbe durchschnittliche Anzahl von Vögeln je Garten (bzw. Beobachter) zu sehen ist.

Das gilt sogar selbst dann noch, wenn man die einzelnen Arten betrachtet![12] Und dies ist nun wirklich verblüffend, denn denkt man an Obstsorten wie Äpfel, Birnen und Kirschen, so weiß jeder Gärtner, dass mit stark schwankenden Erträgen zu rechnen ist. Ganz ähnlich sollte es auch um die einzelnen Vogelarten bestellt sein, die eine jeweils etwas andere ökologische Nische besetzen. Zu erwarten sind „gute" und „schlechte" Dompfaff-, Meisen- und Rotkehlen-Jahre. Zumindest sollte sich eine Epidemie, wie sie 2011 Amseln traf, in

---

[12] Siehe die Tabelle Seite 5.

einem deutlichen Rückgang bemerkbar machen. Doch selbst das ist kaum der Fall. 2011 sah der typische Beobachter 3,8 Amseln, 2012 waren es 3,6.

Anders gesagt: Die Werte im Zeitverlauf sind einander so ähnlich, das genau dies selbst wieder auffällig ist und Zweifel an der Sensitivität der Methode nährt. Ein großer realer Effekt sollte sich auch deutlich in den Daten abzeichnen.[13]

Interpretation: Machen wir was draus!

Nach all diesen Kommentaren, was sagen die Daten denn nun aus? Aufgrund der obigen Bemerkungen sollte deutlich geworden sein, dass eine zurückhaltende Interpretation angemessen wäre. Wir haben es mit zahlreichen, unkontrollierten Fehlerquellen zu tun und der untersuchte Gegenstand unterliegt zudem erheblichen natürlichen Schwankungen. Dessen ungeachtet liest bzw. las man auf den NABU-Seiten:

 (i)   Berlin bleibt Deutschlands Spatzen-Hauptstadt. (Schlagzeile 2012)
 (ii) Bundesweit immer weniger Amseln. (Schlagzeile 2011)
 (iii) Bundesweit immer weniger Spatzen. (Schlagzeile 2010)
 (iv) Vor allem die Zahl der Meisen nimmt kontinuierlich ab. (2009)
 (v)   Rückläufige Zahlen wurden dagegen beim Haussperling, bei Kohl- und Blaumeise, bei der Singdrossel und beim Buntspecht festgestellt. (2008)

Dass man zur ersten Aussage mühselig die sie stützenden Daten zusammensuchen muss, ist nur lästig, nicht gravierend. Spannender sind die Schlagzeilen der vorangegangenen Jahre. Die zweite Aussage scheint den Trend bei den Amseln gut zu charakterisieren, doch zeigt schon die dritte Behauptung, wie leicht ein scheinbar wohlfundiertes Ergebnis durch die Zählungen weiterer Jahre entkräftet werden kann. Auch bei der vierten und fünften Aussage sind Zweifel angebracht, haben sich doch manche der Bestände seitdem wieder erholt.[14]

Leider ist eine solche, wenig kritische, sehr weit gehende und zugleich einseitige Interpretation von Daten an der Tagesordnung. Laien und Interessenvertreter, aber auch die Presse, immer auf der Suche nach der griffigen Schlagzeile, neigen typischerweise dazu, Daten in einer Richtung zu interpretieren und sie deuten in einen konkreten Datensatz gerne mehr hinein, als er tatsächlich bei distanziert-kritischer Betrachtung hergibt.

---

[13] Im Fall der Amseln lässt sich argumentieren, dass nur ein Teil der Bestände in Süddeutschland von der Seuche betroffen war. Erfreulicherweise nutzt der NABU die Daten seiner Erhebungen um quantitativ abzuschätzen, wie viele Vögel an der Seuche verendet sind: „300.000 Amseln fielen Usutu-Virus 2011 zum Opfer". Zum Vergleich: Bei der bislang größten „Schwalben-Hilfsaktion", 1974 von Vogelfreunden initiiert, wurden ca. eine Million Tiere wegen eines frühen Wintereinbruchs v. a. mit Flugzeugen in wärmere Gebiete transportiert.

[14] Siehe abermals die Tabelle S. 5.

Das führt oft zu Alarmismus, der auf Dauer die Seriosität einer Quelle unterminiert. Genauso wenig wie man früher nach mehreren Fehlalarmen dem Hirten glaubte, dass seine Schafe tatsächlich in Gefahr waren, genauso wenig nimmt man heute aufgeregten Politikern und erst recht Lobbyisten ein tatsächliches gravierendes Problem ab. Wer ständig Probleme dramatisiert, Katastrophen an die Wand malt und bei jeder Gelegenheit „Skandal" ruft, der wird im Fall einer wirkliche Gefahr leicht überhört. Schlimmstenfalls nutzt sich die Aufmerksamkeit des Publikums so sehr ab, dass schließlich selbst das Offensichtliche oder auch das bestens Fundierte ignoriert wird, während andererseits nur noch Lappalien wochenlang den Blätterwald beschäftigen: Eine einzige gut lancierte Schein-Nachricht im Vorfeld der Weltklimakonferenz 2009 genügte, die überwältigende Evidenz für den menschengemachten Klimawandel zu untergraben.[15]

Ein anderes Paradebeispiel sind Aktienkurse: Was kann man nicht alles in das unablässige Auf und Ab der Börsen hineininterpretieren? Je mehr ökonomisches, politisches, aber auch methodisches Wissen (vermeintlich) vorhanden ist, desto leichter wird es, plausible Erklärungen für alle möglichen Kursverläufe zu finden. Die so genannte „technische Analyse" erkennt eine Vielzahl von Kauf- und Verkaufssignalen, identifiziert Trends, saisonale Schwankungen, spezifische und allgemeine Markteinflüsse usw. Es ist wahrlich beeindruckend, welche Regelmäßigkeiten und Muster sich hinter den Kursen zu verstecken scheinen. Allein: Die Bilanz der meisten Anleger ist eher dürftig. Selbst von teuren, professionellen Börsenhändlern aktiv gemanagte Aktienbestände halten kaum mit der allgemeinen Marktentwicklung mit. Vielmehr ist die traurige Wahrheit, dass hektische Transaktionen zumeist mehr Gebühren verursachen, als die damit genutzten „Chancen" wieder einbringen. „Hin und her macht Taschen leer" lautet eine alte Börsenweisheit.

Andererseits kann man natürlich auch zu skeptisch, vorsichtig und zurückhaltend sein. Zwar ist es vollkommen richtig, die Datenerhebung zu kritisieren, um mögliche Fehlerquellen zu identifizieren. Oftmals sind robuste Verfahren angezeigt, deren Aussage stabil bleibt, wenn sich einige Datensätze ändern oder diverse Voraussetzungen verletzt sind. Und es wirkt auch seriöser, nur dann für einen Effekt zu plädieren, wenn wirklich vieles für dessen Vorhandensein spricht. Doch wer immer nur pedantisch im Detail kritisiert, verliert darüber schnell das Große und Ganze aus dem Auge. Wer immer nur hadert, wird nie mutig eine Chance ergreifen. Im Extremfall belegt man schließlich – viel zu spät – mit Statistik, was die ganze Welt ohnehin schon lange wusste.

So stellt ein Beitrag (Steiger 2004: 20) im Monatsheft eines Statistischen Landesamtes fest, dass Baden-Württemberg ein „Autoland" sei, und es soll auch schon Psychologen gegeben haben, die statistisch nachwiesen, dass selbst Väter eine Beziehung zu ihren Kindern aufbauen können. Derartige „Belege" sind der Reputation genauso wenig förderlich, wie gut begründ- und mit dem bloßen Auge erkennbare Phänomene in Frage zu stellen. Wie viele Wetterextreme, Veränderungen von Flora und Fauna, schmelzende Gletscher und ansteigende Meere benötigen manche Skeptiker (z. B. Dubben und Beck-Bornholdt 2005: 87–93) noch, bis sie eingestehen, dass es wärmer wird? (Und zwar rapide.)

---

[15] Man suche nach "climategate" im Internet oder lese Edwards (2010).

Man lerne zu unterscheiden

Womöglich verdeutlicht eine medizinische Analogie das grundlegende Dilemma am besten: Jeder Arzt – aber auch Patient – sollte Symptome kritisch würdigen. Das heißt, sie weder auf die leichte Schulter zu nehmen, noch gleich das Schlimmste zu vermuten. Der medizinisch weniger gebildete aber aufmerksame Patient neigt eher dazu, noch im Normalbereich liegende Beobachtungen bereits als Symptome – möglicherweise sogar einer schwereren Krankheit – überzuinterpretieren. Gerade die härtesten Männer sind – zumindest mental – bei kleineren Irritationen dem Tode am nächsten.

Der routinierte Arzt hingegen, der z. B. als Hausarzt viele leicht Kranke und nur selten schwere Fälle sieht, neigt dazu, Symptome weniger ernst zu nehmen. Er entscheidet sich eher für das harmlose, häufige Zipperlein, als dass er schon bei den allererersten unspezifischen Symptomen einer chronischen Erkrankung das ganze Arsenal moderner medizinischer Diagnostik einsetzte. Diese entgegengesetzte Haltung wird dann problematisch, wenn Krankheiten deshalb zu spät erkannt werden und der bestmögliche Behandlungszeitpunkt bereits ungenutzt verstrichen ist. Früherkennung rettet bestenfalls Leben, weshalb jeder Patient gut beraten ist, zügig und sogar prophylaktisch den Arzt seines Vertrauens aufzusuchen sowie im Zweifelsfall eine zweite, fachlich fundierte Meinung einzuholen.

Die Zurückhaltung der Ärzte ist auch bei anderen Berufsgruppen gang und gäbe. Etwa wird jeder seriöse Rechtsanwalt bei den Ausführungen seines Mandanten immer bedenken, dass auch die Gegenpartei in aller Regel gute Argumente hat, und wo käme ein Seelsorger hin, wenn er jede im Beichtstuhl vorgebrachte Anschuldigung ernst nähme? Auch Journalisten tun[16] gut daran, nicht jedes Gerücht gleich an die große Glocke zu hängen oder bei kleineren Unregelmäßigkeiten „Skandal" zu rufen.

Statistiker sind aus einem weiteren Grund vorsichtig. Weil viele Daten mit großen Unsicherheiten und Schwankungen behaftet sind, findet man in allen größeren Datensätzen viele scheinbare Auffälligkeiten, wobei man noch nicht einmal besonders genau hinsehen muss. Wie bei den Vogelbeständen und Aktienkursen springen einem Ausreißer, also besonders große oder kleine Werte ins Auge, genauso wie verblüffende Zusammenhänge. Zum Beispiel gaben bei der Volkszählung 1987 einige Frauen an, dass sie zwar einer regulären Arbeit nachgehen würden, dafür aber keine Bezahlung erhielten. Wie konnte das sein? Das zuständige Amt vermutete einen schlechten Scherz, forschte nach und musste feststellen, dass die Frauen als Nonnen für Gottes Lohn arbeiteten, während das ihnen zustehende Gehalt direkt an ihren Orden überwiesen wurde. Allerorten zeigen sich markante Abweichungen von einer Norm, tauchen vermeintliche Trends und saisonale Schwankungen auf. Würde ein „echter" Datenanalyst angesichts dessen nun ständig „signifikant, signifikant" rufen, wäre er nach kurzer Zeit heiser und niemand würde ihn mehr beachten.

Deshalb ist verblüffend, dass das Renommee professioneller Kursanalysten, die ständig und überall Kauf- und Verkaufsignale sehen, immer noch vergleichsweise gut ist. An ihrer "Performance" – etwa der Treffsicherheit ihrer Prognosen – liegt das gewiss nicht, eher

---

[16] hier könnte auch der Konjunktiv stehen.

daran, dass sie uns ein Gefühl von Sicherheit und Beherrschbarkeit geben. Einen ähnlichen Zweck scheinen die oftmals beschwichtigenden Mitteilungen von Behörden zu verfolgen. Wie oft haben wir schon gehört, dass „zu keinem Zeitpunkt eine Gefahr für die Bevölkerung bestand" und wie oft stellte sich, nicht nur in Fukushima, das Gegenteil als richtig heraus? Anders gesagt: Da Kontrollverlust Ängste auslöst, verlassen wir uns letztlich aus psychologischen Gründen auf unzuverlässige Quellen. Allzu viele Gutgläubige meinen nur allzu gerne, dass es hochbezahlte Fachleute gibt, die schon wissen, was sie tun. Doch naives Vertrauen in wenig zuverlässige Informationen und die zugehörigen (oft selbsternannten) „Experten" hilft zumeist nicht wirklich, viel häufiger hat intellektuelle Bequemlichkeit – wie der sprichwörtliche Schlaf der Vernunft – fatale Folgen.[17]

Beide Grundeinstellungen, sowohl die konservative, also eher zurückhaltend-skeptische, als auch die progressive, also eher zuversichtlich-bejahende, haben dabei ihre Berechtigung. Extreme sind hingegen beim Balanceakt der adäquaten Gewichtung zu vermeiden. Wie auch innerhalb des politischen Spektrums verhindert rechter wie linker Dogmatismus (übertriebener Konservativismus bzw. permanenter Alarmismus), dass Fakten vernünftig gewürdigt werden. Der immerzu Beschwichtigende, der nie beunruhigende Signale zur Kenntnis nimmt, findet genauso selten zu einer belastbaren Position wie der notorische Zweifler, der stets alles in Frage stellt. Richtig ist, die Daten zusammen mit dem Kontext, in dem sie stehen, aufgeschlossen und zugleich kritisch in Augenschein zu nehmen. So kommt man bestenfalls zu einer ausgewogenen, fundierten Position, wenn auch nur selten zu einem unzweideutigen Urteil.

Effizientes Handeln funktioniert ganz ähnlich. Einerseits sollte man nicht versuchen, Dinge zu ändern, die sich nicht ändern lassen; während andererseits Missstände, die sich beheben lassen, entschieden begegnet werden sollte. Das Dilemma ist auch hier, zwischen beiden Fällen zu unterscheiden. Der Fatalist findet sich mit (fast) allem ab, während der Überengagierte immer auf die Barrikaden geht – doch letztlich bewirken sie beide nicht viel. Vielleicht wird deshalb das „Gelassenheitsgebet" der anonymen Alkoholiker gerne zitiert:

> Gott, gib mir die Gelassenheit, Dinge hinzunehmen, die ich nicht ändern kann, den Mut, Dinge zu ändern, die ich ändern kann, und die Weisheit, das eine vom anderen zu unterscheiden.

Daten in ihrem Kontext

Die Aufgabe, bedeutsame, strukturell interessante Phänomene im allgegenwärtigen Rauschen zu entdecken ist umso schwerer, je mehr Variabilität in den Daten steckt, und naturgemäß werden Statistiker besonders dann hinzugezogen, wenn die Unsicherheit am größten ist. Doch Statistik ist keine Zauberei. Ohne fachliches Hintergrundwissen, ohne die Hilfe einer überzeugenden wissenschaftliche Theorie fällt es jedem, auch einem bestens

---

[17] Für einen Blick auf die Finanzmärkte siehe z. B. „Der Blick in die Zukunft führt in die Irre", faz.net vom 29.09.2012.

geschulten Mathematiker, sehr schwer zu beurteilen, was ein interessanter Effekt ist – und
was nicht. Eine sinnvolle Balance tut not, die am besten derjenige findet, der alle verfügbaren Informationen nutzt. Am gründlichsten gelingt dies, wenn man eine methodisch-
mathematische mit einer empirisch-fachwissenschaftlichen Ausbildung kombiniert. Solche
Datenanalysten verfügen nämlich über zwei Anhaltspunkte: Die Zahlenwerte *und* deren
inhaltliche Bedeutung. Wenn man den substanziellen Kontext, dem die Daten entstammen, versteht, lässt sich am ehesten entscheiden, welche numerischen Werte wirklich auffällig sind und welche nicht. Es ist kein Zufall, dass gerade aus Großbritannien, wo diese
Ausbildung Standard ist, seit Jahrzehnten die besten Statistiker kommen.

Bestenfalls ergänzen sich in einer Person die genannten Grundhaltungen, wie auch die
formalen und inhaltlichen Aspekte. Wenn sich Statistiker und Fachwissenschaftler aus
numerischen und substanziellen Gründen in der Beurteilung eines Phänomens einig sind,
so sollte man ihnen vertrauen. Weisen ihre Argumente hingegen in entgegengesetzte Richtungen, so kann einmal der eine oder der andere Recht haben. Ein Effekt kann „noch nicht"
überzeugend numerisch nachweisbar sein, oder aber, ein vermeintlich starkes Signal in den
Daten entpuppt sich bei genauerer Untersuchung als Artefakt.

Ganz allgemein sind die gerade ausgeführten Argumente für die heutige Statistik typisch.
Man blickt nicht nur auf die Daten und versucht diese sinnvoll zu interpretieren. Vielmehr
fragt sich ein Statistiker nicht zuletzt, sondern zuallererst, wie die Daten zustande gekommen
sind und in welchem Kontext sie stehen. Gerade der „Vorlauf" hat einen gravierenden
Einfluss auf die gezogenen Schlüsse, er liefert wichtige Hinweise zur Interpretation der
Ergebnisse und über deren Belastbarkeit.

Zum Beispiel zählt jeder, der nach einem Verkehrsunfall mehr als 24 Stunden im Krankenhaus verbringt, als Schwerverletzter, unabhängig davon, wie schwer er tatsächlich verletzt ist. Ein Komapatient, der Wochen auf der Intensivstation verbringt, wird also genauso
gezählt wie jemand, der sich „nur" ein Bein gebrochen hat und nach zwei Tagen entlassen
wird. Unter dem Titel „Jeder Engel zählt"[18] berichtete eine renommierte Wochenzeitung
über die Pannenstatistik des größten deutschen Automobilclubs. Zu den vielen Pannen auf
deutschen Straßen wird der ADAC nur zu einem Teil (ca. 3,6 Mio.) gerufen, und auch von
diesen geht nur ein gewisser Teil (ca. 2,5 Mio.) in die statistische Aufstellung ein. Insbesondere sind alle Hersteller, die einen eigenen Pannendienst unterhalten, klar im Vorteil,
verteilen sich deren Fahrzeugdefekte doch auf den jeweils hauseigenen Service, den ADAC
und andere Dienste. Wenn dadurch z. B. nur jedes zweite liegengebliebene Fahrzeug einer
solchen Marke von den „gelben Engeln" betreut wird, erscheint der Hersteller in der weithin
sichtbaren ADAC-Pannenstatistik doppelt so gut wie er tatsächlich ist.

Leider wird in der Öffentlichkeit kaum hinterfragt, wie Daten zustande kommen oder die
dargestellten Variablen definiert sind. Es heißt „Arbeitslosenquote" und der Bürger meint, er
wüsste, was mit dieser Zahl beschrieben wird. Tatsächlich wurde jedoch gerade diese Quote
in den letzten Jahren massiv umgestaltet, oft mit dem Ziel, möglichst wenige Arbeitslose
ausweisen zu müssen. Wenn Hartz IV-Empfänger, Ausbildungsplatzsuchende, Arbeitslose,

---

[18] Siehe die ZEIT (Nr. 21) am 19.05.2005.

die an Weiterbildungen teilnehmen und Ältere ab 58 Jahren nicht mehr als „arbeitslos" gelten, ist kaum verblüffend, dass die Arbeitslosenquote sinkt. Gerade in Bereichen mit einem starkem Interessendruck, also überall wo Macht und Geld – zuweilen auch Ruhm und Weltanschauungen – eine wichtige Rolle spielen, sollte man ein guter Statistiker sein, d. h. gründlich prüfen, wie Zahlen entstanden sind, insbesondere, ob die Zahlen überhaupt das darstellen, was sie sollten. „Traue keiner Statistik, die Du nicht selbst gefälscht hast" bringt deutlich zum Ausdruck, was schlimmstenfalls passiert, wenn es um etwas geht, und der schlechte Ruf der Statistik rührt genau daher.[19]

1.2   Die Macht der Zahlen

Die Rolle der Mathematik

Fällt das Wort „Mathematik", so polarisieren sich sofort die Meinungen: Freudige Erwartung auf der einen Seite trifft auf Entsetzen auf der anderen. Starke Gefühle, wie Hass und Verachtung, werden genauso geäußert wie Verehrung, ja Liebe. Zahlen-Affine begeistern sich für die Schönheit der mathematischen Theorie und manchem, der im Deutschaufsatz immer schlecht war, gefielen stattdessen die prägnanten Fragen der Matheklausuren, die er „mit links" beantworten konnte.[20] So nachlässig Kleidung und Knigge an vielen mathematischen Instituten auch gehandhabt werden, fragt man die dort Ein- und Ausgehenden ernsthaft nach ihren abstrakten Neigungen, werden selbst sonst recht Wortkarge vor Begeisterung nur so sprudeln.

Anders als Worte sind Zahlen klar, eindeutig, präzise. Überhaupt neigen Vertreter dieser Gruppe zu der Meinung, dass sich mit wenigen, dafür aber auch sehr informativen Symbolen weit überzeugender argumentieren lässt als mit dehnbaren Worten. Laplace (1749–1827), einer der großen Väter der Wahrscheinlichkeitstheorie und Statistik, hat diese Grundhaltung in eine klassische, gern zitierte Form gebracht:

> Statistik ist nichts anders als gesunder Menschenverstand, reduziert auf ein mathematisches Kalkül.[21]

Wer die reine Mathematik sogar zu seinem Lebensinhalt macht, findet Seelenruhe im platonischen Ideenhimmel, zieht seine Bahnen an dessen abstraktem Firmament und schätzt

---

[19] Der britische Premierminister Churchill wird gemeinhin als der Schöpfer dieses Zitats genannt, doch scheint der wahre Hintergrund ein anderer zu sein, siehe Barke (2004).

[20] Tatsächlich sind überproportional viele Mathematiker linkshändige Männer.

[21] Neudeutsch: "Common sense reduced to calculation." Das Original: «On voit, par cet essai, que la théorie des probabilités n'est, au fond, que *le bon sens réduit au calcul*; elle fait apprécier avec exactitude ce que les esprits justes sentent par une sorte d'instinct, sans qu'ils puissent souvent s'en rendre compte.» Siehe Laplace (1812), meine Hervorhebung.

leider oft, genauso wie die meisten Philosophen dieser Ausrichtung, alle „Anwendung"
gering. Womöglich wird sogar der eine oder andere versierte Leser dieser Seiten allein
deshalb von meinen Ausführungen enttäuscht sein, weil sie kaum eine Formel enthalten.
„Lässt sich derart formlos Statistik überhaupt adäquat beschreiben?" ist eine ernstzuneh-
mende Frage.

Davon sollte sich „Lieschen Müller" nicht entmutigen lassen. Neben dem Stern am Firmament muss es auch die Feuerstelle auf dem Boden geben. Letztere mag nicht so rein
und klar strahlen, doch ist sie weit nützlicher, um Essen zu kochen und in der Nacht nicht
zu frieren. Kurz und gut: Weder Laien, noch Praktiker, noch Wissenschaftler sollten sich
von Formalismen einschüchtern lassen. Es ist sogar so, diese Spitze sei erlaubt, dass „reine
Mathematik" weit weniger zur Lösung praktischer Probleme beiträgt, als man gemeinhin
denkt. Es ist eine Schutzbehauptung, dass selbst die weltfremdeste Mathematik irgendwann
einmal angewandt werden wird. Tatsächlich war die beste Mathematik immer schon bei
ihrer Entstehung problemorientiert, sie erwuchs geradezu aus den praktischen Fragestellungen. Wer dies leugnet, ignoriert die Geschichte des Fachs. Natürlich ist Mathematik
eine Geisteswissenschaft, doch ist sie *mit*, nicht ohne oder gar gegen die substanziellen
Wissenschaften zu dem mächtigen Instrument herangewachsen, das sie heute ist.[22]

Deshalb vermeide man das andere Extrem, eine konsequent anti-mathematische Haltung. Wer „in Mathe immer schlecht war" (Beutelspacher 2001) fürchtet sich womöglich
seit seinen Schultagen vor der „fremden Welt der Zahlen".[23] Personen dieser Gruppe behelfen sich mit Worten, Bildern, Analogien und Intuition, lesen leicht(er) verdauliche Prosa
und möchten schlimmstenfalls vieles gar nicht so genau wissen. In Maßen ist eine solche
distanzierte Grundeinstellung nicht schlecht, zumal höhere Bildung, also „alles, was man
wissen muss" (Schwanitz 2010), zumindest in Deutschland die MINT-Fächer nach wie vor
ausspart. Mathematik, Informatik, Naturwissenschaften und Technik sind nützlich und
gestalten die moderne Welt ganz wesentlich, aber muss der kultivierte Bürger deshalb viel
von ihnen wissen? Geht es denn nicht auch ohne Zahlen und Formeln? Eine Frage, die
selbst noch Akademiker gerne stellen, zumal wenn Zahlen in manchen Geisteswissenschaften geradezu verpönt sind und es explizit *iudex non calculat* – der Richter rechnet nicht –
heißt.

Ja und nein. Ein klares *Nein* insofern, dass ohne Mathematik die Statistik so wenig ent-
wickelt wäre, wie es die Naturwissenschaften vor Galilei oder Newton (1643–1727) waren.
Die mathematische Sprache ist noch unentbehrlicher für Wissenschaft als der Kontakt der
Wissenschaftler untereinander und damit auch die Fachliteratur, auf die sich jedes gute
Werk stützt.[24] Nur in popularisierenden Werken, wie dem vorliegenden, deren Ziel es ist,
einen möglichst großen Leserkreis zu erreichen, können die ansonsten unentbehrlichen

---

[22] Als Beleg diene von Neumann (1947), ein unbestrittener Großmeister der Zunft. Sehr lesenswert
ist auch Kline (1980).

[23] Siehe die ZEIT (Nr. 33) am 08.08.2002.

[24] In Saint-Mont (2011) habe ich dies im Detail ausgeführt.

Werkzeuge in den Hintergrund treten. Deshalb und aus dem folgenden Grund taucht Mathematik nur hier und da auf.

Glücklicherweise ist es so, dass man zumeist recht gut verstehen kann, wie eine Methode arbeitet oder warum ein Argument funktioniert, ohne ins technische Detail einsteigen zu müssen. Natürlich fehlt etwas, wenn hochkarätige Theorien ohne die zugehörige Mathematik erläutert werden, doch ist eine treffende verbale Erklärung allemal besser als gar keine. Hinzu kommt, dass die wenigsten Ideen der Statistik und Informatik so „unbegreiflich" sind, wie manche Ergüsse moderner Physik. In aller Regel lässt sich auch ohne Formel zumindest nachvollziehen, worum es geht, bestätigt die technische Ausführung unsere Intuition. Insofern ein klares *Ja*.

Im konkreten Fall sind der gesunde Menschenverstand sowie die Plausibilität der Daten, Argumente und der sich darauf stützenden Schlussfolgerungen zumeist weit wichtiger als jeder Formalismus. Gar nicht so selten ist es sogar der gedankenlos benutzte Formalismus, der als „Ritual" in die Irre führt. Gerade ein mathematisch wenig vorgebildeter „Verbraucher" (aber nicht nur er) kann also zurecht erwarten, mit vorwiegend verbalen Argumenten überzeugt zu werden. Ergebnisse müssen in sich stimmig sein und dürfen mit der Erfahrung nicht kollidieren, um für Verstand und Vernunft akzeptabel zu sein. Genügen sie keinem dieser Kriterien, so sollte jeder genau prüfen, warum sie trotzdem bedeutsam sein sollten.

Von der richtigen Einstellung

So wesensfremd sich beide gerade geschilderten Haltungen auch sind, oft kommen sie verblüffenderweise doch zum selben Ergebnis. Das heißt, ob nun aufgrund von Furcht oder Bewunderung, beide vertrauen nur allzu gerne der Autorität der Zahl. Mehr noch, wir alle neigen dazu, quantitative Aussagen weniger kritisch zu hinterfragen, ihnen eher Glauben zu schenken als verbalen. Statistiker, also alle, die mit Daten emanzipiert umgehen wollen, sollten jedoch die hierzu inverse Einstellung entwickeln. Das heißt: *Kein falscher Respekt vor Zahlen!*

Angst ist im Umgang mit quantitativen Argumenten genauso fehl am Platze wie unkritische Bewunderung oder vorauseilender intellektueller Gehorsam. Das beste und zugleich einfachste Mittel gegen den Bluff mit Daten heißt: gesunder Menschenverstand. Konkreter, glaube nur an das, was Du siehst, sich durch eine klare Logik erläutern und vor allem plausibilisieren lässt. Oft weiß auch „Otto Normalverbraucher" genug über einen Sachverhalt, um zumindest grob einschätzen zu können, ob eine Aussage zutreffen kann oder nicht. Einige drastische Beispiele:

Homöopathische Medikamente werden durch „Potenzierung" hergestellt. Das heißt, eine kleine Menge eines homöopathischen Wirkstoffs wird mit einem Liter Wasser vermischt und gut geschüttelt. Danach behält man nur ein Zehntel der Flüssigkeit zurück und füllt wieder auf einen Liter auf. Wenn sich im ersten Liter also 1 Gramm Wirkstoff befanden, sollten es beim zweiten Mal nur noch 0,1 Gramm sein. So fährt man fort. Nach homöopathischer Überzeugung sind höher potenzierte Substanzen therapeutisch potenter. Das heißt: je *geringer* der Wirkstoffanteil, desto *größer* die vermutete Wirkung. Schon das widerspricht der fundierten Lehrmeinung der Pharmazie, die im allgemeinen zeigen kann, dass mehr Wirkstoff auch mehr Wirkung bedeutet.

Doch schlimmer noch: Bei den handelsüblichen Dosierungen homöopathischer Medikamente findet sich mit sehr großer Wahrscheinlichkeit überhaupt *kein* Wirkstoff mehr in der käuflich erhältlichen Flüssigkeit. Wie kann ein Medikament ohne Wirkstoff wirken? Falls Sie davon überzeugt sind, sollten Sie auch Ihrer Tochter glauben, wenn diese behauptet, sie sei ohne Sperma schwanger geworden. Bei der außer-sinnlichen Wahrnehmung ist es genauso. Wer von ihr überzeugt ist, sollte einem Physiker erläutern können, wie Informationen *ohne* das Zutun der Sinnesorgane ihren Weg ins Gehirn finden. Liebe Kritiker: Wer Statistiker der Lüge bezichtigt, sollte hier erst recht deutliche Worte finden.

Andererseits wird die Ärzteschaft nicht müde, vor den vier großen Risikofaktoren Drogenkonsum (v. a. Nikotin und Alkohol), Bewegungsmangel, fehlerhafter Ernährung (zu fettig, zu süß und zu salzig) und Übergewicht zu warnen. In unzähligen Studien wurde klar belegt, dass diese Stellgrößen maßgeblich für die aktuellen Volkskrankheiten verantwortlich sind, die wiederum wesentlich über die Lebenserwartung bestimmen. Kurz gesagt: Jeder übergewichtige Raucher macht sich etwas vor, wenn er zusammen mit seinen trinkfesten Stammtischbrüdern hofft, wie Churchill (1875–1965) und mit dessen Motto "no sports" 90 Jahre alt zu werden.[25]

Die gerade angerissenen Fälle stehen für Extreme. Auf der einen Seite bestens belegte wissenschaftliche Aussagen, auf der anderen Seite aufs gründlichste diskreditierte. Deshalb fällt eine Entscheidung recht leicht. In den meisten Fällen weiß man jedoch nicht genau, welcher Seite man zuneigen soll. Spätestens dann ist ein systematisches Vorgehen gefragt, d. h. ausgehend von gewissen (mehr oder minder plausiblen) Fakten sollte man auf (mehr oder minder belastbaren) Wegen zu interessanten (mehr oder minder überzeugenden) Schlussfolgerungen gelangen. Dabei ist das Tasten umso größer, je schwächer das empirische Fundament ist, auf je weniger anerkannte Tatsachen man sich stützen kann. Ein typisches Beispiel:

Was Sie schon immer über ... wissen wollten

Über das älteste Gewerbe der Welt liegen kaum verlässliche Zahlen vor. Da Bordelle, Straßenprostitution und einschlägige „Services" in den amtlichen Statistiken keinen Platz haben, sind noch nicht einmal die grundlegendsten Daten bekannt:

> Zur Anzahl der Prostituierten in Deutschland gibt es keine zuverlässigen Angaben aus einer Statistik oder auf wissenschaftlicher Grundlage. Eine häufig zitierte Schätzung, die auf die Berliner Prostituiertenberatungsstelle Hydra e.V. zurückgeht, geht von bis zu 400.000

---

[25] Sehr solide sind insbesondere die von der Deutschen Gesellschaft für Ernährung herausgegebenen Informationen (siehe www.dge.de). Dort findet man auch Ergebnisse der Ursachenforschung, die bis ins Detail den engen Zusammenhang zwischen (Fehl-)Ernährung, Bewegung(smangel) und Krebs belegen, siehe z. B. den Bericht des World Cancer Research Fund (2007).

Prostituierten in Deutschland aus. Andere Schätzungen oder Hochrechnungen gehen von niedrigeren Zahlen aus.[26]

Zudem wird geschätzt, dass in der Horizontalen in Deutschland ca. 15 Mrd. Euro Jahresumsatz erwirtschaftet werden.[27]

Soweit die beiden(!) Basiszahlen. Sie sind weit weniger zuverlässig als man es gerne hätte und sicherlich noch erheblich weniger reliabel als die Zahlen im letzten Abschnitt. Gleichwohl lassen sich daraus, letztlich indem man anerkanntes Kontextwissen hinzunimmt, interessante Schlüsse ziehen:

Beginnen wir mit der naheliegendsten Frage. Sind die genannten Zahlen überhaupt plausibel? Da vorwiegend Frauen im Alter von 18–35 Jahren im Gewerbe tätig sein dürften und ein zur Zeit relevanter Geburtsjahrgang, also die achtzehn Jahrgänge zwischen 1977 und 1994, aus (höchstens) 450.000 Frauen besteht,[28] hieße das, dass von ca. 8 Mio. Frauen dieser Altersgruppe[29] etwa 5 % anschaffen gehen.[30] Anders gesagt: Etwa jede zwanzigste jüngere Frau ist käuflich. Bevor man hier vorschnell protestiert, bedenke man, dass auf die typische Prostituierte bei den genannten Zahlen 37.500 Euro Umsatz pro Jahr, also reichlich 3.000 Euro pro Monat entfallen.[31] Dies ist ein plausibler Wert, liegt doch zum einen der durchschnittliche Nettoverdienst deutlich unter dem genannten Bruttoumsatz, so dass eine „Professionelle" noch von ihrem Beruf leben kann. Zum anderen übertreffen einige Topverdienerinnen den geschätzten Wert sicherlich bei weitem, während viele gering Verdienende deutlich darunter liegen dürften, so dass ca. 3000 Euro als Mittelwert aller Huren nicht unrealistisch ist.

„Das im Zusammenhang mit der sexuellen Revolution gewachsene Angebot an kostenlosem und unverbindlichem Sex führte zu einem erheblichen Rückgang der Zahl der Prostituierten"[32] ist ein ernst zu nehmendes Argument dafür, dass es früher sogar noch mehr Huren gab als heute. Im Neapel des Jahres 1714 sollen z. B. auf 150.000 Einwohner 8.000 Prostituierte gekommen sein.[33] Das heißt von mutmaßlich 75.000 Frauen in der Stadt waren mehr als 10 % käuflich. Ackroyd (2006, 2011) behandelt London und Venedig ausführlich und kommt – nicht nur für das 18. Jahrhundert – zu denselben Ergebnissen. Hätte die Prostitution früher Seltenheitswert gehabt, so wäre kaum zu erklären, dass sie in

---

[26] Siehe „Fragen und Antworten zum Bericht der Bundesregierung zu den Auswirkungen des Prostitutionsgesetzes" auf den Webseiten des Bundesministeriums für Familie, Senioren, Frauen und Jugend, www.bmfsfj.de.

[27] Siehe „Ein paar Minuten Glückseligkeit – Prostituierte in Deutschland", www.theintelligence.de vom 18.05.2010.

[28] Siehe Statistisches Bundesamt (2007).

[29] $18 \cdot 0,45 \text{ Mio.} = 8,1 \text{ Mio.}$

[30] $0,4 \text{ Mio.}/8 \text{ Mio.} = 1/20 = 0,05 = 5\%$.

[31] $15 \text{ Mrd.}/0,4 \text{ Mio.} = 37.500$ Euro pro Person und Jahr, also $37.500/12 = 3.125$ Euro im Monat.

[32] Siehe de.wikipedia.org/wiki/Prostitution, Aufruf am 26.09.2012.

[33] Durant und Durant (1985: Bd. 15, S. 255).

praktisch allen Kulturkreisen und historischen Epochen problemlos nachweisbar ist und sie sogar als das älteste Gewerbe der Welt gilt.

Zurück in die Gegenwart. Die aktuelle Nachfrageseite stellt sich in Deutschland wie folgt dar: Aufgrund der demographischen Entwicklung sind nur ca. 7,2 Mio. männliche Personen noch zu jung[34] und womöglich weitere 3,8 Mio. zu alt, um regelmäßig mit Prostituierten zu verkehren. Wenn von den restlichen ca. 30 Mio. Männern nur jeder zehnte die Dienste des ältesten Gewerbes der Welt in Anspruch nähme, würde eine Prostituierte typischerweise von 7,5 Kunden leben[35] und jeder Freier müsste rechnerisch mehr als 400 Euro je Monat aufbringen.[36] Da das verfügbare Nettoeinkommen eines privaten Haushalts in Deutschland zur Zeit jedoch nur 1.345 Euro im Monat beträgt,[37] kann dies nicht sein.

Die Kundschaft muss, wenn die obigen Zahlen nur in etwa stimmen, deutlich größer sein. Eine bedeutende Minderheit – jedenfalls weit mehr als 10 % – der deutschen Männer würde dann regelmäßig für Sex bezahlen. Dies ist auch wissenschaftlich plausibel: In der Paarberatung ist das asymmetrische sexuelle Verlangen ein Hauptthema – *Er* will typischerweise häufiger als *Sie*. Es lässt sich experimentell klar belegen, dass sehr viele Männer (jeglichen Alters und Familienstands, je nach Untersuchung bis zu zwei Drittel und mehr) eindeutigen Avancen junger Frauen nicht widerstehen können, und zahllose historische Belege beweisen, dass Prostitution immer schon weit verbreitet war. Schließlich das Ergebnis einer aktuellen Umfrage: „24 Prozent aller Männer gehen zu Prostituierten und 40 Prozent aller Männer waren schon einmal untreu."[38]

Dies alles verblüfft auch den Biologen nicht. Monogamie ist (nicht nur) bei Säugetieren eine Rarität, lässt sich doch schon mit einfachen evolutionsbiologischen Modellen zeigen, dass Promiskuität häufig eine erfolgreiche männliche Fortpflanzungsstrategie ist. Frauen sind hingegen gut beraten, auf männliche Treue zu achten, um Unterstützung bei der Aufzucht des Nachwuchses zu haben. Man sagt prägnant, dass Spermien „billig" und Eier „teuer" sind. Damit meinen Biologen weit weniger die Energie, die vom jeweiligen Organismus in deren Produktion und Weitergabe gesteckt wird, als vielmehr die immensen, Jahrzehnte währenden Aufwände, um aus einem befruchteten Ei einen eigenständigen, potenziell erfolgreichen Erwachsenen zu machen. „Naturgemäß" können bzw. konnten sich Väter dieser Aufgabe leichter entziehen als Mütter. Ganz konkret deutet bei *homo sapiens* einiges darauf hin, dass Frauen in Richtung stabiler Paarbeziehungen gewirkt haben

---

[34] 7,2 Mio. = 18 · 0,4 Mio., da die Geburtsjahrgänge kleiner geworden sind (Statistisches Bundesamt 2007).

[35] 7,5 = 3 Mio. Freier/0,4 Mio. Huren.

[36] Drei Millionen Freier bringen 15 Mrd. pro Jahr auf, also 5000 Euro pro Freier und Jahr, d. h. 417 Euro im Monat.

[37] Berechnung des RWI, publiziert auf www.spiegel.de, April 2009. Siehe de.statista.com, Studie 5742, Umfrage zum Netto- und verfügbaren Nettoeinkommen.

[38] Siehe www.focus.de (Titel) vom 04.11.2012.

(Gavrilets 2012), doch mache man sich klar, dass auch Polygynie mit einem wohlhabenden Mann und mehreren gut versorgten Frauen eine erfolgreiche Fortpflanzungsstrategie für *alle* Beteiligten ist.

Ehre wem Ehre gebührt

Werden wir einen Moment moralisch. Lässt sich etwas zur Ehrenrettung von Frauen und Männern sagen? Ladies first: Die obige Betrachtung ist global. Blickt man ins Detail, so ist auch hier die im wirtschaftlichen Bereich häufig anzutreffende „80:20-Regel" (20 % der Kunden sorgen für 80 % des Umsatzes, 20 % der Beteiligten erledigen 80 % der Arbeit usw.) naheliegend. Angesichts des hohen Professionalisierungsgrads des Gewerbes ist es zudem plausibel, dass ein Großteil des Geschäfts[39] auf wenige, doch zugleich gut frequentierte Anbieterinnen entfällt. Nimmt man ein Umfeld von „Semi-Professionellen" und „Gelegenheitsprostituierten" hinzu, ist das Ergebnis, dass wohl der größte Teil aller Frauen[40] nie etwas mit Prostitution zu tun hat.

Die Männer zu entlasten fällt schwerer, da ein Umsatz von 15 Mrd. Euro nur von sehr vielen Freiern generiert werden kann. Wäre er deutlich geringer, so würde sich das Milieu entsprechend verkleinern bzw. würden weniger Zahlungswillige ausreichen, um es zu finanzieren. Zudem würde ein kleinerer Umsatz weniger Nachfrage und damit auch ein geringeres Angebot bedeuten, denn wo kein zahlungsbereiter Mann, da auch keine Hure. Daran erkennt man, wie wichtig zuverlässige Zahlen wären: Je genauer die Daten, desto weniger Unsicherheit, desto weniger Mutmaßen.

Stimmt die obige Schätzung zumindest größenordnungsmäßig, so sind pro Freier und Monat 400 Euro aufzubringen. Selbst wenn manche Reiche sehr viel ausgeben sollten, die große Masse der Kunden hat gewiss nicht genug Geld, um im Durchschnitt(!) diese Summe pro Monat im Rotlichtviertel zu lassen, zumal das klassische Schäferstündchen mit vielen anderen Angeboten konkurriert. Wie man es auch dreht und wendet, selbst wenn der Umsatz deutlich geringer sein sollte als 15 Mrd. Euro und selbst wenn Stammkunden bei der typischen Professionellen für einen satten „Grundumsatz" sorgen, muss es doch eine erhebliche Anzahl von Männern geben, die hin und wieder für Sex bezahlen.

Aufgrund der Zahlen ist die Frage also *nicht*, ob Männer im großen Stil ins Bordell gehen. Die Frage ist, wann und wo sie mit Huren verkehren. Da wohl nur die wenigsten Männer ihren festen Partnerinnen offen und ehrlich über Seitensprünge und gekauften Sex berichten, ist Diskretion wichtig – Sünde und Verrat blühten schon immer im Verborgenen am besten. „Er" kann außerhalb des üblichen sozialen Netzes und im Schutz der Anonymität am Unverfänglichsten seinen Leidenschaften freien Lauf lassen.[41] Das bestätigt die Empirie:

---

[39] zwei Drittel, drei Viertel, sieben Achtel?!
[40] 97–99 %.
[41] Für „Sie" gilt, wenn auch in kleinerem Maßstab, dasselbe.

Ein nicht unbeträchtlicher Teil des Internets besteht aus einschlägigen Angeboten, alle
Taxifahrer in Großstädten wissen die vermeintlich unverfängliche Frage, „wo man etwas
Spaß haben könne" zuverlässig zu beantworten, und gewiss lieben viele Urlauber nicht nur
die Exotik ferner Länder.

Anders gesagt: Es ist sehr plausibel, dass ein nicht unerheblicher Anteil der Prostitution
von (zeitweilig) alleinstehenden Männern – Gelegenheitsfreiern – finanziert wird, die vorzugsweise weit weg von zu Hause unauffällig ihre Wünsche ausleben. In Messe-, Hafen- und
Kongressstädten herrschte immer schon reger Verkehr, und ganz selbstverständlich gehört
zum Soldaten, der in der Ferne seinen Dienst tut, die Sexarbeiterin, die dem Kämpfer in der
Nacht Gesellschaft leistet.

Das sind die nüchternen Fakten, die zusammen mit quantitativen Überlegungen ein
realistisches Bild ergeben. Von den Beteuerungen, es sei anders, ist deshalb in etwa so viel
zu halten, wie von den sozial erwünschten Zusicherungen, man gehe nicht in Fast-Food-
Restaurants, eine Branche, die ebenfalls noch nie über einen Mangel an Kundschaft zu
klagen hatte – soziale Akzeptanz hin oder her.

Völlig unabhängig von der Frage, ob man bereit ist, das älteste Gewerbe der Welt nun als
„sittenwidrig" abzulehnen oder es als „normales Geschäft" (der Form Dienstleistung gegen
Geld) zu tolerieren, lässt sich noch Folgendes zu Gunsten aller Beteiligten festhalten: Ist
ein Partner HIV-positiv, wird bei ca. jedem hundertsten ungeschützten Vaginalverkehr das
Virus übertragen. Dieses Risiko steigt bei anderen Sexualpraktiken oder dem gleichzeitigen
Vorhandensein von Geschlechtskrankheiten deutlich an. Angesichts der obigen (großen)
Zahlen und der gleichzeitigen (geringen) Verbreitung von AIDS – zuverlässige Quellen
sprechen von ca. 15.000 HIV-positiven Männern, die sich über heterosexuelle Kontakte
infiziert haben[42] – kann deshalb auch geschlossen werden, dass zumeist *safer sex* praktiziert
wird. Die „käufliche Liebe" gleicht auch unter dieser Perspektive – Moral hin oder her –
einem Geschäft unter vielen rational handelnden Marktteilnehmern.

Noch eine letzte Übung in rationalem Denken: Haben wir soeben argumentiert, Männer
seien untreuer als Frauen? Mitnichten. Offensichtlich gehört zu einem „gewöhnlichen" Akt
immer *ein* Mann und *eine* Frau. Beide Geschlechter schenken sich also nichts, sie sündigen
und verkehren genau gleich häufig miteinander. Der wesentliche Unterschied scheint nur
darin zu liegen, dass viele Männer zu wenigen Frauen gehen, manche Frauen also bereit
sind, zahlreichen Männern zu Diensten zu sein – was eine andere Beschreibung für Prostitution ist. Historisch gesehen ließ sich deshalb, abgesehen von moralischen Appellen,
das Verhalten der Männer kaum sanktionieren. Anders die Frauen: Als vergleichsweise
kleine Gruppe waren die Prostituierten leicht fassbar und fielen prompt sozialer Verachtung anheim. Heutzutage ist unsere Sicht etwas differenzierter und wir trennen immerhin
zwischen Trieb, Geschäft, Ethik und Kriminalität.

---

[42] Siehe z. B. das Epidemiologische Bulletin Nr. 46 des Robert Koch-Instituts vom 21.11.2011, S. 417.
Insgesamt gibt es in Deutschland ca. 73.000 HIV-positive Menschen. Diese Zahlen sind über die
Jahre hinweg kaum gestiegen.

1.3   Anschauung und Denken: Augen auf!

Die Sonne bringt es an den Tag

Die obigen Beispiele sollten belegen, dass man mit wenigen Eckdaten, etwas Mathematik und einigem gesundem Menschenverstand weit kommen kann. Es hilft auch, etwas von dem Feld zu verstehen, über das eine Aussage gemacht wird. Entgegen dem allgemeinen Vorurteil lässt sich mit Zahlen eigentlich schwer lügen, denn sie sind präzise und transparent. Oft lässt sich auch leicht nachprüfen, ob eine Angabe stimmt oder zumindest plausibel ist. Legt man, wie gerade eben praktiziert, sowohl die Quellen als auch die quantitativen Argumente offen, ergibt sich die Interpretation fast von selbst.

Etwa zählte Emil Gumbel einfach die um 1920 von Links- und Rechtsextremisten begangenen Morde aus und erfasste zugleich die Schwere der verhängten Urteile. Dadurch wurde klar, dass die Justiz in der Weimarer Republik auf dem rechten Auge blind war.[43] Hingegen passen Geheimhaltung, Intransparenz, Korruption und Lüge gut zusammen. Anders gesagt: Will man mit Zahlen lügen, so muss man die Lüge gut verstecken.

Typischerweise werden wichtige Daten verschwiegen, also für eine Schlussfolgerung bedeutsame Informationen verheimlicht. „Das von uns gemanagte Portfolio hat sich um 5 % pro Jahr nach oben entwickelt" wird der potenzielle Kunde mit Freuden in einem Werbeprospekt lesen, nicht aber, dass sich der Markt zugleich mit +7 % im Jahr entwickelt hat. Unübersichtliche Definitionen, möglichst im Anhang versteckt, eignen sich auch ganz ausgezeichnet, unliebsame Sachverhalte zu verbergen. Ähnlich die Methode: Wer nicht genau sagen muss, was er getan (und unterlassen) hat, kann sich viel leichter verteidigen, als jemand, der seine Schritte einzeln offen legen muss.

Nehmen wir eine Legislaturperiode. In aller Regel hat die Regierung etwas geschafft, doch nicht alles gelang und womöglich gab es auch den einen oder anderen handfesten Skandal. Die Bilanz ist gemischt und es ist legitim, dass die Regierung ihre Erfolge hervorhebt, während die Opposition die Defizite betont. Schwer zu sagen, wo hier eine Prioritätensetzung aufhört und das bewusste Verschweigen relevanter Information beginnt. Unter anderem deshalb ist eine kritische Presse wichtig: Sie hinterfragt die Angaben, möchte die ganze Geschichte hören. Wenn sie dabei einigermaßen neutral ist, wird sie, nachdem sie alle relevanten Fakten recherchiert hat, auch zu einem ausgewogenen Urteil kommen.

Mittlerweile gibt es sogar Organisationen, die versuchen, Intransparenz und die damit nahezu unausweichlich einhergehende Korruption zu quantifizieren.[44] Dabei wird zum Beispiel eruiert, wie häufig Unternehmen „schmieren" (müssen?!), wie bestechlich Institutionen von deren Nutzern wahrgenommen werden und wie konsequent gegen Korruption vorgegangen wird. Bei solchen Untersuchungen schneiden die skandinavischen Länder seit Jahren exzellent ab, während Deutschland etwas abfällt und in vielen Staaten „Bakschisch" an der Tagesordnung ist.

---

[43] Siehe „Rechnen gegen den Terror" auf einestages.spiegel.de.
[44] Siehe z. B. www.transparency.de und www.icgg.org.

Malen mit Zahlen

Während die typische Zahlenlüge im Hintergrund versteckt wird oder von vielen verbalen Girlanden umrahmt ist, sind graphische Lügen offen. Ein Diagramm legt scheinbar bloß, was der Fall ist. Weit häufiger jedoch ist, dass es zeigt, was der Betrachter sehen will und soll. Man hüte sich vor der Suggestionskraft bunter Bilder, die mehr scheinen als dass die Fakten dahinter einer kritischen Prüfung standhielten! Je mehr etwas ins „rechte Licht" gesetzt wird, Perspektiven betont und mit Farbe geglänzt wird, desto eher soll der Betrachter auch geblendet werden. Warum nur gibt es wohl so viele herrliche Landschaftsaufnahmen (bei bestem Wetter), actiongeladene Szenen, coole Musik und Horden junger, gutgelaunter Menschen in der Werbung?

In der Statistik geht es meist prosaischer zu, denn – zugegebenermaßen – nüchterne Zahlen sind für die meisten weniger attraktiv als halbnackte Tatsachen. Doch auch hier wird der Betrachter oft durch vermeintlich klare, eindeutige Bilder verführt oder mit simplen grafischen Tricks getäuscht. Besonders die perspektivische Verzerrung wird genutzt um einen kleinen Effekt zu überzeichnen oder einen großen Effekt zu miniaturisieren. Die Möglichkeiten sind zahlreich und das publizierte Material ist so reichhaltig, dass es wohl kein populäres Buch über statistische Lügen gibt, dass nicht auch auf die verführerische Kraft der Bilder hinweist und zumeist mit drastischen Beispielen belegt.[45]

Man sollte der Fairness halber hinzufügen, dass es bei Bildern mindestens genauso schwer wie bei Texten ist, zwischen legitimer Hervorhebung oder Vereinfachung und dem illegitimen Einsatz einschlägiger Mittel zu unterscheiden. Es lässt sich keine scharfe Trennlinie zwischen lehrreichen und guten Darstellungen auf der einen Seite sowie verwirrenden oder sogar irreführenden Darstellungen auf der anderen ziehen. Häufig kommt es darauf an, ein möglichst nuanciertes Bild zu zeichnen und die vielen Pastell- und Grautöne der realen Welt *nicht* vorschnell einer simplen Schwarz-Weiß-Erklärung zu opfern. Wir erwarten von Statistiken nicht zuletzt, umfassend informiert zu werden. Selbst Betriebswirte, eher Männer der Tat als philosophischer Verfeinerung, sind mittlerweile von einzelnen Kennzahlen (Gewinn, Umsatz, Wachstum,...) zu einer reichhaltigeren Beschreibungen von Unternehmen übergegangen. Zwar sind eine "balanced scorecard" oder sogar eine Bilanz schwerer zu interpretieren als eine einzige Zahl (sei jene rot oder schwarz), dafür enthalten erstere aber auch weit mehr Hintergrundinformationen.

Wie bei einer guten Schlagzeile kann es jedoch auch gerechtfertigt sein, nur die wichtigste Information hervorzuheben und diesem Zweck viele eher irrelevante Details zu opfern: "Continent cut off"[46] oder „Wir sind Papst"[47] sagen eigentlich schon alles. Wer möchte da noch wissen, um wie viel Uhr und von wem die sensationelle Neuigkeit verkündet wurde? Natürlich kann, ja muss man durch die Zuspitzung auch vieles weglassen, also

---

[45] Siehe z. B. Huff (1954), Dewdney (1994), Beck-Bornholdt und Dubben (2001a), Krämer (2001, 2005), Eckstein (2009), Best (2010) und Bosbach und Korff (2011).

[46] Die englische Presse meldete in den 1940er Jahren wohl: "Fog in Channel; Continent Cut Off."

[47] Schlagzeile der Bild-Zeitung zur Wahl Joseph Kardinal Ratzingers zum Papst, 20. April 2005.

bewusst selektieren, doch ist das nicht immer schlecht. Man denke an eine Satire. Jene übertreibt sogar ganz bewusst und skizziert mit Worten oder Strichen bizarr übersteigerte Szenen, jedoch für „den guten Zweck" – also um etwas durch Übertreibung ganz deutlich zu machen.

Eine gute Grafik ist genauso prägnant, womöglich sogar klassisch-schlicht wie ein überzeugender, gut gearbeiteter Text. Sie sagt mehr als tausend Worte, wenn sie alle relevanten Informationen leicht verständlich und erfassbar, eben „offen sichtlich", darstellt. Da viele Menschen Bilder leichter erfassen als verbale Argumente, wäre es sogar sträflich, auf eingängige Darstellungen zu verzichten. Und es gibt auch einige allgemeine Qualitätsmerkmale, auf die der Betrachter achten sollte und die es zu hinterfragen gilt:

Was ist die Aussage der Grafik, was will sie mir suggerieren? Welche Daten werden hierfür verwendet? Sind jene überzeugend, relevant und aktuell? Fehlen womöglich wichtige Fakten? In welchen größeren Kontext (Text, Autor, Umfeld) ist sie eingebettet? Wird die Quelle angegeben und ist jene seriös, neutral oder nicht? Als Beispiel diene das folgende Diagramm:

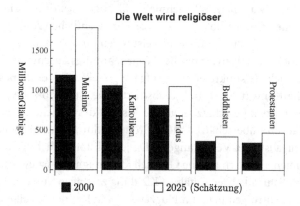

Um das Diagramm angemessen einzuschätzen, sollte Sie interessieren, dass dessen Quelle das "International Bulletin of Missionary Research", also eine Fachzeitschrift für missionarische Arbeit, ist. Zudem wächst die Weltbevölkerung um ca. 80 Millionen Menschen jährlich (siehe auch S. 184), was einen Teil der prognostizierten Steigerung erklärt. Selbstredend sind die wenigsten Missionare Propheten, so dass auch deren Schätzung für das Jahr 2025 mit großen Unsicherheiten behaftet ist.

Es ist wenig verblüffend, dass der Islam ein expandierendes Glaubensbekenntnis ist, doch auch viele Buddhisten leben in Ländern mit wachsenden Bevölkerungen (Südostasien), während die Prognose für Hindus erheblich von der Entwicklung auf dem indischen Subkontinent abhängt. Kaum berücksichtigt wurde wohl die zunehmende Säkularisierung der Industriestaaten, die seit Jahrzehnten mit Kirchenaustritten im großen Stil einhergeht. Zwar ist die Mehrheit der gut 80 Mio. Deutschen de jure noch christlich (je ca. 25 Mio. Katholiken und Protestanten, 1,3 Mio. Orthodoxe usw.), doch glauben laut „Allensbacher Institut" nur noch 40 %, also ca. 33 Mio. Menschen, an ein Weiterleben nach dem Tod. Hierzu passt, dass weniger als zwei Drittel aller Deutschen noch die Bedeutung des Osterfests kennen, kaum die Hälfte aller Kirchenmitglieder einen Weihnachtsgottesdienst besuchen und die Kirchen sonntags fast leer sind.[48]

Unter Blinden ist der Einäugige König?

Die Wege der Vernunft sind oft die mittleren, ausgewogenen: Während der Puritaner eifrig aber letztlich ohne großen Effekt an allem und jedem etwas auszusetzen hat (und wie einfach ist das!), arrangiert sich der laxe Methodiker mit allzu vielen Mängeln und setzt sich über berechtigte Einwände einfach hinweg. Man vermeide also auch hier Extreme: Es ist genauso naiv, jedem Bild zu glauben, wie es überkritisch ist, jedem Argument zu misstrauen. „Kritisch" sollte nicht heißen, nichts gelten zu lassen, im besten Sinne bedeutet „kritisch", Wichtiges zu hinterfragen und aufgrund einer adäquaten Situationsbeschreibung gut informiert zu einem wohlfundierten Urteil zu kommen. Die Augen und Ohren zu verschließen, nur das aufzunehmen, was man wahrnehmen will oder alles durch die sprichwörtliche rosarote Brille zu sehen sind Pathologien, die von der eigentlichen Aufgabe ablenken.

Psychologen haben viele Bücher über die Leistungen unserer Wahrnehmung und unseres Denkens geschrieben, inklusive typischer Wahrnehmungstäuschungen und fehlerhafter Urteile. Einige Beispiele: Je konkreter eine Aufgabe gestellt wird, desto besser sind wir (da uns der spezifische Kontext hilft) und je abstrakter sie ist desto schwächer werden die Ergebnisse. Andererseits unterschätzen wir die Risiken des täglichen Lebens (Hausarbeit, Rauchen, Mobilität) und überschätzen die Bedrohung durch Katastrophen (terroristische Anschläge, Flugzeugabstürze, Vergiftungen). Da jedoch tatsächlich weit mehr Menschen im Alltag umkommen als durch seltene Großschadenereignisse, ist es erheblich wichtiger, als Fußgänger oder Fahrradfahrer auffällige Kleidung zu tragen und beim Autofahren den Gurt anzulegen, als denjenigen Platz im Flugzeug zu wählen, der bei einem Absturz statistisch gesehen am sichersten ist.[49] Genauso wenig ist es ratsam, Kinder zu Hause zur Welt zu bringen, sich nicht impfen zu lassen (S. 79f.) oder auf Vorsorgeuntersuchungen zu verzichten (S. 37ff.), auch wenn viele Menschen meisterlich darin sind, selbst bestens fundierte Empfehlungen in den Wind zu schlagen.

Der gesunde Menschenverstand ist die Grundlage jeder Dateninterpretation, ohne ihn ist man hoffnungslos verloren. Die gerade erwähnten und viele weitere Beispiele lehren jedoch, dass der Einzelne schnell daneben liegt und mehr noch, dass wir uns vor uns selbst oft am meisten in acht nehmen sollten. Aufgrund dessen könnte man auf die Idee kommen, dass mehrere Personen zusammen bessere Entscheidungen fällen. Die naheliegende

---

[48] Ich habe das Diagramm und die im Anschluss gebrachten Zahlen in Pilavas und Heller (2012) gefunden, einem informativen Kalender, der u. a. mit dem Satz „ausgiebige Recherche und profunde Empirie [sind] Basis aller hier präsentierten Daten und Fakten" wirbt und es tatsächlich schafft, eine Unzahl nützlicher Informationen unterhaltsam aufzubereiten.

[49] Ganz hinten, in der Nähe der Notausgänge, siehe auch S. 32ff.

Vermutung bzw. Hoffnung ist, dass Gruppen weniger Fehler machen, Menschen sich im sozialen Kontext rationaler verhalten oder wir gar als „Schwarm" weit intelligenter sind.[50]

„Die Weisheit der Vielen: Warum Gruppen klüger sind als Einzelne" (Surowiecki 2007) ist ein populäres Thema und bei dem einen oder anderen Kommentator könnte man meinen, gemeinsam wären Menschen geradezu unschlagbar. Dem ist jedoch nicht so. Die Sozialpsychologie kennt leider nur allzu viele Situationen, in den die Vielen alles andere als weise sind. Eigentlich genügen schon etwas Lebenserfahrung oder ein Gang ins Fußballstadion um dies zu erkennen. Im Guten wie im Schlechten orientieren wir uns an anderen, schwimmen nur selten gegen den Strom, heulen dafür aber umso häufiger mit den Wölfen. Das Leben in der Gruppe ist für den Einzelnen nicht ungefährlich, weshalb die halbe Wahrheit oft die beste Lüge ist (Ariely 2012) und es ist im allgemeinen auch nicht so sein muss, dass eine Gruppe immer die besseren Entscheidungen trifft.

Jedoch: Wenn Informationen vorhanden sind, die sich auf viele verteilen, so kann tatsächlich eine Gruppe zu besseren Ergebnissen kommen als der Einzelne. Ein klassisches Resultat in diese Richtung ist das „Condorcet-Jury-Theorem".[51] Es besagt, dass selbst dann, wenn der Einzelne nur etwas besser als der Zufall zwischen „wahr" und „falsch" unterscheiden kann, eine genügend große Gruppe mit an Sicherheit grenzender Wahrscheinlichkeit das zutreffende Ergebnis findet. Es genügt schon, dass nur Wenige Bescheid wissen und alle anderen eine Münze werfen, um die Gruppe auf die richtige Fährte zu führen. Auch bei einer gewissen Abweichung von diesem Ideal – etwa subjektiven Vorurteilen, egoistischem Verhalten und nicht immer förderlichen gruppendynamischen Prozessen – gelingt es einer Gruppe oft, gemeinsam besser abzuschneiden als der Einzelne.

Dabei kommt es maßgeblich darauf an, das Wissens des Einzelnen zu erschließen und dann angemessen zu verarbeiten (Sunstein 2009). Die bekannte Fernsehsendung „wer wird Millionär" bringt dieses Wissen gleich auf mehreren Wegen ins Spiel. Der „Telefonjoker" ist ein externer Experte, den der Kandidat zu Rate ziehen darf. Beim „Publikumsjoker" wird abgestimmt, wobei jeder der Anwesenden eine Stimme hat. Ein klassischer Weg, Ansichten zu optimieren, ist die Diskussion, in der Sachargumente eine maßgebliche Rolle spielen. Auch Märkte sind, insbesondere über den Mechanismus der Preisbildung, in der Lage, Lernprozesse zu fördern. Volkswirte sagen auch gerne, dass Märkte Informationen verarbeiten und wichtige Signale geben. Neuerdings versucht man unmittelbar, insbesondere durch geeignet organisierte „Informationsmärkte", systematisch Wissen nutzbar zu machen, an das man mit klassischen Methoden (z. B. Zufallsstichproben) schlecht oder gar nicht herankommt.[52]

Ein zentrales Problem der Schwarmintelligenz ist, dass sich der tatsächlich Kompetente nicht immer durchsetzt. Häufig geben Mächtige oder Extrovertierte den Ton an,

---

[50] Siehe z. B. Aulinger und Pfeiffer (2009), Fisher (2010), Gassmann (2010), Miller (2010).

[51] Nach M.J.A.N. Caritat, Marquis de Condorcet (1743–1794). Für eine aktuelle Darstellung siehe Behrend und Paroush (1998).

[52] Siehe insbesondere die von der University of Iowa organisierten Märkte (Iowa Electronic Markets, IEM) sowie Hahn und Tetlock (2006).

während die wirklich Kompetenten den Mund halten. Wenn bei Wikipedia zehn, von sich selbst überzeugte Halbgebildete immer wieder das „korrigieren", was ein wirklicher Könner geschrieben hat, wird man als Nutzer nur selten das Richtige zu lesen bekommen. Das wiegt besonders schwer, wenn das zunächst Unplausible, ja völlig Kontraintuitive richtig ist. Dann bringt es herzlich wenig, wenn hundert Unwissende abstimmen oder nicht auf den Rat des einen Experten hören.

Ähnliches gilt übrigens auch für empirisch wenig fundierte Bereiche. Wissen ist dort schwer zu greifen, das Falsche kaum zu erkennen, weshalb es dort auch sehr schwierig ist, eine etablierte Ansicht wieder umzustoßen. Haben sich insbesondere Generationen von Gelehrten an einer kniffeligen Frage ohne großen Erfolg abgemüht, so begegnet die gebildete Welt neuen Lösungsansätzen mit entsprechendem Misstrauen. In diesem Klima scheitern gute Ideen schlimmstenfalls nur deshalb, weil sie von der intellektuellen Tradition abweichen, so erfolglos letztere auch immer gewesen sein mag. Hofft z. B. kaum noch ein Philosoph auf Fortschritte bei der Lösung klassischer Probleme, so errichtet das zusätzlich zur intellektuellen eine hohe soziale Hürde, die beide zusammen kaum noch zu überwinden sind.

So lange niemand wagte, Ptolemäus, Galen, Aristoteles und anderen antiken Autoritäten zu widersprechen, wurden deren Fehler genauso treu rezipiert wie ihre Einsichten. Erst als die Menschen in der Neuzeit wieder mehr ihren eigenen Augen und ihrem eigenen Verstand als den Schriften der Alten vertrauten, ging es erneut voran. Kein geringerer als Einstein (1879–1955) bemerkte, dass es schwerer sei, eine vorgefasste Meinung zu zertrümmern als ein Atom. Uraltem Aberglauben ist schwer beizukommen, man denke nur an das alltägliche Horoskop in der Zeitung.

Von Ziegen und Menschen

Irren ist also nur allzu menschlich: Verbale und selbst mathematische Argumente können inadäquat sein, optische Täuschungen unsere Sinne verwirren und selbst die beste Diskussion muss nicht zum richtigen Ergebnis führen. Ein berühmtes Beispiel dafür, dass auch unser Bauchgefühl, unsere zur Zeit wieder hoch geschätzte Intuition nicht immer richtig liegt, ist das Ziegenproblem[53]:

> Nehmen Sie an, Sie wären in einer Spielshow und hätten die Wahl zwischen drei Toren. Hinter einem der Tore ist ein Auto, hinter den anderen sind Ziegen. Sie wählen ein Tor, sagen wir, Tor Nummer 1, und der Showmaster, der weiß, was hinter den Toren ist, öffnet ein anderes Tor, sagen wir, Nummer 3, hinter dem eine Ziege steht. Er fragt Sie nun: 'Möchten Sie das Tor Nummer Zwei?' Ist es von Vorteil, die Wahl des Tores zu ändern?

---

[53] Siehe Whitaker (1990: 16). Ein aktueller Beitrag ist „Und ewig meckert die Ziege" in die ZEIT 34/2011 vom 18.08.2011. Populärwissenschaftlich aufbereitet wird das Thema in von Randow (2004) und Dubben und Beck-Bornholdt (2005).

Die meisten unvoreingenommenen Menschen ändern ihre Wahl nicht, denn ist die Wahrscheinlichkeit nicht immer 1/3 zu gewinnen? Es steht ja genau ein Auto hinter einem der drei Tore.[54] Diese Argumentation ist jedoch falsch.

Nennen wir die Tore der Einfachheit halber A, B und C. Sie haben eines davon, sagen wir A, gewählt und der Showmaster eines der beiden anderen, sagen wir (ebenfalls ohne Beschränkung der Allgemeinheit) C, geöffnet. A und B kommen also noch in Frage. Nehmen wir an, eine Person, die die Vorgeschichte nicht kennt, betritt jetzt den Raum. Für diese Person sind A und B völlig gleichwertig. Sie wird also auf eines der beiden Tore tippen und ihre Gewinnwahrscheinlichkeit ist 1/2, deutlich mehr als 1/3. Vergessen Sie also, nachdem der Showmaster C geöffnet hat, den bisherigen Spielverlauf und tippen „blind" auf eines der beiden verbliebenen Tore, können auch Sie mit Wahrscheinlichkeit 1/2 gewinnen. Zusammengefasst heißt das:

Gewinnwahrscheinlichkeit bei Tipp auf	Tor A	Tor B	Tor C
eine von drei Alternativen	zu 1/3	zu 1/3	zu 1/3
eine von zwei Alternativen	zu 1/2	zu 1/2	offen 0

Tatsächlich wissen Sie aber *mehr* als die Person, die verspätet den Raum betritt. A und B sind für Sie *nicht* gleichartig, denn Sie haben ja auf A getippt und nicht auf B. Was passiert wenn Sie von A auf B wechseln? Mit Wahrscheinlichkeit 1/3 ist das Auto hinter A versteckt. Wechseln Sie gemäß Ihrer Strategie auf das übriggebliebene Tor B, so bewegen Sie sich vom Auto weg und greifen sich die Ziege. Aber es gibt noch einen zweiten Fall: Mit Wahrscheinlichkeit 2/3 ist das Auto nicht hinter A versteckt, d. h. mit dieser Wahrscheinlichkeit haben Sie zunächst daneben getippt. Der Showmaster öffnete dann das verbliebene zweite Tor mit einer Niete. Er öffnete C, weil er wusste, dass sich hinter B das Auto versteckt. Wechseln Sie nun also auf B, so haben Sie das Auto gewonnen. In einer einfachen Formel:

Wkt. (Gewinn bei Wechsel von A nach B, falls C geöffnet wird)
    = Wkt. (Auto steht hinter A) · Wkt.(Gewinn wenn Wechsel von A nach B)
      + Wkt. (Auto steht nicht hinter A) · Wkt.(Gewinn wenn Wechsel von A nach B)
    $= \frac{1}{3} \cdot 0 + \frac{2}{3} \cdot 1 = \frac{2}{3}$

Wenn der Showmaster statt B gerade C öffnet, verhält man sich völlig analog und erhält dasselbe Ergebnis. Das heißt: Die Gewinnwahrscheinlichkeit der Strategie „Wechseln" ist immer 2/3, als Tabelle:

---

[54] Nach der elementaren Formel von Laplace ist „Wahrscheinlichkeit" gerade die Anzahl der „Günstigen" geteilt durch die Anzahl der „Möglichen". Kurz: $p = g/m$.

Gewinnwahrscheinlichkeit	A	B	C
	zu	zu	zu
bei drei gleichartigen Alternativen	1/3	1/3	1/3
(Auf A getippt, C wird danach geöffnet)	zu	zu	offen
der verbleibenden zwei Alternativen	1/3	2/3	0
(Auf A getippt, B wird danach geöffnet)	zu	offen	zu
der verbleibenden zwei Alternativen	1/3	0	2/3

Fassen wir zusammen: Tippt man „blind" auf eines der Tore, ist die Wahrscheinlichkeit ein Drittel, dass man glücklich getippt, also das Tor mit dem Auto dahinter getroffen hat. Wird nun eines der anderen Tore geöffnet und man ändert die einmal getroffene Wahl nicht ab, bleibt es dabei. Kurz gesagt: Die Gewinnwahrscheinlichkeit der Strategie „Nie Wechseln" ist 1/3. Die Strategie „Immer Wechseln" führt hingegen mit Wahrscheinlichkeit 2/3 zum Ziel. Wirft man, nachdem der Showmaster ein Tor geöffnet hat, eine Münze und lässt diese über „Wechseln" bzw. „Nicht Wechseln" entscheiden, so verhält man sich wie eine uninformierte Person, die sich zwischen zwei für sie gleichwertigen Alternativen entscheidet und gewinnt mit Wahrscheinlichkeit 1/2.

Dass die zuletzt genannte Wahrscheinlichkeit gerade das arithmetische Mittel der beiden anderen Werte ist, ist kein Zufall: Wer mit Wahrscheinlichkeit λ die Strategie „Wechseln" verfolgt und mit Wahrscheinlichkeit $1 - \lambda$ die Strategie „Nicht Wechseln" hat insgesamt die Gewinnwahrscheinlichkeit

$$p = \frac{2}{3}\lambda + \frac{1}{3}(1 - \lambda)$$

Offensichtlich ist p am größten, nämlich 2/3, wenn man immer wechselt ($\lambda = 1$). Nie zu wechseln ($\lambda = 0$) führt hingegen zur kleinstmöglichen Gewinnwahrscheinlichkeit, nämlich $p = 1/3$, und im Fall des Münzwurfs ($\lambda = 1/2$) ist auch $p = 1/2$.

Die obige Argumentation ist nicht wirklich mathematisch schwierig. Es scheint eher darauf anzukommen, das Problem auf die „richtige" Art und Weise zu betrachten, und auch das ist ziemlich typisch. Oftmals sind es passende, einem Problem angemessene Begriffe, die, indem sie die richtige Perspektive bzw. Intuition stützen, zur Lösung leiten, uns also gewissermaßen an die Hand nehmen und zum Ziel führen:

Zu Beginn haben Sie keine Information, wo sich das Auto befindet, also ist die Wahrscheinlichkeit das richtige Tor zu tippen 1/3. Durch das Öffnen eines Tores gibt Ihnen der Showmaster jedoch eine wichtige Information: Hinter dem geöffneten Tor steht das Auto nicht, was ihre Chancen erhöhen sollte. Wenn Sie nun starr auf Ihrer ersten Wahl beharren, berücksichtigen Sie diese potenziell wertvolle, zusätzliche Information nicht – falls Sie wechseln schon. Also sollte die Strategie „Wechseln" besser sein. Und genau das stellt sich auch rechnerisch heraus.

Die (richtige) Intuition ist unerlässlich, um ein komplexes Problem zu lösen. Deshalb sollte man im Nachhinein nicht so tun, als wäre die Lösung vom Himmel gefallen und man hätte keine Intuition benötigt. Andererseits ist ein numerisches Ergebnis nicht nur viel präziser. Lässt es sich mit formalen Hilfsmitteln beweisen, so ist jeder Zweifel ausgeräumt, Sicherheit ersetzt vages Vermuten. (Aus diesem Grund und in diesem Sinn diskutieren

Mathematiker nicht mehr über einmal errungene, also bewiesene Resultate.) Ein weiterer immenser Vorteil ist, dass sich eine an einem typischen Beispiel gewonnene Einsicht sofort zu einer allgemeinen Formel weiterentwickeln lässt. So auch hier, siehe Anhang A.

1.4 Auf Leben und Tod

Fragen Sie nicht immer Ihren Arzt

Beispiele wie das Ziegenproblem werden zuweilen herangezogen um die These zu belegen, Menschen, insbesondere auch Mediziner, könnten nicht mit Wahrscheinlichkeiten umgehen. Dem ist jedoch nicht so. In aller Regel kommt man mit qualitativen Einschätzungen recht weit, vor allem wenn das „Bauchgefühl" geschult ist. Kontraintuitive Ergebnisse, wie das vorangegangene und das folgende, sind eher die Ausnahme. Gleichwohl finden sie sich in vielen Statistikbüchern – hoffentlich immer mit der Intention, den Leser zu warnen und nie um ihn einzuschüchtern...

Abstrakt gesehen hat jede Untersuchung, die auf die Diagnose einer bestimmten Krankheit zielt, die folgende Gestalt:

	Test positiv	Test negativ	Gesamt
Das Gesuchte ist tatsächlich vorhanden	p	$1-p$	1 bzw. 100 %
Das Gesuchte ist nicht vorhanden	$1-q$	q	1 bzw. 100 %

Nehmen wir als konkretes Beispiel den sogenannten AIDS-Test. Dieser erkennt mit sehr großer Wahrscheinlichkeit, wenn jemand mit dem HI-Virus infiziert ist (oder nicht). Als Tabelle[55]:

	Test positiv	Test negativ	Gesamt
Virus vorhanden	99,99 %	0,01 %	100 %
Virus nicht vorhanden	0,02 %	99,98 %	100 %

Man sieht, dass der Test nicht schlecht ist. Das heißt, in den allermeisten Fällen stimmen Testergebnis und die Tatsache, ob eine Infektion vorliegt, überein; sowohl p als auch q sind fast gleich Eins.

Was bedeutet das nun für jemanden, der positiv getestet wird? Ist er dann auch nahezu sicher mit dem Virus infiziert? Um die zugehörige Wahrscheinlichkeit zu berechnen, nehmen wir einen heterosexuellen Mann ohne spezifische Risikofaktoren. Aus Bevölkerungsdaten weiß man, dass nur ein bis zwei von 10.000 solcher Männer HIV-positiv sind. (Im Folgenden rechnen wir mit 1,5 Infizierten je 10.000 Männer.) Da es zudem einfacher ist,

---

[55] Ähnliche Werte werden in der Literatur genannt. Aus didaktischen Gründen unterscheiden sich die Zahlen in der ersten und zweiten Zeile.

konkrete Zahlen statt Prozentwerten zu interpretieren und sich Muster bei großen Anzahlen am deutlichsten zeigen, gehen wir schließlich davon aus, dass sich eine Million Männer dem Test unterziehen.

Wie oft kommt es dann vor, dass jemand zwar positiv getestet wird, de facto aber nicht mit dem Virus infiziert ist? Mit den obigen Angaben ergibt sich:

	Test positiv	Test negativ	Gesamt
Virus vorhanden, infiziert	$149,985 \approx 150$	$0,015 \approx 0$	150
nicht infiziert	$199,97 \approx 200$	999.650	999.850
Gesamt	350	999.650	1.000.000

Begründung: Man beginnt mit der letzten Spalte. 1,5 von Zehntausend bedeutet, dass man mit 150 Infizierten bei einer Million Untersuchten zu rechnen hat.[56] Dann berechnet man, die erste Tabelle nutzend, die Anzahlen in der ersten und zweiten Zeile.[57] Hieraus ergibt sich durch einfache Addition die letzte Zeile. Soweit die numerischen Werte in der Tabelle.

Für die Beantwortung der aufgeworfenen Frage „Testergebnis positiv, nun auch mit dem Virus infiziert?" ist deren erste Spalte relevant: Von den positiv Getesteten sind gerade einmal $150/350 \approx 43\,\%$ tatsächlich infiziert! Das ist verblüffend wenig, zumal doch der Test fast fehlerfrei arbeitet. Doch sieht man genauer hin, so erkennt man, dass die kleine Wahrscheinlichkeit, infiziert zu sein,[58] mit den großen Wahrscheinlichkeiten, dass der Test richtig reagiert (jeweils über 99,9 %), verflochten wird.[59] Im Beispiel sind die sich so ergebenden Werte[60] fast genau gleich groß, so dass die gesuchte Wahrscheinlichkeit sogar kleiner als 50 % wird. Typischerweise ist jemand, der positiv getestet wird, also kein Virusträger!

Die Schwierigkeit, das Ergebnis korrekt abzuschätzen, liegt weniger darin, dass Menschen nicht intuitiv mit Zahlen oder Wahrscheinlichkeiten umgehen könnten. Es ist viel mehr die Struktur der Aufgabe, die eine gute Abschätzung immens erschwert. Niemand ist in einem solchen Fall in der Lage, sofort und aus dem Bauch heraus die richtige Größenordnung anzugeben. Die Intuition geht weder fehl bei der zweiten Spalte (wer negativ getestet wird kann zurecht davon ausgehen, dass er auch kein Virusträger ist), noch bei der ersten Zeile (wer mit HIV infiziert ist, wird vom Test erkannt), noch bei der zweiten Zeile (wer nicht mit dem Virus infiziert ist, wird auch in den meisten Fällen negativ getestet). Das erkennt man auch an den zugehörigen Rechnungen. Zum Beispiel werden im Fall der

---

[56] $1,5/10.000 = 150/1.000.000$.

[57] $0,9999 \cdot 150 = 149,985 \approx 150;\ 0,0002 \cdot 999.850 \approx 200$ usw.

[58] $0,015\,\% = 150/1.000.000$ in der letzten Spalte.

[59] Die kleine Anzahl 150 wird mit der großen Wahrscheinlichkeit $p \approx 1$ multipliziert und die große Anzahl 999.850 mit der kleinen Wahrscheinlichkeit $1 - q \approx 0$.

[60] 150 bzw. 200.

zweiten Spalte kleine Anzahlen mit kleinen Wahrscheinlichkeiten und große Anzahlen mit großen Wahrscheinlichkeiten verrechnet.[61]

Weit wichtiger als unsere subjektiven Rechenprobleme ist die Frage, wie man mit dem obigen Ergebnis umgeht. Vermeintlich besteht zwischen zwei sehr großen und sehr ähnlichen Wahrscheinlichkeiten (etwa 0,9999 und 0,9998) kaum ein Unterschied. Multipliziert man aber diese Wahrscheinlichkeiten mit großen Zahlen, insbesondere weil man in der Medizin ein Testverfahren bei vielen Menschen anwendet, so spielt auch noch die x-te Nachkommastelle eine Rolle. Es also zuweilen erforderlich, genau, manchmal sogar sehr genau hinzusehen.

Eine Wahrheit aber mehrere Perspektiven

Zum anderen lässt sich ein und dieselbe Sache, etwa ein Diagnoseverfahren, nicht immer mit einer einzigen Zahl adäquat beschreiben. Es gibt mehrere Perspektiven und man sollte versuchen, diese auch numerisch zu erfassen. Im obigen Fall unterscheiden medizinische Statistiker zwischen *Sensitivität, Spezifität* und *Effizienz*. Gehen wir von den Zahlen der letzten Tabelle aus und bezeichnen sie allgemein[62]:

	Test positiv	Test negativ	Gesamt
infiziert	$n_{11} = 150$	$n_{12} = 0$	$n_{1.} = 150$
nicht infiziert	$n_{21} = 200$	$n_{22} = 999.650$	$n_{2.} = 999.850$
Gesamt	$n_{.1} = 350$	$n_{.2} = 999.650$	$n = 1.000.000$

Die *Sensitivität* erfasst, wie gut ein Verfahren in der Lage ist, eine vorhandene Krankheit bzw. Infektion zu erkennen. Die Frage ist also, ob jemand, der infiziert ist, auch von dem Test erkannt wird. In der obigen Tabelle gilt es deshalb die *erste* Zeile zu betrachten (genau dort befinden sich die Infizierten) und den Anteil der positiv Getesteten zu ermitteln. Als Formel: Sensitivität $= n_{11}/n_{1.}$. Im Beispiel: $150/150 = 100\,\%$.

Die *Spezifität* blickt auf die nicht an einer bestimmten Krankheit Erkrankten bzw. die Nicht-Infizierten. Ein Test sollte in der Lage sein, Fehldiagnosen zu vermeiden, also jemanden irrtümlicherweise positiv zu testen obwohl das Virus gar nicht vorhanden ist. Das passiert z. B. dann, wenn der Test nicht spezifisch ein bestimmtes Virus erfasst, sondern eine ganze Klasse von Krankheitserregern. Ist jemand z. B. an Grippe erkrankt und sein Körper von Grippeviren überschwemmt, so ist bei einem unspezifischen Test die Wahrscheinlichkeit hoch, dass auch dieser positiv ausfällt. (Zum Beispiel der Aidstest, der ebenfalls nach einem Virus sucht.) Die Frage ist also, ob Nicht-Infizierte auch als solche erkannt werden. In der obigen Tabelle gilt es deshalb die *zweite* Zeile zu betrachten (dort befinden sich die

---

[61] Nämlich $n_{12} = 0,0001 \cdot 150 \approx 0$ und $n_{22} = 0,9998 \cdot 999.850 \approx 999.650$.

[62] Statt von „Gesamt" spricht man auch von den *Randsummen*. Dabei zeigt die Position des Punktes, worüber jeweils summiert wird. Also $n_{1.} = n_{11} + n_{12}$, $n_{.1} = n_{11} + n_{21}$ usw.

Nicht-Infizierten) und den Anteil der negativ Getesteten zu ermitteln. Als Formel: Spezifität $= n_{22}/n_2$. Im Beispiel: $999.650/999.850 = 99,979997\,\%$, wobei wir die vielen Nachkommastellen nur angeben um zu verdeutlichen, dass diese Kenngröße ungleich der nächsten ist.

Die *Effizienz* ist schließlich ein Gesamtmaß für die Güte des Tests. Je mehr Kranke und Gesunde richtig klassifiziert werden, umso besser. Wie viele sind es? n_{11} ist die Anzahl der vom Test erkannten Infizierten und n_{22} ist die Anzahl der vom Test erkannten Nicht-Infizierten. Die Summe $n_{11} + n_{22}$ gibt also die Zahl aller richtig Klassifizierten an. Dividiert man diese durch die Anzahl aller untersuchten Personen, erhält man den Anteil der richtig Klassifizierten, die so genannte Effizienz des Tests. Als Formel: Effizienz $= (n_{11} + n_{22})/n$. Im Beispiel: $(150 + 999.650)/1.000.000 = 99,98\,\%$.

Damit scheint alles geklärt zu sein. Doch da man keinen eindeutigen Maßstab zur Hand hat, beginnen die eigentlichen interpretativen Probleme erst hier. Das sieht man schon im Abstrakten: Eine Fehlklassifikation in der ersten Zeile bedeutet, dass ein Infizierter bzw. Kranker nicht als solcher erkannt wird. Das hat zur Folge, dass er nicht die Therapie erhält, die er eigentlich benötigt, was bei vielen schwerwiegenden Erkrankungen den Unterschied zwischen Leben und Tod ausmachen kann. Im obigen Fall wird der laut Test HIV-Negative womöglich das Virus weiter verbreiten, da er und seine Partner sich in falscher Sicherheit wiegen.

Ein Fehler in der zweiten Zeile wirkt zunächst weniger gravierend: Jemand ist tatsächlich nicht infiziert oder erkrankt, er scheint dies jedoch aufgrund des Testergebnisses zu sein. Schlimmstenfalls erhält der vermeintlich Kranke an dieser Stelle eine belastende Therapie, die er gar nicht benötigt. Zumindest wird sich der „krank Gemachte" viele eigentlich unnötige Sorgen machen. Beim obigen Beispiel kommen trotz großer Effizienz des Tests auf 150 richtig Diagnostizierte 200 Personen, die fälschlicherweise hospitalisiert werden. Anders gesagt: Mehr als die Hälfte der positiven Testergebnisse stellen sich bei genauerer Untersuchung als falsch heraus! Ist es gerechtfertigt, viele zu beunruhigen um wenigen besser helfen zu können?

Flugangst

Wie schwierig Interpretationen und zugehörige, vernünftige Handlungsempfehlungen sein können, lässt sich schon an ganz einfachen Beispielen verdeutlichen. Zwei einfache Fragen: Welches ist das sicherste Verkehrsmittel und wie sollte man sich von A nach B bewegen?

Um diese Fragen sinnvoll zu beantworten, liegt es nahe, zunächst einmal Störungen, Schadensfälle und Havarien zu dokumentieren oder aber beim Gebrauch des Verkehrsmittels verletzte bzw. sogar getötete Personen zu zählen. Letzteres sind die gravierendsten Vorkommnisse und genau deshalb werden sie auch vollständig erfasst. Eine statistische Bewertung wird sich also vorzugsweise auf solche Zahlen stützen.

Allein schon weil es weit mehr Fußgänger als Autofahrer oder Bahnfahrer gibt, bringt es wie im ersten Abschnitt wenig, absolute Zahlen zu vergleichen. Vielmehr muss auch hier die

Anzahl der Verkehrsopfer geeignet relativiert werden. Eine typische Art der Betrachtung ist, die Zahl der Getöteten durch die im Verkehrsmittel verbrachte Zeit zu dividieren. In Krämer (2005) finden sich die folgenden Werte[63]:

Verkehrsmittel	Tote pro 100 Millionen Passagier-Stunden (M_t)
Bahn	7
Flugzeug	24

Sich auf M_t zu vereinbaren legt implizit eine Perspektive fest. Diese bevorzugt Verkehrsmittel, in denen man sich lange aufhält, da beim M_t-Quotienten die für die Reisen benötigte Zeit im Nenner erscheint. Personen, die oft auf Schusters Rappen zur Arbeit gehen, schneiden statistisch besser ab als diejenigen, die dieselbe Strecke häufig mit dem Fahrrad zurücklegen. Auch die Bahn ist aufgrund des eher langsamen Nahverkehrs besser gestellt als das Flugzeug. (Selbst Verspätungen, insbesondere, je länger Züge in Bahnhöfen stehen, sind bei dieser Betrachtungsweise günstig.) Ergo ist oft zu hören, dass die Fortbewegung auf Schienen am sichersten sei. Eine solche Aussage stimmt, doch sollte man dazu sagen, dass die spezielle Perspektive ihren Teil zum Ergebnis beiträgt.

Eine naheliegende Alternative ist, die Anzahl der Verkehrstoten durch die zurückgelegte Distanz zu dividieren. So kommt man zu den folgenden, ebenfalls von Krämer angegebenen Werten[64]:

Verkehrsmittel	Tote pro 10 Milliarden Passagier-Kilometer (M_s)
Bahn	9
Flugzeug	3

Auch bei dieser Perspektive bevorzugt man gewisse Transportmittel und zwar jene, die weite Wege zurücklegen. Flüge ins All sind so gesehen äußerst sicher, der Wert von M_s winzig, da dabei selten Astronauten verunglücken und die Streckenlänge immens ist. Bei den in der Tabelle genannten alltäglicheren Fortbewegungsmitteln ist es also nicht weiter verwunderlich, dass das Flugzeug besser abschneidet, zumal gerade auf der Langstrecke am wenigsten passiert, während Starts und Landungen die eigentlich riskanten Manöver sind. Wiederum lässt sich mit Fug und Recht zwar sagen, dass Fliegen am sichersten ist, doch auch deswegen, weil der gewählte Indikator für das Flugzeug günstig ist.

Beim Autofahren ist es ähnlich: Während Autobahnen, auf denen weite Wege zurückgelegt werden, die sichersten Straßen sind, kommt es bei kurzen Fahrten im Stadtverkehr ständig zu Kollisionen. Die übliche Fahrt im PKW und erst recht die typische Fahrradtour

[63] Ein M_t-Wert von „1" bedeutet also, dass aufgrund der Erfahrungswerte mit einem Unfallopfer pro 100 Millionen Stunden im Verkehrsmittel zu rechnen ist. Je kleiner der Wert, umso sicherer ist also das jeweilige Verkehrsmittel.
[64] Ein M_s-Wert von „1" bedeutet, dass mit einem Opfer pro 10 Milliarden zurückgelegter Kilometer im Verkehrsmittel zu rechnen ist. Je kleiner der Wert, umso sicherer ist also auch hier das jeweilige Verkehrsmittel.

sowie der tägliche Fußweg sind kurz, aber auch störanfällig. Selbst wenige im Straßenverkehr getötete Fußgänger reichen deshalb aus, um M_S für Fußgänger in die Höhe schnellen zu lassen. Die per pedes zurückgelegten Strecken sind einfach viel zu klein, als dass Fußgänger bei dieser Art der Betrachtung mit den anderen Verkehrsmitteln konkurrieren könnten. Siehe hierzu auch die nachfolgende Tabelle.

Schließlich könnte man noch die Anzahl der Unfallopfer durch die Anzahl der „Bewegungen" (also Flüge/Fahrten/Fußwege von A nach B) teilen. Diese Perspektive bevorzugt eher häufig benutzte Verkehrsmittel, da viele Bewegungen den Nenner des gerade definierten Quotienten groß und den gesamten Quotienten damit klein machen. So gesehen ist nicht verwunderlich, dass in vielen Statistiken der öffentliche Personennahverkehr besonders gut abschneidet.

Aus alledem sollte man die Lehre ziehen, dass zumeist mehrere Perspektiven natürlich sind und es sinnvoll ist, möglichst viele von ihnen zu berücksichtigen. Hingegen ist es meist problematisch, wenn nicht sogar unseriös, lediglich eine Art der Betrachtung als die einzig Richtige auf einen Sockel zu stellen und alle übrigen zu diskreditieren. Im Falle der Verkehrsmittel achtet der eine Maßstab auf die zurückgelegte Entfernung, der andere auf die Zeit, die ein Passagier im jeweiligen Transportmittel verbringt. Vergleicht man Flugzeug und Zug, so ist es einerseits wahrscheinlicher, dass ein Flugzeug innerhalb der nächsten Stunde verunglückt, andererseits ist eher im Zug auf dem nächsten Kilometer mit einem Unfall zu rechnen. Dies sind verschiedene Aspekte, die voneinander abweichende Indikatoren mehr oder minder stark berücksichtigen.

Darüber hinaus ist es bei allen Unterschieden in der Betrachtungsweise zumeist unangemessen, den Schluss zu ziehen, die Perspektiven seien völlig verschieden. In den seltensten Fällen hat man es mit einer extrem heterogenen Situation zu tun, der keine Statistik gerecht werden kann. Natürlich kann kein Verfahren ermitteln, ob ein Affe, Delfin, Elefant oder Gepard „am besten" ist. Je nachdem, welche Aufgabe man ihnen stellt, d. h. welchen Kennwert man betrachtet, schneidet einmal der eine und einmal der andere besser ab: Man lasse die genannten Tiere auf einen Baum klettern, 1000 Meter schwimmen, einen LKW ziehen oder 100 Meter rennen...

In den meisten Fällen ist es weit sinnvoller, sich klarzumachen, wie sehr die jeweilige Perspektive zu einem bestimmten Ergebnis beigetragen hat und eben mehrere Indikatoren nebeneinander zu betrachten. So wenig aussagekräftig eine einzelne Note auch ist, ein intelligenter Schüler erzielt zumeist in mehr als einem Fach gute Ergebnisse und ein trainierter Athlet weiß in einer Reihe von Sportarten zu überzeugen, auch wenn er selbst einmal in seiner Paradedisziplin versagen mag. Sind die Betrachtungsweisen einigermaßen vernünftig und nicht völlig voneinander verschieden, so wird sich in einschlägigen Indikatoren zeigen, wem ein Gebiet liegt. Es wäre merkwürdig, wenn ein musikalisch Hochbegabter Töne nicht auseinander halten könnte, kein Rhythmusgefühl hätte, weder tanzt noch singt, kein Instrument erlernen möchte und noch nicht einmal gerne Musik hört.

Besonders bemerkenswert ist hingegen, wenn ein Kandidat selbst in einem für ihn eher ungünstigen Test überzeugt. Nehmen wir das Flugzeug. Auch wenn man den Quotienten

„Anzahl Opfer/Anzahl Bewegungen" betrachtet, schneidet es gut ab, da zahlreiche namhafte Gesellschaften seit vielen Jahren unfallfrei fliegen. Das heißt, der Zähler ist für jeden sinnvollen Betrachtungszeitraum nahe oder gleich Null.[65] Andererseits benötigt man schon eine besonders eigenwillige Perspektive, um ein inhärent unsicheres Verkehrsmittel wie das Motorrad (nur zwei Räder und hohe Geschwindigkeit) in einem günstigen Licht erscheinen zu lassen: Die Wahrscheinlichkeit zu verunglücken sollte für einen erfahrenen Motorradfahrer, der nur bei schönem Wetter auf ihm bekannten Straßen unterwegs ist, kleiner ausfallen als für einen sorglosen Fahrradfahrer, der, neu zugezogen, dieselben Strecken befährt.

Dass es zudem sinnvoll ist, mehrere Quellen zu Rate zu ziehen anstatt unkritisch einer Darstellung blind zu vertrauen, bestätigen schließlich die folgenden Zahlen für das Jahr 2008, die sich erheblich von den weiter oben genannten unterscheiden[66]:

Verkehrsmittel	Unfalltote pro 10 Milliarden zurückgelegter Kilometer (M_s)
Bahn	2
Flugzeug	4
PKW	60
Fahrrad	300
Fußgänger	380
Motorrad	450

Insgesamt ist zwar schwer zu entscheiden, welches Verkehrsmittel das sicherste ist, doch zeigt sich auch, dass weder die spezielle (vernünftige) Perspektive noch die Unsicherheit der konkreten Werte entscheidend sind, wenn sich die untersuchten Objekte um Größenordnungen unterscheiden. Falls ein Sachverhalt ganz und gar eindeutig ist, erkennt ihn eben auch der sprichwörtliche Blinde mit dem Krückstock.

Wissen und Handeln – zwei Welten

Die obigen Werte gelten für Deutschland und in ähnlich strukturieren Ländern kommt man zu vergleichbaren Ergebnissen. Ein oberflächlicher Betrachter übersieht deshalb leicht, dass die ermittelten Zahlen (bei aller Ungenauigkeit) ganz entscheidend vom jeweiligen Umfeld abhängig sind. Vor ein paar Jahrzehnten ging Fliegen zurecht mit einem flauen Gefühl in der Magengegend einher und noch heute setzt sich jeder einem großen Risiko aus, der in einer entlegenen Weltgegend ohne professionelle Flugsicherung ein altersschwaches Flugzeug benutzt.

Die Statistik deckt anders gesagt sowohl die positiven Effekte zahlreicher Maßnahmen auf (von der Flugsicherung und Verkehrserziehung über die Gurtpflicht bis hin zu den

---

[65] Die letzten tödlichen Unfälle ereigneten sich in den folgenden Jahren: Lufthansa (1993), Delta Air Lines (1988), British Airways (1976), Finnair (1963), Quantas (1943). Für einen umfassenderen Überblick siehe www.focus.de/reisen/fliegen/airline-sicherheit.

[66] Siehe VerkehrsmittelVergleich.de.

hervorragend ausgebauten Rettungsdiensten), wie sich in ihr auch das Gegenteil bzw. deren Fehlen niederschlägt. Mit dem Bus die Alpen zu überqueren ist ein Vergnügen, über die Anden zu reisen hingegen ein Abenteuer. Auch Zugfahrt ist nicht gleich Zugfahrt: Der Tod ist dem ein naher Begleiter, der in bevölkerungsreichen, armen Ländern notgedrungen auf dem Trittbrett stehen oder sogar auf dem Dach Platz nehmen muss. Um die Sicherheit auf dem Wasser ist es womöglich am schlechtesten bestellt: Regelmäßig gehen unzureichend gewartete und geführte Schiffe unter, reißen überfüllte Fähren Hunderte in den Tod. Hingegen fragt sich, weshalb die EU-Kommission ältere Autos jedes Jahr zum TÜV schicken will, wenn technische Defekte als Unfallursache (zumindest in Deutschland) praktisch keine Rolle spielen.

Nicht zuletzt sind die Werte stark verhaltensabhängig. Es gibt bekanntlich nur junge draufgängerische Piloten (und Kapitäne)[67]; Zweiradfahrer können mit angemessener Kleidung und Beleuchtung ihre Überlebenschancen erheblich erhöhen und unachtsame Fußgänger sind im dichten Großstadtverkehr natürlich weit mehr gefährdet als auf einem abgelegenen Feldweg. Sich auf einen vermeintlich günstigen statistischen Kennwert zu verlassen, ist trügerisch, denn der jeweilige Wert ist die Folge unseres kollektiven Tuns, er ist nicht die Ursache dafür, dass uns (in aller Regel) nichts passiert.

Dementsprechend sollten auch die Empfehlungen ausfallen. Fliegen, Auto oder Rad fahren sind nicht per se sicher, es kommt ganz entscheidend auf die Umstände an. Daher ist es gesellschaftlich gesehen sinnvoll, in die Gefahrenabwehr zu investieren, das Reisen – mit welchem Verkehrsmittel auch immer – sicher zu machen. Da besonders die schwachen Verkehrsteilnehmer gefährdet sind, empfiehlt es sich, bei diesen anzusetzen, zumal zu hoffen ist, dass sich hier mit geringem Aufwand viel bewirken lässt. Dem Einzelnen kann man natürlich – trotz der obigen Zahlen – nicht empfehlen, keinen Fuß mehr vor die Tür zu setzen. Doch sollte er auf Gefahrenschwerpunkte achten und sich gerade als Fußgänger sowie auf zwei Rädern umsichtig verhalten. Jedem sollte klar sein, dass er einiges dafür tun kann um heil am Ziel anzukommen. Welche Fluggesellschaft man wählt ist hierfür eher zweitrangig, nicht aber, ob man sich üblicherweise mit dem Motorrad oder dem Auto zum Flughafen begibt.

Übrigens spielt uns auch hier wieder unsere Psyche einen Streich: Kontrollverlust führt leicht zu Angst (Flugzeug, öffentlicher Nahverkehr), während wir unsere eigenen Fahrkünste (PKW, Motorrad) nur allzu gerne überschätzen. Zudem sind uns einzelne, sehr seltene Katastrophen, die viele Opfer fordern und naturgemäß v. a. Massenverkehrsmittel betreffen, präsenter als unauffälligere Ereignisse. Damit erscheinen sie auch bedrohlicher als häufige Unfälle, bei denen Einzelne zu Schaden kommen. Kaum jemandem ist bekannt, dass die USA in allen Kriegen zusammen weniger Opfer zu beklagen hatten als durch den Straßenverkehr.

Objektives Risiko und subjektives Empfinden klaffen also weit auseinander, und ganz ähnliches gilt für Krankheiten. Die häufigen Laster (siehe S. 16) sowie die damit einhergehenden großen Volksleiden (siehe den nächsten Absatz) raffen weit mehr Menschen dahin

---

[67] Wieder ein Selektionseffekt: Draufgängerische Piloten werden nicht alt.

als einzelne, tragische Todesursachen. Deshalb ist es kaum empfehlenswert, Nabelschnur-
blut und die darin enthaltenen Stammzellen zu konservieren, in der Hoffnung, für seltene
Krankheitsbilder Jahrzehnte später vorgesorgt zu haben. Ein Fahrradhelm ist viel billiger
und bringt wesentlich mehr!

Untersuchen lassen oder nicht?

In den entwickelten Ländern sind Unfälle nur in jungen Jahren die häufigste Todesursache.
Die meisten Menschen (etwa die Hälfte) sterben an Herz-/Kreislauferkrankungen. Etwas
weniger, aber immer noch ca. jeder Dritte, erliegt einem Krebsleiden. Karzinome der Lunge
betreffen beide Geschlechter, Männer höheren Alters kämpfen v. a. gegen Prostatakrebs und
bei Frauen mittleren Alters (30–60 Jahre) ist Brustkrebs die häufigste Todesursache (wobei
die Erkrankungswahrscheinlichkeit mit dem Alter deutlich ansteigt).

Seit einigen Jahren wird nun ein Mammographiescreening angeboten. Das heißt, in
einem bildgebenden Verfahren wird die weibliche Brust durchleuchtet und nach Tumoren durchsucht. In Deutschland werden alle Frauen zwischen 50 und 69 Jahren zu dieser
für sie kostenfreien Früherkennungsmaßnahme eingeladen. *Screening* bedeutet also, große
Bevölkerungsteile systematisch zu untersuchen, ohne dass ein „konkreter Anfangsverdacht"
besteht. Die naheliegende Frage ist, wie erfolgreich die Untersuchung und die nachfolgenden Maßnahmen sind.

Das führt uns wieder auf das Schema S. 29. Leider ist es weit schwerer, im Röntgenbild
einer Brust einen Tumor zu erkennen, als im Blut einen Virus nachzuweisen. Anders gesagt:
Die statistischen Kennwerte dieses Verfahrens sind weit schlechter als jene des AIDS-Tests.
Hier eine Aussage zu einem positiven Befund: „Die Wahrscheinlichkeit, dass eine fünfzig-
jährige Frau, die keinerlei Beschwerden hat und jedes Jahr zur Brustkrebsfrüherkennung
gegangen ist, bei einem auffälligen Mammographiebefund tatsächlich Brustkrebs hat, liegt
bei siebeneinhalb Prozent" (Kaulen 2006). Die große Mehrheit der positiv Diagnostizierten
ist also de facto nicht krank.[68] Diese Frauen mit falsch positiven Befunden werden weiter
untersucht und schlimmstenfalls sogar eine belastende onkologische Therapie durchlaufen
– obwohl sie nicht krank sind. Schlimmer noch ist, dass es trotz des großen Aufwands auch
viele krankhafte Gewebeveränderungen gibt, die nicht erkannt werden. Diese Frauen wiegen sich in Sicherheit, obwohl tatsächlich die Krebserkrankung ihre Gesundheit zerstört. In
einem Bild:

	Mammographie auffällig	Mammographie unauffällig
Brustkrebs	$p \ll 1$	nicht entdeckte Krankheit
Kein Brustkrebs	„krank gemachte" Gesunde	$q \ll 1$

---

[68] Beim AIDS-TEST war dies eine Minderheit, nämlich 43 %.

Soweit zur Diagnose, die alles andere als einfach ist. Nun zur Therapie: Hilft ein früher Befund bei dieser Krankheit, inwieweit verbessern sich die Überlebenschancen durch Früherkennung? Leider gibt es zahlreiche Krankheiten, deren Verlauf kaum beeinflussbar ist. In solchen Fällen bringt es kaum etwas, sich mutig der Krankheit zu stellen und früh Bescheid zu wissen. Schlimmstenfalls kann nichts gegen die Krankheit getan werden, so dass eine frühe Diagnose lediglich die Krankheitsphase verlängert und vielleicht noch zu schmerzhaften aber wenig aussichtsreichen Behandlungen Anlass gibt. Der „Segen des Nichtwissens" ist in diesem Fall das Beste, was sich erhoffen lässt.[69]

Vorsorgeuntersuchungen nutzen letztlich nur dann, wenn Krankheiten früher diagnostiziert *und* deshalb auch besser therapiert werden können. Natürlich hoffen alle Beteiligten, dass sich die Chancen deutlich verbessern. G. Gigerenzer,[70] Psychologe und Leiter des Max-Planck-Instituts für Bildungsforschung, hat Menschen in verschiedenen Ländern nach ihrer Einschätzung befragt. Das im Nachhinein ziemlich plausible Ergebnis war, dass dort, wo die Mammographie nicht verfügbar war, die Menschen bzgl. deren Nutzen eher pessimistisch antworteten. Das heißt, jemand, dem eine Maßnahme nicht zur Verfügung steht, wertet deren Nutzen eher gering. Anders jene Länder, in denen Mammographiescreenings existieren: Sie überschätzen den Nutzen der Methode. Sein Fazit: „Deutsche Frauen und Männer sind, was ihre Einschätzung der Risikominderung durch Vorsorgeuntersuchungen angeht, mangelhaft informierte Optimisten."

Weil das, was wir meinen, gleichwohl zumeist weniger wichtig ist, als das, was tatsächlich der Fall ist, beginnt ein Statistiker üblicherweise bei den Fakten und stellt diese in den Mittelpunkt der Betrachtung. In der Literatur[71] finden sich folgende Zahlen zum Therapieerfolg: „Ohne Früherkennung werden vier von tausend Frauen innerhalb von zehn Jahren an Brustkrebs sterben, mit dem Screening [...] sind es nur drei." Die Sterblichkeit wird also um 25 % gesenkt. Das hört sich viel an und ist es auch, insbesondere wenn man diese Zahlen auf die weibliche deutsche Bevölkerung extrapoliert:

Tote in einem Jahr	Ohne Screening	Mit Screening	Ohne Screening	Mit Screening
durch Brustkrebs	4	3	16.000	12.000
aufgrund anderer Ursache oder überlebend	9996	9997	39.984.000	39.988.000
Gesamt	10.000	10.000	40.000.000	40.000.000

Mein Online-Kommentar zu diesen Zahlen war[72]: „In D gibt es ca. 40 Mio. Frauen. Wenn von 1000 Frauen je eine aufgrund der Untersuchung nicht sterben muss, bedeutet das 40.000 vermeidbare Todesfälle in 10 Jahren, also ca. 4000 pro Jahr [...] Zum Vergleich: Im Straßenverkehr sterben pro Jahr ca. 4500 Menschen, und wir versuchen intensiv, die Risiken

---

[69] Siehe die ZEIT, 18.06.2003, Nr. 26. Den Beitrag rezensieren Weymayr und Koch (2003).
[70] Siehe FAZ Online vom 13.08.2009.
[71] Auch in Kaulen (2006).
[72] Siehe faz.net vom 13.08.2009.

dort weiter zu vermindern. Wir sollten auf eine wirksame Maßnahme nicht verzichten, auch wenn sie leider nicht so wirkungsvoll ist, wie die Befragten hoffen." Ganz ähnlich schrieb eine Kollegin: „In der Bundesrepublik dürften ca. 8.000.000 Frauen im Alter zwischen 50 und 69 leben (das Alter, in dem die Mammografie zur Vorsorge gehört) und die Hälfte davon geht zur Mammografie, die andere nicht. Dann sterben in der einen Gruppe 4000 Frauen mehr an Brustkrebs pro Jahr als in der anderen."

Gleichwohl ist der Nutzen für das Individuum eher gering. Nur eine von 10.000 Frauen stirbt innerhalb eines Jahres nicht an Brustkrebs, weil sie zur Vorsorge gegangen ist. Das heißt, lediglich 0,01 % aller Teilnehmerinnen profitieren so gesehen pro Jahr von der Screening-Untersuchung! Drei sterben mit wie ohne Vorsorge und die übrigen 9996 überleben den Zeitraum oder sterben aus anderen Gründen.

Unbefriedigend ist zudem, dass es, wie bereits erwähnt, viele falsch positive und falsch negative Diagnosen gibt – je ungenauer das Verfahren, desto mehr. Von den Dreien, die sterben, ereilt dieses Schicksal einige, weil die Untersuchung die Krankheit nicht (früh genug) erkannte. Andererseits werden aufgrund des Mammographiebefundes manche der 9996 eigentlich von der Krankheit nicht Betroffenen wegen Verdachts auf Brustkrebs weiter untersucht und womöglich sogar behandelt. Laut einer großen europäischen Studie kommt auf ca. zwei gerettete Frauen eine fälschlicherweise therapierte.[73] Auf 40 Mio. Frauen hochgerechnet heißt das, dass aufgrund des Screenings jährlich in Deutschland fast 2000 gesunde Frauen mit Operationen, Bestrahlung, Chemotherapie usw. malträtiert werden und sich noch viel mehr, deren Verdachtsdiagnose sich (zum Glück) nicht erhärtet, unnötigerweise Sorgen machen.

Schau der Furcht in die Augen, und sie wird zwinkern

Was ist an dieser Argumentation problematisch? Kein Diagnoseverfahren ist perfekt, d. h., es wird immer Gesunde geben, die „krank gemacht" werden. Die meisten ernsten Erkrankungen sind zudem seltener als Brustkrebs. Also wird die Suche nach einer bestimmten Krankheit in den meisten Fällen negativ verlaufen. Schließlich sind wirkungsvolle Therapien bei der Mehrzahl der Krankheiten selbst heute noch eher selten, die Medizin kann oftmals nur wenig ausrichten. Ist deshalb die Haltung gerechtfertigt, möglichst nicht zum Arzt zu gehen, es sei denn, die Symptome lassen einem gar keine andere Wahl mehr?

Offenkundig nicht. In Zeiten, als der Besuch eines Krankenhauses aus hygienischen Gründen lebensgefährlich war und Ärzten außer „zur Ader lassen" nichts einfiel, war es sicherlich sinnvoll, nur im Notfall die Segnungen des Gesundheitswesens in Anspruch zu nehmen. Heute jedoch werden von Therapien wie Medikamenten Wirknachweise[74] verlangt und anders als im Mittelalter gilt die Maxime, dem Patienten zuallererst einmal

---

[73] Siehe „Streit um Brustkrebs-Screening: Neun Frauen gerettet, vier gepeinigt, www.spiegel.de vom 14.09.2012.

[74] Man spricht von „evidenzbasierter Medizin", kurz *EbM*. Mehr dazu in Abschn. 1.9.

nicht zu schaden. Natürlich ist der Besuch beim Arzt in den seltensten Fällen angenehm, kann eine Diagnose falsch sein und eine Therapie wenig bewirken. Doch deswegen den Kopf in den Sand zu stecken ist zumeist die noch weit schlechtere Alternative. Wer frühzeitig handelt, sich potenziellen Gefahren stellt, hat einen schwächeren Gegner vor sich, damit die besseren Chancen und mehr Optionen.

Es ist ein guter, sozusagen „gesunder" Impuls, spätestens bei beunruhigenden Symptomen umgehend einen Arzt aufzusuchen. Jeder verantwortungsbewusste Arzt wird auch bei einem besorgniserregenden Befund, z. B. Blut im Stuhl, weitere gründliche Untersuchungen veranlassen. Blut gehört nicht in den Verdauungstrakt, weshalb abzuklären ist, woher es kommt, was die Ursache für den Befund ist. Dabei wird, gerade bei jüngeren Menschen, in den seltensten Fällen schließlich eine Krebserkrankung diagnostiziert werden, doch gibt es noch ein Dutzend anderer Gründe für Blutungen, die oft auch behandlungswürdig sind.[75]

Empfiehlt es sich mit dieser Grundeinstellung Vorsorgeuntersuchungen in Anspruch zu nehmen? Ja, wenn die Untersuchungen – auch weniger reliable – mit geringem Aufwand und Unannehmlichkeiten verbunden sind (z. B. Urin-, Stuhl- und Blutproben). Ja, wenn bei aufwendigen Untersuchungen die Diagnose effizient (im obigen Sinn, siehe S. 31f.) zu stellen ist. Und ja, falls gute Therapiemöglichkeiten existieren. Im Großen und Ganzen gilt dies aufgrund der obigen Zahlen auch für Brustkrebs. Zwar sind in diesem und vielen anderen Fällen unsere Waffen eher stumpf, so dass allzu viele Menschen den Kampf gegen schwere Krankheiten verlieren – obwohl sie sich optimal verhalten. Doch sie sind auch so scharf, dass es sich – zumindest statistisch gesehen – lohnt, zur Vorsorge zu gehen.

Insbesondere mathematik-affine Personen erhoffen sich von der Statistik oft klare, eindeutige Aussagen. Zuweilen sind sie deshalb maßlos enttäuscht, wenn ihnen klar wird, dass die Belastbarkeit datenbasierter Argumente prinzipiell anderer Natur ist. In aller Regel gibt es eben nicht – siehe oben – die eine Wahrheit, die es herauszufinden gilt. Viel häufiger ist, dass numerische Ergebnisse diverse Interpretationen zulassen, mehrere Perspektiven sinnvoll sind und, wie vor Gericht, einiges für aber auch manches gegen ein wohl erwogenes Urteil spricht.

Im Rahmen der mathematischen Statistik lassen sich zwar strenge Beweise führen, doch nutzen jene, wie auch in der theoretischen Physik, in der Praxis nur bedingt. Bestenfalls weisen sie darauf hin, wann man ein Verfahren guten Gewissens anwenden kann, wo dessen Grenzen liegen und was typische Fehlerquellen sein könnten. Nie jedoch lässt sich in der Praxis etwas beweisen! Die Natur und erst recht die Kultur folgt nur allzu oft nicht unseren vermeintlich zwingenden theoretischen Überlegungen. Allenfalls können wir mittels der adäquaten Würdigung aller aktuell bekannten Fakten „nach bestem Wissen und Gewissen" handeln. Es kann jedoch stets sein, dass neue Evidenz eine Lehrmeinung verändert oder sie sogar in ihr Gegenteil verkehrt.

---

[75] Medizinstatistiker leisten wertvolle Arbeit, erst recht wenn sie sich auf die Kunst verstehen, ihre Überlegungen auch anderen nahe zu bringen. Zuweilen schießen sie mit ihrem Denken jedoch übers Ziel hinaus. So auch Beck-Bornholdt und Dubben (2001b: 126–130), wo die Autoren empfehlen, einen besorgniserregenden Befund in vielen Fällen *nicht* weiter abklären zu lassen.

So meldete der Deutschlandfunk[76]: „Weniger Frauen sterben an Brustkrebs" und fragte zugleich, ob diese erfreuliche Nachricht auf das Screening zurückgeht. Wenn ja, dann müsste die Sterblichkeit in den Ländern, die früh auf dieses Verfahren setzten und in der bevorzugt untersuchten Altersgruppe (50- bis 69-Jährige) am deutlichsten zurückgehen. Dies scheint leider nicht der Fall zu sein, denn in vielen Ländern sanken die Sterblichkeiten gleichmäßig und am meisten profitierten Frauen in ihren Vierzigern. Die Folgerung:

> Offenbar haben andere Faktoren dazu beigetragen, dass weniger Frauen an Brustkrebs sterben. Dazu könnten Diagnosetechniken jenseits der Mammographie zählen, [bessere] Operationstechniken, eine effektivere Strahlenbehandlung sowie der Einsatz neuer Medikamente.[77]

Sollte sich dieser Befund erhärten, wäre es fraglich, spezialisierte Zentren aufzubauen, da an anderer Stelle die Mittel wahrscheinlich besser investiert wären. So tritt z. B. die gezielte Behandlung von Tumoren mit Schwerionen-Strahlen auf der Stelle, weil in Marburg und Kiel entsprechende kostenintensive Anlagen eingemottet werden.[78] Es spricht auch einiges für Programme, die zu einer gesünderen Lebensweise motivieren.[79]

1.5 Vom Speziellen zum Allgemeinen

Pars pro toto

Das Wechselspiel zwischen dem Einzelfall bzw. einer kleinen Stichprobe und der Population insgesamt ist charakteristisch für Statistik. Wir setzen eigentlich immer die speziellen Daten einer Stichprobe mit den Verhältnissen im Allgemeinen in Beziehung.

Zum einen wird eine generelle Aussage auf den Einzelnen „heruntergebrochen". Im Fall einer einschlägigen Diagnose orientieren sich die Betroffenen in aller Regel an den obigen „Chancen", also an den Wahrscheinlichkeiten, die für die Population gelten, zu der sie gehören. Nehmen wir ganz grundsätzlich unsere Lebens-Erwartung, also die Einschätzung, eine gewisse Zeitspanne zu überleben. Je kürzer diese ist, desto mehr werden wir den Tag genießen. Und genau so ist es auch: Menschen in Kriegsgebieten aber auch Entwicklungsländern leben völlig zu Recht mehr im Hier und Jetzt als Wohlstandsbürger, die begründet davon ausgehen können, noch lange auf Erden zu weilen. Die jeweilige Lebenserwartung bestimmt auch maßgeblich das Verhalten von Achtzig- und Achtzehnjährigen: Erstere müssen sich

---

[76] Am 01.08.2011, siehe www.dradio.de/dlf/sendungen/forschak/1518613/.
[77] Siehe „Brustkrebs. Ländervergleich stellt Mammografie ins Abseits", www.spiegel.de vom 29.07.2011. Der Originalbeitrag ist Autier et al. (2011).
[78] Siehe „Lebensretter ohne Chance", Spiegel Online vom 20.09.2012.
[79] Siehe S. 16 und „Auf der Suche nach der bestmöglichen Vorsorge", www.tagesschau.de vom 23.02.2012.

wegen einer schleichenden Nierenkrankheit keine großen Sorgen (mehr) machen, letztere schon. Womöglich sind auch deshalb Geschlechtskrankheiten in Altersheimen recht weit verbreitet, während junge Frauen und Männer auf „Verhütung" größten Wert legen (sollten). Kurz und gut: Individuen hantieren regelmäßig, zumeist wohl eher unbewusst als bewusst, mit Wahrscheinlichkeiten, die für die Populationen, zu denen sie gehören, relevant sind.

Interessanter und schwieriger ist der umgekehrte Weg. Wie viele und welche Einzelfälle sind zu untersuchen, um über eine größere Population eine fundierte Aussage machen zu können? Das heißt, welche Informationen sollten erhoben werden und wie umfangreich muss eine solche Datensammlung sein, damit sie sich generalisieren lässt?

Offenkundig ist im Allgemeinen schwer zu sagen, welche Merkmale beachtet werden sollten und welche vernachlässigt werden können. Die erfassten Variablen sollten natürlich aussagekräftig, zuverlässig und relevant sein. Es ist bestimmt auch kein Schaden, wenn sie eher leichter zu erheben sind. Doch welche Merkmale in einem bestimmten Fall unverzichtbar sind und welche eher randständig, darüber lässt sich lange streiten. Natürlich wird jeder Arzt nach Alter, Geschlecht, Körpergröße und Gewicht fragen. Doch welche Daten darüber hinaus zu erheben sind, hängt natürlich ganz entscheidend von der speziellen Situation ab.

Etwas einfacher ist die Frage nach dem Stichprobenumfang zu beantworten. Das eine Extrem ist der Fall „$n = 1$". Er ist gar nicht so selten wie man denkt: Sie fahren in ein exotisches Land und sehen außer der gut abgeschirmten Hotelanlage während einer begleiteten Exkursion ein Elendsviertel. Vielleicht reden Sie sogar noch mit einigen der Bewohner. Was lässt sich daraus folgern? Der Statistiker würde sagen: Fast nichts, denn Sie haben ja nur einen winzigen Ausschnitt, noch dazu unter sehr selektiven Bedingungen, wahrgenommen. Ganz anders die Schlussfolgerungen mancher Reisender, die sich nun vermeintlich in der Lage wähnen, aufgrund ihrer Erfahrung die Probleme der 3. Welt zu erklären: Im Land XY kann es ja nicht vorangehen, weil die Politiker und die Verwaltung korrupt sind, der Kolonialismus noch nachwirkt, die Leute nicht arbeiten, niemand für irgendetwas verantwortlich ist, das Bildungssystem marode ist, zu viele Kinder geboren werden... Alle diese Thesen können korrekt sein oder zumindest einen Teil der Wahrheit erfassen – nur fundiert sind sie aufgrund einer nachmittäglichen Busfahrt nicht.[80]

Wenn wir aufrichtig sind, müssen wir uns eingestehen, dass die Basis unserer persönlichen Erfahrung häufig recht schmal ist. Dies zu erkennen und im Urteil zurückhaltend zu sein, ist weise, was schon Sokrates (469–399 v. Chr.) betonte. Sich mehr und möglichst objektive Informationen zu beschaffen ist klug. Kaum etwas zu kennen und trotzdem ganz allgemein und im Brustton der Überzeugung zu verkünden, was richtig ist, ist bestenfalls jugendlich-kühn und schlimmstenfalls beängstigend engstirnig. Doch auch Chefärzte und Professoren, ihres Wissens und Könnens bewusst, neigen zuweilen zu selbstgerechter Übertreibung. Erst recht muss sich ein zölibatärer Priester seines Glaubens sehr gewiss sein, wenn er anderen guten Gewissens und ex cathedra vorschreibt, wie sie sich intim zu verhalten haben.

---

[80] Für eine auf langjähriger Erfahrung basierende Analyse siehe Seitz (2012).

Tatsächlich über alle relevanten Informationen zu verfügen ist das andere Extrem. Der Statistiker denkt dabei an die klassische Volkszählung, die auf „Nummer sicher" geht. Statt einer kleinen Teilmenge befragt sie die gesamte Bevölkerung zu sozio-demographischen Grundtatsachen. Wenn alle Personen vollständig und ehrlich einen umfangreichen Fragenkatalog beantworten und Sie als Untersucher sinnvolle Fragen gestellt haben, so lässt sich aus den Antworten viel lernen. Eine solche vollständige Erhebung ist deshalb, zumindest oberflächlich betrachtet, der Goldstandard. Doch gibt es selbst hier eine Reihe von Problemen.

Dass man nie alle Personen erfassen kann, ist noch eine kleinere Schwierigkeit. Es wird immer Menschen geben, die sich nicht befragen lassen, etwa weil sie zu jung, zu alt oder zu krank sind oder die nicht ausfindig zu machen sind (Kriminelle, Nicht-Sesshafte, Personen ohne gültige Papiere). Schwerer wiegt, dass diese Ausfälle kaum abschätzbare, systematische Fehler, etwa am unteren Ende der Gesellschaft, verursachen. Ein unverzerrtes Bild lässt sich kaum gewinnen, wenn es besser und schlechter belichtete Teile der Gesellschaft gibt. Wir wissen zum Beispiel wenig über den Alltag oder das Leben des „einfachen Mannes" früherer Zeitalter, da die Quellen vornehmlich von den außerordentlichen Heldentaten der Oberschicht berichten.

Ganz ähnlich steht es um die Richtigkeit der abgegebenen Antworten. Wie lässt sich überprüfen, dass das stimmt, was gemeldet wurde? Ein Wissenschaftler wird einige Kontrollfragen verwenden und hellhörig werden, wenn die Antworten auf diese nicht zu den Auskünften anderenorts passen. Jedes Datum im Detail nachzuprüfen ist jedoch schlicht unmöglich. Selbst der Rechnungshof und bestens bezahlte Wirtschaftsprüfer können nur bei einigen wenigen Einzelfällen nachprüfen, ob die Angaben mit der Realität übereinstimmen und insgesamt auf Plausibilität achten. (21-Jährige mit Promotion und drei Kindern sind selten, wenige Statistiker erreichen ein Jahreseinkommen von über einer Million Euro, und wer besitzt schon eine Villa, aber kein Auto...) Stellt man im Nachhinein bei derartigen, zumeist stichprobenartigen Kontrollen fest, dass es systematische Verzerrungen gibt, kann man zumindest versuchen, diese zu korrigieren. In den allermeisten Fällen muss man sich jedoch schlicht darauf verlassen – hoffen – dass die Auskünfte, gerade wenn sie sich plausibel anhören, auch tatsächlich stimmen.

Trotz einer umfassenden Erhebung erfährt weder diese noch sonst irgendjemand alles, was er gerne wissen will. In der realen Welt sind Daten nie perfekt und es ist eine gefährliche Illusion zu glauben, bei einer vollständigen Erhebung wäre dies anders. Ganz sicher aber ist bei dieser Art der Informationsgewinn auch der Einsatz maximal. „710 Millionen Euro soll der Zensus 2011 gekostet haben. Ein übertriebener Aufwand?" fragte die Thüringer Allgemeine (am 16.06.2011) ihre Leser und diese antworten zu 90 % mit „Ja"! Natürlich handelt es sich dabei nur um die spontane Befragung einer Regionalzeitung, die Stichprobe war klein ($n = 181$), sie war gewiss nicht repräsentativ für die Gesamtbevölkerung, womöglich fühlten sich gerade die Kritiker aufgerufen, ihre Meinung zu äußern, und sicherlich fallen Ihnen noch viele weitere Gründe ein, weshalb das Ergebnis nicht allzu belastbar ist. Doch

die Frage ist voll und ganz gerechtfertigt: Wie groß ist der Aufwand und welcher Ertrag
steht ihm gegenüber?

Auf Biegen und Brechen

Die klassische Antwort der Statistik heißt: Zufallsstichprobe. Die zugehörige quantitative
Theorie der Erhebung solcher Daten liefert nämlich überzeugende Argumente, warum es
in den meisten Fällen genügt, eine kleinere Stichprobe statt der gesamten Population zu
untersuchen. Deren Aussagekraft ist verblüffend groß, wenn man es schafft, eine nicht systematisch verzerrte Teilmenge auszuwählen. Da der Zufall blind für alle möglichen Eigen-
heiten der untersuchten Individuen ist bzw. anders gesagt, völlig unsystematisch bestimmt,
wer in die Stichprobe kommt, sollte eine so zusammengestellte Teilmenge die Verhältnisse
im Großen gut repräsentieren. Wichtig ist dabei zum einen, dass es wirklich keinen systematischen Auswahlfehler gibt, etwa weil bevorzugt Personen einer Region, eines Milieus
oder einer Altersgruppe befragt werden. Zum anderen darf die Stichprobe auch nicht allzu
klein sein, da sonst zufällige Fluktuationen zu atypischen Verhältnissen führen können.
Insgesamt hält sich der Aufwand so in engen Grenzen, während zugleich die gewünschte
Information reichlich fließt. Gleichwohl ist ein gewisser Aufwand unvermeidlich, wenn
man zuverlässige Daten erhalten will.

Bei Meinungsumfragen werden in Deutschland typischerweise um die 2000 Personen
befragt, also nur ca. 0,0025 % der Bevölkerung.[81] Die Genauigkeit der Antworten ist immerhin ausreichend, um damit Politik zu machen, doch sollte man – kritisch – auch auf
einige Probleme hinweisen: Je weniger Menschen einen Festnetzanschluss haben, desto
schwerer ist es, alle Gruppen der Bevölkerung zu erreichen; die Auskunftsbereitschaft
schwankt immens und nimmt infolge großflächigen Telefonmarketings eher ab; Fragen
wie Antworten können systematisch verfälscht sein (Suggestion, soziale Erwünschtheit,
Modeströmungen,...), Fragen suggestiv gestellt oder irreführend sein, usw.[82]

Es kann sogar vorkommen, dass selbst eine große, aber systematisch verzerrte Stichprobe
den Analysten völlig in die Irre führt. Das klassische Beispiel ist die US-amerikanische
Präsidentschaftswahl von 1936. Die Zeitschrift "Literary Digest" hatte die Ergebnisse dieser
Wahlen seit 1920 korrekt vorhergesagt. Doch nun übersah sie, dass sich zu wenige, den
Demokraten geneigte Wähler in ihrer Stichprobe befanden. Sie prognostizierte einen Sieg
des republikanischen Herausforderers, doch der demokratische Amtsinhaber, Franklin D.
Roosevelt, gewann mit überwältigender Mehrheit.

---

[81] 0,0025 % = 2000/80 Mio.= 1/40.000.

[82] Eine Anekdote am Rande: Kurz nach meinem Studium habe ich mich bei einem der bekannten
Institute beworben. Zwar reichte es nicht zum Vorstellungsgespräch, doch wurde ich nach Abschluss
des Bewerbungsverfahrens – welch' Zufall – von ebendiesem Institut angerufen und sollte an einer
einschlägigen Befragung teilnehmen.

Aufgrund all dessen bearbeiten die Institute ihre Rohdaten nach, insbesondere versuchen sie durch geeignete Gewichtungen systematische Verfälschungen in den Daten abzufangen. Und genau da liegt ein zentrales Problem: Diese Korrekturverfahren sind Geschäftsgeheimnisse und werden nie öffentlich gemacht. Es ist also bei einer einzelnen Umfrage wie auch im Zeitverlauf nicht auszumachen, wie sehr sich die Ergebnisse auf empirische Daten einerseits und „hausinterne Expertise" andererseits stützen. Womöglich orientiert man sich sogar an den Ergebnissen jüngst publizierter Umfragen der Konkurrenz. Jedenfalls weichen die Prognosen der einzelnen Institute selten stark voneinander aber, selbst wenn das anschließende Wahlergebnis ein ganz anderes ist.

Ebenso ist völlig unklar, welche Ergebnisse überhaupt publiziert werden und welche nicht. Niemand wird dafür bestraft, wenn nicht ins Bild passende Resultate einfach in der Schublade verschwinden, wohl aber, wenn sie an die Öffentlichkeit gelangen. Deshalb ist es sehr plausibel, dass die Ergebnisse vieler Umfragen direkt ins Archiv wandern. Solche Selektionseffekte firmieren in der Literatur unter „file drawer effect" (unpassende Befunde verschwinden in der Ablage) und „publication bias" (positive, den Erwartungen entsprechende Befunde werden eher publiziert als negative). Der letzte Einwand wiegt besonders schwer, weil die Institute, die die Umfragen durchführen, zumeist von Medien aber auch Parteien beauftragt werden. Jene haben ein klares Interesse an bestimmten Ergebnissen, während sie andere Resultate eher unter Verschluss halten möchten.

Trotz aller ernsthaften Bemühungen um Validität sind die Berichte der großen Meinungsforschungsinstitute denn auch genauso gut, wie es aufgrund des Prozesses zu erwarten ist. Das heißt, summa summarum sind sie eher wenig zuverlässig, was sich drastisch in den letzten zehn Jahren bei der Vorhersage diverser Wahlergebnisse zeigte, als mehr als ein „renommiertes" Institut mehrfach deutlich daneben lag. 2002 wurde ein Bundeskanzler der CSU vorhergesagt, 2005 „erlitt die Umfrageforschung ein Prognosedesaster",[83] 2011 meinten die Meinungsforscher, die Piraten lägen in Berlin bei 5 %,[84] und 2012 sahen die Auguren CDU und SPD im Saarland gleichauf.[85] Schlimmstenfalls war schon die Stichprobe systematisch verzerrt, die befragten Personen schwiegen oder sagten nicht, was sie wirklich dachten, die Auswerter reicherten völlig intransparent die Daten nach ihrem Gutdünken an und schließlich wurde von alledem nur das publiziert, was die Geschäftsleitung und der Auftraggeber für opportun hielten. Willkommen in der Welt der Meinungs*macher*.

Wer glaubt, die Medien würden lediglich neutral über Sachverhalte, Studien und Statistiken berichten, sollte sich von dieser Illusion schnell verabschieden. Es ist ein offenes Geheimnis, dass Nachrichten, wenn möglich, zum vermeintlich optimalen Zeitpunkt publiziert, eifrig in Szene gesetzt und dramaturgisch inszeniert werden. Warum nur ist im Vorfeld von Wahlen, selbst in der seriösen Presse, fast immer von spannenden Kopf-an-Kopf-Entscheidungen die Rede? Noch am 06.11.2012 hieß es, dass „die Wahl-Entscheidung

---

[83] Schaffer und Schneider (2005).
[84] Amtliches Endergebnis: 8,9 %.
[85] Wahlergebnis: 35,2 % CDU, 30,6 % SPD.

denkbar knapp ausfallen dürfte"[86] und „seit dem Jahr 2000 kein Rennen so unvorhersehbar war."[87] Dabei hatte der einschlägige Informationsmarkt an der Universität von Iowa (siehe S. 25) seit November 2011 auf einen Sieg des amtierenden US-Präsidenten gesetzt und schließlich mit 4:1 klar für Obama votiert. Das amtliche Endergebnis war ähnlich eindeutig (332:206 Wahlmänner zugunsten Obamas).

Man kann der Fachwissenschaft nicht vorwerfen, sie sei sich solcher Probleme nicht bewusst. Genauso wie jeder Lebensmitteltechniker größten Wert darauf legt, dass die Kühlkette eingehalten wird, wird auch jeder gute Statistiker die Prozesskette von den Rohdaten zum fertigen Bericht unter die Lupe nehmen und darauf drängen, dass die Daten mit dem nötigen Respekt behandelt werden. Wie in der Welt der Hygiene können dabei oft schon einfache Maßnahmen viel bewirken, z. B. dass Studien im Vorfeld bei einer neutralen Stelle angemeldet werden müssen (damit sie später nicht unbemerkt in der Schublade verschwinden können) oder dass die Beteiligten ihre Finanzierung und damit auch mögliche Interessenkonflikte (wes' Brot ich ess', des' Lied ich sing') offen legen. Jeder seriöse Autor wird zumindest mögliche Störfaktoren und Selektionseffekte thematisieren, wenn auch nur verbal-informell. Nicht zuletzt ist auch die politisch-weltanschauliche Orientierung der meisten Medien und Institute bekannt.

Zuhören! (Aber sorgfältig)

Doch alles lässt sich natürlich übertreiben. Bildlich gesprochen verhungert ein Purist lieber, als dass er sich auch nur einmal an unreiner Kost den Magen verdirbt. Der klassischen Statistik geht es ganz ähnlich. Von den zahlreichen Manipulationsmöglichkeiten erschreckt, legt sie größten Wert auf die Qualität der Daten sowie ihrer Auswertung. Sie fordert deren geplante Erhebung (experimentelles Design genannt), die Verwendung repräsentativer Zufallsstichproben und Kontrollgruppen, Mehrfach-Verblindung[88] und ist skeptisch, wenn Informationen einfließen, die nicht aus den Daten selbst stammen. Folgerichtig zählen auch Experten-Urteile wenig, selbst wenn sich letztere auf jahrzehntelange Erfahrung und eine noch viel längere wissenschaftliche Tradition stützen. In diesem Sinne hat die statistische, kontrollierte klinische Studie den „Halbgott in Weiß" gestutzt oder sogar gestürzt.

Soweit so gut. Doch im Extremfall, der leider in der Praxis gar nicht so selten ist, führt das zu Scheuklappen in Denken und Handeln. Das heißt, nur noch das, was nach allgemein anerkannten Standards in renommierten Fachzeitschriften veröffentlicht wird, findet Beachtung, während alle ansonsten vorhandenen Kenntnisse ignoriert werden. Die Studie,

---

[86] Siehe „Ein erstes Patt zwischen Obama und Romney, www.faz.net.

[87] Siehe „Finale Romney vs. Obama, www.spiegel.de.

[88] Bei so genannten klinischen Studien (dazu gleich mehr) weiß bestenfalls weder der Patient, noch der behandelnde Arzt, noch der Auswerter, wer welche Behandlung erhalten hat, damit Erwartungen, Wünsche und Vermutungen das Ergebnis nicht beeinflussen können.

die den Ansatz *A* untersucht hat ist gescheitert – weg damit, auch wenn viele fachliche Gründe für *A* sprechen. In "The Lancet" (oder irgend einem anderen führenden Blatt) heißt es, die Therapie *T* zeige unter gewissen Bedingungen einen statistisch signifikanten Effekt – her damit, auch wenn die eigene Erfahrung ganz klar gegen *T* spricht.

Therapiefreiheit, also der Grundsatz, dass der behandelnde Arzt im Einzelfall entscheidet, welche Therapie(n) er seinem Patienten vorschlägt, scheint kaum noch zeitgemäß zu sein. Eigenständiges Denken, gepaart mit begründetem, eigen-verantwortlichem Handeln, ist noch problematischer. Viel einfacherer und (rechts-)sicherer ist es, sich stattdessen an die überall sprießenden Richtlinien der neuen, zentralen Autoritäten zu halten. Während so die echte Koryphäe zum Auslaufmodell wird, bestimmen „leitliniengerechte Behandlungen" im Rahmen von "Managed-Care-Modellen" immer mehr das Bild.[89]

Schütten wir nicht das sprichwörtliche Kind mit dem Bade aus! Denn wie war das noch einmal mit der „unbestrittenen Autorität der Erfahrung"? Da es vornehmlich die vorliegenden Fakten sind, die einem Informationen über eine Person oder einen Gegenstand liefern, sollte man auf jeden Fall ernst nehmen, was sie zu sagen haben. Tatsächlich werden die allermeisten realen Stichproben nicht durch Münzwurf konstruiert, sondern entstehen mehr oder minder systematisch. Und natürlich fließt in Aufbau wie Auswertung selbst des „strengsten" Experiments Vor- und Kontextwissen ein. Es ist zumeist illusorisch, auf jeden Fall aber unproduktiv, die meisten Gerichte auf dem eigentlich reichlich gedeckten Datentisch zu verachten.

Meine persönliche Ansicht ist, dass auch ohne explizite Zufallsauswahl die große Mehrheit der uns zur Verfügung stehenden Stichproben typisch für die Populationen sind, denen sie entstammen. Größere Stichproben sind es nur dann nicht, wenn stärkere äußere Kräfte am Werk waren, die sie systematisch verzerrt haben. Doch je stärker diese Einflüsse sind, desto mehr Spuren hinterlassen sie. Es lohnt sich auf jeden Fall, nach solchen Faktoren zu fahnden und im Falle eines Falles ihre Auswirkungen auf die Daten explizit zu beschreiben. Genau an der Aufdeckung solcher Mechanismen sollten wir interessiert sein. Ein vages „da könnte ein unbekannter Störfaktor die Daten (wie auch immer) beeinflusst haben" ist so bequem wie unbefriedigend. Man macht es sich zu einfach, wenn man Informationen nicht würdigt, nur weil nicht alles nach den Regeln der Kunst lief. Eher abstrakte Zweifel rechtfertigen nicht, die Augen zu schließen, also Daten schnell zu ignorieren. Ganz im Gegenteil. Nur wer den gesamten Prozess von der Datenentstehung bis zum Endergebnis kritisch unter die Lupe nimmt, kann erkennen, welche Effekte *tatsächlich* eine Rolle spielen.

Es sei nicht verschwiegen, dass ich hier optimistischer bin als viele meiner Fachkollegen. Womöglich gehöre ich mit meiner Meinung sogar einer kleineren Minderheit an. Doch der empirische(!) Grund für diese vermeintliche Außenseiterhaltung ist einfach: Ansonsten stünden nämlich fast alle vornehmlich historisch orientierten Wissenschaften auf verlorenem Posten. Die Geschichtswissenschaften, Archäologie und Paläontologie, aber auch Epidemiologie und Astronomie wären ansonsten so gut wie unmöglich. Sie stützen ihre

---

[89] Der Fairness halber muss ergänzt werden, dass sich der Bundesverband Managed Care (BMC) explizit „gegen staatlichen Dirigismus und Zentralismus" ausspricht, siehe www.bmcev.de.

Erkenntnisse nämlich vornehmlich auf die Vergangenheit bzw. genauer, auf das, was bis heute – irgendwie – davon übrig geblieben ist. Natürlich lässt sich mit Galaxien nicht experimentieren und das Geschlecht lässt sich nicht zufällig Personen zuordnen, gleichwohl käme niemand auf die Idee, hier würde keine Wissenschaft betrieben. Auch die Geschichtsschreibung im engeren Sinne ist sich sowohl der Selektivität als auch des zuweilen geringen Umfangs ihres Datenmaterials nur allzu schmerzlich bewusst.

Schriftliche Zeugnisse haben sich recht ungleichmäßig erhalten. Womöglich wurden die besten antiken Texte im Mittelalter mit religiösen Werken überschrieben, die uns heute weit weniger interessieren. Je nachdem, welche große Bibliothek (nicht) in Flammen aufging, wissen wir heute mehr oder weniger über klassische Autoren. Je weiter man zurückgeht, desto mehr verlieren sich schriftliche Zeugnisse. Politische Geschichte wird zudem maßgeblich vom Sieger geschrieben. Noch heute denken viele, die Ära der Mauren in Spanien sei ein dunkles Zeitalter gewesen und übersehen dabei, dass sich die Renaissance maßgeblich auf die Übersetzerschule von Toledo gründet, wo Christen, Muslime und Juden einträglich miteinander antike Texte ins Lateinische übertrugen. Andererseits wissen wir fast nichts über die Maya, da die spanischen Eroberer fast alle ihre Schriftstücke ins Feuer warfen und nur sehr wenig über präkolumbinanische Kunst, weil die Europäer der frühen Neuzeit eine andere Verwendung für die in Edelmetall gearbeiteten Stücke hatten.

Archäologen geht es nicht besser: Siegmund (2010: Kapitel 11) listet einen Großteil der in Mitteleuropa untersuchten und in sogenannten Serien zusammengestellten Skelette auf und kommt auf gerade einmal 14.730 Individuen aus 138 Populationen. Auch diese sind selbstverständlich höchst selektiv, da nicht nur Sozialstatus und Begräbnisweise, sondern auch das Klima und die Beschaffenheit des Bodens maßgeblich darüber bestimmen, was sich erhält und was nicht. „Ötzi", der in der Bronzezeit (ca. 3300 v. Chr.) lebte, erhielt sich in seinem eisigen Grab besser als die meisten Moorleichen aus der mitteleuropäischen Eisenzeit (ca. 500 v. Chr.) Geht man bis zu den Anfängen der menschlichen Art zurück, so wird die Befundlage schnell noch dürftiger und einzelne Funde dokumentieren Jahrzehntausende der Menschheitsgeschichte. Schließlich die Paläontologie: 90 % aller Fossilien sind Meerestiere und zwar nicht, weil vor ein paar hundert Millionen Jahren die Ozeane wesentlich größer gewesen wären, sondern weil ein Landtier nur unter ganz speziellen Bedingungen versteinert, etwa wenn es in einen trüben Sumpf fällt oder von Harz umflossen wird. Es ist äußerst bemerkenswert, wie viel wir trotz dieser mannigfach verfälschten und quantitativ wie qualitativ äußerst dürftigen Datensituation schon alles gelernt haben.

1.6   Daten, Information und Wissen

Population und Stichprobe sind zwei Grundbegriffe der Statistik und tatsächlich ist der wohlbegründete Übergang vom Speziellen zum Allgemeinen ein ganz entscheidender Schritt im Erkenntnisgewinnungsprozess.[90] Anders sieht es mit den gerade eben

---

[90] Siehe insbesondere Saint-Mont (2011), Kap. 4.

beschriebenen Techniken der Gesamterhebung und der Zufallsstichprobe aus. In unserer datenreichen Zeit sind sie nicht mehr die einzigen Wege, eine Informationsbasis zu schaffen.

Geringer Aufwand, großer Ertrag

Paradoxerweise wird die bei weitem wichtigste und immer wichtiger werdende Art der Datenerhebung in der akademischen Statistik bislang kaum behandelt. Diese Art der Datenerhebung ist zum einen weniger kontrolliert als eine echte Zufallsstichprobe, zum anderen aber auch weit umfangreicher: Es handelt sich um das systematische Protokollieren und Speichern all der Fälle, die im täglichen Betrieb ohnehin auflaufen. Die wichtigsten und größten Datensammlungen in der Verwaltung wie in der Wirtschaft entstehen gewissermaßen ganz von selbst und sie sind fast vollständig.

Ein Beispiel: Seit dem Aufkommen des modernen Onlinehandels oder E-Commerce wird ein immer größerer Anteil des Waren- und Geldumschlags über das Internet abgewickelt. Das gelingt bei einem großen Händler nur dann reibungslos, wenn alle Produkte, Kunden, Aufträge, Rechnungen, Lieferungen und sonstigen Transaktionen in entsprechenden Datenbanken festgehalten werden. Das Geschäft wird lückenlos erfasst und – anders als beim klassischen Zensus – handelt es sich nicht um Meinungen sondern um realwirtschaftliche Vorgänge. Sind die Datenbestände nun einigermaßen systematisch organisiert, so ist es ein leichtes, einen Überblick zu gewinnen (etwa eine Gewinn- und Verlustrechnung zu erstellen) wo nötig ins Detail zu gehen (hat Kunde Nr. 27 noch Außenstände?) und nach allgemein gültigen Mustern in den Daten zu suchen (Kunden, die Produkt A gekauft haben, hatten oftmals auch Interesse an Produkt B). Zurzeit sind viele Betriebe und erst recht Verwaltungen zwar noch damit beschäftigt, ihre Datenbestände sinnvoll zu ordnen, doch ist der Ausblick klar: Wer sein Geschäft überblickt, hat auch die besten Chancen, es effizient zu steuern.

Grundlage ist die möglichst automatisierte Erfassung aller relevanten Daten. Ohne Automatisierung sind die Aufwände (und damit Kosten) nicht zu bewältigen, und bei größeren Datenlücken würde man nur mit einer potenziell systematisch verzerrten, wenn auch einigermaßen umfangreichen Stichprobe arbeiten. Doch in den meisten Fällen sind diese Klippen mit moderner Informationstechnik leicht zu umschiffen und zumeist muss man die Welt gar nicht neu erfinden. Erfolgreiche, länger existierende Unternehmen wissen genau, welche Daten wichtig sind und festgehalten werden sollten.[91] Der nächste entscheidende Schritt ist dann, die Daten sinnvoll zu organisieren, d. h. vor allem, sie mittels geeigneter Hierarchien und Dimensionen zu erschließen und zu einer in sich konsistenten Gesamtmenge zu integrieren. Hat man das geschafft, so ist die Auswertung der leichteste Part, lassen sich doch mit modernen graphischen (Datenbank-)Oberflächen schnell ansehnliche und aussagekräftige Berichte erstellen.

---

[91] Geschäftsführer sollten auf ihre inhäusigen Fachleute hören!

Gut sortierte Unternehmen haben heutzutage permanent einen detaillierten Blick aufs Geschäft. Das heißt, die Geschäftsentwicklung lässt sich, transparent aufbereitet, jederzeit einsehen, so dass auch sofort reagiert werden kann. Zudem sind sie in der Lage, quasi auf Knopfdruck komplexere Auswertungen durchzuführen. Abweichungen zwischen IST und SOLL (auf jeder beliebigen Detaillierungsebene) festzustellen sind noch die einfachste Übung, doch auch eine Bilanz zu erstellen fällt nicht schwer, wenn man alle Geschäftsbereiche elektronisch abbildet.

Das Wort *automatisch* ist bei alldem entscheidend. Wenn wie bei der Volkszählung detaillierte Fragebögen konzipiert, gedruckt, verteilt, ausgefüllt, zurückgeschickt, gescannt und digital aufbereitet werden müssen, so stellt der Aufwand leicht jeden potenziellen Nutzen in den Schatten. Dasselbe gilt für die interne Datenorganisation: Wenn „Silodenken" vorherrscht und sich jede Abteilung aus ihrem eigenen Datentopf bedient, so müssen für jede umfassendere Auswertung erst die Daten zusammengetragen werden. Das ist nicht nur wenig effizient, weit schlimmer noch ist, dass isoliert erhobene und verwaltete Daten ad hoc kaum sinnvoll zu integrieren sind, worunter die Qualität jedes aus diesem Datensumpf hervorgehenden Resultats erheblich leidet. Es ist dann an der Tagesordnung, dass jeder seine eigenen Zahlen vorweist und aufgrund der inkompatiblen Informationsstände die Diskussion darum kreist, wer denn nun Recht hat.

Erheblicher Aufwand, akzeptabler Ertrag

Die amtliche Statistik geht anders, nämlich ganz „klassisch", vor. Das heißt, nach wie vor beherrschen die tradierten Erhebungsverfahren, insbesondere Zufallsstichproben und zuweilen auch Vollerhebungen, das Feld. Darüber hat sich die Öffentlichkeit längst eine klare Meinung gebildet. Das vorherrschende Bild ist, dass staubtrockene, humorlose Bürokraten kreative Unternehmen von der eigentlichen Arbeit abhalten. Indem sie letztere mit immer neuen Auskunfts- und Dokumentationspflichten belegen, mehren sie den Datenbestand des Staates, doch der Sinn und Zweck der Übung bleibt verborgen. Sicher ist sich die Öffentlichkeit, dass die so gesammelten Daten akribisch dokumentiert, fein säuberlich archiviert und gründlich aufbereitet werden. Heraus kommen detaillierte Auswertungen, umfangreiche statistische Berichte, die in neuerer Zeit mit graphischen Elementen aufgelockert und im Internet publiziert werden. So erfährt der interessierte Bürger, wie viele Kühe in einem Bundesland grasen, woher die Touristen stammen, die es besuchen, wo die Gewerbesteuereinnahmen am stärksten rückläufig und die Steuereinnahmen am höchsten sind oder wie viele Menschen Wohngeld beantragt haben. Daten existieren zu (fast) allem, doch nach der ermüdenden Lektüre des zehnten solchen Berichts fragt sich der geneigte Leser unweigerlich: Wozu das Ganze?

Viele Theoretiker und leider auch die Verfasser einschlägiger Berichte sind der Ansicht, dass mit der Deskription eines Sachverhalts und vielleicht noch etwas Analyse ihre Arbeit getan sei. Wer jedoch etwas weiter denkt, ist an einem *spezifischen* Nutzen interessiert.

Warum muss man etwas wissen? Welche nützlichen Folgerungen lassen sich – ganz konkret – aus bestimmten Daten ziehen? Blickt man so auf Daten und fragt nach deren Relevanz, deren wirklicher Bedeutung, so fällt die Antwort oft sehr mager aus. Einige Unternehmensberatungen sind dafür bekannt (berüchtigt), dass eine brillante Analyse zwar exzellent präsentiert wird, doch dass die daraus abgeleiteten Handlungsempfehlungen naheliegend, zuweilen sogar geradezu trivial sind. Auch bei der amtlichen Statistik steht der vermeintliche Nutzen oftmals in keinem vernünftigen Verhältnis zum Aufwand. Vieles ist im Laufe der Zeit gewachsen, hat sich ritualisiert, bis sich an das ursprüngliche Motiv für eine bestimmte Datenerhebung wie auch Steuer (und anderes) kaum noch jemand erinnern kann: Warum wurden die Zeitbudgeterhebung und der Solidaritätszuschlag (1991) eingeführt? Im Bereich der Datenanalyse ist jedoch genau das der Unterschied zwischen "must have" (unabdingbar notwendig) und "nice to have" (entbehrlich).

Die Ursache für die Schieflage im öffentlichen Sektor ist leicht ausgemacht: Niemand stellt dem Verursacher die Kosten der Datenerhebung in Rechnung. Für die statistischen Landesämter sind Daten kostenlos, aufgrund gesetzlicher Verpflichtungen müssen ihnen jene zugeliefert werden. Also haben sie keine Probleme damit, Formular um Formular an die Befragten zu verschicken. Doch nur ihren Datenhunger zu kritisieren greift zu kurz. Ämter sind ausführende Organe, es ist nicht ihre primäre Aufgabe, die Weisheit des Gesetzgebers zu hinterfragen. Anders gesagt, man verlangt wohl zu viel, wenn man erwartet, sie selbst würden im großen Stil auf Überflüssiges hinweisen. Die Politik müsste sich auf das Notwendige beschränken, doch haben entsprechende Kommissionen eher zu mehr als weniger Bürokratie geführt.

Warum eigentlich? Womöglich herrscht in naturwissenschafts-fernen Kreisen – also auch Regierungen und Parlamenten – die Meinung vor, Datenerhebungen müssten genauso wie gesetzliche Regelungen ausführlich sein. Mit einfachen Mitteln der komplexen Welt beikommen – ist solcherlei Simplizissimus nicht von vorne herein zum Scheitern verurteilt? Doch zeigt sich, dass gerade die guten Lösungen immer auch (zumindest im Kern) einfach sind. Die Physik besticht weit mehr durch ihre konzeptionelle Eleganz als durch aufwendige Formalismen. Auch gute Mathematik ist für jeden echten Ästheten ein Genuss. Und was besagt das Ökonomieprinzip des Denkens? Wähle unter vielen möglichen Erklärungen die einfachste. Nebenbei bemerkt war auch der Gesetzgeber früher prägnanter in seinen Formulierungen.

Wen das alles nicht überzeugt, dem bleibt als wirkungsvollste und prosaischste Steuerungsmöglichkeit das Geld. Quantifiziert man Aufwand und Ertrag, hält die Kosten gegen den Nutzen, so sieht man sehr schnell, welche Daten unabdingbar sind und welche nicht. Warum ein „Energiepass" für Immobilien (2008 eingeführt), wenn die entscheidenden Verbrauchswerte schon in der Heizkostenabrechnung stehen? Häuslebauer werden auch ohne einen solchen Pass auf eine gute Wärmedämmung achten. Hingegen wäre statt ausufernden Begleittexten eine simple Ampelkennzeichnung von Lebensmitteln sehr zu begrüßen. In manchen britischen Supermärkten genügt so ein Blick, um zu erkennen, was man seinem Körper antut (bei uns scheiterte eine entsprechende Regelung 2010). Nicht zuletzt führen knappe Mittel auch in Politik und Verwaltung rasch zu mehr Effizienz. Wie einfach wäre wohl unser Steuersystem, wenn die Bürger ihre zur Erstellung der Steuererklärung aufgewendete Arbeitszeit Vater Staat in Rechnung stellen dürften?

Immenser Aufwand, verschwindender Ertrag

Ziel jeder Datenerfassung, -Speicherung und -Auswertung sollte sein, mit möglichst geringem Mitteleinsatz ein Höchstmaß an zuverlässigem Wissen über einen Gegenstandsbereich zu gewinnen. Deshalb ist die Stichprobe eine beliebte klassische Erhebungsmethode, während Vollerhebungen selten sind und wo irgend möglich vermieden werden. Dieses elementare Wissen scheint zurzeit wieder verloren zu gehen, denn mit dem Aufkommen durchgängiger elektronischer Datenverarbeitung rückt wieder die Vision vollständiger Daten in den Vordergrund. Warum sollte man sich mit einer Stichprobe begnügen, wenn man „alles" haben kann?

So kam 2006 bei der Kultusministerkonferenz die Idee auf, jedem Schüler eine persönliche Identitätsnummer zuordnen. Damit sollte sich dessen individuelle Bildungskarriere von der Grundschule bis zum höheren Schulabschluss und vielleicht sogar darüber hinaus verfolgen lassen. Die umfassenden Daten würden Auswertungen nicht nur über einen speziellen Schüler, sondern über Schulen, Klassen und Lehrer, die belegten Fächer, Unterrichtsausfall, pädagogische Konzepte, Regionen und den soziodemographischen Hintergrund erlauben. Endlich wüsste man, was schulischen Erfolg ausmacht und wo man wie eingreifen müsste um denselben sicherzustellen.

Soweit die Vision. Dem entgegen steht zunächst einmal der Aufwand. Man möchte sich gar nicht vorstellen, in welchem Maße die Dokumentation, Pflege und Verwaltung der Daten alle Beteiligten (Betroffenen?!) belasten würden. Und warum? Nicht nur ließen sich wie gesagt viele der gewünschten Informationen mit gezielten, stichprobenbasierten Untersuchungen ermitteln, dem entgegen steht auch das Recht auf informationelle Selbstbestimmung: Die Bildungskarriere gehört dem jeweiligen Schüler und nicht Schulämtern oder Kultusministerien. Ein „gläserner Schüler" wird vom Grundgesetz und dessen maßgeblichen Interpreten genauso wenig gewünscht wie der oft thematisierte gläserne Bürger.[92] Vor allem aber spricht aus der genannten Haltung ein technokratischer Machbarkeitswahn, den von der Lippe (1996: Kapitel 8; 261–265), prägnant beschreibt:

> Mit „Computopia" soll die Idee bezeichnet werden, daß Politik und Planung umso besser sind, je umfassender die Lage- und Erfolgsbeurteilung mit statistischen Daten gesichert ist. Diese Idee führt folgerichtig zu einem „unendlichen Datenbedarf" verbunden mit der überzogenen Erwartung, Probleme mit mehr statistischen Daten beizukommen, v. a. bei Politikern und deren wissenschaftlichen Beratern: Ist ein politischer „Handlungsbedarf" erkannt, so wird als erstes nach mehr statistischen Daten gerufen, und wenn man einige Jahre später auf diese Forderungen an die Statistik zurückblickt, so wirkt die Dringlichkeit und Größe

---

[92] Dazu ab Abschn. 2.5 mehr.

des Datenbedarfs, die Planungseuphorie und die Liebe zum statistischen Detail nicht selten geradezu grotesk.

Man muss schon sehr von den Fähigkeiten zentraler Planung überzeugt sein, um glauben zu können, die Schullandschaft würde sich mit derartig umfassenden Daten immens verbessern. Schauen wir in die Praxis: Nichts ist eigentlich einfacher als den Lehrerbedarf zu ermitteln. Man betrachte einfach die Anzahl s_i der im Jahr i geborenen Kinder und schon kennt man ziemlich genau die Anzahl der Erstklässler im Jahr $i + 6$, also ein paar Jahre später. Soll die durchschnittliche Eingangsklasse aus 20 Schülern bestehen, müssen also $s_i/20$ Lehrer für die ABC-Schützen zur Verfügung stehen. Entsprechend lässt sich auch der Bedarf an Lehrpersonal in weiterführenden Schulen und in bestimmten Fächern ermitteln. Gehen z. B. 30 % aller Schüler aufs Gymnasium und wählen von diesen 50 % eines der MINT-Fächer als Schwerpunkt, so werden dort im Jahr $i + 10$ in etwa $0,3 \cdot 0,5 \cdot s_i$ Schüler zu versorgen sein.

Da dem Dienstherrn zudem das Lebensalter der bereits tätigen Pädagogen bekannt und auch das Renteneintrittsalter kein Geheimnis ist, hätten die Schulverwaltungen bzw. letztlich auch die Politik genug Zeit, die Lehrerausbildung an den staatlichen Hochschulen so zu steuern, dass immer genug Pädagogen zur Verfügung stehen. Doch gelingt diese einfache Übung in Planung und Controlling in der Realität? Eine rhetorische Frage, denn seit Jahrzehnten wechseln sich Mangel- und Überschussphasen in der Lehrerausbildung ab. Einmal werden selbst die Besten nicht in den Schuldienst übernommen, wenige Jahre später jedoch verzweifelt Seiteneinsteiger für Mangelfächer gesucht. Viele Kollegien sind überaltert, das heißt es gab schon viele magere Jahre für Berufsanfänger, was nicht gerade dazu verlockt, ein Lehramtsstudium aufzunehmen. Zugleich fällt in einigen Bundesländern im großen Maßstab Unterricht aus, und das nicht erst in den letzten Jahren.

Wohlgemerkt, dies alles geschieht in einem Bereich, der eigentlich durch seine langfristige Überschaubarkeit besticht! Nur ein großer Optimist kann trotzdem glauben, mit detaillierteren Daten würde auch eine feinere Steuerung gelingen, wenn tatsächlich in der Praxis unter günstigen Randbedingungen schon die Grobsteuerung oft versagt und viele Fragen, die problemlos mit geeigneten Stichproben beantwortbar wären, bis heute einer überzeugenden Antwort harren. Der Aufwand ist schon jetzt erheblich, doch selbst wenn er nochmal stiege, wäre aufgrund jahrzehntelanger Erfahrung nicht zu erwarten, dass der Nutzen im selben Maß – wenn überhaupt – zunähme.

Kontraproduktive Statistik

Es ist sogar so, dass ein Gutteil des schlechten Rufes der Statistik auf deren Verwendung in der politischen Arena zurückzuführen ist. Daten lügen an sich nicht, wohl aber der, der nur diejenigen Zahlen von sich gibt, die zu seiner Agenda passen. Wir alle neigen zu diesem Fehler, und sehen gerne die Welt so, wie es uns passt. Früher wurde sogar regelmäßig der Überbringer schlechter Nachrichten bestraft und Kritiker mundtot gemacht. Wo keine

Kritik, da auch kein Problem, scheint zumindest in autoritären Regimen bis heute die Devise zu sein.

Es hat lange gedauert und bedarf wohl auch einer geeigneten Ausbildung, um Daten gerade dann zu würdigen, wenn sie eben *nicht* das sagen, was wir erwarten und gerne hören würden. Bezeichnenderweise wird von Napoleon Bonaparte (1769–1821) berichtet, er habe einen Diener zurechtgewiesen, als jener ihm erst zum Frühstück eine schlechte Nachricht „servierte", die schon Stunden zuvor eingegangen war. Seine Begründung: Gute Nachrichten können warten, schlechte nicht, da auf letztere gegebenenfalls sofort zu reagieren ist.

Zwar ist es heute eher die Ausnahme, nur den Daten zu trauen, die man selbst gefälscht hat, doch gilt nach wie vor, dass sich Indikatoren, die in der politischen Diskussion eine Rolle spielen, *abnutzen*. Zu groß ist nach wie vor die Versuchung, die Realität dadurch zu beschönigen, dass man die Definition einer Kennzahl geeignet „modifiziert". Ganz allgemein adaptieren sich die Befragten an das Muster einer Befragung. Oftmals ist deshalb eine Erhebung beim ersten Durchlauf am aussagekräftigsten, während sich später die Getesteten auf das, was kommt, vorbereitet haben. Mit der Routine wird auch schnell der eigentliche Zweck einer Datenerhebung vergessen und das typische Datenerhebungsritual ist die Folge: Immer dieselben, wenig inspirierten Fragen, die mit genauso oberflächlichen Antworten bedacht werden.

Schlimmstenfalls kommt bei einer solchen Pflichtübung genau das zurück, was der Befragende hören will bzw. soll. So jagte im ehemaligen Osten eine Erfolgsmeldung die nächste. Diese kulminierten regelmäßig in dem Satz, dass alle Planziele übertroffen worden seien. Da sich die Realität (auch aufgrund der unwahren Berichterstattung) genau gegensätzlich entwickelte, wusste schließlich jeder, was von solchen Bekundungen zu halten war: Auf die Zahlen war kein Verlass (mehr), es ging um die „Show", nicht um das "to know".

1.7   Wir müssen wissen. Wir werden wissen

Valide und reliable Daten

Statistik lässt sich als Messung „im größeren Stil" verstehen. Wie bei einem üblichen Messinstrument kommt es deshalb zum einen darauf an, was gemessen wird und zum anderen, wie genau dies geschieht. Niemand wird versuchen, mit einer Waage die Intelligenz eines Menschen zu bestimmen oder mit einer Uhr dessen Haarfarbe. Während eine Uhr ein valides Messinstrument der physikalischen Größe „Zeit" ist, ist sie (zumindest ohne weitere Vorkehrungen) kein valides Instrument, um Intelligenz zu erfassen. Wird überhaupt das gemessen, was gemessen werden soll? ist die entscheidende Frage. Lässt sich diese guten Gewissens mit „ja" beantworten, hat man es mit einer validen Messung zu tun.

Neben der Validität spielt die Reliabilität eine entscheidende Rolle. Um Zeit zu messen verwenden wir unser Gefühl, Omas Pendeluhr, mechanische und elektronische Armband- uhren, Funkwecker, Atomuhren, usw. Der Unterschied ist offenkundig, dass letztere extrem genau sind, während erstere nur mit einer großen Unschärfe die aktuelle Zeit wiedergeben. Genau das ist Reliabilität: Egal was erfasst wird (möglicherweise etwas ganz anderes als beabsichtigt), eine reliable Messung ist präzise, die Messwerte weisen eine geringe Streuung auf.[93]

Die Naturwissenschaften haben insofern einen großen Vorteil, als dass sie wissen, was sie (ver)messen und die Gegenstände ihrer Betrachtung leicht zu erfassen sind. Physiker wissen zwar nicht wirklich, was Zeit ist, doch haben sie nicht nur theoretisch hervorragend gelernt, mit ihr umzugehen. Sie vergeht gleichmäßig und ist deshalb von vielen Beobachtern einheitlich und leicht zu erfassen. Es gibt also keine Diskussionen darüber, was eine Waage, eine Uhr oder ein Dosimeter misst und der angewandte Wissenschaftler kann sich darauf konzentrieren, die Präzision der Messung zu erhöhen.

In den weichen Wissenschaften ist dies ganz anders. Dort fällt es schon schwer, zu definieren, was man eigentlich erfassen will – Was ist eigentlich „Wirtschaftswachstum"? Selbst bei bester Datenlage lässt sich die gewünschte Größe oftmals kaum identifizieren, also zuverlässig von anderen Faktoren isolieren – Wie trennt man Inflation bzw. scheinba- res Wachstum vom echten Anstieg der Wirtschaftskraft? Reale Daten sind darüber hinaus mit systematischen Fehlern und zufälligem „Rauschen" behaftet, so dass es noch schwerer wird, dass Interessierende zu erfassen. (Siehe die weiter oben beschriebenen Erhebungsme- thoden.) Last but not least hält das zu Messende auch nur selten still, es ändert sich mit der Zeit, der Perspektive oder verwendeten Methode, so dass eine Wiederholungsmessung selten das anfängliche Resultat repliziert. Es sollte niemanden verblüffen, dass die Zahl aller Gartenvögel viel schwerer zu ermitteln ist als die Anzahl der Gartenzwerge (ca. 18 Mio.).[94]

Wie wir gerade eben schon kurz erwähnt haben, passt sich im Extremfall das Gemessene an das Verfahren an und verfälscht das Bild vollkommen. Dazu noch ein aktuelles, ziem- lich typisches Beispiel: Die Leistungen von Schülern, Schulen, Lehrern und Dozenten an Hochschulen werden mittlerweile regelmäßig überprüft. Um dieser *Evaluation* Nachdruck zu verleihen, ist ein Teil der Professorengehälter seit der Umstellung auf die W-Besoldung (in den meisten Bundesländern Anfang 2005 eingeführt) „leistungsabhängig".[95] In der Lehre bedeutet dies im Großen und Ganzen, dass jemand, der von seinen Studierenden gut bewertet wird, mehr Geld erhält, während sich ein mittelmäßig bis schlecht Bewerteter rechtfertigen muss.

So weit so schön bzw. unschön. Denn denkt man nur ein paar Minuten über das Verfah- ren nach, erkennt man, dass ein Dozent, der wenig Arbeit ver- und gute Noten erteilt, mit

---

[93] Der Vollständigkeit halber sei erwähnt, dass Validität und Reliabilität noch viele weitere Bedeu- tungsnuancen umfassen (Saint-Mont 2011, 2012). Insbesondere sollte eine zuverlässige Messung wiederholbar (replizierbar) sein.

[94] Siehe Pilavas und Heller (2012).

[95] Siehe www.academics.de/wissenschaft/die_einfuehrung_der_w-besoldung_51863.html.

seiner „leistungsgerechten Besoldung" genauso zufrieden sein kann wie dessen Zuhörer. Auf dem Papier ist alles in bester Ordnung: Wohin man schaut – gute, ja exzellente Noten. Alle Beteiligten, inklusive der Aufsichtsbehörden, sind zufrieden... Tatsächlich jedoch sackt das Niveau nach unten durch, auch deswegen, weil Dozenten, die ihre Lehre ernst(er) nehmen und ihren Studierenden etwas abverlangen, eher schlecht evaluiert werden. Sehr schnell fragen sich die Pflichtbewussten, warum sie sich die ganze Mühe machen sollen, wenn ihnen diese ohnehin nicht vergolten wird. Insgesamt ergibt sich damit ein paradoxes Resultat: Die Evaluierung, mit dem Ziel eingeführt, die Qualität der Ausbildung zu heben, fordert über die von ihr geschaffene Anreizstruktur die Dozenten auf „nett zu sein", also Ansprüche abzusenken!

Auf der Jagd nach aussagekräftigen Daten

Kurzum: Um aussagekräftige Messungen muss man sich in all den Feldern, die Statistik als ihre Hauptmethodik einsetzen, weit mehr bemühen, als in den klassischen Naturwissenschaften. Weder Validität noch Reliabilität bekommt man geschenkt. Zuweilen ist ein Ergebnis sogar maßgeblich vom Experimentator abhängig und niemandem gelingt die Replikation oder aber, eine nur etwas veränderte Perspektive führt zu einem qualitativ anderen Resultat. Statistik ist sicherlich kein Allheilmittel, doch zumindest unsystematische Schwankungen, die z. B. von vielen kleinen, nicht kontrollierbaren Einflüssen herrühren, lassen sich mit ihren rechnerischen Verfahren erfassen. Und Stochastik, also die Mathematik des Zufalls und zugleich der Kern der heutigen Statistik, ist derjenige Formalismus, der zu „weichen Daten" am besten passt.

Zugleich sollte jedoch auch deutlich geworden sein, dass das Hauptaugenmerk nicht auf der verfeinerten Auswertung weicher Daten liegen sollte. So wenig, wie ein Sternekoch aus schlechten Zutaten ein exquisites Menü zaubern kann, ist eine statistische Methode in der Lage, aus Stroh Gold zu spinnen. "Garbage in, garbage out", also „Müll rein, Müll raus", sagen wenig charmant die Informatiker und schon R.A. Fisher (1890–1962), der große Ahnherr der modernen Statistik, stellte sarkastisch fest:

> Den Statistiker zu rufen, nachdem ein Experiment vorüber ist, läuft nicht selten auf eine Untersuchung *post mortem* hinaus: Er mag in der Lage sein zu sagen, woran das Experiment scheiterte.[96]

Auch die Reliabilität zu erhöhen bringt nicht viel, wenn man das völlig Falsche bzw. etwas Irrelevantes misst. Eine gestochen scharf Computertomographie des Kopfes bringt wenig, wenn der Patient über Bauchschmerzen klagt. Eine gute Untersuchung lässt sich weder auf

---

[96] Im Original: "To call in the statistician after the experiment is done may be no more than asking him to perform a postmortem examination: he may be able to say what the experiment died of." Unzählige Quellen geben hier übrigens "Indian Statistical Congress, Sankhya, ca. 1938" an, aber man sucht vergebens nach der lesenswerten Literaturstelle (Fisher 1938).

das „experimentelle Design" nach Fisher, noch die unsystematische Streuung der Messwerte (ebenfalls gerne als „Reliabilität" bezeichnet), noch deren systematische Abweichung vom vermeintlich „wahren Wert" (oft auch „Validität" genannt) festmachen. Alle diese formalen Größen sollte man zwar nicht außer Acht lassen, doch sind sie letztlich nur Hilfsmittel, um die Aussagekraft von Daten zu beschreiben.

Im Vorfeld in die Datenerhebung zu investieren, heißt zunächst einmal, überhaupt an das heranzukommen, an dem man interessiert ist. Zudem sollte man Messinstrumente einsetzen, die möglichst genau sind. Anders gesagt: Das oft benutzte Begriffspaar Validität/Reliabilität wird zwar oft recht eng im Sinne von systematischer Abweichung versus unsystematischer Streuung interpretiert. Im Allgemeinen geht es bei der Validitätsfrage jedoch darum, ob man überhaupt auch nur annäherungsweise das erfasst, was man erfassen möchte. Die Reliabilität schaut eher auf die Messung selbst und stellt die Frage, wie präzise und zuverlässig jene ist (unabhängig davon, was denn nun genau gemessen wird). Dies eng mit der Frage zusammen hängt, was passiert, wenn die Messung wiederholt wird. Sehr prägnant gesagt: „Eine Statistik ist ‚wahr', wenn das Richtige richtig gezählt wurde" (Brachinger 2007: 14).

Ein Beispiel. Menschen sagen nicht immer die Wahrheit, auch nicht wenn man ihnen einen wohldurchdachten Fragebogen vorlegt. Besonders bei Tabuthemen wird die Antwort oft anders ausfallen als die Fakten sind. Fragen Sie einen Kollegen doch einmal nach seinem Gehalt oder einen Nachbarn, für wen er bei der letzten Wahl gestimmt hat. Wenn Sie noch mutiger sind, schneiden Sie weltanschauliche Themen an, schlüpfen mit ihren Fragen unter die Bettdecke oder interessieren Sie sich für seinen Drogenkonsum. Letzterer ist nicht nur sozial unerwünscht, harte Drogen sind darüber hinaus sogar aus gutem Grund illegal. Entsprechend unzuverlässig, sollte man (erneut) erwarten, sind die Erkenntnisse, die durch Befragungen gewonnen werden. Der tatsächliche Konsum von Drogen, ob im privaten Bereich oder bei sportlichen Wettkämpfen, wird wohl systematisch unterschätzt. Um wie viel?

Um zuverlässiger abschätzen zu können, wie groß das gesundheitliche und gesellschaftliche Drogenproblem ist und wie umsatzstark die sich dahinter verbergende Branche, wäre ein validerer Zugang äußerst wünschenswert. Bei Kokain hat man damit Erfolg gehabt (Zuccato et al. 2005). Die Droge wird nämlich im menschlichen Körper zu einem höchst spezifischen Abbauprodukt umgesetzt, das über den Urin ausgeschieden wird und so stabil ist, dass man es auch noch im Abwasser und sogar Flüssen nachweisen kann. Nichts liegt also näher, als unterhalb von Ballungsgebieten oder auch an anderen interessanten Orten Wasserproben zu nehmen. Die Ergebnisse der einschlägigen Untersuchungen stimmen überein: Der auf diese Weise nachgewiesen Konsum liegt um ein Vielfaches über dem bei Befragungen zugegebenen.

Ähnliche Ergebnisse fördern strengere Dopingkontrollen im Leistungssport zu Tage. In den 1970er-Jahren schienen nur einzelne kraftorientierte Sportarten (Gewichtheben, Bodybuilding, Schwimmen, Schwerathletik) betroffen zu sein, später auch Ausdauersportarten (insbesondere Rad fahren). Doch je ernster es die Verbände mit Dopingkontrollen nehmen und je genauer nun insbesondere die Top-Athleten überprüft werden, desto mehr stellt sich heraus, dass Doping gewiss nicht auf einzelne Fälle oder Substanzen beschränkt ist. Viele Sportarten, in denen es mehr auf Kraft und Ausdauer als auf technisches Können ankommt, scheinen „systemisch" betroffen zu sein. Angesichts dessen ist es durchaus verblüffend, dass im Profifußball, wo es auf körperliche Robustheit genauso wie auf Spielwitz ankommt, anstrengende Turniere gespielt werden und es um viel Geld geht, kaum Dopingfälle bekannt werden.

Suchet, so werdet ihr finden

Die Moral aus der Geschichte ist, dass es genau solche Daten zu suchen und zu erheben gilt, die wirklich informativ sind. „Miß alles, was sich messen läßt, und mach alles meßbar, was sich nicht messen läßt," eine berühmte, Galileo Galilei wohl in den Mund gelegte Weisheit,[97] umschreibt gut die eigentliche Aufgabe. Besonders der zweite Teil des Zitats weist darauf hin, dass man sich nicht mit dem leicht Zugänglichen begnügen darf. Es ist gewiss kein Zufall, dass Naturwissenschaftler ihre Bemühungen auf die Entwicklung von Instrumenten und Verfahren konzentrieren, die höchst präzise die entscheidenden Größen messen, ob nun bei Sportlern, in Atomen oder Galaxien.

Ohne diesen Impetus wäre zum Beispiel die Kosmologie keine Wissenschaft, sondern das, was sie Jahrtausende lange war: Mythologie. Wie sollte es auch anders sein? Ohne intensive Bemühungen gibt es weder Daten vom Beginn des Universums noch über die Teilchen und Kräfte, aus denen unsere Welt besteht. Es sind komplexe, große und teure technische Apparate – Satelliten, Teilchenbeschleuniger, Supercomputer, Großforschungseinrichtungen usw. – notwendig, um überhaupt an Daten zu kommen, die es sich lohnt, genauer zu analysieren.

Nahezu überflüssig zu erwähnen, dass auch jeder theoretische Physiker ohne eine solche Datengrundlage schnell zum Metaphysiker wird und sich entweder in "Strings" verheddert oder in „großen vereinheitlichenden Theorien" verliert (Laughlin 2007). Sicherlich wäre auch der Ruf der Wirtschafts- und Sozialwissenschaften weit besser, wenn sie systematischer auf die Suche nach wirklich aussagekräftigen Daten samt geeigneter Kennwerte gehen würden. Ist es nicht bemerkenswert, dass Falschparken eng mit Korruption zusammenhängt und die Körpergröße ein hervorragender Indikator für „Wohlstand" ist?[98] Gerade solche verblüffenden Befunde deuten auf das eigentlich Interessante hin.

Der Dreiklang „Daten, Information, Wissen" baut also ganz klar auf dem Grundton aussagekräftiger Daten auf. Ohne solide Daten keine zuverlässigen Informationen und erst recht kein belastbares Wissen. So war das Human Genome Project, also die vollständige Entschlüsselung des menschlichen Erbguts, nur ein Anfang. Wir werden Jahrzehnte brauchen,

---

[97] Siehe Kleinert (1988).

[98] Siehe „Was Falschparken über Korruption verrät", www.spiegel.de vom 11.10.2006 und „Wohlstand macht lang", www.sueddeutsche.de vom 13.02.2006.

um die genetischen Buchstaben zu verständlichen Texten zusammenzusetzen. Betriebswirte haben den Akkord schon zur sogenannten „Wissenstreppe" ausgebaut (North 1998) und richtig erkannt, dass „Informations- und Wissensmanagement" u. a. für moderne Unternehmen von großer Bedeutung ist (Bodendorf 2005).[99] Die unzweideutige Überschrift des ganzen Abschnitts geht jedoch auf einen überragenden Mathematiker zurück. Wie kaum ein zweiter hat David Hilbert (1862–1943) das Motto „wir müssen wissen, wir werden wissen" gelebt und schließlich auch in seinen Grabstein meißeln lassen.

Anders gesagt: Es ist eine Sache, wenig zu wissen. Jedoch muss derjenige, der wenig weiß, umso mehr mutmaßen und auf guten Glauben hin annehmen. Also sollte man dazulernen. Wer nichts lernen will, bleibt uninformiert und ist (nicht nur) nach Konfuzius dumm. Die einfachste Art, dumm zu bleiben, besteht darin, Daten, die nicht in ein Weltbild passen, zu ignorieren. Bezeichnenderweise gibt es in Georg Orwells totalitärem Staat *1984* (geschrieben 1948, also kurz nach dem 2. Weltkrieg) ein „Wahrheitsministerium", dessen Motto „Unwissen ist Stärke" lautet.[100] Natürlich ist das Gegenteil richtig. Da Wissen stark macht (Bacon 1620), kommt es darauf an, das aktuelle Verständnis und Können systematisch zu erweitern, insbesondere, indem man die Wissenstreppe nach oben steigt.

1.8   Der Ursache auf der Spur

Akademisches Leben

Wissen fällt nicht vom Himmel. Vielmehr werden starke Werkzeuge benötigt, um aus potenziell interessanten Daten tiefere Einsichten zu gewinnen. Auch die richtige Einstellung ist wichtig: Investigative Journalisten decken am ehesten dunkle Geheimnisse auf und auch Wissenschaftler müssen primär Forscher und Entdecker sein.

Auf allen Gebieten ist es für den Nachwuchs am einfachsten, sich einer "(scientific) community" anzuschließen, die am grünen Tisch eine Idee weiter verfolgt. Man denkt in eine ähnliche Richtung, liest und referiert, was andere geschrieben haben, forscht fleißig und macht innerhalb des konventionellen Rahmens gewisse Fortschritte, lädt sich gegenseitig ein und bestärkt einander, dass alles in bester Ordnung sei. Natürlich gibt man sich keinen Illusionen hin, ist kritisch und schaut auch auf die (potenzielle) Anwendbarkeit oder das, was man dafür hält. Es stimmt, dass eine umfriedete akademische Welt – aber nicht nur diese – dazu neigt, zum Elfenbeinturm zu werden. Manches hübsche alte Universitätsstädtchen entspricht sogar ziemlich exakt diesem Image.

---

[99] Deren erste Stufen sind übrigens der klassischen Linguistik entlehnt, wobei schon der bedeutende Logiker Frege (1848–1925) die strikte Trennung von Syntax und Semantik einführte.

[100] Im englischen Original: "ignorance is strength", zugleich ergänzt um die dazu passenden Motti "war is peace" sowie "freedom is slavery".

Doch wieder ist es zu kurz gedacht, deswegen einfach „zielgerichtete, nützliche Arbeit" bzw. „anwendungsorientierte Forschung" aufs Schild zu heben. Die verfassungsrechtlich und institutionell geschützten Freiheiten sind gerade für die akademischen Welt lebensnotwendig, insbesondere, damit ein Wissenschaftler einem ihm aussichtsreich erscheinenden Ansatz gründlich nachgehen kann. Wo stünden wir ohne die großen Denker, Forscher, Entdecker und Erfinder? Konfuzius, Archimedes, Newton und Watt prägen mit ihren Beiträgen das moderne Leben sicherlich mehr als alle Generäle der Weltgeschichte zusammen. Warum? Letztlich weil nichts so praktisch ist wie eine gute Theorie.

Nach diesem kurzen Ausflug in die idyllische Welt meiner Universitätskollegen, die in Ruhe ihrer Arbeit nachgehen und dabei – ganz nebenbei – jeden Tag die Welt neu erfinden dürfen, wollen wir vom grauen Alltag reden. Also Leuten wie Du und ich, die erst einmal über die Runden kommen müssen. Die sich, um zu überleben, organisieren und fleißig an ihrem Biotop bauen. Bis der Tag kommt, an dem die Realität einbricht und sie sich einer echten, äußeren Herausforderung stellen müssen! Plötzlich zeigt sich, wer ihr gewachsen ist und was substanziell zur Problemlösung beiträgt. Im Sturm der Praxis trennt sich am schnellsten die Spreu vom Weizen.

Statistische Kriminologie

Ein drastisches Beispiel. Im Frühsommer 2011 wurde Deutschland von einer Epidemie heimgesucht. Nicht unähnlich dem Drehbuch einer unheimlichen Geschichte beginnt alles mit einer beunruhigenden, schnell eskalierenden Situation: Innerhalb weniger Wochen, ja Tage, erkrankten viele Menschen, v. a. in Norddeutschland, an blutigen, krampfartigen Durchfällen, die häufig zu Nierenversagen und zuweilen sogar zum Tod führten. Deshalb wird fieberhaft nach deren Ursache(n) gefahndet, doch zunächst tappen die meisten Ermittler ziemlich im Dunkeln. Es gibt einfach zu viele verdächtige Lebensmittel; eine unspezifische Warnung vor rohen Tomaten, Gurken und Blattsalat ergeht, und schließlich wird eine falsche Spur (Gurken aus Spanien am 26.5.) für die richtige gehalten.

Als die Suche von vorne beginnen muss (1.6.) und „Behörden und Wissenschaft vollkommen im Dunkeln [tappen]" (3.6.) hilft „Kommissar Zufall" mit einer auffälligen Häufung von Fällen (in Frankfurt und Lübeck). Da, plötzlich und unerwartet, löst ein niedersächsisches Ministerium den Fall (5. Juni). Es erklärt schlüssig, wie sich ein mutiertes Bakterium – EHEC[101] – in der menschlichen Nahrungskette ausbreiten konnte. Anders als im Krimi sind in der Realität nicht sofort alle überzeugt, so dass es noch einige Tage dauert, bis sich die Indizien erhärten und schließlich auch die Kritiker auf die Sprossen-Theorie einschwenken (am 10.6.). Zu guter Letzt kann der Täter in Form importierter Samen dingfest gemacht werden (am 5.7.).

---

[101] Escherichia coli, zumeist „E. coli" abgekürzt, ist ein häufiges Darmbakterium. „EHEC" steht für Enterohämorrhagische E. coli., also eine innere Blutungen verursachende Variante dieses Keims.

Insgesamt stellte sich heraus, dass mit EHEC verseuchtes Saatgut in einem niedersächsischen Betrieb in Brunsbüttel zu Sprossen gezogen wurde, die dann u. a. in Kantinen (insbesondere in Frankfurt a.M.) und in Restaurants (insbesondere in Lübeck) als Salatgarnitur verwendet wurden und schließlich viele Konsumenten, v. a. in Norddeutschland, wohin die meisten Sprossen geliefert worden waren, erkranken ließen. In Anhang B haben wir anhand der tagesaktuellen Berichterstattung, die sich zuweilen wie ein Krimi liest, den Fall genau dokumentiert.

Vertieft man sich etwas in die einschlägigen Meldungen, zeigt sich schnell, dass eigentlich zwei Geschichten erzählt werden. Gleich im Anschluss folgt die erste, die zweite wird ab Seite 67 erzählt.

Auf dem Holzweg

Die Protagonisten der ersten Geschichte agierten insbesondere auf der Bundesebene. Sie suchten mit Fragebögen und geeigneten Vergleichsgruppen, also der epidemiologischen wie auch sozialwissenschaftlichen Standardmethodik, nach der Ursache der Erkrankung. Das Robert-Koch-Institut hat freundlicherweise die Original-Fragebögen ins Internet gestellt, so dass sich jeder ein detailliertes Bild von Umfang und Zeitpunkt der Befragungen machen kann.[102]

Die „offizielle" Methode verwendet zwei Gruppen, die sich vor der Befragung in jeglicher Hinsicht – bis auf die Tatsache der Erkrankung – gleichen sollten. Man sucht, kurz gesagt, Menschen, die in ähnlichen Umständen leben, die also in vielerlei Hinsicht *vergleichbar* sind. Anhand der differierenden Antworten versucht man dann zu erkennen, was die Krankheitsursache sein könnte. Kai Kupferschmidt, Molekularbiomediziner und Journalist beschreibt schon am 25.5. detailliert das Ergebnis:

> Am deutlichsten fiel das Ergebnis bei Tomaten aus: 92 Prozent der Infizierten hatten in den Tagen vor der Erkrankung rohe Tomaten gegessen. Unter den Gesunden waren es nur etwa 60 Prozent. „Für ein Lebensmittel, das so häufig gegessen wird, ist das ein großer Unterschied", sagt RKI-Experte Klaus Stark. Die Ergebnisse für Salatgurken und Blattsalate fielen jeweils etwas schwächer aus. Auch hier waren die Unterschiede aber so groß, dass sie höchstwahrscheinlich nicht durch Zufall zu erklären sind. Deshalb empfahlen RKI und Bundesanstalt für Risikobewertung (BfR) am Abend auf einer gemeinsamen Pressekonferenz, bis auf weiteres rohe Tomaten, Gurken und Salate von der Speisekarte zu streichen.

Wie wir im Nachhinein wissen, lag man hiermit ziemlich falsch. Sprossen waren die eigentliche Ursache. Das Deutsche Ärzteblatt beschreibt am 10.6. die weitere Entwicklung:

> Bereits bei der ersten intensiven Befragung von Hamburger Patienten am 20. und 21. Mai hatten 3 der 12 befragten Patienten angegeben, Sprossen verzehrt zu haben.[103] Die Epidemiologen

---

[102] Siehe www.rki.de
[103] Auf Seite 21 des 34-seitigen RKI-Fragebogens Nr. 1 wird unter vielen anderen Gemüsesorten auch nach Sprossen gefragt.

entschieden sich jedoch dagegen, der Spur nachzugehen. Der Verzehr von Sprossen erschien bei den Patienten, die durch eine besonders bewusste und aufmerksame Ernährungsgewohnheit auffielen, nicht ungewöhnlich zu sein.

Der Sprossenverzehr wurde dann zum Gegenstand der „Rohkost-Fallkontrollstudie", die am 29. Mai begonnen wurde. Zum damaligen Zeitpunkt waren sich die Epidemiologen einigermaßen sicher, dass ein pflanzliches Lebensmittel die Quelle ist. Es ging jetzt darum, das Nahrungsmittel weiter einzugrenzen.

Liest man den Fragebogen Nr. 2 zur „Befragung von Fällen in Hamburg & Lübeck am 29.05.2011", so wird tatsächlich eher nach bestimmten Gemüsesorten gefragt, aber nach wie vor auch nach Hackfleisch, Milchprodukten und vielen anderen möglichen Ursachen. Sprossen finden sich wie zuvor unter vielen anderen Gemüsen auf Seite 22 von 29. Hier das Ergebnis der zweiten Studie,[104] das wir gleich im Anschluss ausführlich erläutern:

Exposition	Exponierte Fälle [Kranke]	Exponierte Kontrollen [Gesunde]	Odds Ratio (gematcht)	p-Wert
Sprossen	6/24	7/80	4,35	0,043
Salatgurke	22/25	52/79	3,53	0,057
Äpfel	22/24	57/81	3,91	0,077
Paprika	16/24	35/80	2,66	0,077
Erdbeeren	19/26	73/81	2,33	0,082

Beginnen wir mit der ersten Zeile. „Sprossen" stehen unter Verdacht. Von 24 Kranken konnten sich sechs, also 25 % daran erinnern, Sprossen gegessen zu haben, jedoch nur 7 von 80 Gesunden (9 %), die zum Vergleich herangezogen wurden. 25 % scheinen im Vergleich zu 9 % deutlich mehr zu sein. Lässt sich dieses Gefühl auch statistisch erhärten?

Die Antwort ist ja. Dazu geht man von der folgenden Tabelle aus, die letztlich nur eine aufwendigere Darstellung der ersten Zeile ist:

	Sprossen		
	verzehrt	nicht verzehrt	Gesamt
Kranke	6	18	24
Gesunde	7	73	80
Kranke/Gesunde	6/7 = 0,857	18/73 = 0,247	0,3

Um das von den „Sprossen" ausgehende Risiko zu quantifizieren, wird diese spaltenweise betrachtet. Genauer gesagt bildet man in jeder Gruppe den Quotienten *Kranke/Gesunde*, der in der letzten Zeile steht. Die Logik dabei ist ganz einfach: Je höher das Risiko in einer Gruppe, desto mehr Kranke kommen dort auf Gesunde, umso größer wird also auch der Quotient in der letzten Zeile. Im obigen Fall sind von den Sprossenessern 6 erkrankt und 7

---

[104] EHEC_Sachstandsbericht.pdf des RKI, S. 23.

nicht (0,857). In der Gruppe, die keine Sprossen gegessen hat, sind 18 Personen erkrankt, während 73 gesund blieben (0,247).[105]

Der Quotient dieser beiden Werte heißt "Odds Ratio". Mit den obigen Zahlen ergibt sich $3,48 \approx 0,857/0,247$. Dieses Ergebnis lässt sich leicht interpretieren. Ein Odds Ratio von 1 bedeutet, dass sich die Risiken in den beiden Gruppen nicht unterscheiden. Der Odds Ratio wird hingegen umso größer, je höher das Risiko in der ersten Gruppe (im Zähler) ist und je kleiner das Risiko in der zweiten Gruppe (das im Nenner steht). Der beobachtete Wert von ca. 3,5 spricht also dafür, dass die erste Gruppe, die Sprossen gegessen hat, ein höheres Erkrankungsrisiko aufweist.

Der vom RKI ausgewiesene "Odds Ratio (gematcht)" von 4,35 ist genauer, da bei dessen Berechnung berücksichtigt wird, dass Fälle und Kontrollen nicht unabhängig von einander sind, sondern jeweils einem Erkrankten mehrere ähnliche, nicht erkrankte Personen zugeordnet wurden. Anders gesagt: Es wurden gezielt Paare (engl. "matches") gebildet: „Fallpersonen waren erwachsene HUS-Patienten, die im Studienzeitraum in einem von 3 Krankenhäusern in Lübeck, Bremerhaven oder Bremen hospitalisiert waren. Kontrollen wurden individuell, mit einem angestrebten Verhältnis von 1:3 nach Altersgruppe (18–34 Jahre, 35–44 Jahre, 45 Jahre oder älter), Geschlecht und Wohnort zugeordnet."[106]

Rein rechnerisch gab es damit in der Gruppe der Sprossen-Esser über 4 Mal so viele Erkrankte als in der Gruppe derjenigen, die sich nicht daran erinnern konnten, Sprossen gegessen zu haben. Um diese Zahl einschätzen zu können, berechnet man insbesondere die Wahrscheinlichkeit, dass dieser oder ein noch größerer, „extremerer" Wert durch bloßen Zufall zustande gekommen sein könnte. Dies ist der oben in der letzten Spalte angegebene p-Wert. Einer seit Jahrzehnten tradierten Konvention zufolge werden Werte über 0,05 (also 5 %) als nicht wirklich bedeutsam bzw. „statistisch signifikant" eingeschätzt. Ein p-Wert von 0,043 ist also „gerade noch so" signifikant.

Dies lässt sich wie folgt begründen. Mit einem statistischen Test möchte man letztlich „auffällige" von „unauffälligen" Beobachtungsergebnissen trennen, d. h. er ist nichts anderes als eine formalisierte Antwort auf das S. 9f. dargestellte Problem. „Unauffällig" ist all' das, was sich gut mit der Hypothese vereinbaren lässt, der Zufall habe die vorliegenden Daten erzeugt, bzw., äquivalent dazu, dass kein bemerkenswerter Effekt vorliegt. „Auffällig", weil unplausibel, sind hingegen extreme, d. h. (allzu) große bzw. (zu) kleine Zahlenwerte als erwartet. Niemand wird verwundert sein, wenn beim zehnmaligen Wurf mit einer Münze fünf oder sechs Mal „Kopf" zu sehen ist. Wir stutzen jedoch, wenn wir neun Mal „Kopf" beobachten. Die Wahrscheinlichkeit, *mindestens* neun Mal „Kopf" zu beobachten- und genau das ist der p-Wert – beträgt nämlich gerade einmal 1 %.[107]

---

[105] Würde man die Tabelle zeilenweise auswerten, hier also 25 % mit 9 % vergleichen, käme man auf ein sehr ähnliches Ergebnis.

[106] Siehe abermals EHEC_Sachstandsbericht.pdf des RKI, S. 23.

[107] Wkt.$(10 \times \text{Kopf}) = (1/2)^{10} = 1/1024$, Wkt.$(9 \times \text{Kopf}) = 10/024$, also Wkt.(mind. $9 \times \text{Kopf}$) $= 11/1024 \approx 0,01 = 1 \%$.

Anders gesagt: Unter der so genannten Null-Hypothese, „dass gerade kein bemerkenswerter Effekt vorliegt", lassen sich die Wahrscheinlichkeiten von Ereignissen berechnen,
insbesondere auch, „rein zufällig" extreme Beobachtungen zu machen. Die Schwelle für
„auffällig" auf $0, 05 = 1/20$ zu setzen, heißt, in etwa einem von zwanzig Fällen fälschlicherweise auf einen Effekt zu tippen, den es tatsächlich gar nicht gibt, weil[108] der Zufall das
beobachtete (extreme) Ergebnis erzeugt hat.

Im Fall der obigen p-Werte heißt das, dass die Untersuchung kein wirklich deutliches
Signal in Richtung Sprossen oder irgendeinen anderen Nahrungsbestandteil erbracht hatte.
Was folgte? Am 10.6. schrieb dapd:

> Das ergab in einer ersten univariablen Analyse eine Odds Ratio von 4,35, die bei einem
> 95-Prozent-Konfidenzintervall von 1,05–18 knapp signifikant war.[109] Doch in der multiva-
> riablen Analyse, die andere Risikofaktoren berücksichtigte, war der Zusammenhang nicht
> mehr eindeutig. Wiederum hatte das Einhalten der wissenschaftlichen Regeln die Forscher
> davon abgehalten, die richtige Spur weiter zu verfolgen. Wie in der früheren Untersuchung
> schienen Tomate, Gurke, oder Blattsalat verdächtiger zu sein. Retrospektiv erklärt sich der Irr-
> tum dadurch, dass die Sprossen meist gemeinsam mit Tomate, Gurke, oder Blattsalat verzehrt
> wurden.

Folgerichtig waren auch die nächsten Fragebögen Nr. 3 und Nr. 4 des RKI vom 2.6. und
3.6. unspezifisch. Sie zielen ebenfalls auf „Fälle" (also Erkrankte) und „Kontrollen" (also
Gesunde) in Lübeck, Bremen und Bremerhaven. Mutmaßlich um Daten für Kontrollgruppen zu erhalten, wurde am 26.5. und am 1.6. sogar die Gesellschaft für Konsumforschung
(GfK) hinzugezogen, die in Norddeutschland nach einer kleineren Anzahl von Lebensmitteln fragte, darunter jedoch *nicht* Sprossen. Zusammengefasst heißt das: Anfang Juni
tappten die Bundesbehörden nach wie vor im Dunkeln.

Warum ein Landesminister bereits am 5./6. Juni des Rätsels Lösung präsentieren konnte,
schildern wir gleich im Anschluss. Zunächst vermerken wir verblüfft, was das Deutsche
Ärzteblatt am 10.6., sich auf die Lübecker Indizien von Anfang Juni beziehend,[110] schreibt:

> Erst im dritten Anlauf ist es den Epidemiologen des Robert Koch-Instituts gelungen, die
> EHEC-Infektionen mit dem Verzehr von Sprossen in Verbindung zu bringen [...] Zum
> Erfolg führte dann eine „Rezeptbasierte-Restaurant-Kohortenstudie". Sie wurde durchge-
> führt, weil 19 Patienten nach einem gemeinschaftlichen Restaurantbesuch erkrankt waren.
> Die Epidemiologen konnten 93 weitere Restaurantgäste ermitteln. Anders als in den beiden
> Fall-Kontroll-Studien wurden nicht nur die Restaurantbesucher befragt.

---

[108] genauer: wenn.

[109] Zwar ist $0, 043 < 0, 05$, doch ist dies wenig überzeugend. Zum einen, weil die (ohnehin nicht sehr
hohe) „Schallmauer" von $0, 05$ kaum unterschritten wird; zum andern, weil sehr viele einschlägige
Vergleiche und damit statistische Tests durchgeführt wurden. Bei *einem* Test ist typischerweise in
jedem 20. Test damit zu rechnen, dass der Zufall den Effekt vorgaukelt. Wie man leicht zeigen kann,
steigt bei der simultanen Durchführung *vieler* Tests die Wahrscheinlichkeit, dass mindestens einer
dieser Tests „zufälligerweise" signifikant wird, stark an; bei k Tests auf $1 - 0, 95^k$. Die obigen kleineren
p-Werte (unter $0, 1$) deuten also allenfalls schwach in Richtung Gemüse/Obst/Rohkost.

[110] Siehe die Meldung in der Süddeutschen Zeitung vom 2.6., S. 247.

Diese „Rezeptbasierte-Restaurant-Kohortenstudie" ergab, dass die Gäste, die Sprossen verzehrt hatten, ein 8,6-fach höheres Risiko hatten, an blutigem Durchfall oder durch Labornachweis bestätigten EHEC/HUS zu erkranken [...]. Zudem konnte auf diese Weise auch dargelegt werden, dass alle erkrankten Gäste Sprossen verzehrt hatten.

Das RKI selbst gibt hierzu folgende Zahlen an[111]:

	Sprossen verzehrt	Sprossen nicht verzehrt	Gesamt
Kranke	31	0	31
Gesunde	84	37	121
Gesamt	115	37	152

Schon mit bloßem Auge lässt sich das hochsignifikante Ergebnis erkennen. Blicken wir in die erste Zeile: *Alle* Erkrankten haben Sprossen gegessen oder die zweite Spalte: Wer keine Sprossen aß, blieb auch gesund. Bei spaltenweiser Betrachtung ergeben sich die Quotienten $0,37 \approx 31/84$ und 0, so dass auch der zugehörige p-Wert deutlich kleiner als 0,01 ausfällt.

Manöverkritik

So weit so gut bzw. Ehre wem Ehre gebührt, denn dieser statistische Nachweis gelang dem RKI erst, *nachdem* die Sprossen schon in aller Öffentlichkeit benannt waren, weil sich folgendes ereignet hatte (meine Hervorhebungen und Fußnoten):

> *Nachdem klar war*, dass Patientengruppen gemeinsam in Restaurants gegessen hatten, nahmen die Forscher dort die Spur auf: Sie kontrollierten nicht nur die Hygiene. Sie lasen auch Menü-Rezepte, Bestelllisten und Abrechnungen. Dann befragten sie Köche nach ihren frischen Zutaten.[112] Zuletzt half „*Kommissar Zufall*": Die Digitalfotos einer Reisegruppe, die sich vor dem Essen in einem Restaurant vor den gefüllten Tellern abgelichtet hatte, zeigten die Mahlzeiten ganz genau.[113]

Die Kritik am Vorgehen der Behörden ließ nicht lange auf sich warten. Am 21.6. bezeichnete der Vorsitzende des Berufsverbandes der Deutschen Hygieniker, Klaus-Dieter Zastrow, den Fragebogen, mit dem die EHEC-Erkrankten befragt wurden, als dilettantisch: „Man hat nicht nach den typischen, bekannten Lebensmitteln gefragt, also auch nicht nach Sprossen. Das sei ein schwerer methodischer Fehler, der nicht mal Anfängern unterlaufe", sagte Zastrow der „Berliner Zeitung". Wären die Erkrankten nach den Sprossen befragt worden, dem Erreger der bislang größten Ausbrüche, dann wäre die Epidemie viel früher beendet worden.

---

[111] Siehe EHEC_Sachstandsbericht.pdf, S. 22.
[112] Daher der originelle Name der Studie..
[113] Siehe „Sprossen wohl Auslöser für EHEC-Epidemie", www.web.de vom 10.06.2011.

Doch auch wenn bessere, spezifischere Fragebögen zum Einsatz gekommen wären, es ist schwierig, Schwerkranke danach zu befragen, was sie vor über einer Woche gegessen haben. Sehr geehrter Leser, wissen Sie noch, der Sie im Vollbesitz Ihrer Kräfte sind, was genau Sie vor fünf oder zehn Tagen zu sich genommen haben? Zudem ist es wohlfeil, erst zu kritisieren, nachdem alles aufgeklärt worden ist. Ein konstruktiver Beitrag zur Lösung des Rätsels etwa drei Wochen früher wäre willkommener gewesen, zumal wenn er von hoch dekorierten Fachleuten stammt.

Eine andere Kritik dringt tiefer. In einem wütenden Leserbrief an *faz.net* heißt es am 14.6.: „Nicht einmal eine Internetplattform hat man eingerichtet (außer den erfolgreichen Nephrologen) und das im Zeitalter von Social Media." Die Tagesschau meldete schon am 3.6. „Es gab keinen EHEC-Notfallplan" und weiter einen Tag später:

> Auf der Suche nach den besten Behandlungsmöglichkeiten haben die Behörden nun den Aufbau eines bundesweiten Registers vereinbart. Darin sollen Behandlungsergebnisse gesammelt werden, um sie besser vergleichen zu können. Eine solche Erfassung, in die auch das Robert-Koch-Institut (RKI) eingebunden ist, sei sonst nicht üblich und die Abstimmung deshalb ein „großer Erfolg", so Brunkhorst.[114] „Jeder Nephrologe, der HUS-Patienten behandelt, wird gebeten, dies zu melden", erklärte eine Sprecherin Deutschen Gesellschaft für Nephrologie.

Spätestens hier sollte man sich die Augen reiben. Wie kann es zum ersten sein, dass es keinen einschlägigen Notfallplan für Epidemien gibt? Wie kann es zweitens sein, dass elektronische Hilfsmittel (Internet, Datenbanken) nicht in dem Maß genutzt werden, wie es nötig und ohne weiteres möglich wäre. Warum muss dies drittens von einer kleinen ärztlichen Fachorganisation organisiert werden? Schließlich am gravierendsten: Warum ist die Datenbereitstellung im Fall einer Epidemie *freiwillig*? Wir kommen weiter unten noch ausführlicher zur umfänglichen tagtäglichen Datenerfassung im Gesundheitswesen (siehe Abschn. 1.9). Wie kann es angehen, dass Routinetätigkeiten bis ins kleinste Detail zu dokumentieren sind und dann, wenn es im Notfall wirklich darauf ankommt, weder aussagekräftige Daten zur Verfügung stehen noch diese per Meldepflicht weitergegeben werden müssen? Drastischer formuliert:

> Der Bundesrechnungshof hat das Krisenmanagement von Bund und Ländern während der Ehec-Epidemie oder dem Dioxin-Skandal untersucht – das Urteil ist vernichtend: Die Absprachen seien lückenhaft und unkoordiniert, die Prüfer überfordert. Was fehle, sei eine Elite-Truppe mit Sachverstand."[115]

Ein anderer Punkt sollte Statistikern und Epidemiologen zu denken geben: Wie der Gang der Ereignisse überdeutlich zeigt, haben ihre Methoden trotz gegenteiliger Bekundungen wenig zur Lösung des Falls beigetragen. Warum sonst auch würde der einzige wirkliche Erfolg,

---

[114] Der Präsident der Deutschen Gesellschaft für Nephrologie.

[115] Siehe „Wie Deutschland bei Lebensmittelskandalen versagt," www.spiegel.de vom 21.11.2011. Ähnlich drastisch sind die Schlussfolgerungen des ARD-Journalisten K. Weidmann, der schon 1999(!) vor einer EHEC-Epidemie gewarnt hatte. Siehe das Interview „Fest überzeugt, dass es weitere EHEC-Wellen geben wird", t-online.de vom 8.6.2011.

die „rezeptbasierte Studie" so sehr betont werden? Die Aussagen führender Vertreter des Metiers legen sogar nahe, dass Erfolglosigkeit die Regel zu sein scheint, wird doch in der großen Mehrzahl aller Fälle die Ursache eines Krankheitsausbruchs nicht gefunden.[116]

Der Weg zum Erfolg

Ist die Aufklärungsquote der Polizei schlecht, so kann dies an zwei Gründen liegen: Entweder ist die Datenlage zu dürftig um den Täter zu ermitteln oder aber die angewandten Methoden sind zu stumpf. Da der obige Fall aufgeklärt werden konnte, scheint es hier nicht an den Daten zu liegen. Vielmehr führten schärfere Methoden zum Erfolg, und dies die zweite Geschichte, die sich den Pressemeldungen (siehe Anhang B) entnehmen lässt. Schon die Wortwahl ist völlig anders:[117]

- Der Verdacht liege nahe, dass der „Verteiler" der Infektion ein Lebensmittelproduzent sei, der seine Produkte von *einer Zentrale* aus über große Entfernungen an *verschiedene Ziele* transportiere, aber hauptsächlich in Norddeutschland vertreibe.(dapd, 26.5.)
- Die *Lieferwege* müssten zurückverfolgt, Lieferlisten ausgewertet werden. (Spiegel Online, 2.6.)
- Auf der Jagd nach dem *Auslöser* der lebensgefährlichen Darminfektion EHEC haben Wissenschaftler zwei heiße *Spuren*; ein weitere Spur führt nach Hamburg. (dpa, AFP und dapd am 4.6.)
- Das Restaurant trifft keine Schuld, allerdings kann die *Lieferantenkette* möglicherweise den entscheidenden Hinweis geben, wie der Erreger in Umlauf gekommen ist. (Financial Times Deutschland, 5.6.)
- Wir haben ein Produkt identifiziert, das an alle großen Ausbruchsherde von EHEC-Erkrankungen geliefert worden ist; bislang stützen sich die Untersuchungsergebnisse lediglich auf die *Handelswege*. Die ersten sechs größeren Ausbrüche des EHEC-Erregers lassen sich [. . .] auf Lieferungen des Sprossenherstellers *zurückführen*. (dapd, 5.6.)

Tatsächlich führte letztlich klassische Polizeiarbeit, die sich auf die Analyse aussagekräftiger Spuren konzentrierte, zum Ziel. Frankfurt, Lübeck, Bienenbüttel und schließlich Ägypten, das Herkunftsland des Saatguts, waren die entscheidenden Stationen bei der Rückverfolgung des Erregers. Nachdem in Frankfurt die Salattheke als Hauptverdächtiger ausgemacht war, was lag da näher als die Herkunft der Zutaten zu ermitteln und in Lübeck, zu analysieren, was die Opfer der Seuche dort genau gegessen hatten? In vielen Beiträgen wird die Ermittlung der Ursache völlig zurecht mit Kriminalistik verglichen und im schon zitierten Leserbrief heißt es „Eine derartige Epidemie kann nur der bekämpfen, der die Verbreitungspfade exakt analysiert". Genau diese Strategie, maßgeblich wohl in einem Bundesland unter die Leitung

---

[116] Siehe insbesondere die Meldungen vom 6.6. in Anhang B, S. 245f.
[117] *meine Hervorhebungen.*

eines erfahrenen Ministers durchgeführt, führte zum Erfolg, nicht das vage Stochern im Nebel.

Es war von Anfang an unplausibel, dass ein spanischer Großerzeuger für die Epidemie in Norddeutschland verantwortlich sein sollte, einfach weil dessen Vertriebsmuster – vermutlich ganz Europa, gewiss aber nicht nur Norddeutschland – nicht zur Häufung von Fällen dort passte.[118] Auch nach dem Absatzeinbruch bei Gurken stieg die Zahl der Infizierten – trotz gegenteiliger Prognosen – weiter und weiter an.[119] Die sich schließlich als richtig herausstellende Erklärung war von Anfang an weit plausibler: Über Bienenbüttel liefen sehr viele Wege, der Hof, auf dem die Sprossen erzeugt wurden, war offenkundig „die Spinne im Netz" der Verbreitungswege.

Es war das Muster der Vertriebswege samt den Schwerpunkten der Erkrankung, die die entscheidenden Hinweise zur Aufklärung des Falls am 5./6. Juni lieferten. Doch Hilfe und Evidenz kam auch aus anderen Quellen: Ein Test stand schnell zur Verfügung und auch das Genom des Keims war rasch entschlüsselt.[120] Hygienikern war klar, auch wenn sie dies erst im Nachhinein sagten, dass das Herstellungsverfahren von Sprossen deren Verkeimung beförderte.[121] Weitere Lieferungen aus Bienenbüttel, insbesondere nach Hessen[122] und Cuxhaven mit nachfolgenden größeren Krankheitsausbrüchen passten ins Bild, auch wenn die mikrobiologischen Test von Sprossen-Proben zunächst negativ verliefen.[123] Mitarbeiterinnen in Bienenbüttel waren mit EHEC infiziert und teilweise erkrankt. Schließlich deutete im Göttinger Fall bereits einiges auf eine Übertragung durch eine infizierte Person hin.[124]

Da – endlich – war am 10.6. auch das RKI von den Sprossen als Überträger überzeugt,[125] was, zumindest der orthodoxen statistischen Methodik zufolge, verblüfft. Hatte doch schon R.A. Fisher davor gewarnt, *ein* einzelnes hochsignifikantes Ergebnis (siehe die Tabelle S. 65) überzubewerten. Just in derselben Meldung wird darüber berichtet, dass der Erreger direkt auf Sprossen aus Bienenbüttel nachgewiesen worden sei. Die nachfolgenden Befunde, insbesondere wieder eine Häufung von Fällen in Nordrhein-Westfalen, erhärteten die Theorie.[126] Schon kurze Zeit später konnte man sich auf Bockshornkleesamen eingrenzen und der ägyptische Zulieferer rückte ins Blickfeld.[127]

---

[118] Folgerichtig liest man: „Wegen Ehec-Warnung. Spanischer Gurkenproduzent verklagt Hamburg", www.spiegel.de, 22.12.2011.

[119] siehe S. 245.

[120] Siehe die Meldungen vom 31.5. und 2.6. (S. 247).

[121] Siehe eine Meldung vom 6.6. (S. 249). Man beachte aber auch die Entwarnung der Behörden vom 21.7.!

[122] Siehe eine Meldung vom 6.6. (S. 249).

[123] Siehe die Meldungen vom 8., 12. und 13.6. (S. 250f.).

[124] Siehe die Meldungen vom 9. und 17.6. (S. 249–251).

[125] Siehe S. 251.

[126] Siehe die Meldung vom 12.6. (S. 251).

[127] Siehe die Meldung vom 30.6. (S. 251).

Zu alledem braucht man verblüffend wenig Statistik. Mindestens genauso wichtig sind Fachwissen und gesunder Menschenverstand, die es erlauben, gezielt vorzugehen und Hinweise effizient zu bewerten. Evidenz aus verschiedenen Quellen, mit Häufungen und Wahrscheinlichkeiten als wichtigen Indizien, halfen, zu den fundamentalen Zusammenhängen vorzustoßen. Doch es waren die Wege vom Produzenten zum Konsumenten, die, einmal aufgedeckt, das Rätsel lösten. Das sich so ergebende Muster war aus einem Wust von Daten zu ermitteln und genau darin bestand die eigentliche Arbeit.

Die entscheidende theoretische Idee war letztlich die einer schlüssigen Kausalkette, die es aufzudecken galt. Dies stimmt ganz allgemein: Nicht nur die Medizin ist genau dort erfolgreich und kann gezielt eingreifen, wenn die latenten Zusammenhänge transparent sind. Es gilt den Mechanismus zu ergründen, der (unter anderem) zu den vorliegenden Daten geführt hat, der das beobachtbare Geschehen steuert. Denn genau dann weiß man, was zu tun ist, insbesondere, wo eine Intervention ansetzen sollte. In diesem Sinne ist der Prozess, der die Daten erzeugt hat, von entscheidender Bedeutung, und wir haben auch schon vor dem aktuellen Abschnitt des Öfteren daraufhin hingewiesen (insbesondere auf den Seiten 11f, 47f und 58f.)

Im Prinzip sieht dies die traditionelle Statistik genauso, doch leider versteht sie unter dem „datengenerierenden Prozess" zumeist ein Zufallsexperiment, dessen zugehöriges mathematisches Modell als entscheidende Hilfsmittel bei der Analyse vorliegender Daten dient. Selbstredend können diese theoretischen Vorstellungen erheblich vom empirischen Mechanismus abweichen, der *tatsächlich* im Hintergrund wirkt. Die stochastische Idealisierung scheint auch der Grund zu sein, weshalb Zufallsstichproben als der Goldstandard gelten, während Selektionseffekte und andere systematische bzw. deterministische Einflüsse, die ebenfalls ihre Spuren in den Daten hinterlassen, stiefmütterlich behandelt werden. Sogar die in der Statistik ständig verwendete Methode des Vergleichs zweier ähnlicher Gruppen (siehe oben), ist im Kern nichts anderes als die „Methode der Differenz" nach Mill (1843) und damit kausales Denken reinsten Wassers.[128]

Basierend auf vorliegenden, „manifesten" Daten gilt es fast immer, Aussagen über die „latenten", also verborgenen, aber ganz entscheidenden Variablen und Zusammenhänge im Hintergrund zu formulieren. Spricht ein empirischer Wissenschaftler vom „Verständnis" eines Sachverhalts, meint er damit in aller Regel ganz konkret, dass es ein elegantes theoretisches Modell gibt, das hervorragend erklären kann, wie sich aus ihm die beobachtbaren Fakten ergeben. Bestenfalls lassen sich alle relevanten latenten Einflussgrößen isolieren und die Mechanismen über die diese zusammenwirken offenlegen. Diese Herangehensweise hat schon immer die Naturwissenschaften dominiert, verblüffenderweise aber nicht die „weicheren Wissenschaften". Jene weichen auf zweierlei Arten von den Naturwissenschaften ab.

---

[128] Dazu gleich mehr im nächsten Abschnitt, insbesondere S. 76.

Alternativen?

Erstens konstrastieren die Geisteswissenschaften die „Methode des Erklärens", die wir gerade vorgestellt haben, mit *ihrer* eigenen „Methode des Verstehens". Dabei geht es zum einen um (vertieftes) Textverständnis, also die Kunst, einen Text „richtig" zu interpretieren. Ausgehend von dessen elementaren Eigenschaften wie Rechtschreibung und Grammatik klärt der Fachwissenschaftler systematisch innere und äußere Bezüge, versucht die Ideen zu erfassen und den Text in den Kontext vergleichbarer Schriften, etwa desselben Autors oder einer bestimmten Zeit, einzuordnen. Bestenfalls gelingt es ihm so, beginnend mit einem eher groben Verständnis, Stück für Stück verborgene Inhalte herauszuarbeiten, subtilere Ebenen zu erfassen und insgesamt zu einem weitgehenderen Verständnis eines Autors oder sogar einer ganzen Epoche zu gelangen.

Der Soziologie kommt es hingegen in der Nachfolge Max Webers darauf an, nicht nur einen sozialen Mechanismus offenzulegen, sondern darüber hinaus auch den umfassenderen Sinnzusammenhang, in den eine Handlung eingebettet ist, zu begreifen. Man begnügt sich also nicht mit einer kausalen Erklärung eines sozialen Sachverhalts, etwa dass Beamte loyal sind, weil sie einen Eid auf die Verfassung geschworen haben, sondern möchte darüber hinaus auch verstehen, welche Konsequenzen dies auf die Verwaltung und Regierung hat. Ist es z. B. sinnvoll, wichtige hoheitliche Aufgaben (etwa diplomatischer Dienst, Bildungswesen, öffentliche Ordnung, Kommunikation) von Beamten erledigen zu lassen oder könnte man nicht genauso gut auf Angestellte zurückgreifen? Das vertiefte Verständnis solcher Abläufe geht offenkundig weit über ein mechanistisch-quantitatives Erklärungsmuster hinaus.

So verschieden die Beispiele und Ansätze zunächst erscheinen, grundsätzlich ist ihr Impuls mit jenem der Naturwissenschaften eng verwandt. Stets dominiert der Wunsch, basierend auf dem jeweiligen empirischen „Material" (also Beobachtung, Experiment, Handlung oder überliefertem Text) und über dessen genaue aber oberflächliche Beschreibung hinaus, zu weit reichenden und alles andere als naheliegenden Einsichten vorzustoßen. Genauso wie die Interpretation eines guten Experiments erheblich über die Daten hinausgeht, genauso muss auch ein guter Jurist über die Worte eines Gesetzes hinaus denken können und versuchen, dessen „Geist" zu erfassen, sich in diesem Fall also der zugrunde liegenden Intention des Gesetzgebers anzunähern.

Daraus ergibt sich die zweite Art der Abweichung. Offenkundig kann sich eine Suche nach dem Verborgenen leicht im Dickicht unzähliger Möglichkeiten verheddern oder im Vagen und Spekulativen verlieren. „Positivisten", aber auch moderne, eher quantitativ arbeitende Sozialwissenschaftler, agieren deshalb lieber *nahe* an den vorhandenen Daten. Zuweilen wird die systematische Suche nach latenten Faktoren sogar als „metaphysisch" verunglimpft und prinzipiell abgelehnt. Das hat einiges für sich: Konkrete, praxisnahe Forschung ist zwar nicht allzu glanzvoll, doch unabdingbar notwendig. Mit etwas Glück findet man nicht fern der empirischen Basis leicht anwendbare, hilfreiche Regeln, die den Praktiker erfreuen und den Theoretiker zum Nachdenken anregen – die Ingenieurwissenschaften lassen grüßen.

Doch so gesund es auch ist, mit den Füßen fest auf dem Boden der Tatsachen zu stehen und nicht wie Thales (ca. 624–546 v. Chr.) beim nächtlichen Spaziergang und dem gleichzeitigen Betrachten der Sterne in einen Brunnen zu fallen, so leicht kann diese vorsichtige Haltung auch zu einer Beschränkung im Denken führen. Anstatt ehrgeizig – gestützt auf robuste (wenn auch hie und da etwas unzureichende) Daten – auf die Suche nach einem verborgenen Mechanismus zu gehen und mutig nach einem grundlegenden, exakten Gesetz Ausschau zu halten, begnügt sich der Bequeme bzw. Resignierte mit viel weniger: Dem Naheliegenden und Ungenauen.

Es ist eine Sache, dass in den Sozialwissenschaften – zurecht – probabilistische Methoden dominieren. Doch leider ging mit diesen in den letzten hundert Jahren auch ein eher vages „Korrelations- und Signifikanzdenken" einher. Unzählige Publikationen stellen einen gewissen, meist recht schwach ausgeprägten Zusammenhang zwischen A und B, etwa Linkshändigkeit und Lebenserwartung, Unterrichtsstil und Studienerfolg, Inflation, Produktivität und Arbeitslosigkeit, Demographie, Besitzverhältnissen und politischem System her. Betrachtet man mehr als zwei Faktoren, etwa indem man intermittierende Variable, „Modulatoren" oder einfach nur weitere Randbedingungen berücksichtigt, wird es erst recht kompliziert und zumeist auch verwirrend.

Darüber hinaus scheinen oft qualitative Aussagen, die Folge „robuster" Methoden, zu genügen und selbst das ambitionierte Wort „Kausalität" war lange verpönt. Doch man beachte den Unterschied! Gute Philologie, auf der Suche nach der Essenz eines bruchstückhaft erhaltenen Textes, muss notgedrungen qualitativ und vorsichtig in den Formulierungen sein. Viele Faktoren in einer ausgewogenen Abhandlung miteinander zu verflechten und subtil zu gewichten gleicht oft eher einer Kunst als einer Wissenschaft. Dasselbe gilt in Maßen auch für die Unwägbarkeiten des sozialen Lebens, psychische Vorgänge oder komplexe biologische Zusammenhänge. Doch ist dies keine Entschuldigung dafür, hirnlos Dutzende Variable miteinander zu verrechnen oder aus Furcht vor der Widerlegung im Ungefähren zu verharren.[129]

Den Dingen auf den Grund gehen

Auch Statistiker standen der expliziten Aufklärung kausaler Beziehungen bislang sehr reserviert gegenüber. Trotz des obigen Beispiels, das überaus typisch ist, folgen sie dem Pfad, den ihnen ihre von Mathematik und Wahrscheinlichkeitstheorie geprägte Ausbildung vorgegeben hat. Wie die Fachwissenschaftler stützten sie sich auf die angerissene Standardmethodik, die in einer isolierten Untersuchung eher grob nach wichtigen Faktoren fahndet. Allenfalls erstellt man ein passendes „phänomenologisches Modell", also eine mathematisch elegantere Beschreibung der vorliegenden Daten samt einiger einfacher, leicht eruierbarer Zusammenhänge. Diese Zurückhaltung kann weise sein, insbesondere, wenn die Daten

---

[129] Ein exzellenter Artikel hierzu ist Tukey (1969).

wenig zuverlässig sind, doch in einem gewissen Sinne bleibt man damit auch immer nahe der Oberfläche, hält sich eher krampfhaft am direkt Beobachtbaren fest, anstatt konsequent auf die Suche nach den entscheidenden fundamentalen Größen zu gehen oder deren verborgene strukturelle Mechanismen ins Zentrum der Aufmerksamkeit zu rücken.

Klar auf Seite der kausalen Betrachtung stehend, kontrastieren Heckman (2005)[130] und der führende Informatiker Pearl (2009) die beiden Grundhaltungen und diskutieren die sich daraus ergebenden aktuellen Konflikte – von der Statistik bis zur Philosophie. Ein weiterer nicht zu vernachlässigender Aspekt hierbei ist, dass die Vorliebe mathematischer Statistiker eher in Richtung „Deduktion", also die Anwendung zuvor konzeptionell gut durchdrungener, mathematischer Verfahren geht. Dabei kommen jedoch oft die Daten selbst sowie die in diesen potenziell enthaltene Informationen zu kurz. Schlimmstenfalls, und selbst dies war jahrzehntelang die Regel, nicht die Ausnahme, wurde die (einigermaßen unvoreingenommene) Suche nach spannenden Mustern in vorliegenden Daten als „das Foltern der Daten bis zum Erpressen eines Geständnisses" denunziert.[131] Es bedurfte einiger Anstrengungen und eines gewissen Mutes, um explorative Analysen und "Data Mining" wieder hoffähig zu machen.

Fachwissenschaftler operierten schon immer gerne „induktiv", d. h. sie suchen in ihren Daten – egal wie jene zustande gekommen sein sollten – nach interessanten Effekten und achten dabei wenig auf die formalen Voraussetzungen der verwendeten Methoden. Genau das trägt ihnen die Kritik der Methodiker ein, die durchaus zurecht betonen, wie wichtig es ist, Daten strukturiert zu erheben, am besten ein im Vorfeld wohl durchdachtes und sauber durchgeführtes Experiment zu machen. Nicht nur ist ansonsten die Interpretation der erzielten Ergebnisse weit schwächer, insbesondere schießt ohne experimentelle Disziplin, die einen Rahmen und eine Richtschnur vorgibt, auch leicht unsere Phantasie ins Kraut. Wieder spielt uns die Psychologie einen Streich, denn nur allzu gerne erkennt ein Versuchsleiter den Effekt, nach dem er gerade gesucht hat, lässt sich ein Modell mit unzähligen freien aber ansonsten wenig bedeutungsvollen Parametern an die Daten anpassen, können wir im Nachhinein hervorragend erklären, warum die Aktienkurse sich gerade so entwickeln mussten, wie sie es taten.

Kurzum: Wir sind große Meister darin zu konfabulieren, also Geschichten zu erfinden, die alles Mögliche erklären (und damit, wenn wir ehrlich sind, fast nichts). Unterhaltsame Statistikbücher bringen mit etwas erhobenem Zeigefinger viele solcher Beispiele. Beck-Bornholdt und Dubben (2001a) sprechen z. B. von „Computermärchen" und erzählen die Geschichte vom „texanischen Scharfschützen", der erst wild drauflosschießt und dann die Zielscheibe um eines der vielen Einschusslöcher zeichnet. Auf die Spitze getrieben hat diese Kritik vor einiger Zeit M. Kapps in der Basler Zeitung. Hier einige seiner Gründe, „warum der Benzinpreis steigt": Die OPEC-Länder steigern ihre Produktion, die OPEC-Länder drosseln ihre Produktion; der Dollarkurs steigt, der Dollarkurs sinkt; die Lager sind

---

[130] Nobelpreis für Wirtschaftswissenschaften 2000.
[131] Torturing the data until they confess. . ..

randvoll, die Lager sind leer...[132] Anders gesagt: Es muss so ziemlich alles als Grund für die stets steigenden Benzinpreise herhalten, mit einer potenziellen Ursache sogar auch deren Gegenteil!

Alte Meister und moderne Kunst

Was wir in diesem Kapitel vermitteln wollten und wollen ist ein Gefühl für gute Daten und intelligente Datenanalyse. Die Daten enthalten die Informationen, sie sind die empirische Basis, auf die wir uns stützen, mit deren maßgeblicher Hilfe wir hoffen, Wissen zu generieren. Doch reicht es nicht, bei ihnen stehen zu bleiben. Eine schlüssige Erklärung, ein elegantes Modell, geht weit über sie hinaus und genau diese starke latente Ebene macht Wissenschaft aus. Doch sollte man dies nicht als Freibrief für wilde Spekulationen auf Basis einer mangelhaften Datenbasis missverstehen. *Garbage in, garbage out,*[133] und es muss auch nicht immer eine einfache Kausalkette im Hintergrund existieren.

Im Fall von EHEC würde ein traditioneller Statistiker wohl bei den Daten beginnen, wenn auch mit einer etwas anderen Perspektive. Denn in die heutige Zeit versetzt würde er sich verblüfft fragen, weshalb immer noch, wie schon vor Jahrzehnten, sehr aufwendig zahlreiche Personen befragt wurden. Schon die geographischen Daten, nämlich wo sich Krankheitsfälle häuften samt der zugehörigen Lieferketten, sind ja härter und führten denn auch deutlich weiter. Sicherlich wäre ihm bekannt, dass schon Snow (1855),[134] der Ahnherr der räumlichen Statistik, ganz ähnlich und ähnlich erfolgreich vorgegangen war. Jener hatte eine Cholera-Epidemie einfach dadurch aufgeklärt, dass er Sterbefälle in einen Stadtplan eintrug. Da er verdächtige Keime zudem im Wasser und nicht wie mancher seiner Zeitgenossen in der Luft vermutete, zeichnete er auch Brunnen in die Karte ein. Im Handumdrehen zeigte sich, dass der Brunnen einer Straße verseucht war und nachdem man diesen Infektionsherd geschlossen hatte, ebbte auch die Epidemie ab.

Warum ist dieses grundlegende Wissen, also der Imperativ „Suche nach harten, validen Daten!" heute nicht mehr geläufig? Die Ähnlichkeiten zum Jahr 2011 sind doch mit den Händen zu greifen. Das heißt, er würde insistieren, wieso nicht, ausgehend von den Wohnorten der Betroffenen, systematisch die Orte unter die Lupe genommen wurden, wo diese Menschen eingekauft und gegessen hatten? Die Chancen, dabei fündig zu werden, stehen heute, bei Nahrungsmitteln, die vom Produzenten bis zum Verbraucher akribisch verfolgt werden, besser als je zuvor. Und tatsächlich lieferten die natürlichen „Multiplikatoren" – also Kantinen und Restaurants – die entscheidenden Indizien, die zu dem die Sprossen produzierende Betrieb führten.

In den Fragebögen des RKI wird danach jedoch nur neben vielen anderen Punkten gefragt. Die einzige Karte in EHEC_Sachstandsbericht.pdf bricht die Fälle gerade einmal

---

[132] Mein Erklärungsversuch ist die Formel S. 153.
[133] Siehe S. 56.
[134] Siehe insbesondere Freedman (2010: Kapitel 3).

auf Kreisebene herunter. Vorpommern und Hamburg leuchten deshalb, wie auch der größte Teil Schleswig-Holsteins und ein erheblicher Teil Niedersachsens in einem satten „Rot" – nicht gerade ein spezifischer Hinweis.

Womöglich würde der alte Meister bemerken, dass man auch bei den großen Zwischenhändlern und Erzeugern, also gewissermaßen „stromaufwärts" beginnen könnte. Dies würde den großen methodischen Vorteil mit sich bringen, weit weniger Umschlag- als Verkaufsstellen von Lebensmitteln in der Fläche unter die Lupe nehmen zu müssen. Eine gezielte, systematische Befragung dort hätte womöglich im Handumdrehen ergeben, dass im fraglichen Zeitraum in Bienenbüttel mehrere Mitarbeiterinnen erkrankt waren, zumal die Symptome sehr spezifisch sind. „Junge Kollegen", würde er ermahnen; „Kompetenz, gepaart mit logischem Denken, gesundem Menschenverstand und etwas Intuition sind nach wie vor weit durchschlagender als geistlos angewandte Standard-Techniken." Rigide methodische Regeln einzuhalten, immer das allzu Naheliegende zu tun oder gar zur „robusten Schrotflinte" zu greifen, führt noch seltener weiter. Die eigentliche Kunst besteht darin, aus Kontextwissen *in situ* aussichtsreiche Strategien abzuleiten.

Das führte ihn unmittelbar zur Frage, ob es heute womöglich noch validere, ohnehin vorhandene Daten gibt als seinerzeit. Wie es der Zufall so will, wurde Ende April 2011, also kurz vor Ausbruch der Epidemie, publik, dass zumindest die iPhones der Firma *Apple* akribisch ihren Aufenthaltsort festhalten und sich diese Information auch leicht auslesen lässt. So schrieb M. Hähnel am 21.4.[135]:

> Nichts für schwache Datenschützernerven: Das iPhone und das iPad schreiben heimlich jede GPS-Information mit und speichern sie in einer versteckten Datei auf jedem Rechner, mit dem sie synchronisiert werden. Daraus [kann] ein Bewegungsprofil des Nutzers erstellt werden.[136]

Fakt ist, dass heute viele Menschen permanent ein Handy mit sich führen und die Netzbetreiber sehr gut darüber Bescheid wissen, wo sich jemand aufgehalten hat. Die wichtigsten Daten werden mindestens 90 Tage gespeichert,[137] so dass es technisch kein Problem dargestellt hätte, zumindest die Aufenthaltsorte der Erkrankten genau zu ermitteln. Hätte man diese auf einer detaillierten Karte eingetragen, wäre man mit Sicherheit schnell auf Orte gestoßen, wo sich viele der Erkrankten ein bis zwei Wochen zuvor befanden. Das heißt, nicht „Kommissar Zufall" hätte auf Frankfurt und Lübeck gezeigt, sondern eine genauso einfache wie systematische Methode: Dort wo sich die Wege der Erkrankten kreuzten, war höchstwahrscheinlich auch der Erreger.

Die schlichte Frage: „Dürfen wir die geographische Information Ihres Handys nutzen?" hätte also mit Sicherheit schneller wertvolles Wissen generiert, als die unzähligen Befragungen nach dem Essen von vor einer Woche. Und wie bei einem Kriminalfall ist auch bei

---

[135] Siehe „Datenkrake iPhone: Apple speichert jeden Aufenthaltsort und das unverschlüsselt" auf areamobile.de.

[136] Dem in der Tat sehr bedenklichen Datenschutzaspekt dieser Angelegenheit widmen wir uns später, nämlich in Abschn. 2.5.

[137] Siehe „Handy-Nutzungsdaten. Mobilfunkanbieter speichern länger als sie dürfen", www.spiegel. de vom 7.9.2011.

einer Epidemie Zeit, d. h. Geschwindigkeit, alles. Wenige Tage, zuweilen Stunden, entscheiden über Erfolg oder Misserfolg: Je zügiger die Ermittlungen vorangehen, desto deutlicher sind noch die Spuren und entsprechend einfacher ist es, den Verursacher aufzuspüren. Vor allem hat man so die Chance, die Quelle der Infektion rasch zu versiegeln und unzähligen Menschen eine schlimme Krankheit zu ersparen.

1.9   Statistik – keine bittere Medizin

Mit Kontrast sieht man am schärfsten

Für einen Außenstehenden mag die gerade geschilderte, vergleichende Methodik der Statistik eher befremdlich wirken. Zeigt der obige Fall nicht überdeutlich, dass die Gruppe der Patienten – ohne eine explizite Vergleichsgruppe heranzuziehen – unmittelbar und direkt die entscheidenden Informationen liefert? Wozu krampfhaft Kranke mit Gesunden vergleichen, wenn in der Historie der Kranken die entscheidenden Hinweise zu vermuten sind?

Ein wirtschaftliches Beispiel: Um Chinas Entwicklung in den letzten Jahrzehnten einzuschätzen, genügt es zunächst einmal, dessen Kennzahlen zu betrachten, die schon für sich genommen sehr beeindruckend sind. Man muss die chinesische Zeitreihe nicht unmittelbar mit einem ähnlichen Schwellenland wie Indien oder einer alten Industrienation vergleichen, um zu einem fundierten Urteil zu kommen. Gleichwohl hilft es natürlich, China relativ zu anderen Ländern zu betrachten oder die chinesische Entwicklung vor dem Hintergrund der globalen Wirtschaftsleistung zu sehen.

Einem „Insider" sozialwissenschaftlicher Methoden wird es hingegen genau anders herum ergehen. In vielen Wissenschaften ist die Methode geschickter Kontraste nämlich so dominierend, dass andere Argumentationsfiguren mit Argwohn betrachtet werden. Der tiefere Grund hierfür ist theoretischer Natur und heißt (statistisches) Experiment.

Die Naturwissenschaften sind seit Galilei sowohl quantitativ als auch empirisch-experimentell orientiert. Durch ingeniöse Experimente, die ganz gezielte Fragen an die Natur stellen, hat man im Lauf der Jahrhunderte viel mehr herausgefunden als durch noch so zahlreiche, selbst sehr subtile Beobachtungen. Insbesondere konnten viele äußerst allgemeine wie exakte Naturgesetze gefunden werden.

Die „modernen" Sozialwissenschaften von der Ökonomie über die Politologie bis zur Soziologie und Psychologie sind jünger. Methodisch durchzieht sie eine tiefe Kluft: Entweder lehnen sie die klassische naturwissenschaftliche Vorgehensweise als unpassend ab und schlagen prinzipiell andere Wege ein, oder aber sie orientieren sich am erfolgreichen Vorbild, bis hin zu dessen Idealisierung. Die grundsätzlich verschiedenen Standpunkte haben wir gerade eben schon angerissen. Zuweilen führen sie in genauso prinzipielle, wie zumeist recht fruchtlose wissenschaftstheoretische Debatten. Typische Themen sind klassische „Tugenden" wie

- Objektivität: Ist die Unabhängigkeit vom Subjekt gut oder ist nicht gerade der Einzelfall und die individuelle Entwicklung von ganz zentraler Bedeutung?
- Exaktheit: Sind quantitative Methoden wirklich besser als qualitative? Die Antwort mag naheliegend erscheinen, doch wenn sich ein Gegenstand nur schwer fassen lässt, können Zahlen leicht eine Präzision vortäuschen, die gar nicht vorhanden ist. Ist es da nicht besser, die wesentlichen Trends sowie die Nuancen der sozialen Welt mithilfe einer differenzierten Sprache zu beschreiben, um zu verstehen, was eigentlich passiert?
- die Suche nach allgemeinen Gesetzen: Wenn die soziale Welt maßgeblich vom Menschen gestaltet wird – Geschichte, aber auch Gesetze werden primär von Menschen gemacht – könnte es viel mehr darauf ankommen, politisch in die richtige Richtung zu wirken, etwa institutionelle Verbesserungen zu bewirken, als nach allgemeingültigen Gesetzen zu fahnden, die womöglich gar nicht existieren?
- das Verhältnis von empirischer Erfahrung und Theorie (siehe das letzte Kapitel)
- die Rolle gezielter Experimente: Viele Faktoren spielen in der sozialen Realität eine maßgebliche Rolle und je nach Situation wirken sie ganz unterschiedlich. Deshalb erscheint es von vornherein wenig aussichtsreich, im Laborexperiment einzelne Faktoren isoliert zu untersuchen. Selbst wenn man dabei etwas lernt, lässt sich das Ergebnis aber nur in den allerwenigsten Fällen auf die weit komplexere Praxis übertragen.

Jene, die sich an den Naturwissenschaften orientieren, erstellen mit Vorliebe quantitative Modelle und versuchen vornehmlich mit statistischen Verfahren der größeren Variabilität ihres Untersuchungsgebiets Rechnung zu tragen. Selbstverständlich sind sie empirisch orientiert und im Zentrum ihrer Methodik steht das Experiment mit Experimental- und Kontrollgruppe. Dessen Logik ist eigentlich ganz einfach:

Beginn	Experimentelle Intervention	Ende
Ähnliche Gruppen	**Ja** ↔ **Nein**	Substantieller **Unterschied**

Stellt man am Ende eines solchen Experiments einen Unterschied fest, so kann dieser im Prinzip nur zwei Ursachen haben. Entweder gab es bereits zu Beginn einen für das spätere Ergebnis wesentlichen Unterschied zwischen den Gruppen oder aber, die Gruppen waren zu Beginn vergleichbar und die unterschiedliche Behandlung während des Experiments verursachte die zu guter Letzt feststellbare Diskrepanz. Selbstverständlich sollte man vom Anfang bis zum Ende auch alle Störfaktoren ausschließen, denn auch jene „ungebetenen Gäste" kämen ja sonst als Erklärung des finalen Unterschieds in Frage.

In der Praxis muss man natürlich Abstriche machen. Zumeist sind nicht alle Störfaktoren kontrollierbar, insbesondere weil die Situation zu unübersichtlich ist und das Wissen so gering, dass sie gar nicht alle bekannt sind. Auch wird man nie zwei exakt gleiche Gruppen finden, man kann nur darauf hinarbeiten, dass sie zu Beginn relativ ähnlich sind. Die mit Abstand wichtigste Methode hierfür ist seit Fisher die Randomisierung, also die Zuteilung der zu untersuchenden Individuen auf die Gruppen durch ein Zufallsverfahren. Da der Zufall unabhängig von allen inhaltlich interessierenden Variablen aber auch Störfaktoren ist, werden jene alle gleichartig behandelt, womit es keine systematischen Unterschiede zwischen den so entstehenden Gruppen gebe sollte. Mit anderen Worten, der Zufall „balanciert" alle Variablen, sodass ähnliche Gruppen resultieren.[138]

Experimentelle Medizin

Nehmen wir die Medizin. Eine der wohl wichtigsten Fragen ist: Was wirkt? Genauer gesagt, wie lässt sich absichern, dass eine Therapie, insbesondere ein Medikament, dem Patienten nutzt und die Wirkung entfaltet, die man sich von ihm verspricht? Dass der Entwickler eines neuen Medikaments von dessen Wirkung oft am meisten überzeugt ist, dürfte nicht weiter verwundern, ist aber andererseits auch nicht wirklich überzeugend. Erfolgreiche Fallgeschichten fallen schon eher ins Gewicht, doch stellt sich sogleich die Frage, wie viele solcher Geschichten es braucht (eine, zehn, hundert?) und ob der Erfolg nicht auch anders erklärbar ist. War die neue Therapie überhaupt besser als ein bislang angewandtes Verfahren? Es ist ja seit Kurt Tucholsky allgemein bekannt, dass eine Grippe ohne einschlägige ärztlicher Behandlung 21 Tage dauert, während sie mit ärztlichem Beistand nach drei Wochen überstanden ist.[139]

Mit der gerade beschriebenen Methodik lässt sich hier Klarheit schaffen: Man konstruiere zwei zu Beginn des Experiments vergleichbare Gruppen, gebe der einen ein vermeintlich wirksames Medikament und der anderen ein Placebo (also eine Tablette ohne Wirkstoff), schließe alle sonstigen Störfaktoren aus und vergleiche am Ende das Ergebnis. Sieht man dann trotz aller nach wie vor vorhandenen unsystematischen Schwankungen einen klaren Effekt, etwa dergestalt, dass die meisten Patienten, die das Medikament eingenommen hatten, wieder gesund wurden, während jene ohne Medikament (zumeist) nach wie vor krank sind, so hat das Medikament maßgeblich die Heilung bewirkt.

Genau so werden heute neue Medikamente im großen Stil getestet. Der Gesetzgeber schreibt sogar ein bis ins Detail spezifiziertes Verfahren vor, dass von der chemischen Prüfung eines neuen Wirkstoffs über Tierexperimente hin zu klinischen Studien am Menschen führt. Nur wenn alle diese Tests klar zugunsten der therapeutischen Neuerung sprechen, wird letztere zugelassen und dann auch von den Krankenkassen bezahlt. Die „randomisierte kontrollierte klinische Studie"[140] ist das Kernelement einer qualitätsgesicherten „evidenzbasierten Medizin", manche sind sogar der Meinung, dass sich nur so kausale Beziehungen

---

[138] Siehe jedoch die Bemerkung von Savage in Barnard und Cox (1962: 91) und Saint-Mont (2011), Abschn. 4.3. An dieser Stelle bin ich pessimistischer als viele meiner Kollegen.

[139] Peter Panter (Pseudonym), Vossische Zeitung Nr. 28 vom 03.02.1931.

[140] Englisch *randomized controlled trial* (RCT).

nachweisen lassen. *No causation without manipulation* (Holland 1986), also keine Kausalität ohne vorausgehende (experimentelle) Manipulation, lautet deren Motto.[141]

Warum funktioniert das Verfahren des kontrollierten Vergleichs bei der Zulassung von Medikamenten, nicht aber bei der Ermittlung der EHEC-Ursache? Dies fängt damit an, dass es in der Praxis schwer ist, „Vergleichbarkeit" herzustellen. Zu jedem „Fall" (Erkrankten) mussten ähnliche „Kontrollen" (nicht Erkrankte) gefunden werden, etwa Personen mit ähnlichen biologischen und sozialen Merkmalen, die in der Nähe der erkrankten Person wohnen. Wie auch immer man dies anstellt, die Methode hat auf jeden Fall den Nachteil, dass es prinzipiell weniger überzeugend bleibt, im Nachhinein „Vergleichbarkeit vor der Infektion" herzustellen, als tatsächlich zu Beginn einer Untersuchung dafür zu sorgen, dass sich zwei Gruppen nicht systematisch unterscheiden.

Weit gravierender noch ist jedoch ein anderer Defekt: Ohne den kontrollierbaren Rahmen eines Experiments gibt es, wie EHEC überdeutlich zeigt, eine kaum überschaubare Zahl potenzieller Ursachen. Fast keine kann von vorneherein vernachlässigt werden, in aller Regel sind sogar nicht einmal alle potenziell relevanten Faktoren bekannt. Im Nachhinein ist es dann äußerst schwer, wenn nicht sogar völlig ausweglos, im riesigen und zugleich lückenhaften Datendschungel den wahren Grund zu isolieren, was ja bei EHEC auch nicht gelang. Erst nachdem mit einer anderen Methodik die Sprossen als wahrscheinlichste Ursache ausgemacht (und schon fast überführt) worden waren, gelang es auch durch einen systematischen Vergleich erkrankter und nicht erkrankter Restaurantbesucher, die Sprossen dingfest zu machen.

Eine maßgeblich an Experiment und Evidenz orientierte Medizin bedeutet einen enormen Fortschritt. Anstatt zu mutmaßen, was helfen könnte, versucht sie gezielt zu ermitteln, was tatsächlich wirkt. Es sei jedoch nicht verschwiegen, dass dies natürlich etwas idealisiert ist. Im konkreten Fall ist es gar nicht so einfach, einen Wirknachweis zu führen. Es genügen eigentlich schon Zufallsfluktuationen bei der Gruppeneinteilung, dass jene von Beginn an nicht vergleichbar sind. Oder man denke an schwer definierbare psychotherapeutische Verfahren, deren Anwendung und Erfolg maßgeblich vom jeweiligen Therapeuten abhängt.

Experimente aller Art sind immer aufwendig und gerade die vorgeschriebenen klinischen Studien verteuern ohnehin kapitalintensive pharmazeutische Innovationen weiter. Viele Studien werden deshalb in wenigen indischen Städten durchgeführt und insbesondere junge Männer der Unterschicht nehmen an ihnen teil. Der Statistiker fragt sich sofort, ob sich die so erzielten Ergebnisse 1:1 auf andere Bevölkerungen und Kontinente übertragen lassen. Der Fachterminus hierfür ist Generalisierbarkeit bzw. „externe Validität", und diese ist natürlich bei derart punktuellen Untersuchungen zweifelhaft. Man muss auch kein notorischer Aktivist sein, um das Vorgehen aus ethischen Gründen zu kritisieren, zumal

---

[141] Man beachte, dass damit ein latenter Zusammenhang (A verursacht B) mit der Methode seines experimentellen Nachweises (randomisierte Studie) gleichgesetzt wird. Siehe dazu die nachfolgenden Ausführungen und S. 223.

der Interessendruck immens ist. Wer viel Geld in die Entwicklung gesteckt hat, hört nicht gerne auf der Schlussgeraden, dass doch alles vergebens war und könnte versucht sein, günstige Ergebnisse zu „befördern". Andererseits verschafft die „Zulassungsindustrie" den Menschen ein Einkommen und verbessert die medizinische Versorgung vor Ort.[142]

Klinische Studien mögen streng sein, im Sinne des Auftraggebers beeinflussbar sind sie an vielen Stellen gleichwohl. Welche Faktoren müssen kontrolliert werden, was ist eine therapeutische sinnvolle Dosis, wie kommt man zu einem fairen Vergleich, welche Patienten werden behandelt und welche ausgeschlossen? Auch mit den detailliertesten Richtlinien bleiben doch, wie jeder Jurist weiß, immer Schlupflöcher offen und noch nie haben Verbote, Kontrollen und Sanktionen verhindert, dass man sich ihnen intelligent entzogen hat. Ein klares Indiz hierfür ist, dass klinische Studien, trotz aller Vorkehrungen, oftmals nicht replizierbar sind. Und darf man sie überhaupt, obwohl wissenschaftlich geboten, aus ethischen Gründen replizieren? Denn hat ein neues Medikament durchschlagenden Erfolg, so ist es wohl kaum gerechtfertigt, eine weitere Studie zu beginnen und damit vielen Patienten die offenkundig schlechtere Behandlung zuzumuten.

Trotz aller genannten, zum Teil schwer wiegenden Einwände bleibt festzuhalten, dass Medizin *und* Statistik, wenn sie sich sinnvoll ergänzen, ein erfolgreiches Gespann sind. Insbesondere sind klinische Experimente, z. B. detaillierte Studien über die Wirksamkeit von Medikamenten, sehr hilfreich, wenn sie sich eng an naturwissenschaftliche Experimente anlehnen. Das heißt: Genaue Definition einer Situation (homogene Patientengruppe, gezielte Intervention, Prognose beabsichtigter Effekte); hierzu passende, kontrollierte Datenerhebung (vorherige Anmeldung der Studie, Sicherstellung vergleichbarer Gruppen, Ausschluss und Kontrolle von Störfaktoren) und professionelle Datenanalyse (umfassende transparente Dokumentation, keine Selektion günstiger Daten, Publikation aller wichtigen Resultate), so dass eine Replikation möglich wird.[143]

Wissen – und Handeln!

Auf einem ganz anderen Blatt steht, wie wir mit den erzielten Ergebnissen umgehen. Es ist eine Schande, dass die zentraleuropäische Impfmüdigkeit verhindert, dass schwerwiegende Krankheiten ausgerottet werden. Während ganz Amerika seit einer konsequenten Impfkampagne praktisch masernfrei ist, grassieren in der Alten Welt nach wie vor Masernepidemien. Was spricht eigentlich angesichts der nachfolgenden Zahlen gegen eine Impfung?[144]

---

[142] Eine ausführliche Reportage „Erst der Test, dann die Moral" hat www.spiegel.de am 9.5.2012 publiziert.

[143] Ein lesenswerter, gut recherchierter Beitrag zum aktuellen Stand der Dinge ist Thorbrietz (2011).

[144] Siehe www.bag.admin.ch/impfinformation, „Häufig gestellte Fragen zur Masernimpfung".

Komplikation	Häufigkeit nach		Odds Ratio
	Erkrankung	Impfung	Erkrankung/Impfung
Fieberkrämpfe	1:200	1:10.000	50
Gehirnentzündung	1:1000	1: 1.000.000	1000
Blutplättchenabnahme	1:3.000	1: 30.000	10
Subakute sklerosierende Panenzephalitis (SSPE)	1:100.000	0	∞
Tod	1:1.000–3.000	0	∞

Ein Lesebeispiel: In einem von 200 Fällen kommt es bei einer Masernerkrankung zu Fieber-krämpfen, was auch bei einer von 10.000 Impfungen geschieht. Diese Komplikation ist bei einer Erkrankung also fünfzig Mal häufiger als bei einer Impfung.[145] Besonders gravierend sind die regelmäßigen, völlig unnötigen Todesfälle durch Masern.

Fast niemandem dürften die hitzigen Gefechte zwischen Impfbefürwortern und -gegnern entgangen sein. Stellt man jedoch Evidenz in den Mittelpunkt der Betrachtung, so erübrigt sich diese weltanschauliche Debatte genauso schnell wie die vermeintlich tiefgrün-dige Unterscheidung zwischen Schul- und Alternativmedizin. Dasselbe gilt für die Eintei-lung in westliche versus traditionelle chinesische Medizin oder Naturheilverfahren versus Apparatemedizin. Für alle diagnostisch-therapeutische Ausrichtungen gilt dann: Wer heilt hat Recht und sollte für seine Leistung bezahlt werden. Zuallererst einmal kommt es auf die Wirksamkeit einer Methode an – nicht auf ihre Provenienz.

Akkupunktur und Yoga mögen zunächst „exotischer" gewesen sein als die zuweilen sehr populäre Psychoanalyse, doch die Belege für die Wirksamkeit freudscher Methoden sind eher vage, während mittlerweile ganz klar ist, dass eine Vielzahl von Methoden nicht-westlichen Ursprungs hilft. Andererseits sind Hausgeburten alles andere als sanft und unge-fährlich, wenn es zu Komplikationen kommt, ist man im Kreißsaal weit besser aufgehoben. Es ist auch außerordentlich verblüffend, dass die Kostenübernahme bei hervorragenden prophylaktischen Maßnahmen[146] umstritten ist, während anderseits zweifelhafte kurative Maßnahmen finanziert werden, zumal wenn sie populär sind oder eine einflussreiche "pres-sure group" dahinter steht.

Ökonomisch gesehen geht es um die bestmögliche Zuweisung (Allokation) von Res-sourcen. Das heißt, es steht ein begrenztes Budget zur Verfügung, das optimal verwendet werden sollte. Gibt man nun Mittel für nachgewiesenermaßen Unwirksames oder sogar Schädliches aus, so wirft man, undiplomatisch gesagt, Geld zum Fenster hinaus. Das wiegt besonders schwer, wenn die finanziellen Ressourcen an einer anderen Stelle, wo sie hätten sinnvoll eingesetzt werden können, fehlen.

Das führt zu einer Übung im rationalen Denken: Mittel werden auf jeden Fall allokiert, d. h. das dem Gesundheitswesen zur Verfügung gestellte Geld wird auch – irgendwie – ausgegeben. Dabei sind Entscheidungen zu fällen, wer etwas bzw. wie viel erhält, und wer

---

[145] $50 = (1/200)/(1/10.000)$.
[146] Impfungen, Suchtprävention, Kampagnen zur Früherkennung von Krankheiten, für eine gesün-dere Ernährung, mehr Bewegung. . . .

nicht. Die einzige Möglichkeit, Mittel rational und sachbezogen zu verwenden, besteht darin, deren medizinischen Nutzen zu berücksichtigen und je transparenter dies geschieht, umso besser. Ein Verteilungskonflikt lässt sich nur dann fair auflösen, wenn möglichst explizit Kosten und Nutzen, Aufwand und Ertrag, bekannt sind und verglichen werden können.

Es hilft nichts, solchen Konflikten aus dem Weg zu gehen, sie im stillen Kämmerchen zu behandeln oder gar so zu tun, als gäbe es sie nicht. Damit erreicht man letztlich nur, dass die Mittelverteilung intransparent, irrational und eher von Interessen als von Evidenz geleitet erfolgt. So grausam eine nach möglichst objektiven Kriterien erstellte Warteliste im Fall von Organtransplantationen auch ist, noch viel weniger akzeptabel ist, wenn Ärzte vor Ort – parteiisch, weil ihren jeweiligen Patienten verpflichtet – Einfluss auf die Vergabe von Organen nehmen. Den Meistbietenden am schnellsten zu behandeln oder Armen gar nahe zu legen, doch auf das eine oder andere Organ zu verzichten, wäre erst recht verwerflich.

Organhandel ist ein abscheuliches Verbrechen, doch zugleich sollte uns klar sein, dass er sich, solange Organe ein knappes, wertvolles Gut bleiben, nicht völlig unterbinden lassen wird. Allein schon deshalb sollte sich jeder fragen (lassen), was für ihn schwerer wiegt, seine körperliche Unversehrtheit nach dem eigenen Tod oder das vermeidbare(!) Sterben jener, die auf der Warteliste bangen und hoffen und dann doch nicht rechtzeitig ein lebensrettendes Organ erhalten. Die Frage sei erlaubt, warum eigentlich gemäß der traditionellen Ansicht die Würde des Menschen weniger in Gefahr ist, wenn Tote ihre noch gesunden Organe mit ins Grab nehmen, als wenn jene Kranken beim Überleben helfen.[147]

Noch schwerer fällt es uns, offen zu sagen – und diese Entscheidung unter Druck auch durchzuhalten-, dass ein Schwerstkranker kein teures, lebensverlängerndes Medikament mehr erhält. Derartige, brutale Entscheidungen zerreißen jedem fühlenden Menschen das Herz. Wer will es auf sich nehmen, einem sterbenden Menschen die letzte Hoffnung zu nehmen? Allerdings, wie gesagt, ist die Alternative zu klaren, transparenten Regelungen, dass nach völlig undurchsichtigen Kriterien („Vitamin B" etc.) der eine eine Behandlung erhält und der andere nicht. Es kann dann auch leicht vorkommen, dass an einer Stelle mit viel Geld wenige Wochen zusätzlichen Lebens erkauft werden (Krebstherapie), während für effektivere Maßnahmen wie Transplantationen (Lebendspende) oder flächendeckende Impfkampagnen keine Mittel mehr zur Verfügung stehen.

Ohne Fleiß kein Preis

Epidemiologische und klinische Studien sind wichtige Beispiele für die Anwendung statistischer Methoden im Gesundheitswesen. Die „alltägliche Statistik" besteht hingegen (wie zumeist) in der permanenten Dokumentation medizinisch relevanter Daten. Hier wie

---

[147] Siehe hierzu auch Abschn. 4.2.

überall beginnt der steinige Weg von Daten über Information zu Wissen mit der minutiösen Sammlung wichtiger Fakten, also der systematischen Datenerhebung.

In der vermeintlich guten alten Zeit hielt jeder Arzt einfach alles Wichtige auf Papier fest. Zu jedem Patienten gab es eine Akte, die alle Befunde zusammen hielt. So einfach dieses Verfahren ist, so groß sind natürlich seine Nachteile. Wie leicht verliert man dabei nach Jahren den Überblick, das meiste, längst irrelevant Gewordene, überdeckt leicht das wirklich Wichtige. Es fällt später schwer, die oft handschriftlichen und hastigen Aufzeichnungen von anderen zu entziffern. Schließlich liegt die Information nur lokal vor: Wenn der Notarzt bei einem bewusstlosen Patienten dringend über Allergien, Risikofaktoren und Grunderkrankungen Bescheid wissen musste, so kam er an diese Informationen nicht schnell heran, da sie gut verschlossen in diversen Archiven schlummerten.

Vor 50 oder auch 100 Jahren mag es noch genügt haben, zu notieren, dass jemand mit heftigen Bauchschmerzen „unten rechts" eingeliefert wurde, nach fünf Minuten jedem Assistenzarzt die Diagnose „akute Blinddarmentzündung" klar war, deshalb rasch die übliche Operation durchgeführt wurde und der Patient einige Tage später die Klinik geheilt verlassen konnte. Heute muss natürlich – zurecht – mehr dokumentiert werden. Wirft man auch nur einen flüchtigen Blick auf die aktuelle Situation in einem Krankenhaus, so stellt man leicht fest, dass die Elektronik Einzug gehalten hat und nun geradezu akribisch dokumentiert wird. Zuweilen hat man das Gefühl, dass mit dem (nahenden) Wegfall der papiernen Begrenzung alles und jedes festgehalten werden soll. Hinzu kommt ein ausführliches Klassifikations- und Meldewesen.

Das hilft den behandelnden Ärzten genauso wie dem Patienten. Denn dokumentiert man zu wenig, können im entscheidenden Fall wichtige Informationen fehlen. Im Gesundheitswesen, wie auch in parlamentarischen Untersuchungsausschüssen und andernorts, fehlen oft, gerade wenn es darauf ankommt, die entscheidenden Seiten in einschlägigen Papierunterlagen. (Versuchen Sie einmal, Ihren Arzt eines Kunstfehlers zu überführen, wenn Ihre Krankenakte lückenhaft ist.) Es ist auch sinnvoll, Leistungen aufzuschreiben, die abgerechnet werden sollen. Doch kann man wie immer alles übertreiben. Dokumentiert man nämlich zu viel, verschlingt die Verwaltungsarbeit immens viel Zeit ohne dass dies die Behandlung verbessern würde. Im Extremfall vergeuden Ärzte und Pfleger mehr Zeit am Computer als sich um ihre Patienten zu kümmern.

Geht die Dokumentation mit der Vergütung einher, wird es noch schwieriger, denn letztlich setzt man damit einen paradoxen Anreiz: Nicht der Arzt, der viel Zeit am Krankenbett, also mit seinem „Kerngeschäft", verbringt, wird honoriert, sondern der pedantische Verwalter, der nie vergisst, etwa aufzuschreiben. Der geschickte Stratege, der genau weiß, wo es sich lohnt, Engagement zu zeigen (worauf legt das System wert, was honoriert es?) und dieses auch an geeigneter Stelle vermerkt, fährt sogar am allerbesten. Schlimmstenfalls ist es wichtiger, dass für alle „die Statistik stimmt" oder man „im Plan liegt", als dass das Wohl der Patienten im Mittelpunkt stünde.[148] Es ist auch gewiss kein Zufall, sondern ökonomisches Kalkül, dass privat Versicherte leichter einen Termin beim Facharzt bekommen als gesetz-

---

[148] Vgl. das Seite 55 besprochene, kontraproduktive Anreizsystem.

lich Versicherte: Die privaten Krankenkassen zahlen mehr, also werden ihre Mitglieder auch bevorzugt behandelt.

Fallpauschalen, die die Honorierung nicht an den im Einzelnen erbrachten Leistungen bemessen, sondern je Diagnose eine Pauschale gewähren, scheinen auf den ersten Blick den Verwaltungsaufwand zu reduzieren, und tatsächlich werden sie auch in vielen Ländern verwendet (in Deutschland schrittweise seit 1996). Doch trennt man bei medizinische Leistungen Dokumentation und Vergütung, so vervielfacht sich leicht der Aufwand, zumal wenn die Diagnoseschlüssel sehr fein sind.[149] Im Laufe der Zeit stellt sich außerdem schnell heraus, mit welchen Krankheitsbildern sich Geld verdienen lässt, so dass „abrechnungstechnisch günstige" Diagnosen häufiger werden. Ganz allgemein ist auf der Anbieterseite die Versuchung groß ist, die Dokumentation und schließlich auch die Versorgung so auszurichten, dass eher lukrative Gebiete bzw. Operationen abgedeckt werden. Damit kommt es schnell zu einer Schieflage zwischen Angebot und Nachfrage medizinischer Leistungen sowie zu einem „Wettrennen" zwischen Leistungserbringern und Kostenträgern.

In den Augen des Statistikers geht es beim medizinischen Dokumentations- und Meldewesens um die Erfassung aussagekräftiger Daten. Er will, wie auch der Ökonom, zu fundierten Aussagen über ein komplexes System kommen, wobei in den Augen des letzteren auch die Aufwände eine entscheidende Rolle spielen. Wie lassen sich valide Daten mit möglichst geringem Aufwand gewinnen, so lautet wieder einmal die ganz entscheidende Frage.

Beginnen wir bei der Patientenakte, die traditionellerweise alle medizinisch relevanten Informationen enthält. Natürlich sollte sie heute elektronisch sein, d. h. Befunde, Diagnosen und Therapien müssen sowohl abgesichert als auch in einer komfortabel nutzbaren Form vorliegen. Dabei sollte gerade die Dateneingabe möglichst automatisiert erfolgen: Wer Röntgenbilder manuell am Bildschirm Patienten zuordnet oder Diagnoseschlüssel einer handschriftlichen Liste entnimmt, macht etwas falsch. Werden, z. B. auf einer Intensivstation, Patienten ohnehin engmaschig überwacht und eine ganze Palette medizinischer Informationen routinemäßig festgehalten, spricht wenig dafür, diesen Datenschatz im Nachhinein wieder zu löschen (was im Moment Usus ist).

Nächste Übung im Datenmanagement: "Make or buy", d. h., sollte man spezialisierte Software, insbesondere das Dokumentations- und das damit gekoppelte Abrechnungssystem selbst entwickeln oder von einem spezialisierten Anbieter kaufen? Heutzutage natürlich letzteres, denn medizinisches Personal und Krankenhausadministrator werden nicht fürs Programmieren bezahlt. Weiterer Punkt: Wo werden die Daten abgelegt? Selbstredend auf einem zentralen Server, damit Unterlagen nicht mehr über Flure getragen werden müssen, sondern überall, wo sie gerade benötigt werden, auf Knopfdruck zur Verfügung stehen. Schließlich die Standardisierung: Sowohl die Datenformate als auch die Schnittstellen zu anderen Systemen müssen allgemein verbindlich sein, da nur so ein glatter, automatisierter Ablauf möglich ist und viele Reibungspunkte von vorne herein vermieden werden.

---

[149] Wer keine Angst vor Komplikationen hat, lese Diagnosis_Related_Group auf de.wikipedia.org. Tatsächlich ist das System so fein, dass kaum noch von einer „Pauschale" die Rede sein kann.

Eine Reihe privater Anbieter scheint diese Aufgabenpalette in den letzten Jahren am besten gemeistert zu haben. In der Presse am häufigsten erwähnt werden die Helios-Kliniken und deren Datenmanagement, das darauf abzielt, alle Möglichkeiten moderner Technik konsequent zu nutzen, um zu einer IT-gestützten, von Routineaufgaben so weit als möglich entlasteten Medizin (zurück) zu kommen. Natürlich sind dabei zunächst große Investitionen zu tätigen. Doch wer sie, wie viele kommunale Einrichtungen, scheut, arbeitet ineffizienter und wird vom Kostendruck irgendwann zermalmt oder von der Konkurrenz aufgekauft werden.

Wo viele gut organisierte Daten, da sollte auch die Auswertung nicht fern sein. Tatsächlich lassen sich auf eine vollständig elektronische, standardisierte und umfassende Datenbasis auch ganz neue Analysen aufbauen. Zu ermitteln, welche Krankheiten sich wo häufen, ist noch die leichteste Übung. Differenzierte Betrachtungen nach Alter, Geschlecht, Diagnose, Medikation und Therapie wären der nächste Schritt. Veränderungen in der Zeit – welche Krankheitsbilder werden seltener, welche werden häufiger – sind leicht zu erkennen. Das gemeinsame Auftreten von Krankheiten, die Ausbreitung einer Grippewelle, die typischen Kosten eines Krankheitsbildes lassen sich genauso analysieren wie die Veränderung über die Jahre hinweg.

Ein wichtiges Beispiel: Bislang werden in sogenannten Krankheitsregistern mühevoll alle Fälle einer Krankheit, z. B. Krebs bei Kindern, zusammengetragen. Ein solches Register zu erstellen wäre mit der genannten Datenbasis genauso wenig ein Problem wie die Analyse der zugehörigen, riesigen Datenbestände nach allen nur denkbaren Kriterien. Insbesondere ließe sich spezifischen Diagnosen und zugehörigen Therapieerfolgen nachgehen, und das mit weit größeren Fallzahlen als in den heutigen klinischen Studien. Die Ebene der Betrachtung könnte bei allen solchen Analysen sogar flexibel gewählt werden: Vom Einzelfall bis hin zum gesamten Gesundheitssystem, inklusive der Kosten, die die jeweilige medizinische Versorgung verursacht hat.

Eine solche Vision lässt sich – geeignete Investitionen vorausgesetzt – technisch in absehbarer Zeit realisieren. Auch ohne vollmundige „Initiativen" geht die allgemeine Entwicklung ganz klar in Richtung umfangreicher (wenn nicht sogar vollständiger) und standardisierter Daten. Schon heute ist es ein Anachronismus, dass Arztberichte wie auch Abrechnungen auf Papier ausgedruckt werden. Erst recht kann es lebensrettend sein, wenn der Notarzt die Krankenakte eines Unfallopfers zur Hand hat, einfach weil er sie innerhalb von Sekunden von einem zentralen Server abrufen kann. Auch das Meldewesen ist rückständig: Wer alle Diagnosen tagesaktuell zur Hand hat, kann viel leichter erkennen, wenn sich irgendwo eine besorgniserregende Entwicklung anbahnt. Gerade Epidemien ließen sich im Ansatz entdecken und schnell entschieden eindämmen.[150]

Warum wird ein solches System nicht mit Nachdruck aufgebaut, wenn es doch so viele Vorteile und Möglichkeiten bietet? Darauf gibt es mehrere Antworten. Zum ersten ist sicherlich nicht allen Beteiligten klar, welche Vorteile und Einsparpotenziale an dieser Stelle

---

[150] Ein innovativer Ansatz für „seltene Krankheiten bei Kindern" findet sich auf www.spiegel.de vom 14.11.2011.

existieren. Zum zweiten müssten zunächst große Investitionen (und diese auch noch zentral koordiniert) getätigt werden. Zum dritten sind die Verantwortlichkeiten dezentralisiert, d. h. viele müssen sich einigen und auch die Budgets sind klein und zersplittert. Schließlich, aber nicht zuletzt, gehen mit umfassenden, hervorragend organisierten Daten auch unbegrenzte Auswertungs- und Missbrauchsmöglichkeiten einher. Der gläserne Patient ist nicht nur für den verantwortlichen Arzt transparent, sondern auch für jeden anderen, dem die medizinischen Daten in die Hände fallen. Das macht uns alle heute viel verwundbarer als früher, als unsere sensiblen Daten weit verstreut und schwer leserlich in unzugänglichen Archiven schlummerten.

Informatik: Mit Daten umgehen

2

Die Statistik hat kein Monopol auf Daten. Schon immer haben empirisch arbeitende Wissenschaftler „ihre" Daten erhoben und auf deren Interpretation weitreichende Theorien gestützt. Heute und morgen, im Zeitalter leistungsfähiger, eng vernetzter Computer werden Fakten im großen Stil automatisiert erfasst und weiterverarbeitet. „Big Data" wird den Charakter von Statistik und Wissenschaft verändern, insbesondere wird deren Verzahnung mit der Informatik noch erheblich zunehmen. Zuallererst einmal müssen wir jedoch darauf achten, dass aus Daten, die es wie Sand am Meer gibt, nicht Treibsand wird, in dem wir versinken.

2.1 Big Brother reloaded

Wo viel Licht, da auch viel Schatten

ist keine neue Erkenntnis. Luzifer, de nomine der „Lichtbringer", treibt schon seit langem sein Unwesen und ist wahrlich keine positive Gestalt. In derselben mythologischen Welt schmecken die Früchte vom Baum der Erkenntnis bitter und führen zur Vertreibung aus dem Paradies. Auch Prometheus, der den alten Griechen das Feuer brachte, musste dafür grausam büßen. Warum sollte sich daran in der Neuzeit etwas geändert haben? Die automatisierte Datenerhebung, -verarbeitung, -auswertung und -interpretation *en masse*, insbesondere natürlich im Umfeld des Internets, sind Früchte vom Baum der Erkenntnis unserer Zeit. Es ist nicht das erste Mal, dass wissenschaftlich-technologische Umwälzungen auch zu Innovationen in anderen Bereichen zwingen, insbesondere eine adäquate juristisch-soziale Antwort erfordern. An solchen Herausforderungen ist das Abendland (bislang) nicht zerbrochen, sondern gewachsen. Jedoch sind innovative und konstruktive Antworten gefragt!

Aussagekräftige Datenquellen sprudeln immer kräftiger: Medizinische Daten einer Person können zu einer elektronischen Patientenakte zusammengefasst werden. Je mehr elektronische Geräte genutzt werden oder Videokameras im öffentlichen Raum installiert sind,

U. Saint-Mont, *Die Macht der Daten*, DOI: 10.1007/978-3-642-35117-4_2,
© Springer-Verlag Berlin Heidelberg 2013

desto leichter wird es, unsere Aufenthaltsorte und Wege zu ermitteln. Wer über die Autobahn fährt, wird vom Mautsystem erfasst, wer mit Kreditkarte bezahlt, gibt nicht nur preis, wo es sich wann befand, sondern auch, für was er wie viel Geld ausgegeben hat. Wo wir gehen und stehen hinterlassen wir eine breite Datenspur, die gar nicht so selten sogar lückenlos ist. Es genügt, das Handy nicht mehr auszuschalten, um wie die Güter in den Lieferketten der modernen Logistik, jederzeit ortbar zu sein. Das heißt, es wird immer schwerer, sich der allgemeinen, automatisierten Erfassung zu entziehen.

Doch nicht nur die vernetzte elektronische Welt dringt immer weiter in den realen, physischen Alltag vor. Wir begeben uns auch ständig und aus eigenen Stücken in die virtuelle Welt: Wer fleißig vor sich hin bloggt, postet und twittert wird in Windeseile zum gläsernen Menschen. Für ein sehr illustratives Beispiel siehe den Artikel „Du kannst dich nicht mehr verstecken"[1] der – wie sehr sich doch die weltanschaulichen Fronten verwischt haben – auf einer Stellungnahme des Hamburger Chaos Computer Clubs für das Bundesverfassungsgericht beruht.[2] Je mehr Spuren wir im Netz hinterlassen, desto leichter gelingt es Fährtenlesern auch dort, diese zu einem aussagekräftigen Muster zusammenzufügen.

Wie schnell die Sicherheitsorgane dabei fehlgehen können, zeigt das folgende, alltägliche Beispiel. Ein guter Freund von mir wollte 2011 in Nordamerika Urlaub machen. Obwohl er ein völlig unbescholtener Mensch ist, stellten sich bei der Erteilung des Visums und jedem nachfolgenden Grenzübertritt massive Probleme ein. Die einzige Erklärung, die sich hierfür finden ließ, war, dass er (wie der bekannteste Attentäter des 11. September 2001) an einer deutschen Hochschule Maschinenbau studiert und mehrfach in Ägypten, also im Nahen Osten, Urlaub gemacht hatte. Dort hatte er mit Kreditkarten bezahlt, sein Handy benutzt und wohl auch E-Mails abgerufen. In Kombination mit einem unauffälligen Lebenslauf (inklusive Standard-Familie und -Beruf) scheinen diese Aufenthalts-, Kommunikations- und Überweisungsdaten auf einschlägige Stellen höchst verdächtig gewirkt zu haben, als er, vermeintlich grundlos, die Ostküste der USA (u. a. Washington D.C. und New York) bereisen wollte. Er wurde zu mehreren persönlichen Gesprächen vorgeladen, die gerade eben noch so in der Lage waren, die vagen elektronischen Verdächtigungen zu entkräftigen.

Ein dritter Faktor kommt hinzu. Man hat den Behörden immer schon einen gewissen „Datenhunger" nachgesagt. Insbesondere gibt es die Sicherheitsbehörden, also Polizei, Militär und Geheimdienste, die aus naheliegenden Gründen gerne vieles wissen wollen, manches davon ziemlich genau. Mit den bodenständigen Methoden der amtlichen Statistik ist dieser Bedarf eher schlecht als recht zu stillen. Doch wie einfach würden Ermittlungen sein, wenn die Polizei zu jedem Zeitpunkt wüsste, wo sich alle potenziell Verdächtigen aufhielten und Geheimdienste über alle finanziellen Transaktionen im Bilde wären. Dieses Interesse nach möglichst umfassenden Informationen kollidiert natürlich mit der Kernidee einer offenen Gesellschaft. Ein freier Mensch darf nicht ständig unter Beobachtung stehen und er muss sich auch nicht für das rechtfertigen, was er macht. Solange er nicht gegen

---

[1] faz.net, 2.3.2010.
[2] Siehe http://213.73.89.124/vds/VDSfinal18.pdf

Gesetze verstößt, kann er tun und lassen, was er will, er ist lediglich für die Folgen seiner Handlungen verantwortlich.

Alle drei Faktoren durchlöchern den „Kernbereich privater Lebensgestaltung",[3] das Allerheiligste jeder offenen Gesellschaft. Besser als jemals zuvor ist es heute möglich, private Korrespondenz zu lesen, Bewegungen nachzuvollziehen und Personen ohne deren Wissen feinmaschig zu überwachen. Von „additiven Überwachungseffekten" zu sprechen ist eine Untertreibung. Tatsächlich addieren sich die einzelnen Kenntnisse nicht, sie fügen sich zu einem nuancierten Gesamtbild, das weit mehr ist als die Summe seiner Teile. Schlimmer noch: Die technischen Schwierigkeiten, die bislang als schützende Barrieren gewirkt haben, schmelzen dahin wie Schnee in der Sonne. Die Eigendynamik dieser Entwicklung ist immens. Ob wir wollen oder nicht, wir treten ein ins Zeitalter der omnipräsenten Datenflüsse samt deren automatisierter Interpretation.

Freiheit versus Sicherheit

Hinzu kommt, dass das ohnehin prekäre Gleichgewicht zwischen dem berechtigtem Sicherheitsinteresse des Staats bzw. aller und dem Freiheitsrecht des Einzelnen mit den Anschlägen von 2001 zum Nachteil des Individuums kippte, also ungünstigerweise genau in dem Moment, als das Internet begann, die Welt vollständig zu vernetzen. In der Folge des 11. September genügte der Hinweis auf den Terrorismus, eine „veränderte Bedrohungslage", um weitreichende Eingriffe in die Privatsphäre zu rechtfertigen. Einige aktuelle Beispiele: Fluggastdaten sollen bis zu 15(!) Jahre lang gespeichert werden.[4] „Das transatlantische Bankdatenabkommen Swift gewährt US-Terrorfahndern tiefere Einblicke in die Finanzen Tausender Europäer als bekannt. Der Vertrag erlaubt den USA Zugriff auf Banküberweisungen in der EU".[5] Es geht also nicht um die "Society for Worldwide Interbank Financial Telecommunication", sondern darum, dass diese Einrichtung – wie Banken – Daten an staatliche Stellen weitergeben muss. Mit Verweis auf die internationale Kriminalität und Steuerhinterziehung wurde auch das Bankgeheimnis ausgehöhlt. Es ist noch nicht einmal bekannt, in welchem Umfang Internetprovider Daten auf Verlangen an die Behörden weitergeben.

Wer Informationen im großen Stil auf Vorrat speichert, hebelt zugleich ganz prinzipiell den Datenschutz aus,[6] dessen grundsätzliche Idee es ist, die Nutzung von Daten zu begrenzen. Es ist auch kein Zufall, dass die flächendeckende „Videoüberwachung" seit 2003 schon mehrfach mit dem "Big Brother Award" ausgezeichnet wurde. In einer Laudatio heißt es

---

[3] Die Formulierung des Bundesverfassungsgerichts in seinem Urteil zum „Großen Lauschangriff" 2004. Für eine aktuelle Diskussion siehe z. B. Dammann (2011).

[4] Siehe z. B. „US-Forderungen zur Fluggastdatenspeicherung. Gläserne Gäste", sueddeutsche.de vom 26.05.2011 und „Neues Abkommen zu Fluggastdaten", faz.net vom 10.11.2011.

[5] Financial Times Deutschland vom 01.02.2011.

[6] Siehe insbesondere den Artikel über „Vorratsdatenspeicherung" auf de.wikipedia.org.

treffend: „Für die schleichende Degradierung von Menschen zu überwachten Objekten und die Verharmlosung der Folgen von flächendeckender Überwachung."

Wer in den 1990er-Jahren gedacht hatte, mithilfe des Internets könne man sich leichter staatlicher Überwachung entziehen, die Kommunikation würde durch moderne, praktisch nicht zu „knackende" Verschlüsselungstechniken vertraulicher werden oder das Netz schütze durch geeignete Mechanismen die persönliche Anonymität – etwa indem in einer „Mix-Kaskade" der Datenverkehr so gut vermischt wird, dass er dem einzelnen Nutzer nicht mehr zuzuordnen ist – sieht sich getäuscht. Je mehr wir "online" leben, desto mehr hinterlassen wir elektronische Spuren, und umso leichter fällt es Spurenlesern, unseren Schritten zu folgen.

Unsere sozialen Verhaltensweisen haben sich in der physischen Welt entwickelt und sind an die eher überschaubaren Zustände dort angepasst. Doch das aktuelle soziale Netzwerk, wo viele gerne und ausführlich über sich selbst berichten, unterscheidet sich in mehreren, ganz entscheidenden Punkten vom öffentlichen mittelalterlichen Marktplatz. Zum ersten ist es viel größer. Im Internet trifft sich nicht eine Stadt oder die Einwohner einer Gegend, sondern die Welt. Mitte 2012 war gut ein Drittel der Weltbevölkerung im Netz unterwegs.[7] Zum zweiten werden die dort preisgegebenen Informationen dauerhaft festgehalten, nichts geht verloren, wenn es nur auf genügend vielen Servern gespeichert ist. Zum dritten ist das Wissen über eine Person und deren Verhalten potenziell weit umfangreicher als ein flüchtiges Gespräch am Brunnen oder im Wirtshaus.

Orwells Big Brother, der 1984 von Plakatwänden lächelte, ist mittlerweile museumsreif: Die modernen, realen Netze sind viel enger geknüpft und es ist fast unmöglich, sich ihnen zu entziehen. Wenn sehr vieles von dem, was wir sagen, was andere über uns meinen und was wir tun, automatisch protokolliert wird, kann von „Privatsphäre" keine Rede mehr sein. Im Netz laufen immer und überall sensible, insbesondere personenbezogene Daten auf und werden auf kaum identifizierbaren Wegen weiterverarbeitet. Gelingt es schließlich noch, die elektronischen Spuren zu integrieren und einer Person zuzuordnen, etwa weil jemand immer von derselben Internetadresse aus „surft", so weiß man ziemlich genau, wer jemand ist und was er de facto tut. Ein Schattenmann, verborgen im Dickicht der Netze, der es nur darauf anlegt, kann heute auf Knopfdruck sehr vieles über sehr viele wissen.

2.2   Daten: Segen und Fluch

Ein weises und wegweisendes Urteil

Es heißt, Juristen seien die Legastheniker des Fortschritts. Zunächst bricht sich eine neue technologische Entwicklung Bahn und mit ihr entsteht ein im Wesentlichen rechtsfreier Raum. Die fröhliche Anarchie ist zwar einerseits unterhaltsam, für manchen aber auch

---

[7] Für aktuelle Zahlen siehe www.internetworldstats.com/stats.htm.

bedrohlich, insbesondere wenn er Opfer krimineller Machenschaften wird. Es tut Not, den Wildwuchs zu normieren, so dass reichlich spät die Juristen auf den Plan treten und versuchen, das Neue in ihr althergebrachtes Rechtssystem einzuordnen.

Es gereicht den bundesdeutschen Gerichten zu Ehren, dass sie im Fall elektronischer Medien sehr schnell die Tragweite der Entwicklung erkannten und eine zukunftsweisende Rechtsprechung schufen. 1983 kreierte das Bundesverfassungsgericht das *informationelle Selbstbestimmungsrecht*, ein personenbezogenes Grundrecht von Verfassungsrang. Die Idee ist, dass jeder selbst darüber bestimmen sollte, wann und wem er gewisse (persönliche) Daten preisgibt. Im sogenannten „Volkszählungsurteil" heißt es[8]:

> Unter den Bedingungen der modernen Datenverarbeitung wird der Schutz des Einzelnen gegen unbegrenzte Erhebung, Speicherung, Verwendung und Weitergabe seiner persönlichen Daten von dem allgemeinen Persönlichkeitsrecht des [Grundgesetzes] umfaßt. Das Grundrecht gewährleistet insoweit die Befugnis des Einzelnen, grundsätzlich selbst über die Preisgabe und Verwendung seiner persönlichen Daten zu bestimmen.

Weiter liest man:

> Einschränkungen dieses Rechts auf „informationelle Selbstbestimmung" sind nur im überwiegenden Allgemeininteresse zulässig [. . .] Mit dem Recht auf informationelle Selbstbestimmung wären eine Gesellschaftsordnung und eine diese ermöglichende Rechtsordnung nicht vereinbar, in der Bürger nicht mehr wissen können, wer was wann und bei welcher Gelegenheit über sie weiß [. . .] Es müssen klar definierte Verarbeitungsvoraussetzungen geschaffen werden, die sicherstellen, daß der Einzelne unter den Bedingungen einer automatischen Erhebung und Verarbeitung der seine Person betreffenden Angaben nicht zum bloßen Informationsobjekt wird.

Man erkennt, dass sich gute Juristen aufs Abwägen verstehen. Der technischen Herausforderung begegnen sie zum einen dadurch, dass sie die persönliche Privatsphäre ausdrücklich auch auf die eigenen Daten ausdehnen. Zugleich schränken sie den persönlichen Freiraum aber ein, wenn andere Gründe, insbesondere legitime Informationswünsche der Allgemeinheit, überwiegen. Die höchsten Richter vertreten also einen besonnenen, ausgewogenen Standpunkt: Das Individuum muss stärker geschützt werden als bislang, darunter ist jedoch keine grenzenlose Freiheit zu verstehen.

So weit so gut. Unter den technischen Randbedingungen vor dreißig Jahren war dieses Gesetz realistisch und angemessen. Es musste eigentlich nur sichergestellt werden, dass die im Rahmen eines einmaligen Zensus erhobenen soziodemographischen Grunddaten vernünftig verarbeitet wurden. Vor allem durften diese Daten von den Behörden auch nicht beliebig weitergegeben, mit anderen Beständen abgeglichen oder gar zu einem facettenreichen Gesamtbild einer Person kombiniert werden. Anders gesagt: Datenbestände zu schützen fiel damals leicht. Weder wurden sensible Daten permanent und in großem Umfang automatisiert erhoben, noch konnten sie in einer elektronischen Welt isolierter Dateninseln zusammengeführt werden. Selbst die Idee, Daten nicht preiszugeben oder auf der schwerer zu handhabenden Papierform zu bestehen, klang damals nicht völlig unplausibel.

---

[8] Siehe http://www.servat.unibe.ch/dfr/bv065001.html

Was wurde aus dem Urteil? Statt einer juristischen oder IT-technischen Facharbeit eine Anekdote: Ende der 1990er-Jahre sollte ich in einem Krankenhaus die damals übliche Einverständniserklärung zur elektronischen Datenverarbeitung unterschreiben. Das heißt ganz im Sinne des Gerichtsurteils hatte ich als Patient einzuwilligen, dass die Klinik für ihre Zwecke meine Daten elektronisch verarbeiten durfte. Aus einer Laune heraus fragte ich, was denn geschähe, wenn ich nicht unterschreiben würde. Der Oberarzt erwiderte zunächst, das käme nie vor, doch meine Intention durchschauend, willigte er ein, sich kundig zu machen. Einige Tage später wussten wir Bescheid: Die Klinik konnte Daten nur noch elektronisch verarbeiten. Das heißt, de facto gab es schon damals keine Wahlmöglichkeit mehr; wer behandelt werden wollte, *musste* die Erklärung unterschreiben.

In der heutigen vernetzten, omnipräsenten elektronischen Welt besteht erst recht die große Herausforderung darin, das Urteil angemessen umzusetzen. Auch ohne die seit 2001 zu verzeichnenden „Sondereffekte" wäre dies nicht einfach. In einem riesigen Netzwerk eng verknüpfter Rechner ist es immens schwierig, Daten, die es wie Sand in der Wüste gibt und die ebenso leicht in alle Richtungen verwehen, nicht in die falschen Hände geraten zu lassen. Selbst wenn sich alle Beteiligten einig wären, dass der sensible Umgang mit Daten ein hohes Gut ist und entsprechend sorgfältig agierten, fiele dies nicht leicht. Erst recht ergibt die Kombination aus sorglosen Nutzern, „interessierten" öffentlichen sowie privaten Stellen und einer „Philosophie", die Sicherheit über grundlegende demokratische Rechte stellt, eine brisante Mischung.

Sicherheit ist technisch möglich. . .

Natürlich schützt man Daten am besten dadurch, dass man sie gar nicht erst erhebt. Wenn Daten nicht wirklich benötigt werden, muss man sie weder erfassen noch speichern noch absichern. Ganz allgemein ist Datensparsamkeit ein sinnvolles Gebot, wenn es darum geht, Informationen zu schützen. Was gar nicht erst gespeichert wurde, kann auch nicht leicht entwendet werden.

Doch lässt sich dieses Extrem kaum durchhalten. Der Verbleib in der papierbasierten Welt ist eine Verweigerungshaltung, die nicht wirklich weiter hilft. Wer große Datensammlungen meidet oder sogar verbieten will, ist nicht nur unrealistisch, er verachtet vor allem auch deren potenziell immensen Nutzen, etwa in der Epidemiologie. Und wer den Datenaustausch prinzipiell beschränkt, hat Angst vor freier Kommunikation. Warum wohl treten gerade Diktaturen durch Netz-Beschränkungen hervor? Sie verstümmeln das Netz, weil sie dessen unübersehbaren, nicht kontrollierbaren Folgen fürchten.

Die Erfahrung lehrt zudem, dass jeder, der versucht, sich der modernen Zivilisation zu entziehen, über kurz oder lang von ihr eingeholt und dann auch nicht selten überrollt wird. Nur wer sich früh genug aktiv beteiligt, hat die Chance, mit zu gestalten. Nichtwissen oder Nicht-Wissen-Wollen sind kein Segen, wie Unverständnis, irrationale Ängste und Fatalismus sind sie kontraproduktiv. Je mehr wir die potenziellen Gefahren grenzenlosen

Datenverkehrs verdrängen oder ignorieren, desto schneller und heftiger werden sich dessen unerwünschten Folgen einstellen. Doch auch Daten-Anarchisten, die Informationen ungehemmt weitergeben, spielen – unbeabsichtigt – "Big Brother" direkt in die Hände. Schlimmstenfalls gefährden sie sogar, wie die Wikileaks-Affäre überdeutlich gezeigt hat, Menschenleben.[9] Weder ist es vernünftig, hypervorsichtig darauf zu achten, keine elektronischen Spuren zu hinterlassen, noch, selbst höchst brisantes Wissen frei kursieren zu lassen.

Das große Netz, das uns mittlerweile (fast) alle verbindet, hat einen *technischen* und einen sozialen Aspekt, wobei wir den letzteren im Folgenden noch in eine *organisatorisch-institutionelle* und eine *psychologisch-soziale* Komponente untergliedern werden. Was den technischen Umgang mit Daten anbelangt, lässt sich zunächst festhalten, dass auch das elektronisch Erfasste wirkungsvoll beschützt werden kann.

Daten lassen sich heute effizient verschlüsseln und damit für Unbefugte nutzlos machen. Spätestens seit die Kryptologie eine akademische Disziplin mit einem harten mathematischen Kern geworden ist,[10] kennt man Verfahren, jedermanns Daten vor beliebigen Angreifern zu schützen. "Pretty Good Privacy" (PGP), so der Name eines der beliebtesten Verfahrens, ist komfortabel machbar, womit Vertraulichkeit kein Privileg der Mächtigen und Reichen mehr ist. Früher musste der einfache Bürger darauf vertrauen, dass andere das Briefgeheimnis achteten, heute kann er selbst dafür sorgen, dass sein E-Mail nur vom gewünschten Empfänger zu lesen ist. Dass die einschlägigen Verfahren funktionieren, erkennt man übrigens auch daran, dass auf der politischen Bühne Datenspeicherungs- und -austauschabkommen geschlossen werden. Könnten Steuerfahnder und Geheimdienstler die Sicherungsmechanismen einfach umgehen, würde wohl weder über das Bankgeheimnis noch über das SWIFT-Abkommen öffentlich diskutiert.

Datenbanken und andere Konzepte aktueller Informationsverarbeitung, wie die Objektorientierung, gehen in dieselbe Richtung. Bei letzterer werden Daten „gekapselt", also sozusagen in einer Schutzhülle verpackt, und es darf nur mittels zuvor vereinbarter Verfahren auf sie zugegriffen werden. Per definitionen ist die Aufgabe von Datenbanken, Informationen vor Verlust und Missbrauch zu bewahren. Deshalb kommt man auch hier nur über ein „Datenbank-Managementsystem" an die eigentlichen Daten heran. Zudem geht mit jeder Datenbank ein Nutzerkonzept einher, das abgestufte Rechte vorsieht. Nur ganz wenige Nutzer dürfen wirklich alle Informationen einsehen und beliebige Verfahren auf sie anwenden. Die meisten Nutzer werden lediglich auf Basis „ihrer Daten" informiert und dürfen (oftmals nur eingeschränkt) mit ihnen arbeiten.

Vor nunmehr (gut) dreißig Jahren ist der Computer, zunächst als PC und später als Laptop oder noch kleineres Gerät, Teil der Privatsphäre geworden. Seit etwa der Hälfte der Zeit bewegen sich viele routinemäßig im Internet. Spätestens seit dort die Gefahren zugenommen haben, wurden auch entsprechende Sicherheitsmaßnahmen entwickelt, die von Spamfiltern (gegen unerwünschte E-Mails) über die Blockade unliebsamer Webseiten

---

[9] Siehe „Datenleck bei WikiLeaks. Depeschen-Desaster in sechs Akten", www.spiegel.de vom 1.9.2011.

[10] Siehe z. B. Schwenk (2010); Buchmann (2010); Beutelspacher (2009) und Schneier (2005).

zu Virenschutzprogrammen bis hin zu kompletten „Firewalls", also hohen elektronischen Schutzmauern, reichen. Natürlich handelt es sich dabei um ein Wettrüsten und die Angreifer sind immer einen Schritt voraus, doch scheint es bislang den Verteidigern noch jedes Mal gelungen zu sein, die Lücken klein zu halten und Breschen schnell wieder zu schließen.

. . . aber organisatorisch schwierig!

Doch jede Technik ist nur so gut wie der Mensch, der sie einsetzt. Jeder IT-Sicherheitsexperte wird deshalb gerne einräumen, dass das größte Risiko vom allzu sorglosen und bequemen Nutzer selbst ausgeht. Wer als Forscher in der großen weiten Welt unterwegs ist, bringt gerne einmal neue Viren mit nach Hause. Ohne entsprechende Vorkehrungen können sich diese dort zu gefährlichen Krankheiten entwickeln. Nicht anders der Geschäftsführer, der sich „mal schnell", also ohne entsprechende Sicherheitsvorkehrungen, ins firmeneigene Netz einklinkt und so prompt zum Trojanischen Pferd mutiert.

Wie so oft sollte man zunächst vor der eigenen Haustüre kehren: Wer seinen Laptop nicht vor "Malware" – also Schadprogrammen, wie Viren, Würmern, Trojanern etc. – schützt, wird schnell ausgespäht werden. Wer Daten unverschlüsselt überträgt, lädt andere zum Mitlesen ein. Und wer sensible Daten sorglos mit der ganzen Welt teilt, öffnet genauso dem Missbrauch Tür und Tor, wie derjenige, der intime Details in der Öffentlichkeit ausplaudert. Wenn die Nutzer eines Providers nicht darauf bestehen, dass ihre E-Mails dort verbleiben und auf Verlangen gelöscht werden, wird genau das Gegenteil passieren. Und wenn es Handynutzern egal ist, dass ihre Aufenthaltsorte lange gespeichert werden, so brauchen sie sich nicht zu wundern, wenn man sich an ihre Fersen heftet.

In Zeiten des Internet geht die größte Gefahr von unkontrollierten Datenströmen aus. Es sind die vielen validen, aussagekräftigen Daten, die wir entweder unbedacht preisgeben oder die uns – mangels Schutzvorkehrungen (technischer, aber auch institutioneller Art) – entwunden werden, welche eine potenzielle Gefahr darstellen. Ihre schiere Menge und die Leichtigkeit, mit der man an sie herankommt, macht sie für Dritte interessant. Und man denke nicht, man könne sich in der Masse verstecken: Die Nadel im Heuhaufen ist heute leichter zu finden als je zuvor – moderne Suchtechnik à la Google macht's möglich. „37.292.862 E-Mails von Geheimdiensten mitgelesen", eine Verfünffachung im Vergleich zum Vorjahr, berichtete die Presse Ende Februar 2012.[11] Dabei ist es nur ein schwacher Trost, dass diese Rasterfahndung (in den 1970er-Jahren ein hochbrisantes Politikum) offiziell gerade einmal 213 verwertbare Hinweise erbrachte.

Prinzipien und Strategien zur verantwortlichen Datennutzung im großen Stil sind gefragt. Dabei helfen Analogien. Zum Beispiel geht es beim Datenmanagement wie auch in der Wasserwirtschaft um den professionellen Umgang mit einem alltäglichen und zugleich wichtigen, sensiblen Gut. So gesehen gilt es, die Datenströme von ihrer Entstehung, über

---

[11] Siehe z. B. den gleichnamigen Artikel auf www.abendblatt.de.

die Lagerung und Verteilung bis hin zu ihrer Archivierung (möglicherweise Löschung) so zu konstruieren, dass sie Nutzen stiften und Schaden unwahrscheinlich wird. Denn, anders als Wasser, fallen Daten nicht einfach nur vom Himmel. Es ist unsere Aufgabe, eine Architektur zu schaffen, die die Ströme von der Quelle bis zur Mündung ins Meer des Vergessens sinnvoll kanalisiert.

Ariadnes Faden

Das sorgfältig austarierte Urteil der obersten Verfassungsrichter kann dabei als Richtschnur dienen, d. h. es ist nach wie vor wegweisend. Anstatt mit wenigen Schlagworten, wie die aktuelle Politik, datenschutzrechtliche Bedenken beiseite zu schieben und Maßnahmen zu legitimieren, die in Geist und Wortlaut der „informationellen Selbstbestimmung" widersprechen, sieht es den Nutzen *und* die potenziellen Gefahren. Insbesondere verlangt es, im Einzelfall abzuwägen, welches Interesse überwiegt.

Im Fall sensibler Daten votieren die Richter im „Volkszählungsurteil" klar für einen weitreichenden Datenschutz – nicht nur zum Schutz des Individuums[12]:

> Wer nicht mit hinreichender Sicherheit überschauen kann, welche ihn betreffende Informationen in bestimmten Bereichen seiner sozialen Umwelt bekannt sind, und wer das Wissen möglicher Kommunikationspartner nicht einigermaßen abzuschätzen vermag, kann in seiner Freiheit wesentlich gehemmt werden, aus eigener Selbstbestimmung zu planen oder zu entscheiden.

> *Mit dem Recht auf informationelle Selbstbestimmung wären eine Gesellschaftsordnung und eine diese ermöglichende Rechtsordnung nicht vereinbar, in der Bürger nicht mehr wissen können, wer was wann und bei welcher Gelegenheit über sie weiß.*

> Wer unsicher ist, ob abweichende Verhaltensweisen jederzeit notiert und als Information dauerhaft gespeichert, verwendet oder weitergegeben werden, wird versuchen, nicht durch solche Verhaltensweisen aufzufallen. Wer damit rechnet, daß etwa die Teilnahme an einer Versammlung oder einer Bürgerinitiative behördlich registriert wird und daß ihm dadurch Risiken entstehen können, wird möglicherweise auf eine Ausübung seiner entsprechenden Grundrechte [. . .] verzichten.

> Dies würde nicht nur die individuellen Entfaltungschancen des Einzelnen beeinträchtigen, sondern auch das Gemeinwohl, weil Selbstbestimmung eine elementare Funktionsbedingung eines auf Handlungsfähigkeit und Mitwirkungsfähigkeit seiner Bürger begründeten freiheitlichen demokratischen Gemeinwesens ist.

Spätestens bei der (von mir) kursiv hervorgehobenen Passage sollte sorglosen Nutzern aktueller sozialer Netzwerke Hören und Sehen vergehen. Erst recht, wenn sie sie mit dem aktuellen Geschehen abgleichen[13]:

---

[12] Siehe z. B. die Internetseiten des „Bundesbeauftragten für den Datenschutz und die Informationsfreiheit", www.bfdi.bund.de.

[13] Siehe „Datenschutz im Internet. Jetzt fallen die Masken", faz.net, 17.02.2012.

Die Details der neuen „Datenschutzerklärung" sind haarsträubend. Google genehmigt sich
darin nicht nur den Zugriff auf Telefonnummern und Gerätekennungen, sondern auch auf
Nummern, Datum und Uhrzeit von Anrufen und SMS sowie verfügbare Ortsinformatio-
nen. De facto startet der Wissensmonopolist eine komplette Vorratsdatenspeicherung – mit
unklarer Speicherfrist.

Auch der zweite große Datenplatzhirsch und direkte Konkurrent im Online-Werbemarkt,
Facebook, hat in Vorbereitung seines Börsengangs alle Scheu verloren [...] Es geht nicht
mehr um die Privatsphäre, sondern nur noch um die Datennutzung.

War Orwells großer Bruder vor allem politisch motiviert, so ist nun das Geld, das bekanntlich – auch – die Welt regiert, die entscheidende Triebfeder. Denn wer ein umfassendes Profil seiner Nutzer hat, kann zielgenau eigene und fremde Werbung platzieren. Der
zugehörige „AppStore", also ein Ort im Internet, wo man nützliche Programme erwerben
kann, ist wie der Versandhändler nur einen Klick entfernt. Der gerade zitierte Beitrag fährt
fort:

Die Online-Universen von Google und Facebook zielen darauf ab, dass man sich nie mehr
ausloggt. Jeder Klick online und mobil wird verfolgt, jede Handlung analysierbar. Es geht um
den großen nächsten Schritt, von Suchmaschine und „sozialem Netzwerk" zum allwissenden
Lebenshelfer [...]

Nur wenn das Bild des Einzelnen immer vollständiger wird, wenn möglichst kein Aspekt
des Lebens unbeachtet bleibt und jede digitale Lebensäußerung erfasst und analysiert werden
kann, wird der Nutzer wirklich individuell vermarktbar.

Ein zentrales Problem ist, dass derjenige, der im Internet aktiv ist, seine Daten schnell
unwiederbringlich aus der Hand gibt. Zum einen vergisst das World Wide Web einfach
nichts. Wer sich irgendwo im Netz irgendwann einmal zu irgendeinem Thema geäußert
hat, muss damit rechnen, dass diese Äußerung auf unabsehbare Zeit verfügbar bleibt. Zum
anderen geben auch die Nutzer sozialer Dienste ihre Daten endgültig frei: „Auf Facebook
kannst Du nichts löschen". Im gleichnamigen Artikel[14] werden die Konsequenzen ausgeführt:

Meine Akte bei Facebook ist umfangreich wie eine dicke Stasi-Akte. Facebook weiß in etwa
so viel über mich wie mein engster Freundeskreis – nur dass Facebook alles andere als ein
Teil meines Freundeskreises ist. Information ist Macht. Information über eine Person ist
Macht über diese Person. Facebook hat so viele Informationen über uns wie wenige andere
Institutionen.

Es ist eine beklemmende Realität, dass die grundsätzlich „freien" Strukturen des Internet
geradewegs in längst überwunden geglaubte Abhängigkeiten führen. Während unsere Mitmenschen vergessen und zuweilen auch vergeben, in der Rechtsprechung wohlweislich die
meisten Delikte nach einer gewissen Zeit verjähren, sind das Netz und insbesondere die
dortigen Oligopolisten unerbittlich: Sie vergessen nichts mehr. Dass die Gründe hierfür im
Moment eher ökonomischer als politischer Natur sind, ist ein schwacher Trost.[15]

---

[14] Siehe faz.net am 25.10.2011.
[15] Siehe aber den bemerkenswerten Beitrag „Das ‚Recht auf Vergessen' und die Netzfreiheit" des
amtierenden deutschen Innenministers auf www.spiegel.de vom 29.02.2012.

2.3 Was nichts kostet, taugt auch nichts

Alles hat seinen Preis

Gegen technische Bedrohungen, z. B. Computerviren, helfen technische Maßnahmen, etwa Virenscanner. Auf institutionelle Bedrohungen, z. B. unseriöse Geschäftsbedingungen, lässt sich mit organisatorischen Maßnahmen, etwa starken Datenschutzbeauftragten und klaren rechtlichen Beschränkungen reagieren. Wie sollten wir mit den gerade geschilderten, vornehmlich ökonomisch motivierten Missständen umgehen? Es ist naheliegend, diese zuallererst einmal mit ökonomischem Denken anzugehen. Anders gefragt, was ist die eigentliche Ursache dafür, dass viele prominente Internet-Protagonisten wie um sich greifende Datenkraken agieren?

Der tiefere Grund ist, dass das „soziale Netz" *keine* neutrale, kostenfreie Veranstaltung ist. Vielmehr stellen die genannten Anbieter eine Infrastruktur zum sozialen Austausch zur Verfügung. Dies ist sehr aufwendig – teuer – und kann sich nur rentieren, wenn auf der anderen Seite auch wieder entsprechende Einnahmen zu verzeichnen sind. Die genannten Firmen haben nicht, wie der klassische Big Brother, von sich aus eine zweifelhafte Gesinnung. Sie wollen lediglich, völlig legitimerweise, Geld verdienen. Der Fairness halber muss man sogar zu ihren Gunsten hinzufügen, dass sie mit ihren Gewinnen eine ganze Reihe sinnvoller Projekte vorantreiben. Man denke an Google Earth oder das Digitalisieren ansonsten kaum zugänglicher, bislang nur analog vorhandener Informationen. Google Books und Google Scholar sind hier wesentlich schneller vorangekommen als alle öffentlichen Initiativen zusammen!

Doch wie man es auch dreht und wendet, auf die eine oder andere Weise muss der Nutzer für in Anspruch genommene Leistungen – Dienste – auch wieder bezahlen. Klassischerweise geschah dies über (mehr oder minder transparente) Gebühren: Je Anruf wurden x Cent fällig und eine SMS kostete y Cent, heute gibt es diverse „Flatrates" für z Euro. Genauso bezahlen wir pro Kilowattstunde Energie, für jeden Liter Benzin, für Lebensmittel, Kleidung, unsere Wohnung, Reisen usw.

„Ware gegen Geld", also Leistung versus Gegenleistung, ist die elementarste wirtschaftliche Transaktion. Sie bestimmt seit Jahrtausenden unser alltägliches Leben, den Handel mit Waren, Dienstleistungen und Geld. Anders gesagt, im sozialen Raum sind Leistungen ohne Gegenleistung die Ausnahme. Hierzu zählen unbedingte familiäre Unterstützung (zumeist zwischen direkt aufeinander folgenden Generationen) und altruistische Hilfe.[16] Solchen Geschenken auf der einen Seite stehen Raub, Betrug und Ausbeutung auf der anderen entgegen. Während ein Handelspartner für eine Leistung bezahlt und deshalb typischerweise gerne gesehen wird, nimmt sich ein Raubritter mit Gewalt das, was er will. Auch

---

[16] Evolutionsbiologen erkennen auch hier oftmals Austauschbeziehungen, d. h. uneigennütziges Handeln ist mittelbar betrachtet häufig gar nicht so uneigennützig wie es scheint. Siehe hierzu insbesondere Abschn. 2.8.

Betrüger und Diebe, die sich ihren Vorteil ergaunern, rangieren wie „Nepper, Schlepper und Bauernfänger" in der sozialen Hierarchie ganz unten.

Leistungen, die der eine abruft, sind die Aufwände des anderen, der sie zur Verfügung stellt. Deshalb wäre es auch falsch anzunehmen, schulische Bildung oder andere öffentliche Infrastruktur – etwa Straßen – wären kostenlos. In diesem Fall stellt zumeist der Staat eine Leistung zur Verfügung, für die auch wiederum alle über Steuern bezahlen. Natürlich gibt es in allen diesen Fällen Ungerechtigkeiten. Wer kein Auto hat, demonstriert schneller gegen neue Straßen und wer keine Kinder hat, wird weniger Wert auf den Zustand des Bildungssystems legen. Doch ist es andererseits auch nur schwer vorstellbar, dass eklatante ungerechte Lastenverteilungen, wie Sklaverei, Leibeigenschaft und Kolonialismus, also die systematische Ausbeutung großer Bevölkerungsgruppen, auf Dauer stabil sein können.

Ungehemmter Verkehr...

Die Grundeinstellung im Netz ist, dass Information dort möglichst ungehindert fließen kann. Das liegt zum einen an dessen Konstruktion, zum anderen hat dies aber auch einen kulturellen Hintergrund. Während man immer schon für Hardware angemessen bezahlen musste, war dies bei flüchtiger Software anders. Seit den Anfängen der Softwareentwicklung tauschen Programmierer gerne "Code", also Teile von Programmen, aus. "Open Source" bedeutet nichts anders, als dass Programme von Fremden eingesehen und oft auch kostenlos weiterverwendet werden dürfen, wobei es diverse Abstufungen, etwa zwischen "Freeware" und "Shareware" gibt.[17] In der guten alten Zeit, als Software insbesondere auch an Universitäten entwickelt wurde, war dieser Austausch sogar noch ungehemmter.

Es war Bill Gates, der Mitbegründer von Microsoft und später der reichste Mann der Welt, der konsequent mit dieser Tradition brach. Er sah nicht ein, dass intellektuelle Leistungen, also seine harte geistige Arbeit, einfach so von anderen benutzt wurde. Seine diametral andere Grundhaltung war, dass Software zuallererst einmal „proprietär" ist, d. h. dem gehört, der sie entwickelt hat. Damit läutete er das Zeitalter kommerzieller Softwareentwicklung ein und der wirtschaftliche Erfolg seiner Firma war in der Folge überwältigend. Seitdem wird auch erheblich mehr darauf geachtet, wer welche Programme benutzt und ob hinreichende Nutzungsrechte erworben wurden. Das ändert jedoch nichts daran, dass die Pioniere privater Software in den einschlägigen Kreisen bis heute als zweifelhafte Gestalten gelten und nach wie vor die Informatiker-Grundeinstellung ist, Daten in großem Stil und möglichst frei auszutauschen.

---

[17] Am wichtigsten ist die „GNU-Lizenz für freie Dokumentationen", siehe als Einstieg den gleichnamigen Artikel auf de.wikipedia.org.

Im Internet hat diese Grundeinstellung – alles ist problemlos und umsonst erhältlich – dazu geführt, dass sich Dienstleistungen nur schwer verkaufen lassen. Was im frühen, überschaubaren Rahmen eine sinnvolle Organisationsform war – eine eher kleine, verschworene Gruppe von Programmierern, in der jeder genauso selbstverständlich die Leistungen anderer nutzt, wie er selbst wieder etwas beiträgt – wirkt im Großen geradezu zersetzend. Denn wenn Leistungen nicht unmittelbar honoriert werden, wie es sich eigentlich gehört, so kann man im weltumspannenden, anonymen Internet auch nicht erwarten, dass sie überhaupt zur Verfügung gestellt werden.

Dies erkennt man an einer anderen Stelle, wo zur Zeit ein ebenso vehementer wie auch ähnlich gelagerter Kampf tobt, dem Urheberrechtsstreit. Jeder Künstler oder Autor – der auch die Rechte an seinem Werk hält bzw. diese teilweise an einen Verleger abtritt – strebt einerseits nach Bekanntheit und Anerkennung, oftmals auch nach wirtschaftlichem Erfolg. Deshalb ist er prinzipiell erfreut, wenn seine Werke unter anderem via Internet verfügbar sind. Andererseits kann kein Kreativer oder Verleger tolerieren, wenn die Produkte dort illegal entwendet oder kostenlos „getauscht" werden.

Als Napster und seitdem viele andere Plattformen die Möglichkeit boten, *content*, also Dateien mit interessantem Inhalt, komfortabel unter den Nutzern flottieren zu lassen, war deshalb ein Grundsatzstreit vorprogrammiert. Unmittelbar bedrohte dies eine ganze Branche, so dass massive (wenig erfolgreiche) technologische und (erfolgreichere) rechtliche Gegenmaßnahmen nicht lange auf sich warten ließen, allein schon, weil täglich vieltausendfach die Rechte der „Produzenten" verletzt wurden. Es geht jedoch um weit mehr als eine juristische Einschätzung. Tatsächlich ist es die Funktionsfähigkeit des gesamten Systems, die auf dem Spiel steht. Denn denkt man einen Moment länger nach, so erkennt man, dass mittelbar v.a. die kreativen Köpfe im Hintergrund getroffen werden. Sie investieren viel Zeit, Aufwand und Geld, um einen öffentlichen Erfolg zu erzielen. Wieso sollte sich ein Musiker oder Buchautor die Mühe machen, ein eigenständiges Werk zu schaffen, wenn noch nicht einmal die Aussicht besteht, dafür angemessen entlohnt zu werden?

Die Parallelen zu den weiter oben geschilderten Fällen sind klar und eindeutig. Der rechtliche Schutz des Urhebers eines öffentlich verfügbaren Werkes ist nur ein (deutliches) Symptom. Entscheidend ist, dass Menschen, Organisation und Firmen, so auch die großen Internetprovider, eine Leistung erbringen, für die sie entlohnt werden *müssen*, damit das ganze System funktionieren kann. Es gibt ganz einfach auch hier nichts umsonst: Wer gute Literatur, Kunst oder auch nur Unterhaltung haben will, muss den Produzenten dafür einen angemessenen Preis entrichten. Allgemeiner: Wer das weltweite Netz oder irgend eine andere technische Infrastruktur in Anspruch nimmt, muss dafür auf die eine oder andere Weise bezahlen. Wikipedia „lebt" von Spenden und selbst Internetradio ist nicht völlig kostenlos: Wir bezahlen mit Zeit und Aufmerksamkeit, die wir Werbeeinblendungen „schenken".

... heftige Kollisionen

Da das klassische Modell (Ware gegen Geld) im Internet nicht mehr ohne weiteres funktioniert, hat sich daraus in der Zwischenzeit ein Grundsatzstreit entwickelt.[18] Fragen wie „Kampf gegen Piraterie oder Zensur?" sind so fundamental, dass Anfang 2012 sogar die Internetenzyklopädie Wikipedia für einen Tag vom Netz ging.[19]

So, wie diese und ähnliche Fragen gestellt werden, sind sie tatsächlich kaum zu beantworten: Natürlich ist Piraterie schlecht, genauso wie auch ein Plagiat unredlich ist. Doch wie steht es um die kreative Verwendung anderer Leute Arbeit, etwa wenn ein Musiker ein Lied auf seine Weise interpretieren möchte? Künstlerisch gesehen ist dies natürlich erwünscht und selbstverständlich würde sich auch der Autor dieses Buches freuen, wenn andere seine Gedanken aufgreifen und konstruktiv weiterentwickeln. Ein allzu restriktives Urheberrecht, das z. B. Zitate verbietet, würde dies jedoch vereiteln. Schlimmstenfalls grassiert die Zensur, d. h. irgendeine Einrichtung verhindert, dass Inhalte überhaupt verfügbar sind; und sind sie es doch, dürfen sie nur sehr eingeschränkt genutzt werden.

Im Kern geht es jedoch gar nicht um Grundsätzliches, sondern lediglich darum, dass wir für eine Leistung auf die eine oder andere Art aufkommen müssen. Es ist weder fair noch auf Dauer stabil, den Anbietern ihren Lohn vorzuenthalten. Vermeiden die Nachfrager kurzsichtig den geraden Weg der direkten Bezahlung, so werden sie zwangsläufig mittelbar, dann aber auf dunklen und schwer einsehbaren Wegen, zur Kasse gebeten. Das war auch schon früher so, als sich Gebühren oft im berühmt-berüchtigten Kleingedruckten versteckten.

In aller Regel sind solche verdeckten Kosten höher als bei einem transparenten Abrechnungsmodell. Für eine kleinere soziale Dienstleistung im Hier und Jetzt geben wir praktisch endgültig und unbefristet jegliche Kontrolle über unsere digitalen Spuren aus der Hand. Unsere persönlichen Daten werden nicht nur beliebig lange gespeichert, sie werden darüber hinaus zu nicht nachvollziehbaren Zwecken weiterverarbeitet. Selbst ohne diverse Hintertüren, die Anbieter sogar zwingen, Daten an Dritte weiterzugeben,[20] wird offensichtlich, dass wir den „kostenlosen" Dienst teuer, viel zu teuer bezahlen. Geiz ist dann gewiss nicht geil, wenn die Folgekosten, insbesondere in Form der völlig intransparenten Nutzung hochsensibler Daten, unüberschaubar werden.

Es ist völlig normal, dass sich vieles in einem gänzlich neuen Umfeld erst finden muss. Man kann nicht erwarten, dass sich über Jahrhunderte gewachsene „analoge" Gepflogenheiten 1:1 auf die neuen digitalen Verhältnisse übertragen lassen. Eigentumsrechte in einer

---

[18] Eine hervorragende Lektüre hierzu ist Lessig (2006), einem der herausragenden Protagonisten früher rechtlicher Auseinandersetzungen.

[19] Siehe „Fragen und Antworten zum ACTA-Abkommen", www.tagesschau.de am 13.02.2012 sowie „US-Konzerne lassen das Netz zensieren" und „Blackout für die Netzfreiheit", www.spiegel.de, 17./18.01.2012 sowie die dort genannten weiterführenden Links.

[20] Siehe ein aktuelles Urteil des Bundesverfassungsgerichts: „Weitergabe von Passwörtern teilweise verfassungswidrig", faz.net vom 24.02.1012.

flüchtigen, virtuellen Umgebung zu definieren und durchzusetzen fällt naturgemäß schwer, d. h., die eine oder andere Reibung ist nahezu unausweichlich. Allzu viele Grundsatzstreitig-keiten deuten jedoch darauf hin, dass etwas grundsätzlich falsch läuft. Jeder Internetnutzer sollte ein Interesse daran haben, dass seine bürgerlichen Rechte auch in der neuen Umge-bung nicht außer Kraft gesetzt sind. Sicherheit darf weder Vertraulichkeit unterminieren noch Zensur Offenheit und Freiheit verdrängen.

2.4   Transparente Rechte, gestaffelte Systeme

Kanalisierte Datenflüsse

Anstatt aus billigen Motiven Grundrechte aufzugeben und uns digital zu entblößen, sollte die Strategie natürlich in die genau entgegengesetzte Richtung gehen. Ein wesentlicher Schritt ist, Informationen mit einer Hülle von Schutzmaßnahmen, Zugriffs- und Verarbei-tungsrechten zu versehen.

Ein Beispiel: Mehr noch als kreative Leistungen sind auch Medikamente ein sensibles Gut. Wie sensible Daten können sie in den falschen Händen großen Schaden anrichten. Nun gibt es manche eher starke und zahlreiche eher weniger wirkungsvolle Medikamente. Wie reagieren wir darauf? Dem entsprechend, d. h. der Umgang mit ihnen wird mehr oder minder reguliert. Sehr potente, aber auch gefährliche Medikamente (etwa solche mit großem Suchtpotenzial), werden prinzipiell unter Verschluss gehalten. Man erhält sie nur streng reglementiert auf ärztliches Rezept von einem approbierten Apotheker. Weniger starke Mittel, gerne im Alltag bei kleineren Wehwehchen verwendet, sind in der Apo-theke rezeptfrei erhältlich. Nützliche Nahrungsergänzungsstoffe sind darüber hinaus auch in jedem Supermarkt erhältlich.

Es gibt also ein gestaffeltes System, das von niemandem prinzipiell infrage gestellt wird. Es herrscht Konsens, dass sowohl die Zulassung (s. o.) als auch die Verteilung von Medi-kamenten wirkungsvollen Kontrollen unterliegen müssen. Zugleich akzeptieren wir aber auch, dass jedes wirkungsvolle Medikament potenziell unerwünschte Nebenwirkungen hat und dass kein System der Verteilung perfekt sein kann. Deshalb beschränken wir uns darauf, Nebenwirkungen – jene ebenfalls wieder abgestuft – so gut wie möglich zu kontrollieren und Medikamente (in Abhängigkeit von ihrer Gefährlichkeit) reglementiert in Umlauf zu bringen. Ganz bewusst verzichten wir auf 100-prozentige Sicherheit oder perfekte Überwa-chung. Stattdessen gilt der Grundsatz, dass Mitteleinsatz und Sicherheitsstandards *verhält-nismäßig* sein müssen.

Auf Daten, ihre Sammlung, Speicherung, Übertragung und Auswertung übertragen heißt das, dass es harmlosere und weniger harmlose Konstellationen gibt. Bei sensiblen Daten muss immer klar sein, wem sie gehören und wer was mit ihnen tun darf. Im Regelfall ist der Besitzer für seine Daten verantwortlich und bestimmt, was andere dürfen. Niemand legt seine Krankenakte offen in einer Bibliothek aus, vielmehr gilt für Ärzte, Anwälte und Geistliche eine strenge Schweigepflicht.

Das heißt, wir haben uns längst entschieden, Daten mit (transparenten) Nutzungsrechten auszustatten. Während ein Brief dem Fernmeldegeheimnis unterliegt, sind Flugblätter dazu da, um von möglichst vielen gelesen zu werden. Jeder Beamte unterliegt der Verschwiegenheitspflicht und während wir nur eingeschränkt über unsere familiären Angelegenheiten berichten, diskutieren wir offen über die Fußballergebnisse des letzten Wochenendes. Nichts spricht dagegen, solche abgestuften Rechte auch in der digitalen Welt einzusetzen.

Tatsächlich ist das Urheberrecht nur ein Beispiel von vielen. Es ist prekär, weil es sich um eine persönliche Leistung handelt, die gleichwohl zur Veröffentlichung, also für die Allgemeinheit bestimmt ist. Folgerichtig wird das Produkt mit eingeschränkten Nutzungsrechten verkauft, d. h. der Käufer erwirbt mit dem Produkt ein gewisses Spektrum an Verwendungsmöglichkeiten. Bei einem Datenträger gehört dazu nicht, ihn beliebig zu vervielfältigen und an andere weiterzugeben.

Es ist übrigens auch vollkommen in Ordnung, wenn (sehr) sensible Daten unentgeltlich zu wissenschaftlichen Zwecken ausgewertet werden. Es handelt sich dabei nämlich um einen (äußerst) eingeschränkten Nutzerkreis mit dem klaren Auftrag, neues Wissen zu generieren. Wie der Arzt unterliegt auch der Wissenschaftler der Schweigepflicht und das Risiko des (leicht zu erkennenden) Missbrauchs ist weit geringer als der Nutzen guter Forschung, der im besten Fall allen zu gute kommt. Deshalb hat niemanden zu interessieren, was ich mit meinem Hausarzt berede, wohl aber, wenn meine Diagnose zugleich bei 200 anderen Personen in meiner Umgebung aufgetreten ist.

Rechtemanagementsysteme sind in der realen Welt an der Tagesordnung und auch in der elektronischen Welt werden sie immer häufiger. Schaut man genauer hin, finden sie sich überall da, wo man im Vorfeld die Nutzung von Daten überblickt oder abstecken kann, insbesondere im Datenbankumfeld. Auch jeder IT-Manager in einem Betrieb oder einer Behörde sollte sich genau überlegen wie er seine Daten organisiert. Die Kunst dabei ist, zulässige Nutzung zu erleichtern (Komfort) und zugleich unzulässige Nutzung zu erschweren (Sicherheit). In den Weiten des Internet fällt dies schwer, da das Internet kein überschaubares, geschlossenes, sondern ein sehr weites, offenes System ist – und das ist gut so!

Das offene Netz

Vertraut man heute Daten dem Internet an, so gibt man sie de facto völlig frei. Sie können beliebig gespeichert, transferiert und verändert werden. Ähnlich die Kommunikation: Wandert eine Nachricht unverschlüsselt durchs Netz, was nach wie vor die Regel ist, so ist auch sie Freiwild, d. h. jeder kann sie (unbemerkt!) mitlesen. Werden sie von Suchmaschinen gefunden, was auch ohne besondere Vorkehrungen sehr schnell passiert, so sind sie noch dazu leicht auffindbar. Und da Robustheit eines der wesentlichen Kennzeichen des

Netzes ist, werden sie sogar in aller Regel unsterblich, das heißt, niemand ist mehr ohne weiteres in der Lage, sie vollständig zu beseitigen, insbesondere wenn viele Kopien in allen Ecken des Netzes existieren.

Man fragt sich, warum wir ein grenzenlos offenes und zugleich penibel mitstenographierendes System akzeptieren. Selbst an einem gut frequentierten, öffentlichen Platz in der realen Welt würde niemand dulden, wenn ungebetene Nachbarn mithörten oder ihre Notizen sogar der ganzen Welt leicht abrufbar zur Verfügung stellten. Letztlich hat diese merkwürdige Konstellation historische Gründe, in einem gewissen Sinne ist sie ein Überbleibsel aus der Anfangsphase des Internet.

In der Informatik stehen immer Einfachheit, Komfort und Geschwindigkeit gegen Komplexität, Verwaltungsaufwand und Verzögerung. „Nackte Daten", mit denen jeder nach Belieben hantieren kann, stehen für minimalen Aufwand und damit auch für maximalen Komfort und Geschwindigkeit. Hingegen ist jedes Datum komplexer, das um zusätzliche Strukturen angereichert wird, was selbstverständlich auch für zusätzliche Sicherheitsmechanismen gilt. Ein solches „Objekt" (also Daten plus weitere zugehörige Strukturen, häufig „Metadaten" genannt) ist schwieriger zu verwalten, womit die Prozesse, die es nutzen, zwangsläufig langsamer werden. Im engeren Sinn besteht ein Objekt in der Informatik aus den Daten sowie einer Reihe zugehöriger Funktionen, über die auf die Daten zugegriffen werden kann (siehe schon S. 93). Bezeichnenderweise spricht man dann von „gekapselten" bzw. „verborgenen" Daten.[21]

Als in den 1960er-Jahre die ersten überregionalen Netze, darunter auch der direkte Vorläufer des heutigen Internet, geknüpft wurden, zwang zuallererst einmal die (mangelhafte) Leistungsfähigkeit der damaligen Computer zu einer möglichst einfachen Architektur. Daten wurden in aller Regel nicht verschlüsselt, zumal das öffentlich zugängliche Internet bis in die 1990er-Jahre im Wesentlichen der Kommunikation zwischen Universitäten und Forschungseinrichtungen diente. Solange das Netz die Spielwiese einer kleinen, elitären und verantwortlichen Gruppe blieb, die (von heute aus gesehen) eher selten kleinere Dateien austauschte, war diese Organisationsform optimal. Wie im Fall der noch kleineren Gruppe universitätsgestützter Informatiker wurden ganz ungezwungen Dateien und Programme, zusammen mit allerlei nützlichen Hinweisen, ausgetauscht.

Die militärischen Financiers der frühen Netze legten großen Wert darauf, dass diese robust gegen Ausfälle und Angriffe waren. Nachrichten im speziellen und Daten im allgemeinen sollten nicht verloren gehen. Genau deshalb hat das Internet bis heute eine dezentrale Struktur, sein Rückgrat besteht aus einem guten Dutzend sehr leistungsfähiger Rechner, die eng miteinander verbunden sind. Da es keine Zentrale gibt, die alles verwaltet und Daten auf das ganze Netz verteilt werden können, ist gewährleistet, dass das Netz selbst dann noch funktioniert, wenn viele seiner Komponenten ausfallen. Dazu gehört auch, dass Nachrichten quasi ganz von alleine von A nach B finden, indem sie einfach einen Weg einschlagen, der ihnen (noch) offen steht.

---

[21] Engl.: Encapsulation bzw. information hiding.

Es gibt auch keinen zentralen Netzbetreiber, der Datenflüsse organisiert, Software und Hardware in Dienst stellt oder Nutzungslizenzen verteilt. Die Verwaltung beschränkt sich vielmehr auf das absolute Minimum. Die "Internet Corporation for Assigned Names and Numbers'" (ICANN) legt einige grundlegende Sachverhalte, wie die Endung von "Domains" fest,[22] während das "World Wide Web Consortium" (W3C) für die technischen Normen im eigentlichen World-Wide-Web zuständig ist. Beide Organisationen verstehen sich als regierungsunabhängig und werden auch nicht von wenigen Konzernen dominiert.[23]

Auf diese Weise hat sich die robuste, einfache und offene Struktur des Internet bis heute erhalten. „WWW", Anfang der 1990er-Jahre eingeführt, ist eigentlich nichts anderes als ein spezieller, über das Internet verfügbarer Dienst, der auf einheitlichen, leicht zu gestaltenden, wechselseitig auf einander verweisenden Textseiten (HTML) basiert, die mithilfe eines einfachen Protokolls (HTTP) ausgetauscht werden. Hinzu kommen eine komfortable, weil graphische Benutzeroberfläche (Browser) und "Server", also Dienstrechner, die die Informationen permanent vorhalten.

Da es nun für viele Menschen kein Problem mehr darstellte, mit dem Internet umzugehen, also schnell Daten abzurufen oder selbst zur Verfügung zu stellen, verbreitete sich diese einfache Konzeption wie ein Buschfeuer. Dieses wurde geschürt durch den fast ebenso einfachen E-Mail-Dienst, also kurzen Textnachrichten, die sich mindestens genauso leicht erstellen lassen wie klassische Briefe, doch viel schneller zugestellt werden. Wie so oft begann der Siegeszug einer Innovation also nicht mit dem festen Willen, die Welt zu verbessern, sondern mit einer bescheidenen Idee, die kaum mehr beabsichtigte, als technische Routinearbeit einzusparen.

Bald war der typische Nutzer nicht mehr der versierte Wissenschaftler, sondern ein mehr oder minder (mit abnehmender Tendenz) technik-affiner Laie, der "online" nach Unterhaltung, Information und guten Angeboten Ausschau hielt. Und wo viele Menschen, da auch ein Markt. So setzte Mitte der 1990er-Jahre die Kommerzialisierung des Netzes ein und selbst als 2001 die ersten kommerziellen Blütenträume (samt deren Aktien) platzten, setzte das Netz seinen Siegeszug ungehemmt fort. In den seitdem vergangenen Jahren hat es Gruppe um Gruppe, Land um Land erschlossen, so dass nun über ein Drittel(!) der Menschheit regelmäßig im Netz der Netze unterwegs ist.

So ist das Internet zu einem Spiegelbild der Gesellschaften geworden. Wie in der realen Welt, in jeder Großstadt, reicht das Angebot von Kultur und Bildung über das Geschäftsviertel, E-Commerce, Behörden und E-Government, über die Medien und Unterhaltungsbranche bis hin zum Rotlichtmilieu, zu Kriminalität und sogar Terror. Mehr noch: Das Netz wirkt auf die Welt, in der wir leben, in mannigfacher Weise zurück. Es reflektiert nicht nur, wie wir sind; darüber hinaus schafft es neue Realitäten und gestaltet mit, wie die Zukunft sein wird. Genauso selbstverständlich wie wir "up-" und "downloaden", genauso intensiv interagieren physikalisches und virtuelles Dasein.

---

[22] Z. B. *.edu, *.gov, *.com oder *.de.

[23] Siehe www.icann.org und www.w3.org

Informationen: Harte Schale, weicher Kern

Die gerade beschriebene grundlegende Konstitution des Netzes erleichtert es sehr, sich am Internet zu beteiligen und dort auch zurechtzufinden. Es ist keine aufwendige Schulung erforderlich, die Kosten halten sich in engen Grenzen und niemand wird aus prinzipiellen, etwa weltanschaulichen Gründen die Teilnahme verwehrt. Technisch gesehen genügt es, wenn der Computer ein paar allgemein verbindliche Protokolle kennt und etwas Standardsoftware installiert ist.

Doch muss die sehr freie Organisationsform, die für ein paar Tausend Hochgebildete perfekt war, bei drei Milliarden Nutzern nicht unbedingt funktionieren. Ohne explizite, robuste Regeln kann sie vielmehr leicht in Anarchie oder Repression umschlagen. Wir gehen zwar alltäglich mit dem neuen Medium um, doch genauso selbstverständliche Ge- und Verbote wie im gewohnten sozialen Raum gibt es kaum. Die oben angerissenen, grundsätzlichen Konflikte deuten vielmehr darauf hin, dass das Internet noch „pubertiert", also ganz verschiedenartige Vorstellungen miteinander in Konflikt stehen, weshalb Umbrüche und Extreme an der Tagesordnung sind.

Zum Glück sind viele Daten schlicht uninteressant oder wenig sensibel. Ohne irgend jemandem zu nahe treten zu wollen – wen interessiert schon, was die meisten Leute den lieben langen Tag von sich geben, sei es nun direkt, telefonisch oder auch elektronisch? Autos an zahlreichen Kreuzungen zu zählen, ist unerlässlich, um den Verkehr einer Großstadt zu steuern, aber wer möchte schon wissen ob über Kreuzung Nr. 1024 gerade sieben oder acht Wagen gefahren sind? (Spannender wäre es, deren Kennzeichen festzuhalten.) Die Pegelstände vieler Flüsse zu ermitteln und zu einer aktuellen Hochwasserkarte zu verrechnen, schadet niemandem. Dasselbe gilt für andere meteorologische Parameter: Luftdruck, Temperatur, Windstärke usw. zu kennen ist äußerst nützlich und genauso unproblematisch. Warum sollte man das Brockenwetter geheim halten oder die Fahrpläne der Bahn?

Gleichwohl sollten diese zahlreichen Beispiele nicht darüber hinwegtäuschen, dass der Kern des Problems ist, wie wir mit Daten umgehen. Naive Sorglosigkeit bedeutet, dass jene schutzlos und völlig unkontrolliert im Netz unterwegs sind, womit Missbrauch geradezu vorprogrammiert ist. Es ist fast unmöglich, Ihren Spuren in der Großstadt zu folgen, es sei denn, ein Handy verrät ganz von allein, wo Sie sich aufgehalten haben. Doch nicht nur der ungeschützte tägliche Datenverkehr lädt zum Missbrauch ein, auch wenn zu viele Daten langfristig gespeichert werden, ist garantiert, dass uns die eigene Vergangenheit öfter einholt als uns lieb ist, frei nach dem Motto: Waren Sie nicht vor fünf Jahren des Öfteren im Fernen Osten, haben dort in abgelegenen Gegenden viel Geld ausgegeben und sich zuvor in einschlägigen Internetforen dahingehend geäußert, bestimmte Drogen zu legalisieren?

Letztlich sollten wir uns daran gewöhnen, Daten immer mit einer Hülle aus Metadaten zu denken. Sensible Daten müssen mit einer starken Schutzschicht überzogen sein, während die Hülle bei weniger problematischen Informationen dünner sein und bei sicherheitsunkritischen Anwendungen sogar völlig entfallen kann. Der Standard im Internet ist letzteres, was den Datenaustausch ungemein erleichtert. Dies wirkt jedoch in einer elektronischen

Welt, in der Milliarden Menschen eng miteinander kommunizieren, blauäugig. Bestenfalls stellt sich – wie in der realen Welt – eine Balance zwischen Schutznotwendigkeit und Aufwand ein, d. h. optimalerweise ist die Hülle um die eigentliche Information gerade so dick wie nötig. Die aktuelle Ausgabe einer elektronischen Zeitung kann frei verfügbar sein, während von einem dem Copyright unterliegenden Buch womöglich Ausschnitte eingesehen werden können und persönliche E-Mails nur für den jeweiligen Empfänger bestimmt sind.

2.5   Die Internetgesellschaft

Unwegsamer Daten-Dschungel oder globale Zivilisation?

Es ist eine Illusion zu glauben, die gar nicht so virtuelle Welt des Internet würde keine Spielregeln kennen oder benötigen. Früher waren die Regeln, angefangen bei der vagen Netiquette, eher implizit, bei drei Milliarden Menschen genügen ungeschriebene Gesetze selbstredend nicht. Das Internet wird so wenig ein rechtsfreier Raum bleiben wie der Wilde Westen. Doch auch wenn die große, fast grenzenlose Weite der Pioniertage nicht wiederkehren wird, stehen die Chancen (noch) gut, durch weise technische und organisatorische Maßnahmen allzu viele unnötige Zäune oder gar Mauern in der gerade entstehenden Internetzivilisation zu vermeiden. Anders gesagt: Um den freiheitlichen Charakter des Netzes auf Dauer zu bewahren, sollte ein aufgeklärter User – ein Bürger der Netzgesellschaft – bereitwillig sinnvolle Reglements akzeptieren.

Wie in der gewohnten Welt erkennt man eine gute Organisation daran, dass sie ein vernünftiges, einigermaßen geordnetes Miteinander befördert. Und die Chancen, die das Netz schafft, sind enorm. Erstmals sind wichtige Informationen weltweit und einfach verfügbar. Räumliche Abstände, die Kommunikation zeitraubend und mühselig machen, spielen keine Rolle mehr. Provinzialität schwindet, wenn Gleichgesinnte global und auf Augenhöhe Ideen austauschen, Konzepte entwickeln, sich erproben und kritisieren können. Wohl zu jedem Thema, und sei es noch so ausgefallen, findet sich in der großen weiten Welt ein kompetenter und interessierter Gesprächspartner.

Ähnliches gilt natürlich auch für Firmen, Organisationen, Vereine, weltanschauliche Gruppierungen, Regierungen und Staaten. Jeder, der mit anderen in Kontakt treten möchte, etwas mitzuteilen oder ein Angebot zu machen hat, kann dort auftreten. Wir alle, vom Individuum bis zum Großkonzern, von der Kleinfamilie bis zur Weltmacht, sind im Internet vertreten. Dieser Auftritt kann eher sporadisch und ungesteuert sein, etwa wenn unsere Beiträge von Suchmaschinen automatisch in diverse Verzeichnisse eingetragen werden. Der Trend geht jedoch dahin, unser elektronisches Pendant mehr und mehr selbst zu gestalten, also wie in der realen Welt darauf zu achten, welches Bild wir abgeben. In einem gewissem Sinne erweitern wir so unser reales Selbst um einen Avatar, der in der Netzwelt unterwegs ist.

Erstmals könnte buchstäblich die ganze Welt in einem blühenden globalen Dorf zusammenkommen, dessen Umgangssprache sicherlich Englisch wäre. Obwohl ein Dorf im Sinne von kurzen Wegen, ist das Netz eine "Megacity" mit vielen Milliarden Bewohnern. Diese sind grundverschieden, weshalb es eine schwierige Aufgabe ist, sie alle gleichberechtigt zu behandeln. Auf dem größten Markt der Welt werden jetzt schon fast alle Waren, die es gibt, angeboten und auf dem Markt der Meinungen bleibt auch kein Thema ausgespart. Der Kunst ist nicht, dies alles technisch zu verwirklichen, was in einem gewissen Sinne ganz von alleine geschieht. Die Herausforderung besteht darin, das bunte Treiben so zu organisieren, dass es alle unterstützt und niemandem schadet.

Auf der Suche nach dem richtigen Maß

Es ist eine Gratwanderung: Der riesige, äußerst schwer kontrollierbare offene soziale Raum bietet immense Chancen. Seine Stimme zu erheben und zu publizieren ist online viel leichter als zuvor. Jeder der bloggt oder sich in einschlägigen Foren äußert, trägt zur weltweiten Diskussion bei. Wie leicht ist es heute, selbst Menschen mit ausgefallenen Neigungen aufzuspüren und entsprechende Initiativen zu gründen? Über Facebook und andere Portale lernen sich gerade mehr Gleichgesinnte kennen als je zuvor, selbst kleine Randgruppen können sich so bequem zusammenfinden. Durch Handykameras und Internet weiß die Weltöffentlichkeit auch weit mehr über wichtige Ereignisse. Insbesondere solche, die früher viel leichter vertuscht, zuweilen sogar nahezu spurlos unterdrückt werden konnten.

Zum Beispiel bestand ein Großteil der mühseligen Arbeit von *amnesty international* darin, kaum vorhandene und weit verstreute Informationen über politisch Verfolgte zu sammeln und zu verifizieren. Menschenrechtsverletzungen sind in Diktaturen zahlreich, sie zu belegen fällt heute jedoch viel leichter als noch vor wenigen Jahren. Anderen „Nichtregierungsorganisationen" geht es auf den Feldern, denen sie sich verschrieben haben, ähnlich. In einem Zeitalter der Satellitenüberwachung lassen sich insbesondere Umweltsünden nicht mehr so leicht verstecken wir früher: Wer Waldbrände legt, illegale Mülldeponien betreibt, mit Abwässern Flüsse vergiftet oder Schweröl auf hoher See verklappt, muss viel wahrscheinlicher als früher damit rechnen, erwischt zu werden.

Die Umstürze 2011 in den arabischen Ländern aber auch die großen Demonstrationen im Westen erlangten nicht zuletzt deswegen eine immense Durchschlagskraft, weil es den Menschen viel einfacher fällt, sich zu organisieren. Flugblätter zu drucken und zu verteilen ist zuweilen gefährlich und man erreicht damit nicht viele Menschen. Das sieht ganz anders aus, wenn sich das halbe Land „spontan" und zugleich auch anonymisiert übers Internet zu Demonstrationen verabredet. Auf demselben Weg können sich jedoch auch gelangweilte Jugendliche kurzentschlossen treffen und mit einer „Fete" ein Wohngebiet verwüsten. (Wie schön, wenn sie dabei gleich selbst Fotos anfertigen und so der Polizei Beweismaterial frei Haus zur Verfügung stellen. . .)

Wie schwierig die Balance zu finden ist, zeigt Google Streetview. Es ist äußerst informativ und unterhaltsam, durch die Straßen fremder Städte zu schlendern, selbst wenn man sie real nie bereisen wird. Für den, der ganz konkret eine Reise plant, vervielfacht sich der Nutzen, muss sich doch z. B. ein Urlauber nicht mehr auf die (ge)schön(t)en Prospekte der Reiseanbieter verlassen, vielmehr kann er quasi vor Ort die Lage erkunden. Die zur Verfügung gestellten Informationen bilden zudem den öffentlichen Raum ab, also etwa die von der Straße aus zu sehende Fassade eines Hauses, nicht aber den Garten dahinter[24] oder sogar die Räume darin. Personen, die sich zufällig auf den Fotos, aus denen Streetview erstellt wird, befinden, werden zudem genauso unkenntlich gemacht wie Autokennzeichen.

Soweit, so gut. Scheinbar ist nichts wirklich Neues passiert, es wurde höchstens ein Nutzen geschaffen, den es bislang nicht gab. Doch dem ist nicht ganz so. Will eine Bande von Einbrechern nicht auf frischer Tat ertappt werden, sollte auch sie im Vorfeld das Objekt ihrer Begierde, etwa ein Wohngebiet, genau in Augenschein nehmen. Im Anschluss an diese Phase der Informationserhebung und -bewertung kommt es häufig zu einer Serie von Einbrüchen, d. h. die gesammelten Daten werden in materielle Beute umgesetzt. Dabei befinden sich die Diebe in einem Dilemma: Je öfter sie vor Ort sind, desto mehr Spuren hinterlassen sie und desto aufmerksamer wird auch die Polizei. Andererseits lohnt es sich kaum, nur ein, zwei Wohnungen auszurauben. Früher mussten sich die Kriminellen eine Zeitlang vor Ort aufhalten um Informationen zu sammeln, wodurch sie zwangsläufig selbst Informationen preisgaben, insbesondere fielen sie als (neugierige) Fremde schnell den Anwohnern auf. Im elektronischen Raum hat sich dies zu ihren Gunsten geändert. Wer dort unterwegs ist, kann in aller Ruhe, ohne großes Risiko entdeckt zu werden, ausspähen, was ihn interessiert. So hilft Google auch dieser Branche, unauffällig Wohn- und Gewerbegebiete mit Blick auf die potenziellen Werte hinter den Fassaden zu durchstreifen, also "neighbourhood watch" der etwas anderen Art zu betreiben.

Anonymität ist genauso wie persönliche Bekanntheit ein zweischneidiges Schwert. Etwa müssen wissenschaftliche Arbeiten zunächst von anonym auftretenden Fachkollegen positiv beurteilt werden, bevor sie in einem "peer refereed journal" erscheinen können. Die Anzahl der Artikel in solchen renommierten, zumeist englischsprachigen Fachzeitschriften entscheidet ganz wesentlich über die Karriere eines angehenden Wissenschaftlers.[25] Bestenfalls erhält ein Autor sein Manuskript mit vielen hilfreichen Anmerkungen und guter, konstruktiver Kritik zurück. Das heißt der anonyme "Reviewer" hat den Schutz der Anonymität genutzt, um ein offenes, ehrliches, deshalb zuweilen aber auch etwas unbequemes Urteil abzugeben. Im schlechteren Fall missbraucht der anonyme Gutachter seinen Informationsvorsprung zu unfairen, persönlichen Angriffen weit unterhalb der Gürtellinie. Borniert und ohne auf Umgangsformen zu achten, kann er gefahrlos einen guten Beitrag aus zweifelhaften Motiven missbilligen, etwa weil die Veröffentlichung seine eigenen Projekte gefährden würde.

---

[24] Üblicherweise mit Google Earth zu sehen.
[25] Das ist sicherlich ein Grund, weshalb relativ wenige hochkarätige deutsche Fachbücher erscheinen.

Ganz ähnlich in der elektronischen Welt: Anonymität schützt auch dort sowohl den aufrechten Mutigen wie den feigen Verbrecher. Weit effektiver als jemals zuvor verstecken sich im Dickicht der Bits und Bytes neben allerlei dunklen Gestalten auch eine schwer zu taxierende „anarchistische Internetguerilla"[26] sowie die Robin Hoods und Rechtschaffenden unserer Tage. Einigen Helden, insbesondere mutigen Bürgerrechtlern, kann man nun nicht mehr so leicht den Mund verbieten oder sie gar in geheimen Gefängnissen zum Schweigen bringen. In einem kleinen, unterdrückten Land genügt es, nahe an der Grenze zu leben, um die freie Infrastruktur des Netzes zum eigenen Vorteil und dessen Anonymität zum wirkungsvollen eigenen Schutz einzusetzen.

Wir sind allesamt noch eher Lehrlinge, bestenfalls Gesellen, gewiss keine Meister der modernen IT-Welt. Deshalb benehmen wir uns oft so launisch und uneinsichtig wie Kinder oder schwanken wie Jugendliche in unseren Urteilen. Wie jene taumeln wir zwischen Extremen, anstatt wohlbegründete, moderate Ansichten zu vertreten. Erst mit dem Erwachsenwerden dominieren in der Regel reife, unaufgeregte Positionen, die bestenfalls einer einheitlichen, gut fundierten Line folgen. Doch so weit ist die Internetgemeinde noch lange nicht, wie auch der Umgang mit größeren Systemen automatisierter Datenhaltung deutlich macht.

Seit 2005 gibt es in Deutschland die LKW-Maut. Die damit erhobenen LKW-Kennzeichen werden ausschließlich zur Abrechnung der geschuldeten Gebühren verwendet. So sollte es auch sein, möchte man meinen, doch bereits ein Jahr später wird die Öffentlichkeit mit zwei Mordfällen konfrontiert[27]: „Die Polizei will zwei Gewaltverbrechen aufklären, findet die Täter aber nicht. Sie wurden zwar vom Mautsystem erfasst und fotografiert, doch "Toll Collect" darf keine Daten herausgeben – selbst wenn es sich um Mord handelt." Auch wenn einige Leserkommentare mit dieser Situation zufrieden waren, werden sich wohl mehr Personen der folgenden Meinung anschließen:

> Hier geht es nicht darum, generell Daten zu erfassen und dann Bußgeldsünder zu verfolgen. Es geht darum, in Einzelfällen(!) Mörder dingfest zu machen, MORD(!) aufzuklären.[28]

Allgemein gesagt: Wenn man Verbrechen, Seuchen oder andere Missstände wirkungsvoll bekämpfen will, so muss man auch bereit sein, Daten, die diesem Ziel dienen, zu nutzen. Eben weil *Verhältnismäßigkeit* dabei ein wichtiges Prinzip ist, kann es nicht angehen, aussagekräftige Daten über ein konkretes Kapitalverbrechen zu ignorieren. Die Weitergabe der zu einem anderen Zweck erhobenen Maut-Daten fällt weit weniger ins Gewicht als die Verhaftung eines Schwerverbrechers. Andererseits genügt der vage Hinweis auf „Kinderpornographie" und andere „dunkle Seiten" der Internet-Gesellschaft nicht, um massive staatliche Eingriffe ins Netz zu rechtfertigen. Erst recht sollte sich der seit 2001 gebetsmühlenhaft

---

[26] Die sich bemerkenswerterweise selbst „Anonymous" nennt. Siehe die Meldung vom 29.02.2012: „Interpol nimmt mutmaßliche Anonymous-Hacker fest", www.spiegel.de.

[27] Siehe „Von der Maut erfasst, von der Polizei vergeblich gesucht" am 3. August 2006 auf faz.net.

[28] Orthographie etwas verändert.

wiederholte Hinweis auf die „verschärfte abstrakte Bedrohungslage" abgenutzt haben, also nicht mehr als allzu bequemes Argument herhalten, dauerhaft wesentliche Grundrechte einzuschränken.

2.6   Maßlose Behörden

German Angst...

Auch das Vorgehen der Behörden ist recht schwankend. Obwohl der Wissenschaft im Grundsatzurteil von 1983 ein privilegierter Zugang zu Daten eingeräumt wurde, hat sich die Verwaltungsrealität völlig anders entwickelt. Im Urteil selbst heißt es:

> Für wissenschaftliche Zwecke dürfen die erforderlichen Einzelangaben [mit einigen Ausnahmen] von den Statistischen Ämtern [...] an Amtsträger und für den öffentlichen Dienst besonders Verpflichtete übermittelt werden. Die Übermittlung hat sich in den Grenzen des für wissenschaftliche Zwecke Erforderlichen zu halten; Name und Anschrift dürfen überhaupt nicht weitergegeben werden. Die Regelung folgt damit der Erkenntnis, daß für die meisten Untersuchungsbereiche ein direkter Personenbezug nicht erforderlich ist; denn der Wissenschaftler ist regelmäßig nicht an der einzelnen Person interessiert, sondern an dem Individuum als Träger bestimmter Merkmale.

Die Praxis: Mit großem Aufwand werden amtlicherseits selbst ausschließlich für den wissenschaftlichen Gebrauch bestimmte Daten verfremdet. Der Nutzer weiß selbstredend nicht, inwiefern die Rohdaten verfälscht wurden. Daraus folgt, dass er auch nie weiß, inwieweit ein im Rahmen einer Datenanalyse gefundenes Ergebnis wirklich belastbar ist. Allerhöchstens bietet ihm das Amt an, eine für ihn wichtige Analyse inhäusig auf den Originaldaten durchzuführen. Auf europäischer Ebene gibt es sogar ein „Exzellenzzentrum für die Sicherung statistischer Daten gegen Offenlegung".[29]

Darüber noch hinausgehend hat sich die Angst eingebürgert, Einzelfallinformationen könnten von der Wissenschaft missbraucht werden. Ergo versucht man von Amts wegen sicherzustellen, dass unter keinen Umständen der Einzelfall rekonstruiert werden kann. Das geht nur, wenn man die Daten *erheblich* verzerrt, etwa gerade die interessantesten Fälle (Ausreißer) entfernt oder aber den Zugang immens einschränkt. Entweder werden hierzu hohe administrative Hürden errichtet (Gebühren, Datennutzung nur in der Behörde, etc.) oder lediglich einige namentlich bekannte Personen dürfen gewisse Online-Abfragen durchführen. Obwohl alle Zugriffe protokolliert werden, sind darüber hinaus vermeintlich „gefährliche" Analysen gänzlich gesperrt.

Trotz aller solcher Bemühungen ist das Ergebnis des ganzen Eiertanzes höchst fragwürdig. Denn gut organisierte Daten, etwa in einer relationalen Datenbank oder einem

---

[29] Ein guter internationaler Überblick ist "Managing Statistical Confidentiality & Microdata Access. Principles and Guidelines of good practice", herausgegeben von den Vereinten Nationen (2007). Siehe www.unece.org/stats/publ.htm bzw. ISBN 987-92-1-116959-1.

hochdimensionalen Datenwürfel, sind transparent strukturiert und in vielerlei Richtungen auswertbar. Nicht zuletzt zu diesem Zweck wurden ja die modernen Datenspeicherungsmedien in der Informatik entwickelt. Die eine oder andere Auswertung nun nicht zuzulassen gleicht dem Versuch, in einem prinzipiell offenen System wieder künstliche Barrieren zu errichten. Gelingt es einem dabei, alle „Löcher" zu schließen, hat man zugleich das System verstümmelt. Die vermeintlich bessere Lösung, nur höher aggregierte Daten, also viele zusammengefasste Einzelfälle, frei zu geben, ist ebenfalls problematisch. Zum einen beraubt sie den Wissenschaftler des Blickes ins Detail, der oft wesentlich ist. Zum anderen ist nicht einfach sicherzustellen, dass immer eine gewisse Mindestanzahl von Fällen zusammengefasst wird. Selbst wenn dies gewährleistet ist, kann immer noch ein Einzelfall alle anderen dominieren, z. B. der in Statistikerkreisen geradezu sprichwörtliche Einkommensmillionär, der in ein kleines, armes Bauerndorf zieht. Zum Einzelfall vorzustoßen ist zudem besonders einfach, wenn viele differenzierende Merkmale vorhanden sind: Selbst in München dürfte es nicht allzu viele alleinstehende Frauen unter 30 mit mehr als vier Kindern geben, die alle in den letzten zwei Jahren geboren wurden.

Selbstredend ist die gerade beschriebene Praxis meilenweit von den Worten und der Intention des höchsten bundesdeutschen Gerichts entfernt. Die Richter wussten um den Wert wissenschaftlicher Analysen und sie erkannten, dass die Zielrichtung typischerweise nicht der Einzelfall ist, sondern Aussagen über größere Gruppen im Zentrum des Interesses stehen. Doch auch die Betrachtung des Einzelfalls wird nicht prinzipiell untersagt, da zuweilen der Einzelne *als Träger gewisser Merkmale* sehr informativ sein kann. So wäre es höchst sonderbar, wenn Mediziner aus Datenschutzgründen die wenigen HIV-Infizierten, die ohne Medikamente jahrzehntelang bei bester Gesundheit überleben, nicht genauer untersuchen dürften.

Datenschutz, insbesondere der Schutz des Einzelnen vor Bespitzelung, ist richtig und wichtig. Doch Wissenschaftler – sozusagen von Amts wegen – pauschal wie ungebetene Schnüffler zu behandeln, ist in etwa so angemessen wie Statistiker permanent der Lüge zu bezichtigen. Persönliche Befindlichkeiten hin oder her, am schlimmsten ist bei alledem die Konsequenz: Empirische Wissenschaft *beruht* auf aussagekräftigen Daten und zwar den echten, tatsächlich erhobenen Roh- bzw. Originaldaten, nicht irgendwelchen „verfremdeten" oder „entschärften" Spielzeugversionen davon. Die entscheidenden Informationen stecken in solchen Datensätzen, vor allem sie stellen in den Sozialwissenschaften den Kontakt zwischen Theorie und empirischer Erfahrung her. Wissenschaftlern deren Analyse zu erschweren, entspricht, einem Chemiker den Zugang zum Labor zu versperren oder einen Arzt nur ab und ans Krankenbett zu lassen und dabei auch nur bestimmte Fragen und Untersuchungen zu erlauben.

Es steckt mehr als eine Prise Ironie in der Tatsache, dass Daten zunächst – behördenintern – mit großem Aufwand erhoben und wohlorganisiert abgelegt, dann jedoch kaum weiter verwendet werden. Wozu der ganze Aufwand, wenn die Institution in der Gesellschaft, die fürs Dazulernen zuständig ist, also die Wissenschaft, von einer ihrer besten Quellen systematisch ferngehalten wird? Außerdem setzt eine gute Analyse *unabdingbar* einen intensiven, ergebnisoffenen Dialog mit den Daten voraus. Das heißt, es ist weder von vorne herein klar, welche Fragen sukzessive zu stellen sind, noch, welche Verfahren am besten angewandt werden sollten. Das Verständnis für die meisten Daten wächst im Umgang mit denselben, weshalb es von größter Bedeutung ist, sinnvolle Fragen dann an die Daten richten zu können, wenn sie sich im Forschungsprozess ergeben.

Darf's ein bisschen mehr sein?

In herbem Kontrast zur amtlichen Geheimniskrämerei einerseits steht das Gebaren der Sicherheitsbehörden andererseits. Am 10.10.2011 wurde bekannt, dass der Chaos Computer Club ein Programm dingfest gemacht hatte, das in der Lage war, den Computer verdächtiger Personen nahezu beliebig zu durchleuchten und zu manipulieren. Bildlich gesprochen: „Der Computer steht offen wie ein Scheunentor".[30] Nicht nur war es mit dieser Software, einmal auf den Zielrechner geschmuggelt, möglich, den Bildschirminhalt in hoher Frequenz auszulesen, alle Tastatureingaben zu erfassen und die Festplatte nach „Interessantem" zu durchforsten. Darüber hinaus konnte sie auch weitere Programme nachladen, jene unbemerkt ausführen und dem angegriffenen Rechner nebenbei beliebige Dateien unterschieben. Wäre die Software nicht schlecht programmiert gewesen, hätte sie zudem, ohne Spuren zu hinterlassen, auch wieder deinstalliert werden können.

Angesichts dessen wirkt Georg Orwells "Big Brother" wieder einmal antiquiert und geradezu harmlos. Anstatt tausende Spitzel in persona loszuschicken oder Kameras in Plakatwänden zu installieren, schleichen sich die heutigen „Sicherheitsexperten" einfach über das Internet ins Haus. Und anstatt dort einfach nur, genauer als jemals zuvor in der Geschichte, alles und jedes zu protokollieren, können sie noch weit Perfideres[31]:

> Technisch gesehen lassen sich so digitale Beweismittel problemlos erzeugen, ohne dass der Ausspionierte dies verhindern oder auch nur beweisen könnte. Finden sich auf einer Festplatte Bilder oder Filme, die Kindesmissbrauch zeigen, oder anderes schwer belastendes Material, so könnte es dort auch platziert worden sein. Solche „Beweise" würden zum Beispiel bei einer späteren Beschlagnahme des Computers „gefunden" werden und sind auch mit forensischen Mitteln nicht als Fälschung erkennbar.

Natürlich ist es übertrieben, anzunehmen, Behörden in demokratischen Staaten würden alle genannten Möglichkeiten auch sofort (aus)nutzen. Doch wäre es genauso naiv zu glauben, die rechtswidrigen "Features" würden nie eingesetzt. Man lese noch einmal das Urteil von 1983 (siehe S. 95) oder den sehr treffenden Kommentar dazu[32]:

> Jeder Biedersinn, der ‚nichts zu verbergen' hat, krankt angesichts dieser Tatbestände nicht nur an fehlendem Unrechts- und Grundrechtsbewusstsein, sondern vor allem an einer 2011

---

[30] faz.net vom 26.10.2011.

[31] Siehe „Ein amtlicher Trojaner. Anatomie eines digitalen Ungeziefers" in faz.net vom 10.10.2011.

[32] Siehe „Überwachung. Kontrolle außer Kontrolle" in faz.net vom 10.10.2011.

mit nichts mehr zu entschuldigenden Informationsverarbeitungsschwäche. Die ist im Begriff, zum Ferment umfassender sozialer Desintegration auszuwuchern. Denn in der deutschen Verfassung steht nicht, die Unverletzlichkeit der Wohnung, das Brief-, Post- und Fernmeldegeheimnis, die Medienfreiheit und die Gleichheit vor dem Gesetz seien hehre Ideale, fromme Wünsche oder tolle Ideen. Da steht, und zwar am Anfang, damit man es nicht vor lauter Websurfer-Augenmüdigkeit überliest, die genannten sittlich hochstehenden Einrichtungen 'binden Gesetzgebung, vollziehende Gewalt und Rechtsprechung als unmittelbar geltendes Recht'.

Genau deshalb hatte das Bundesverfassungsgericht 2008 in seinem Urteil zur „Online-Durchsuchung" bzw. zum „Bundestrojaner" (denn genau um ein solches Trojanisches Pferd handelt es sich beim gerade beschriebenen Programm) den Sicherheitsorganen äußerst enge Grenzen gesetzt. Damit einher ging die Schaffung eines neuen Grundrechts *auf Gewährleistung der Vertraulichkeit und Integrität informationstechnischer Systeme*. Gerade einmal drei Jahre später ist die ernüchternde Realität[33]:

> Die Behörden haben ganz offensichtlich das in sie gesetzte Vertrauen missbraucht und heimlich genau das getan, was ihnen das Bundesverfassungsgericht untersagt hat. Die behördliche Schadsoftware ist zu einem Werkzeug geworden, das konstruiert wurde, um heimlich digitale Lebensspuren und Gedanken aus dem Computer des Verdächtigen zu extrahieren und auf Knopfdruck sogar zum großen Lausch- und Spähangriff überzugehen.

Bei der Diskussion dieser Angelegenheit stimmt auch nachdenklich, dass viele Politiker der etablierten Parteien nicht gerade durch Sachverstand glänzen, insbesondere weder die Technik noch die Tragweite des Problems durchschauen, während ausgerechnet „Piraten" vehement Bürger- und Freiheitsrechte verteidigen. Zudem sind die Auskünfte der Regierung auf legitime parlamentarische Nachfragen höchst lückenhaft.[34]

2.7   Tot oder lebendig

Wenn Daten schmerzlich vermisst werden

Problematisch bei allen genannten Beispielen ist, dass es bislang keine einheitliche Linie gibt. Je nachdem, welche Aspekte bzw. Interessen gerade die Oberhand behalten, fällt die Entscheidung einmal in die eine oder die andere Richtung. Zuweilen dominieren sogar die Extreme. Jedenfalls ist eine maßvolle, vernünftige Gewichtung aller Perspektiven die Ausnahme.

Doch sind Zielkonflikte im Internet und bei den heutigen, großen vernetzten Systemen die Regel. Wie auch andere Interessensgegensätze verschwinden sie *nicht*, wenn man sie

---

[33] Siehe „Ein amtlicher Trojaner. Anatomie eines digitalen Ungeziefers" in faz.net vom 10.10.2011.
[34] Siehe z. B. „Staatstrojaner. Experten werfen Bundesregierung Vertuschung vor", www.spiegel.de vom 23.11.2011.

verschweigt oder sich ihnen nicht stellt. Ganz im Gegenteil: Es ist wichtig, sie transparent zu machen und möglichst schon im Vorfeld einen öffentlichen Konsens darüber herbeizuführen, wie ein vernünftiger Datenfluss und eine verantwortliche Datennutzung aussehen könnten, und die dann auch, nicht nur mit juristischen Maßnahmen, gegen Partikularinteressen durchzusetzen sind.

Betrachten wir noch einmal das Gesundheitswesen. Anders als im Westen, wo es der Initiative einzelner Professoren geschuldet war, dass die meisten Fälle einer speziellen Krebserkrankung gesammelt wurden (etwa das Kinderkrebsregister in Mainz seit 1980), wurden im Osten flächendeckend (fast) alle einschlägigen Krankheitsfälle erfasst:

> Das Nationale Krebsregister der DDR war eine Datenbank zu Krebserkrankungen in der Deutschen Demokratischen Republik (DDR). Es entstand 1952/1953 und enthielt, auf der Basis einer ab 1. April 1953 geltenden Meldepflicht, die Daten zur Diagnose, zur Therapie und zum Krankheitsverlauf von rund 1,8 Millionen zwischen 1961 und 1989 erfassten Patienten, was in diesem Zeitraum rund 95 Prozent der Krebsfälle in der DDR entsprach. Damit gehörte es im internationalen Vergleich zu den größten epidemiologischen Datensammlungen im Bereich der Onkologie.[35]

Im Zuge der Wiedervereinigung wurde die Meldung freiwillig, die Datenlage verschlechterte sich entsprechend drastisch und heute müht sich die „Gesellschaft der epidemiologischen Krebsregister in Deutschland" um das Wohl solcher Daten. Dabei ist keine Rede mehr davon, die Register zu verkleinern oder sie sogar ganz abzuschaffen. Wie unangenehm es ist, wenn einschlägige Daten fehlen, zeigte sich nämlich schon kurz darauf[36]:

> [W.], Mitglied der Expertenkommissionen zur Aufklärung der Leukämiefälle in Niedersachsen und Schleswig-Holstein, sucht „seit Jahren vergeblich nach den Ursachen der Leukämie". Hat das Kernkraftwerk Krümmel etwas damit zu tun?

> Die Frage wäre in vielen Ländern Europas per Knopfdruck zu beantworten: Ein Register zur Analyse von Daten über Krebserkrankungen gibt dort Aufschluß über ungewöhnliche Häufungen. Doch für Deutschland gibt es bisher kein solches Krebskataster.

Stattdessen musste man sich nicht nur in diesem Fall mit Ad-hoc-Studien behelfen. Das heißt, zur konkreten Frage, etwa ob das Atomkraftwerk Krümmel die zusätzlichen Leukämiefälle verursacht hat, versucht man nun im Nachhinein geeignete Daten aus diversen Quellen zu organisieren und daraus belastbare Aussagen zu gewinnen.

Das ist der deutlich problematischere Weg. Erstens ist die Qualität heterogener Daten aus zahlreichen Quellen (erheblich) schlechter als durchdacht erhobener und systematisch organisierter Daten. Dieser qualitative Unterschied lässt sich zweitens auch nicht nachträglich beheben: Man hätte schon bei der Datenerhebung darauf achten müssen, welche Informationen bedeutsam sein könnten und wie die Daten insgesamt zusammenpassen. Drittens sind solche Ad-hoc-Studien mit einem großen Aufwand verbunden und deshalb mindestens genauso teuer wie ein gut gepflegtes Register.

---

[35] Siehe den Eintrag zum Nationalen Krebsregister der DDR auf der deutschen Wikipedia.

[36] Siehe „Krebsregister auf Eis" vom 18.07.1994 auf focus.de.

Hier wie auch andernorts zahlt sich eben kontinuierliche, systematische Arbeit weit eher aus als der kurzsichtige Kraftakt: Wer kontinuierlich und planvoll studiert, forscht, trainiert oder eben auch Daten sammelt, wird auf Dauer viel weiter kommen als der, der nur in einem Moment alle verfügbaren Ressourcen auf das spezielle Problem konzentriert. Es ist deshalb sehr erfreulich, dass sich Deutschland der internationalen Entwicklung anschließen will und ab 2013 auch hierzulande einheitliche, flächendeckende Register geführt werden sollen.[37]

Politischer Wille ist wichtiger als Technik

Einigt man sich im Vorfeld nicht über die wesentlichen Ziele eines Projekts, so werden noch weit mehr Mittel als in Ad-hoc-Studien verschwendet. So wird seit Jahren auch über die Einführung einer „Gesundheitskarte" diskutiert und es wurden auch schon diverse, teure Realisierungsversuche unternommen. Doch sind diese bislang allesamt gescheitert. Resümieren wir die bisherigen, traurigen Meilensteine:

Die elektronische Gesundheitskarte (eGK) sollte ab 2006 die bisherige Krankenversicherungskarte ersetzen. Geplant war, neben den üblichen Daten (Name, Geburtsdatum, Geschlecht, Krankenversicherungsnummer, Versichertenstatus usw.) auch weitere medizinische Informationen zu speichern, das heißt letztlich, eine elektronische Patientenakte zu schaffen. Angesichts omnipräsenter Netze bietet es sich dabei natürlich an, die meisten medizinischen Daten zentral auf schnellen Servern zu speichern.

Obwohl in den letzten zehn Jahren erhebliche Mittel in das Projekt flossen, kam es bislang nicht voran, es sieht zurzeit vielmehr danach aus, als würde es vollends im Sande verlaufen. Jedenfalls enthält die seit Oktober 2011 eingeführte „neue Gesundheitskarte" neben den bisherigen Stammdaten, die in Zukunft online aktualisiert werden sollen, als Neuheit gerade einmal das Photo des Versicherten. Die elektronische Abrechnung von Rezepten und auch die eGK wurden hingegen auf unbestimmte Zeit verschoben.

Wie so oft ist der Grund für das Scheitern eines großen IT-Projekts nicht technischer Natur. Die entscheidende Aufgabe ist im Kern politisch und besteht darin, im Vorfeld zu klären, wie die Daten organisiert werden und wer welche Rechte hat. Genauer: Wenn man sehr sensible Daten an einer zentralen Stelle sammelt bzw. sammeln will, so ist offenkundig der zu gewährleistende Datenschutz das entscheidende Problem.

Mit der Nicht-Einführung einer echten eGK haben sich de facto jene Kräfte durchgesetzt, die Daten dadurch schützen, dass sie sie gar nicht erst organisieren. Wie bislang verteilen sich damit medizinische Informationen zu einem Patienten auf viele Arztpraxen und Krankenhäuser. Wie zuvor müssen alle diese dezentralen Stellen die Daten schützen – die eine besser, die andere schlechter. Wie immer schon versteckt sich relevantes Wissen auf Papier und ist im Notfall nicht greifbar. Und nach wie vor sowie auf unabsehbare Zeit verursacht

---

[37] Siehe hierzu die entsprechende Mitteilung des Bundesgesundheitsministeriums vom 13.12.2012.

das gewachsene System immense Verwaltungskosten. Alles so zu lassen wie es ist, bedeutet angesichts der immensen Fortschritte der Informatik Geldverschwendung, und dies in einem Bereich, der nach dem Bekunden aller Beteiligten zwar nicht mit Ressourcen, wohl aber mit einem großen Verwaltungsapparat gesegnet ist. Kurz gesagt: Fortschrittsverweigerung ist keine rationale Lösung, sie verschleppt das Problem nur.

Wie könnte ein gutes System aussehen? Selbstverständlich müsste es durchgängig elektronisch organisiert sein und einheitliche Datenformate aufweisen. Nur die zentrale Ablage aller Daten garantiert zudem, dass alle Informationen dann zur Verfügung stehen, wenn der Arzt vor Ort sie benötigt. Die Datenübertragung müsste – natürlich verschlüsselt – über das Internet laufen. Zugriffe aufs System sind detailliert zu protokollieren, damit auch später nachvollzogen werden kann, wer wann was gemacht hat. Dies wird selbst bei der berühmten Flensburger Verkehrssünderdatei, also bei wesentlich weniger sensiblen Daten, so gehandhabt. Einem Angestellten, der dort Telefonnummern von Autofahrern zu privaten Zwecken verwendet, wird (und wurde auch schon) sofort gekündigt. Zum Umgang mit sensiblen Daten gehört völlig selbstverständlich auch eine entsprechende *Verschwiegenheitspflicht*.

Soweit der triviale Teil. Der entscheidende Punkt ist die Definition der Rechte: Jedem Patienten gehören seine Daten. Einsehen dürfen sie die Ärzte seines Vertrauens, wobei das Einverständnis im Notfall vorauszusetzen ist. Die Kostenträger benötigen, wie ihr Name schon sagt, v.a. betriebswirtschaftliche, aber keine medizinischen Daten. Warum muss meine Krankenkasse detailliert über meine medizinische Krankengeschichte informiert sein, wenn es eigentlich nur um die Kosten aktueller diagnostisch-therapeutischer Maßnahmen geht und noch dazu das Prinzip der „Therapiefreiheit" gilt? Natürlich, die Kosten müssen im Auge behalten werden, doch erreicht man dies dadurch, dass Verwaltungskräfte medizinisch sensible Daten im Detail durchstöbern, indem sie jede Arztrechnung und jedes Rezept überprüfen? Wer Angst davor hat, dass seine Daten in einer großen zentralen Datenbank abgelegt und nicht in seinem Sinne verwendet werden könnten, sollte zunächst einmal den aktuellen Zustand kritisch hinterfragen.

Wie beim Mautsystem könnte man auch hier gesetzlich regeln, dass das System nach außen hin prinzipiell abgeschlossen ist. Zugleich sollte man, wie beim Mautsystem leider nicht geschehen, regeln, wer die Daten noch nutzen darf. Zwei Gruppen sollten an statistischen Auswertungen – abstrahiert vom Einzelfall – großes Interesse haben: Epidemiologen und Gesundheitsökonomen. Die einen, um viel detaillierter als bislang der Ursache von Krankheiten nachzugehen, die anderen, um endlich quantifizieren zu können, welche Krankheitsbilder welche Kosten verursachen. Ein gut organisiertes System lässt sich auch einfach steuern, historisch gewachsener Wildwuchs nicht. Die richtige Ebene der Steuerung ist zudem die der Gesamtorganisation, nicht der Einzelfall. Womöglich liegt hier einer der wichtigsten wirklichen Gründe, weshalb sich manche Profiteure des bisherigen Systems einem neuen, transparenteren widersetzen.

Kurz und gut: Eine gute Lösung nutzt moderne Technik zum Wohle der Betroffenen bzw. Beteiligten. Die dabei auftretenden Interessenkonflikte lassen sich offen diskutieren und transparent regeln. Das ist allemal besser als sich prinzipiell zu verweigern, in einer Zeit immer stärker unkontrolliert sprudelnder Informationsquellen Datenströme nicht zu kanalisieren oder aber überhaupt keine Entscheidung zu treffen. Probleme suchen sich dann – irgendwie – eine Lösung und die ist in den wenigsten Fällen ausgewogen, wird also allen Beteiligten gerecht, oder ist auch nur durchdacht. Vernünftige Lösungen sind hingegen beides, wobei sich im Fall sensibler medizinischer Daten die Prioritäten geradezu aufdrängen: Daten müssen normalerweise von ihrem Besitzer, dem Patienten, explizit für eine Nutzung (insbesondere natürlich eine Behandlung) freigegeben werden. Doch keine Regel ohne Ausnahme. Im Notfall bleibt dazu keine Zeit und bei einer epidemischen Erkrankung überwiegt das gesellschaftliche Interesse nach rascher Seucheneindämmung das individuelle Recht auf Schutz der Privatsphäre.

2.8   Bedingtes Vertrauen

Vertrauen ist nicht immer gut, doch ist Kontrolle oft schlechter

Seit hunderttausenden von Jahren leben Menschen in sozialen Gruppen zusammen und sie mussten sich immer wieder an eine variable Umwelt anpassen. Diese prägenden Erfahrungen sollten uns auch heute helfen, die neue Umgebung zu meistern, das heißt, angemessen zu strukturieren. Ein Beispiel hierfür ist die bereits (in mehreren Formen) thematisierte „Sicherheitshierarchie". Sie zeigt, dass sich Regeln, die sich im tradierten Umfeld bewährt haben, auf die neue (auch) elektronische Welt übertragen lassen. Dasselbe gilt in vielen anderen Bereichen: In der analogen wie in der digitalen Welt kennt man Ausweise und Passwörter, Wälle, Scanner, Verschlüsselungen und andere Schutzmaßnahmen. Sicherheitsziele, wie Integrität (Schutz vor der Verfälschung einer Information), Verbindlichkeit oder Vertraulichkeit sind im realen Leben so wichtig wie im Computerumfeld, und Spionage, Manipulation oder sogar Sabotage sind wahrlich keine neuen Erscheinungen.

Schon der gesunde Menschenverstand lehrt, dass geldwerte Geschäfte über sichere Verbindungen geleitet werden sollten bzw. durch Passwörter, Zahlencodes und ähnliches geschützt sein müssen. Vertrauliches ist auch genau so zu behandeln und es ist nicht überkritisch, wenn sich unser Computer im Hintergrund elektronische Ausweise zeigen lässt. Wer selbst Daten sozialen Netzwerken anvertraut, sollte zugleich darauf achten, dass diese nicht ungebremst umherwandern oder zu allen möglichen Zwecken verwendet werden können, etc., etc.

Geht es um eine konkrete Gefahr, agieren wir auch im alltäglichen Leben ähnlich vorsichtig wie im elektronischen Bereich. Niemand würde einfach so einem Fremden Kreditkarte oder Hausschlüssel in die Hand geben oder gar die eigenen Kinder einem einschlägig vorbestraften „Betreuer" anvertrauen. Da beim Fliegen schon kleine Messer und geringe Mengen Sprengstoff gefährlich sind, werden alle Passagiere im Vorfeld gründlich „gefilzt", das Cockpit ist während des Flugs fest verschlossen und manche Gesellschaften setzen sogar Polizeikräfte an Bord ein. Wir können sehr gut zwischen sensiblen und weniger sensiblen Situationen unterscheiden, weshalb wir auch unkomfortable Sicherheitsvorkehrungen dulden, wenn jene nötig erscheinen.

Die allermeisten würden jedoch stutzen, wenn es im Eingangsbereich von Bahnhöfen, Kaufhäusern oder Restaurants ähnliche Sicherheitsschleusen wie am Flughafen gäbe. Doch wären jene nicht gerechtfertigt? Zum Beispiel werden in einem Steakhouse an die Gäste große, scharfe Messer ausgegeben, mit denen sie ohne weiteres andere schwer verletzen können. Warum verzichten wir in diesem Fall auf naheliegende Vorsichtsmaßnahmen bzw. lassen die Menschen nicht, abgeschottet voneinander, hinter Gittern essen?[38]

Letztlich gewichten wir auch hier wieder den Aufwand für Sicherheit mit den Vorzügen eines freiheitlichen Umgangs. Eine konsequente Überwachung ist in der realen Welt genauso aufwändig wie wirkungsvolle Schutzmaßnahmen im elektronischen Umfeld. Sie erschweren immer den ungezwungenen Austausch, unterhöhlen leicht den vertrauensvollen Umgang und zerstören schlimmstenfalls, wenn auch sozusagen mit den allerbesten Absichten, die offene Kultur des Miteinander. Die so formulierte „liberale" Grundeinstellung ist natürlich immer mit der konkreten Situation zu gewichten. Im Fall einer konkreten Bedrohung kann es sehr wohl sinnvoll sein, überall dort, wo viele Menschen zusammenkommen, penibel zu kontrollieren. Zahlreiche funktionstüchtige Kameras sind an anschlagsgefährdeten Orten, etwa im Eingangsbereich eines Ministeriums oder in einem großen Sportstadion, gerechtfertigt, was bis hin zur permanenten Videoüberwachung gehen kann. Doch warum sollte man die Mensa einer Universität oder die Fußgängerzone einer friedlichen Kleinstadt ständig ins (Daten-)Visier nehmen?

Die Logik des Miteinander

Wie die Naturwissenschaften, so gehen auch die modernen Sozialwissenschaften über unsere alltäglichen Erfahrungen hinaus. Es war zunächst die Biologie, die das Verhalten von Individuen in größeren Gruppen untersuchte. Dies animierte auch andere Felder, sich systematisch mit den Themen Kooperation/Konfrontation, Altruismus/Egoismus, Miteinander versus Gegeneinander zu beschäftigen. Insbesondere haben sie sich in den letzten Jahrzehnten intensiv mit der zentralen Frage beschäftigt, welche Randbedingungen Kooperation begünstigen und welche nicht.[39]

---

[38] Diese Karikatur verdanke ich einem Vortrag von J. Wales, dem Gründer der Internetenzyklopädie Wikipedia, über das sich entwickelnde soziale Netz („Wikipedia-Academy", Göttingen, Juni 2006).

[39] Klassische Beiträge sind u. a. Wilson (1975), Dawkins (1976), Maynard Smith (1982) und Axelrod (1984). Für einen aktuellen Einstieg siehe Benkler (2011) im "Harvard Business Manager" und die dort genannte Literatur. Eine exzellente Zusammenfassung aus psychosozialer Perspektive findet sich unter www.umsetzungsberatung.de/psychologie/vertrauen.php. Auch in Saint-mont (2002) wird das Thema behandelt.

Übergeordnete Kontrollinstanzen, etwa in Form einer aufmerksamen Polizei oder eines moralischen Gewissens, helfen natürlich dabei, Personen zu sozialverträglichem Verhalten anzuhalten. Doch ist eine ganz grundlegende Einsicht die, dass es nicht unbedingt solcher Sanktionsmechanismen "top down" bedarf, um Individuen zum Miteinander zu ermutigen. Sogar nur auf ihren Eigennutz bedachte Einzelwesen – vollkommene Egoisten – verhalten sich „sozial", wenn ihnen diese Strategie längerfristig mehr bringt als hemmungsloser Egoismus. *Reziprozität*, also das Prinzip der Gegenseitigkeit, ist die Kernidee "bottom up" wachsender Zusammenarbeit, und auch der zugehörige Mechanismus des „wie man in den Wald hineinruft, so schallt es zurück" ist leicht nachzuvollziehen:

Wenn davon auszugehen ist, dass sich zwei Individuen nur einmal begegnen, so sollten sie zurecht misstrauisch sein. Dann ist es nämlich optimal, den anderen zu übervorteilen und das Weite zu suchen, wie es auch jeder Dieb in einer Großstadt macht. (Unseriöse Außendienstmitarbeiter verfolgen – metaphorisch – ebenfalls die Strategie „anhauen, umhauen, abhauen".) Begegnen sich die Individuen jedoch aller Voraussicht nach mehrfach, so ist die Strategie schneller, rücksichtsloser persönlicher Bereicherung nicht mehr optimal. Zum einen muss ein Missetäter mit Bestrafung rechnen, er wird, wie es so treffend heißt, für seine früheren Verfehlungen „zur Verantwortung gezogen". Hierbei kann es schon genügen, dass sein Ruf nachhaltig geschädigt wird, er also seinen (sozialen) Kredit nachhaltig verspielt hat. Nicht nur im geschäftlichen Umfeld ist es zumeist viel gravierender, Vertrauen zu verlieren als Geld. Zum anderen können fair miteinander kooperierende Individuen alle Vorteile der Zusammenarbeit nutzen. Während der Egoist seine Kräfte darauf konzentriert, andere auszubeuten, helfen Kooperationswillige einander und nutzen konsequent unter dem Motto „gemeinsam sind wir stark" alle Möglichkeiten, die eine Gemeinschaft bietet. Damit kommen sie typischerweise zusammen viel weiter als alle Egoisten, die alleine kämpfen.

Die simple Strategie – man ist versucht zu sagen der Reflex – des „wie Du mir, so ich Dir" (engl. "tit for tat") beantwortet entgegenkommendes Verhalten mit Kooperation und beendet bei ausbeuterischen Tendenzen der Gegenseite sofort (bzw. zügig) die Zusammenarbeit. Die Folge ist, dass sich ein so agierendes Individuum konsequent an kooperierenden Gruppen beteiligt und deren Vorteile nutzt, sich aber zugleich auch konsequent vor der allgegenwärtigen Gefahr schützt, von anderen ausgenutzt zu werden. Sobald sich eine Beziehung für das Individuum nicht mehr lohnt, beendet es einfach die Zusammenarbeit.

Dieser grundlegende Mechanismus funktioniert offensichtlich auch noch in größeren Gesellschaften, treffen wir doch im alltäglichen sozialen Leben weit häufiger auf hilfsbereite, zumindest aber „indifferent-neutrale" Menschen, als auf Vandalen, Kriminelle oder sogar Terroristen. Das heißt, in den allermeisten Fällen ist ein grundsätzliches (aber nicht blauäugig-naives, sondern „wehrhaftes") Vertrauen weit mehr gerechtfertigt als pathologisches Misstrauen. Natürlich wird darüber hinaus unser Verhalten vom konkreten Kontext „moduliert". In einer dunklen Seitenstraße rechnen wir nach Mitternacht mit weniger herzlichem Verhalten als zur gleichen Zeit in unserer Stammkneipe und verhalten uns entsprechend. Wir gehen auch mit einem neuen Mitarbeiter, den wir noch nicht einschätzen können, anders um als mit einem vertrauten Kollegen. Und selbstverständlich ist auch das „allgemeine soziale Klima" keine Konstante. Eher egoistische Phasen der „Freiheit" wechseln sich mit Phasen der „Brüderlichkeit" ab. Von oben verordnete Solidarität sollte (genau deshalb) jeden zum Nicht-Kooperieren anhalten, während das gehäufte Auftreten egoistischer, kalt kalkulierender, vermeintlich „rationaler" *homines oeconomici* im Allgemeinen (hoffentlich) gegenteilige Impulse befördert.

Noch zwei weiterführende Bemerkungen. Zum einen hat das Wortpaar Kooperation/ Altruismus einen guten Klang, während dem Paar Konfrontation/Egoismus mehr als ein Makel anhaftet. Das heißt, wir neigen dazu, Individuen, die sich (selbstlos) für andere einsetzen positiv und jene, die zuallererst einmal auf ihren eigenen Vorteil bedacht sind, negativ zu bewerten. Wissenschaftler versuchen diese Vermengung zu vermeiden und sprechen neutraler von „Kooperation" versus „Nicht-Kooperation". Das aus gutem Grund. Niemand verhält sich nämlich so altruistisch wie ein Selbstmordattentäter, der bereits ist, für seine Sache zu sterben. Er opfert sich, um eine Gemeinschaft, der er sich zugehörig fühlt, zu unterstützen. Gleichwohl verurteilt die zivilisierte Welt solche Taten einhellig. Auch Korruption ist ein enge, aber unerwünschte Form der Kooperation. Auf der anderen Seite können Konflikte nicht nur schädigen, sondern auch sehr anregend sein. Konkurrenz belebt nicht nur sprichwörtlich das Geschäft. Wie langweilig wäre ein sportlicher Wettbewerb, wenn es allen Beteiligten gleichgültig wäre, wer gewinnt? Schließlich ist wohlverstandener Egoismus, bis hin zur inneren Emigration, ein wirkungsvolles Medikament gegen gefährliche gruppendynamische Prozesse.[40]

Zum zweiten scheint es aufgrund der vorstehenden Analyse ziemlich unrealistisch zu sein, ausgehend von Adam Smith (1776) daran zu glauben, eine „unsichtbare Hand" würde den bei der (hemmungslosen) Verfolgung privater Interessen erworbenen Wohlstand wieder „ganz von selbst" gerecht verteilen. Es ist auch nicht plausibel, weshalb ein grundsätzlicher Egoismus automatisch für alle vorteilhafter sein sollte als ein vernünftiges Miteinander von Anfang an. Beides widerspricht schon der Intuition und wird von der modernen Wissenschaft (sei jene biologisch oder ökonomisch motiviert), die die „Evolution der Kooperation" genauer unter die Lupe nimmt, bestätigt. Eine „unsichtbare" Hand muss nicht unbedingt esistieren. Das heißt, Besitzstände können sich auch „ganz von selbst" in wenigen Händen akkumulieren, was schon Marx (1867) im ökonomischen Bereich klar erkannt hatte. Die heutige Soziologie spricht allgemeiner vom „Matthäuseffekt". Will man das nicht, so ist eine aktive, entgegengesetzt gerichtete Politik erforderlich.[41]

Freiheit, Gleichheit, Brüderlichkeit

Was bedeutet das alles für die Internetgesellschaft? Zunächst einmal ist ziemlich klar, weshalb dessen frühe Nutzer – auch ohne explizite Regeln oder Sanktionsmechanismen –

---

[40] Mehr zu diesem Thema S. 200 und in Abschn. 4.2.
[41] Wir nehmen diese Argumentation ab S. 161 wieder auf. Siehe auch z. B. Ostrom (2011), Sen (2000), beide Nobelpreisträger für Wirtschaftswissenschaften (2008 bzw. 1998) und Novak (2006).

zur Kooperation neigten. Bis heute bilden Programmierer, aber auch Wissenschaftler kleiner Fachgebiete, verschworene, kleine Gemeinschaften. "Nerds" gelten zwar nicht gerade als Sozialgenies, da sie jedoch häufig aufeinandertreffen, kennen sie sich gut und helfen einander dementsprechend. In den unüberschaubaren Weiten des Internet ist mit einer solchen „natürlichen" Kooperation zunächst einmal nicht mehr zu rechnen. Konsequenterweise sollten wir wie in einer Großstadt etwas mehr auf der Hut und Fremden gegenüber zurückhaltend sein. Dies gilt erst recht, wenn man bedenkt, dass das Internet mit seiner Milliardenpopulation bevölkerungsreicher ist als die größten Länder der Erde. Wenn bei einer typischen geschäftlichen Transaktion davon auszugehen ist, dass sich die Handelspartner nie wieder sehen, so ist wie im realen Leben Vorsicht geboten.

Es wäre überhaupt nicht verblüffend, wenn, wie in schlecht bzw. kaum regierten Metropolen, auch im riesigen, anonymen Internet Misstrauen vorherrschen würde. Dass dem offenkundig nicht so ist, könnte zum einen daran liegen, dass wir uns im Internet genauso umsichtig verhalten wie in einer fremden Großstadt – wofür nicht allzu viel spricht. Noch weniger hat die These für sich, die Kultur seiner ersten Bewohner hätte sich bis heute gehalten. Warum sollte sich die große Masse im Netz anders verhalten als im normalen Leben, also nicht unbedingt altruistisch? Es spricht hingegen einiges dafür, dass das heutige Netz zum einen nicht (mehr) so anonym ist wie eine Stadt – Facebook und anderen sozialen Medien sei Dank. Zum anderen ist die Redewendung vom „globalen Dorf" mehr als eine Floskel.

Die Seiten des Internet und auch deren Nutzer sind vielfach miteinander verlinkt, also hochgradig vernetzt. Schon seit den 1960er-Jahren ist das „Kleine-Welt-Phänomen" bekannt,[42] d.h. der Weg von einem Nutzer zu einem anderen bzw. von einer Information im Internet zu einer anderen führt in aller Regel über sehr wenige Zwischenstationen. Selbst bei einer Population von mehreren Milliarden benötigt man (in aller Regel) nicht mehr als ein paar Schritte um von einem belieben Ausgangspunkt zu einem beliebigen Endpunkt zu gelangen. Das gilt erst recht, wenn es viele „Multiplikatoren" gibt, also Orte im Netz, die starke Verbindungen zu zahlreichen anderen Orten aufweisen. (Entsprechende Verkehrsknotenpunkte gibt es natürlich auch in der analogen Welt: Große Kreuzungen im Straßenverkehr, Durchgangsbahnhöfe, einflussreiche Medien, Prominente und „gut vernetzte" Politiker.)

Das Internet ist mittlerweile nicht nur das größte, sondern auch das am besten untersuchte Netz der Welt. Schon mehrfach konnte dabei das „Kleine-Welt-Phänomen" bestätigt werden. Für die sozialen Beziehungen heißt dies, dass Nutzer nicht so anonym sind, wie man zunächst vermuten könnte. Viel typischer ist, dass sie häufiger aufeinander treffen oder zumindest Leute kennen, die einander kennen. Wie in der realen Welt sollte dies auch im Internet eine Kultur des freundlich-neutralen Neben- wenn nicht sogar des Miteinander befördern. Es kostet nicht viel, zu anderen nett zu sein, zumal wenn man dann erwarten darf, dass sich auch andere hilfsbereit verhalten.

---

[42] Siehe Milgram (1967) und Dubben und Beck-Borbholdt (2005: Kapitel 15).

Es gibt also eine Reihe handfester Gründe für den grundsätzlich vertrauensvollen und offenen Umgang im Internet. Dieses Vertrauen ist, wie andernorts auch, nicht unbedingt, sondern abhängig vom (Verhalten des) Gegenüber sowie der allgemeinen Situation, in der wir uns befinden.[43] Zuweilen wurden die elektronischen Umgangsformen sogar schon in rechtliche Normen gegossen und es gelingt zunehmend besser, jenen im internationalen Rahmen Geltung zu verschaffen.

Gleichwohl, trotz aller genannten Gründe, ist es verblüffend, dass der zumeist nützliche Datenfluss *derart* reibungslos funktioniert. Fast jeder, der eine Dienstleistung erbringt, verfolgt damit einen Zweck, warum sollten wir – zumeist ohne direkte Gegenleistung – anderen unaufgefordert mit bemerkenswertem Wissen und Informationen aushelfen? Wir haben darüber hinaus gute Gründe genannt, weshalb Bürger mit ihren Daten nicht allzu freizügig sein sollten. Behörden wie Regierungen, Organisationen und Firmen neigen ohnehin zum Verschluss von Informationen, bis hin zur Geheimniskrämerei. Das heißt, für die meisten Netznutzer gibt es zahlreiche, gute Gründe, nicht offen zu kommunizieren. Alles könnte auch ganz anders sein. Nach außen hin abgeschottete, streng reglementierte Datendrehscheiben könnten viele Gefahren bannen. Statt eines riesigen, freien und sozialen elektronischen Raumes gäbe es dann zahlreiche, gut gesicherte, kleinräumige Datenkammern mit streng voneinander getrennten Nutzergemeinden.

Der tieferliegende Grund für den offenen Charakter des Netzes ist meines Erachtens ein kultureller. Es ist kein Zufall, dass das Netz seinen Ursprung im Westen hatte und es bislang ein Spiegelbild freiheitlich-aufgeklärter Organisationsformen ist. Seine Architektur, die vorherrschenden Verhaltensweisen, die rechtlichen Normen, sie alle richten sich nach dem, was in modernen Demokratien Usus ist. Es ist schwer vorstellbar, dass eine geschlossene Gesellschaft ein ähnliches Instrument schaffen würde.

Alles andere als undenkbar ist hingegen, dass die Freiheit im Netz eines Tages zu Ende gehen könnte. So wenig wie es in der realen Welt ein durchsetzbares Grundrecht auf eine liberale Verfassung gibt, so wenig ist garantiert, dass das Internet auf Dauer ein Medium bleibt, in dem sich alle so unbefangen bewegen (können) wie in Amsterdam, Sydney oder Toronto. Wie in jeder Demokratie liegt die Verantwortung bei uns allen, und es ist der Schlaf unserer Vernunft bzw., womöglich noch häufiger, unserer Bequemlichkeit, der mit den Datenmengen und deren Verfügbarkeit auch die großen Brüder wachsen lässt.[44]

---

[43] Sehr lesenswert ist www.umsetzungsberatung.de/psychologie/vertrauen.php über den „steinigen Weg zu einer Vertrauenskultur."
[44] Dazu mehr im vierten Kapitel. Zur aktuellen Entwicklung siehe insbesondere „Die Großmächte kämpfen ums Internet" und „Wenn alle Daten fließen", www.faz.net vom 30.08.2012 bzw. 04.11.2012. Am 03.12.2012 sprach schließlich Spiegel Online von einem „Kalten Krieg ums Internet".

Wissenschaft: Aus Daten lernen

3

In diesem Kapitel gehen wir weit über die grundlegende Erhebung, Verwaltung und Interpretation von Daten hinaus. Daten dienen ab nun als Fundament bzw. Kernelement weit reichender, zuweilen recht ambitionierter Organisationen und Systeme. Die zentrale Frage wird dabei wieder sein, wie man an valide Daten herankommt und diese dann effizient einsetzt. In der Wissenschaft,[1] um gut fundierte Theorien zu entwerfen; in der Praxis, um Organisationen effizient zu steuern. Wir beginnen mit dem zweiten Aspekt und dem Bildungswesen, einem System, das jeder aus seiner eigenen Anschauung kennt.

3.1 Höhere Bildung

Da dies nicht zuletzt ein populärwissenschaftliches Buch ist, habe ich mir in diesem sowie ein Stück weit auch in den Abschn. 3.5 und 4.8 die Freiheit genommen, weniger distanziert zu schreiben. Es handelt sich also ganz bewusst nicht nur um kühle professionelle Analysen, vielmehr sind klare persönliche Wertungen eingebaut.

Auf den folgenden Seiten plädiere ich für ein transparentes Bildungssystem, das seinen Fokus auf den ungestörten Erwerb entscheidender Kompetenzen legt. Altmodisch gesagt: In der Schule müssen wir das Meiste von dem lernen, was wir später benötigen, insbesondere soziales Verhalten, sprachlichen Ausdruck, folgerichtiges Denken und allgemeine Bildung. Es ist ein solides Fundament zu legen, auf dem sich später aufbauen lässt.

---

[1] Im gesamten Kapitel fokussieren wir aus den in der Einleitung (S. XVf.) genannten Gründen auf die Wirtschafts- und Sozialwissenschaften.

U. Saint-Mont, *Die Macht der Daten*, DOI: 10.1007/978-3-642-35117-4_3,
© Springer-Verlag Berlin Heidelberg 2013

Reformen über Reformen...

Seit Wilhelm von Humboldt (1767–1835) bilden Forschung und Lehre eine Einheit. Viele Wissenschaftler an Max-Planck-Instituten geben Kurse an Universitäten, und selbst an den eher stiefmütterlich ausgestatteten Fachhochschulen mit ihrem verschulten Studium und einer (zu) hohen Lehrbelastung blüht trotz aller Widrigkeiten das Pflänzchen der Forschung.

Doch wie wohl kaum jemandem entgangen sein dürfte, befindet sich dieses System im Umbruch. Seit mindestens vier Jahrzehnten jagt in West- und schließlich auch in Gesamtdeutschland eine Reform die nächste. Permanent wird verbessert, korrigiert und nachjustiert, so dass sich manch einer im Publikum fragt, was bei alledem herauskommen soll. Zumindest als Mathematiker erwartet man nach so viel methodischem Einsatz, dass eine annähernd optimale Lösung gefunden worden ist. Es müsste den Profis im Bildungsbereich, den Nachfolgern von Humboldt, Goethe und Schiller, also den führenden Köpfen der Nation der Dichter und Denker, doch gelungen sein, ein nahezu perfektes System zu schaffen!

Beginnen wir bei den Universitäten. Ausgehend von der richtigen Beobachtung, dass die Studienzeiten dort viel zu lange und die Praxisorientierung mancher Fächer viel zu gering waren, machte sich die Politik an deren Reform. Nachdem sich die akademische Selbstverwaltung als unfähig erwiesen hatte, die innere Blockade zu beseitigen, beschloss die Politik den Universitäten mehr gesellschaftlichen Einfluss zu verordnen: Seit „Bologna"[2] wählen in vielen Bundesländern externe Hochschulräte die Hochschulleitungen, die auch mit wesentlich mehr direktiver Macht ausgestattet sind als zuvor. War der Rektor einer Universität früher *primus inter pares*, regiert mancher Präsident heute eher als Gutsherr, u. a. mithilfe „verschlankter" Entscheidungsprozesse und „leistungsabhängiger" Zulagen (siehe S. 55).

Wohin man schaut: Daten, Papiere, Konzepte

Weit gravierender als dieser Eingriff in die Freiheit von Lehre und Forschung wirkte sich jedoch der zweite Teil der Bologna-Reform aus: Die durchgängige Erfassung und Bewertung der Lehre. Früher – man ist versucht zu sagen „in der guten alten Zeit" – erstellte eine Hochschule eine Studien- und Prüfungsordnung und stimmte diese mit dem zuständigen Ministerium ab. Heute sind alle Lehrinhalte in einzelne Module zu gliedern, die „outputorientiert" beschreiben, was der Studierende nach der erfolgreichen Absolvierung des Moduls gelernt haben sollte und wie sich das einzelne Modul in den gesamten Plan eingliedert. Es reicht also nicht mehr, zu sagen, dass natürlich jeder angehende Mediziner Anatomie, Physiologie und Pathologie belegen muss, es ist darzulegen, was er mit diesem Wissen später anfängt (so offensichtlich dies auch immer sein mag). Prägnant

---

[2] Siehe de.wikipedia.org/wiki/Bologna-Prozess.

gesagt: Inhalte sind sekundär, der spätere Verwendungszweck derselben ist hingegen primär. Das passt gut zur verbreiteten Grundhaltung, dass konkrete Lerninhalte schnell veralten und dass es viel mehr darauf ankomme, sich bei Bedarf Inhalte schnell erschließen zu können. Das Stichworte heißen „Lernen zu Lernen" bzw. „Methoden- statt Faktenwissen".

Die Lernform muss ebenfalls begründet werden: Warum eine Vorlesung plus Übung und nicht ein Seminar, warum eine Präsenz- und keine E-Learning-Veranstaltung? Schließlich ist zu berechnen, wie viel Zeit der durchschnittliche Student mit einer Lerneinheit zubringt. Pro Semester werden 900 Stunden angesetzt, was 30 „Credit Points" (CP) entspricht. Diese sind dann begründet auf die einzelnen Veranstaltungen umzulegen: Eine zweistündige Vorlesung mit Klausur (2 CP), ein Seminar mit gleicher Präsenzzeit, aber größerem Eigenarbeitsanteil (4 CP), ein Projekt, das vorwiegend außerhalb absolviert wird (6 CP). Damit nicht genug: Damit keine erbrachte Leistung übersehen wird, wird auch nahezu jede akademische Beschäftigung benotet.

All diese Unterlagen zum Studiengang, den Modulen, den Lehrenden, Studierenden und Absolventen sind zusammenzutragen und dann – natürlich in mehrfacher Ausfertigung und auf Papier ausgedruckt – zunächst einer Akkreditierungsagentur vorzulegen. Letztere Agenturen sind seit Bologna zumindest in Deutschland mit der Qualitätssicherung der Studiengänge betraut. Sie stellen einschlägige Kommissionen zusammen, die vor Ort jeden einzelnen Studiengang begutachten und dann einen Bericht mit Empfehlungen oder Auflagen verfassen. Schließlich – wie sollte es anders sein – geht das Ganze ans Ministerium zur endgültigen Entscheidung.

Ist die Akkreditierung geschafft, sollten die Informationen noch ins Englische übersetzt und im Internet publiziert werden. Spätestens zur Reakkreditierung einige Jahre später steht dann deren Überarbeitung an, wobei – natürlich – dann auch aussagekräftige Daten über die Entwicklung des Studiengangs (Anzahl Studierende und Absolventen, Studiendauer, Berufschancen usw.) vorzulegen sind. Nahezu überflüssig zu erwähnen, dass die Hochschulen für diesen von der Politik auferlegten aufwändigen Prozess in aller Regel keine zusätzlichen Mittel erhalten oder die Dozenten von anderen Aufgaben entlastet würden.

Sieht man von den mittlerweile üblichen, aber nicht ernst genommenen Protesten jener ab, die die eigentliche Arbeit machen müssen, steht auf dem Papier ein perfektes System. Angefangen beim Gesamtziel eines Studiengangs werden "top down" Meilensteine definiert und diese dann mit Inhalten gefüllt. Wie beim Bergsteigen erreicht man sein Ziel, einen Gipfel, indem man sich ihm in einzelnen, wohldosierten Etappen annähert. Dabei begnügt sich die Bildungsplanung nicht mit detaillierten verbalen Beschreibungen, weit darüber hinausgehend wird wo immer möglich quantifiziert und gemessen.

Die Vermessung der Lehre

Wie so oft ist auch hier Halbwissen gefährlicher als Nichtwissen. Denn Messung ist nicht gleich Messung und Daten sind nicht gleich Daten. Betrachten wir zum Beispiel die "Credit Points", also die Arbeitsbelastung des durchschnittlichen Studierenden. Wie will man jene valide erfassen? Durch Befragung? Was, wenn viele – was ein typisches Ergebnis ist – antworten, dass sie viel zu viel zu tun haben, vielleicht sogar völlig überlastet sind? Durch Beobachtung? Dies hieße eine große Anzahl von Studierenden jedes(!) Studiengangs Schritt für Schritt über einen längeren Zeitraum hinweg zu verfolgen. Durch Berechnung aufgrund des Lehrmaterials? Das bedeutet, für jede Lehreinheit einzuschätzen, wie lange der durchschnittliche Student braucht, bis er sie verstanden hat. Ist dazu der Dozent, der den Stoff hervorragend kennt und schon oftmals unterrichtet hat, überhaupt in der Lage?

Wie man es auch dreht und wendet: Credit Points sind eine weiche Währung. Mit ihr lässt sich nur sehr ungenau bemessen, wie sehr Studierende belastet sind. Gleichwohl sind pro Semester an den meisten Hochschulen *genau* 30 CP vorgesehen,[3] was ein typisches Beispiel für Pseudoexaktheit ist, d. h. die Zahlen gaukeln eine Genauigkeit vor, die de facto gar nicht vorhanden ist. Zudem steckt dahinter die Vorstellung, man könne die intensive Beschäftigung mit einem Fach, die zu dessen profundem Verständnis führen soll, auf eine gewisse Anzahl von Arbeitsstunden reduzieren. In der *Lernfabrik* Hochschule – ein zur Zeit beliebtes, bezeichnendes Wort – wird gewissermaßen der Rohstoff Abiturient zum Produkt Akademiker verarbeitet, wozu ein gewisser Aufwand erforderlich ist. Durch systematische, engmaschige Evaluationen wird die Qualität des Prozesses gesichert, so dass am Ende über ganz Europa vergleichbare Abschlüsse und Absolventen entstehen. Steckt man die jeweils Besten dann noch in diverse Graduierten-*Schulen*, so steht der „Exzellenz" Europas wohl nichts mehr im Wege.

Interessanterweise wird die Lehr-Verpflichtung von Dozenten nicht mit "Teaching Points" berechnet (obgleich dies konsequenterweise auch schon vorgeschlagen wurde), sondern in einer weit härteren Münze beglichen. Blickt man in die entsprechenden „Lehr-verpflichtungsverordnungen" so steht darin, wie viele Lehrveranstaltungsstunden (LVS) ein Dozent je Semester zu erbringen hat: Hochschulprofessoren 8–9 h, Fachhochschulprofessoren 18–19 h, häufig promovierte „Lehrkräfte für besondere Aufgaben" – trotz höherer Qualifikation schlechter bezahlt als Studienräte – bis zu 24 h(!), usw. Als „vollwertige" Lehrveranstaltungen gelten dabei Vorlesungen, Übungen und Seminare. Vermeintlich weniger belastende Unterrichtseinheiten, wie z. B. Exkursionen, werden deutlich geringer gewichtet.

Es ist also keine Rede von durchschnittlicher Arbeitsbelastung, ermittelten Zeiten für Vorbereitung und Nachbereitung, gemessenen Aufwänden für die Korrektur von Klausuren; tatsächlichen Aufwänden für die akademische Selbstverwaltung, flexiblen Anrechnungsmöglichkeiten kreativer Lehre oder gar Outputorientierung. Anstatt mit realitätsnahen Messverfahren der tatsächlichen Belastung nachzuspüren oder sie gar mit aufwändigen Modellen zu approximieren, hat jeder Dozent schlicht und ergreifend *x* Stunden Dienst zu leisten. Der Neuling, der gewiss einen höheren Aufwand hat, seine Veranstaltungen zu organisieren, wird dabei genauso behandelt wie ein „alter Hase". Genauso wenig wird zwischen Fachgebieten oder der Vorbildung der Studierenden differenziert. Zwar lässt sich durchaus darüber streiten, ob eine solche, enge Definition von Lehre in Zeiten von

---

[3] Diese Regelung wurde in letzter Zeit etwas gelockert.

E-Learning und Projektarbeit noch zeitgemäß ist, doch lassen die Verordnungen andererseits keinen Zweifel daran, was von einem Dozenten je Semester erwartet wird und wann dessen Verpflichtung erfüllt ist.

Natürlich passen die beiden Konzepte nicht zusammen. Das eine ist modern, das andere traditionell. Das neue funktioniert bislang mehr schlecht als recht, während sich das traditionelle in der Praxis bewährt hatte. Das eine ist Output- das andere Input-orientiert. Vermeintlich bietet die Output-Orientierung mehr Freiheiten, denn es wird weit weniger darauf geschaut, wie eine Fähigkeit erworben wird, als dass das Ergebnis eines Lernprozesses zählt. Es ist deshalb kein Zufall, dass mit der (partiellen) Umstellung den Hochschulen auch mehr Autonomie eingeräumt wurde, wenn auch oft mehr auf dem Papier als in der Realität. Doch der Grundgedanke ist stimmig: Hochschulen vor Ort wissen am besten, wie sie die ihnen zugewiesenen Mittel verwenden sollten, um ihre Ziele bestmöglich zu erreichen. Hierzu passt auch, dass immer mehr Ressourcen über Wettbewerbe vergeben werden. Anstatt also wie früher jeder Einrichtung ein solides Grundbudget zu gewähren, ist die Grundfinanzierung nun eher schmal bemessen, so dass die Hochschulen um eine bessere Ausstattung mit anderen konkurrieren müssen. Auch ein solcher Wettbewerb, soweit die Theorie, sollte der Qualität zugutekommen.

Trotz überreichlicher Information voll daneben

Was ist die praktische Konsequenz? Durch die geforderten, detaillierten Dokumentations- und Rechenschaftspflichten ist das Netz der Kontrolle und Gängelung weit engmaschiger als zuvor. Modulbeschreibungen sind so umständlich wie unflexibel, immerhin sind sie nur geduldiges Papier. Doch sie sind leider kein Einzelfall. Ständig ist über irgendetwas zu berichten, sind Daten zu aktualisieren oder befristet gewährte Zulagen erneut zu beantragen. Auch die Wettbewerbe sind ein zweischneidiges Schwert. Anstatt mit einer befriedigenden Ausstattung in Ruhe seiner Arbeit, also neudeutsch seinem *Kerngeschäft*, nachgehen zu können, ist der Wissenschaftler nun gezwungen, permanent nach Mitteln Ausschau zu halten. Jeder Antrag will durchdacht sein, gut formuliert werden und ist natürlich mit einem erheblichen Verwaltungsaufwand verbunden.

Selbstverständlich gab es in der „guten alten Zeit", die man wahrlich nicht verklären sollte, manche „Kollegen", die sich auf ihrer üppigen Grundausstattung bequem zur Ruhe setzten und denen die Meinung der Studierenden – falls ohne Evaluation überhaupt bekannt – völlig egal war. Solche Zustände waren ein überzeugender Grund, Studierende regelmäßig nach ihrer Meinung zu fragen und lieferten ein einigermaßen schlüssiges Argument, leistungsabhängige Besoldungsanteile einzuführen. Problematisch ist aber, dass die Aufwände und Kosten all der gut gemeinten, neu installierten Prozesse derart immens sind, dass sie echte, ergebnisoffene Forschung eher behindern als befördern. Anders gesagt: Ein System, das die im Grundgesetz verankerte Freiheit von Lehre und Forschung unter einer Fülle von Papier und Daten, insbesondere Anträgen und Rechenschaftspflichten aller Art, erstickt, geht völlig fehl.

Bei jedem, der permanent evaluiert bzw. geprüft wird, stellt sich zudem schnell eine „Planerfüllungsmentalität" ein. Es kommt dann mehr darauf an, in den offiziellen Leistungskennziffern gut dazustehen, als tatsächlich seine Arbeit gut zu machen. Wie in den alten, aus gutem Grund untergegangenen zentral gesteuerten Wirtschaften wird Planerfüllung so zum obersten Gebot. Leitlinien und Bürokratie diktieren das Geschehen, während der eigentliche Zweck der Arbeit – samt deren Qualität – schnell auf der Strecke bleibt. Oft ist klar, dass ein Schreiben, eine Maßnahme, ein Verwaltungsakt unnötig ist, doch weil's verlangt wird, macht man's halt (und die Zeitdiebe haben wieder einmal Erfolg gehabt). Anstatt sich auf kreative Forschung zu konzentrieren, ist viel mehr Kreativität dafür aufzubringen, sich mit dem System zu arrangieren.

Noch perfider als die Fehlleitung knapper Ressourcen im größeren Stil ist jedoch der ins System eingebaute Realitätsverlust. Denn während das Fußvolk klagt, blicken die steuernden Instanzen auf ihre vermeintlich objektiven Indizes und Statistiken, die ganz klar zu belegen scheinen, dass alles in bester Ordnung ist. Wie kann es sein, dass die umfangreichen, mit viel Aufwand erhobenen Leistungskennziffern doch nicht die Realität valide abbilden? Der Hauptgrund ist, dass die Daten nicht zuletzt die von den Aufsehern gewünschte Reaktion erfassen.

Auf diesen Effekt sind wir schon mehrfach gestoßen (siehe insbesondere S. 55 und S. 82). Werden wohl Hochschulen und Schulen ehrlich alle Fehlstunden an das zuständige Amt melden? Falls ohnehin nicht mit mehr Lehrkräften zu rechnen ist, die den Bedarf decken könnten, führt eine realistische Zahl viel wahrscheinlicher zu der unangenehmen Nachfrage, warum denn so viele Stunden ausgefallen sind oder einfach, weil „die Statistik nicht stimmt". Folglich fahren die Verantwortlichen vor Ort besser, wenn sie Lücken, so gut es eben geht, kaschieren.

Viele Lehrer setzen lieber die „Vierer-Brille" auf, anstatt nicht ausreichende Leistungen mit den entsprechenden Noten zu bewerten. Denn ist die Versetzung vieler Schüler gefährdet (was natürlich von niemandem gewünscht wird), so ist dies nicht nur vielseitig zu begründen, zugleich setzt sich der Unterrichtende auch dem Verdacht aus, er habe etwas falsch gemacht. Oder nehmen wir die PISA-Tests. Bei diesen ist kaum auswendig Gelerntes wiederzugeben, sondern vor allem Wissen in der Praxis anzuwenden. Die gestellten Aufgaben sind zumeist fachlich gut und anspruchsvoll, so dass sie zunächst auch klar Defizite aufzeigten. Allerorten war vom „PISA-Schock" die Rede. Wiederholt man jedoch die Tests in kurzen Abständen und wissen Lehrer wie Schulleitungen, dass es auf diese Ergebnisse ganz besonders ankommt, so werden sich alle an die Prüfung adaptieren. Das heißt, es dürfte nicht unüblich sein, Schüler auf PISA, Iglu, Timss usw. vorzubereiten, während andere Inhalte vernachlässigt werden – die Anzahl der Unterrichtsstunden insgesamt bleibt ja gleich.

So meint der Bildungsplaner allzu leicht, alles sei auf dem richtigen Weg. Man lese nur „PISA 2009: Deutschland holt auf"[4] oder „Der Bologna-Prozess: eine europäische

---

[4] www.bmbf.de/de/899.php vom 02.12.2011.

Erfolgsgeschichte".[5] Tatsächlich macht man jedoch vor Ort nur das Beste aus den zusätzlichen Anforderungen. Wohin diese Entwicklung führt, ist leicht zu verstehen und leider auch in der Praxis zu beobachten. In aller Regel stehen auf der einen Seite Aufsichtsbehörden und Bildungsforscher, die in trauter Eintracht am optimierten Bildungssystem basteln, während sich auf der anderen Seite erfahrene Praktiker sammeln, die angesichts der zunehmenden Weltfremdheit die Hände über dem Kopf zusammenschlagen. In die Defensive gedrängt, formulieren jene Vorbehalt um Vorbehalt, was ihre Position jedoch nur selten verbessert.

Während so zum einen „von oben" ständig innovative, anspruchsvolle Ideen in die Fläche verteilt werden, etwa schon im Kindergarten kleine Einsteins gesucht werden, verfallen andererseits elementare Fähigkeiten, insbesondere der souveräne Umgang mit Sprache, Schrift und den Grundrechenarten. Während die „Generäle" des Bildungswesens am grünen Tisch immer neue Feldzüge des Wünschenswerten konzipieren, verzweifeln die einfachen Soldaten an den ihnen zugewiesenen, immer anspruchsvolleren Aufgaben, gepaart mit mangelnden Ressourcen. Ein typisches Beispiel[6]:

> Neue Anforderungen, hohes Alter: Immer mehr Thüringer Lehrer fühlen sich überfordert – und werden krank. Laut Zahlen des Bildungsministeriums wurden im vergangenen Schuljahr 2,5 Prozent der Stunden ersatzlos wegen Krankheit gestrichen.
>
> Seit diesem Sommer gilt eine neue Schulordnung in Thüringen. So gibt es unter anderem weniger Noten, dafür aber mehr mündliche oder schriftliche Einschätzungen. Viele Lehrer hören aber daraus offenkundig insbesondere eine Botschaft heraus: mehr Arbeit. Oder präziser: mehr Überforderung.

Thüringen ist natürlich kein Einzelfall. Ganz im Gegenteil: Da dieses Land in überregionalen Vergleichen respektabel abschneidet, ist davon auszugehen, dass die Situation in anderen Regionen tendenziell selten besser und häufig schlechter ist.

Ost oder West

Wer, wie der Autor, das Privileg hat, als „Westmensch" im ehemaligen Osten zu arbeiten und zu leben (keine Ironie!), lernt schnell, dass der Blick der „Ostmenschen" auf ihre eigene Vergangenheit ein differenzierter ist. Fast niemand trauert dem untergegangenen totalitären Staat nach, fast allen sind Freiheit und Demokratie lieber als die Diktatur des Proletariats, und niemand wünscht sich die überall schnüffelnde Stasi samt einer allwissenden, unfehlbaren Partei zurück.

Andererseits ist man stolz auf Teilbereiche, die trotz allem in der untergegangenen Welt gut funktionierten. Natürlich war der DDR-Sport auch wegen unerlaubter Hilfsmittel so unglaublich erfolgreich, doch baute der Leistungssport auf einem durchdachten System auf.

---

[5] www.bmbf.de/de/3336.php vom 08.08.2012.
[6] Thüringer Allgemeine vom 29.09.2011, S. 1 und S. 5.

Sport wurde vom Kindergarten an unterstützt, aussichtsreicher Nachwuchs früh gesichtet und dann auch konsequent gefördert. Natürlich konnte auch die DDR Olympiasieger nicht züchten, doch sie ging sehr planvoll an die Aufgabe, aus kleinen großen Talenten aussichtsreiche Nachwuchssportler und dann favorisierte Olympia-Teilnehmer zu machen.

Mit dem Erziehungs- und Bildungssystem ist es nicht anders. Wenn es einen Bereich gibt, der von den Älteren – Lehrern, Eltern und ehemaligen Schülern – vehement verteidigt wird, so ist es das ehemalige Bildungssystem. (Während zugleich die letzte DDR-Bildungsministerin, Frau des langjährigen Parteichefs der 1970er und 1980er-Jahre, genauso einhellig verurteilt wird.) Die erwachsene Bevölkerung der DDR war werktätig, ergo musste ein Kind ab der Krippe ganztags betreut werden. Dies war natürlich nicht zuletzt ideologisch motiviert, doch die bemerkenswerte und wünschenswerte Konsequenz war, dass viele Frauen recht früh zahlreiche Kinder bekamen, um die sich gekümmert wurde.

Auf die gut organisierte Kinderbetreuung folgte ein einfaches Schulsystem, ab 1965 gegliedert in Unter-, Mittel- und Oberstufe. Nach $3 + 3 + 4$ Jahren und einschlägigen Prüfungen bekam der Schüler (s)eine „mittlere Reife" bescheinigt. Obwohl alle Schüler volle acht Jahre – ab Anfang der 1980er-Jahre sogar 10 Jahre – gemeinsam unterrichtet wurden, erreichten Abiturienten nach insgesamt 12 Jahren mit der „Hochschulreife" ein bemerkenswertes Niveau. Warum? Zum einen legten nur 7–10 % aller Schüler das Abitur ab, wobei die vorangegangenen schulischen Leistungen (zumeist) ausschlaggebend dafür waren, ob jemand zur „erweiterten Oberschule", die zum Abitur führte, zugelassen wurde. Zum zweiten gab es für Hochbegabte eine Reihe von Spezialschulen, auf denen das Leistungsniveau noch einmal höher war. Wie im sportlichen Bereich wurde also darauf geachtet, Talente konsequent zu fördern. (Dieses System hat sich übrigens, verbunden mit regelmäßigen Wettbewerben, bis heute gehalten. Der Osten Deutschlands schneidet in den einschlägigen „Olympiaden" wie eh und je überproportional gut ab.)

Schließlich gab es aber auch klare Vorstellungen davon, wie der Unterricht auszusehen hatte. Natürlich wurde in einem diktatorischen Regime über die „Sekundärtugend" Disziplin genauso wenig diskutiert wie das unerlaubte Fernbleiben vom Unterricht toleriert worden wäre. Blickt man auf den Stundenplan, so erkennt man, dass die Basisfertigkeiten im Mittelpunkt standen: Gutes Deutsch, Allgemeinbildung, viel Mathematik, Naturwissenschaften und Technik. Vernachlässigt wurden die Fremdsprachen, insbesondere aus naheliegenden Gründen Englisch. Lediglich Russisch war ab der 5. Klasse erste Fremdsprache.

Kurz und gut: Wer nach 10 oder 12 Jahren die Schule verließ, war zuvor gründlich ausgebildet worden. Er hatte ein solides Fundament für alles Spätere gelegt. Genau dies belegt auch das „natürliche Experiment" des Abiturjahrgangs 1989/90. Obwohl nicht auf die freiheitlich-westlichen Verhältnisse geschult und damit eigentlich systematisch im Nachteil, setzten sich nach der Wende die Ostdeutschen im beruflichen Wettbewerb in den meisten Disziplinen durch.[7]

---

[7] Siehe www.bmbf.de/press/3353.php.

Organisierter Erfolg

Es liegt mir fern, das vergangene System zu verklären. Kinder, die ohne die Zwänge von Kollektiv, Plan und Programm ihren Neigungen nachgehen, sind mir allemal sympathischer als auf Linie getrimmte, uniform(iert)e Kadetten. Jeder die persönliche Freiheit liebende Mensch schätzt wohl Maria Montessoris (1870–1952) Ansatz, den Heranwachsenden und seine Individualität in den Mittelpunkt zu stellen oder kann Rudolph Steiners (1861–1925) Idee einer ganzheitlichen Persönlichkeitsbildung etwas abgewinnen. Die großen Reformpädagogen haben sich zurecht vehement gegen die überkommene „Pauk- und Drillschule" ausgesprochen. Es wäre also völlig unangemessen, alle Neuerungen – methodischer, aber auch inhaltlicher Art – der letzten Jahrzehnte pauschal zu verwerfen.

Doch sollte man auf einige einfache Tatsachen hinweisen. Weder wurde im Osten permanent reformiert noch stritt man sich über Input- versus Output-Steuerung. Es waren vielmehr schlichte, leicht nachzuvollziehende Grundsätze, die zum Erfolg führten:

(i) Systematische Förderung von Anfang an
(ii) Erst Erziehung, dann Bildung
(iii) Eine gemeinsame Unterrichtssprache
(iv) Regelmäßige Anwesenheit und Aufmerksamkeit
(v) Gründliche, disziplinierte Arbeit und Übung machen den Meister

Man beachte, dass bei alledem die zu erwerbenden Fähigkeiten im Mittelpunkt des Interesses liegen. Ganz anders als man erwarten sollte, geht es um tatsächliche Qualifikationen (Können, Bildung), nicht um die Plan-Erfüllung von Leistungsindizes. Es ist auch keine Rede davon, dass irgendwelche „Quoten" zu erreichen wären. Warum auch? Entscheidend ist, dass jemand das Richtige gelernt hat, sein Metier beherrscht, und nicht, ob er einen Diplom- oder einen „international vergleichbaren" Master-Titel erlangt hat. Ein Unternehmen wird immer den Kompetenten einstellen und der Arbeitsmarkt entwickelt sich dann positiv, wenn engagierte, gut ausgebildete Belegschaften konkurrenzfähige Produkte herstellen – nicht aber, wenn „das Ziel [ist], möglichst viele Schüler das Abitur bestehen zu lassen"[8] oder die vielbeschworene OECD-Akademikerquote bei 40 % eines Jahrgangs liegt. (Die Logik hierbei scheint zu sein: Akademiker haben eine geringere Arbeitslosenquote als weniger Qualifizierte. Bilden wir mehr Akademiker aus, so sollte dies die Arbeitslosenquote senken.)

Noch andere, einfache Wahrheiten stecken in einem solchen System: Regelmäßige Lernerfolgskontrollen sind angezeigt. Nicht, um die Kinder zu gängeln, nicht, um sie zu entmutigen, sondern schlicht und ergreifend deshalb, um zu überprüfen, ob der Stoff auch bei ihnen angekommen ist. Es geht also weit weniger um den Vergleich der Kinder, als um die Evaluation des Unterrichts. Wissen die Kinder genug, um mit dem nächsten Kapitel

---

[8] Siehe den gleichnamigen Artikel auf faz.net vom 09.10.2012.

fortfahren zu können? Die einfachste Art, dies zu quantifizieren, sind natürlich immer schon differenzierte Noten (1, 1-, 1-2,. . .) und deren verbale Umschreibungen gewesen.[9]

Was ist an einer solchen Methode falsch? Anstatt sich hinter vagen verbalen Formulierungen zu verstecken, die leicht täuschen können (zumal wenn sie allesamt positiv sein müssen), gibt eine Note – ja, eine schlichte Zahl – ein klares Signal: Bei einer 1 bzw. 2 hast Du genug gelernt, während Du bei einer 3 oder 4 mehr tun muss. Voilà, genau da sind die validen Daten, die wir im aktuellen System so sehr vermissen und die aufwendig über Sonderprüfungen erhoben werden. Auch wenn viele es nicht gerne hören mögen: Eine fein abgestufte Notenskala ist mindestens genauso aussagekräftig wie umständliche verbale Formulierungen, zugleich senkt sie die Arbeitsbelastung der Lehrer erheblich. Man muss auch nicht ständig evaluieren, vielmehr genügt *eine* zentral organisierte Abschlussprüfung. Wenn alle Lernenden am Ende ihrer Ausbildungszeit dieselbe, sorgfältig durchdachte Prüfung (z. B. ein Zentralabitur) durchlaufen, die sich noch dazu immer auf demselben Niveau befindet, zeigt sich schnell und deutlich, wo die Absolventen und die Einrichtungen, die sie besucht haben, stehen.

Sollen Kinder sitzen bleiben? Welche Frage! Was sagen denn die Noten in einem solchen Fall aus? In zu vielen Fächern war die Leistung mangelhaft oder sogar ungenügend. Das heißt, das erworbene Wissen reicht nicht aus, um der Klasse zu folgen bzw., was wichtiger ist, auf diesem Fundament den Lernstoff der nächsten Klasse mit Aussicht auf Erfolg anzugehen. Was geschieht also, wenn man Kinder – aus anderen Gründen – gleichwohl versetzt? Sie werden wohl in aller Regel noch weiter zurückfallen, schlimmstenfalls verlangsamen sie auch den sonst bei den anderen möglichen Lernfortschritt. Wie man es auch dreht und wendet: Wo zu wenig ist, muss erst mehr werden, auf dass es dann weiter gehen kann. Womöglich hilft die gezielte Förderung lernschwacher Kinder, vielleicht ist ein Jahr zu wiederholen oder es sollte die Schule gewechselt werden.

Dies alles sind einfache Wahrheiten und so reibt man sich verblüfft die Augen, wenn Jahrgangsstufen in Kindergarten und Grundschule zusammengelegt werden oder Förderschulen geschlossen werden um auch lernbehinderte Kinder zu „inkludieren". Der Entwicklungsstand von Erst- und Zweitklässlern ist nicht nur intellektuell so unterschiedlich, dass das Chaos vorprogrammiert ist, erst recht, wenn auch noch Kinder hinzukommen, die aus gutem Grund bislang langsamer lernen durften. Schafft man gleichzeitig das Sitzenbleiben ab, hat man zwar – wieder einmal? – auf dem Papier alle Probleme gelöst, doch tatsächlich erweist man damit Schülern wie Lehrern einen Bärendienst: Die einen Schüler langweilen sich, während die anderen sich völlig überfordert von Jahr zu Jahr schleppen, was zwar nicht den Leistungs- wohl aber den Lärmpegel in den Klassen ansteigen lässt. Der Lehrer mutiert zum „Dompteur", der, wenig verwunderlich, nach kurzer Zeit ausgebrannt ist und resigniert.

---

[9] Es ist durchaus bezeichnend, dass man auch bei der sogenannten Verkehrssünderdatei in Flensburg von einem wenig transparenten, komplizierten System zu einer einfachen Punkteskala übergehen will. Siehe „Eckpunkte für neues Flensburger Punktesystem vorgelegt" www.tagesschau.de vom 28.02.2012.

Die davon losgelöste Theorie konstatiert, dass Unterrichtende und Schüler partnerschaftlich mit- und voneinander lernen mögen. Eine Illusion, die verklärt, dass es an jeder Bildungseinrichtung ein klares Wissensgefälle gibt und Lehrer bzw. Dozenten primär dafür bezahlt werden, dass sie den ihnen Anvertrauten etwas beibringen. Lernen im Team ist schön und gut, doch muss letztlich der Einzelne etwas begriffen haben. Dessen geschulte Fähigkeiten und sein ausgebildeter Charakter bestimmen später maßgeblich über sein Schicksal.

Deshalb gilt auch: Erst die Pflicht, dann die Kür. Erst das gründliche Einüben der grundlegenden Fertigkeiten, dann die anspruchsvolleren Aufgaben. Ohne das Training der Abstraktionsfähigkeit bleibt wissenschaftliches Denken oberflächlich, ohne die Beherrschung der Unterrichtssprache kann auch das intelligenteste Kind nichts aufnehmen, und ohne ein gewisses Maß an Arbeit, Disziplin und geistiger Anwesenheit wird jeder dauerhafte Lernerfolg vollkommen illusorisch. Selbstverständlich ist es wünschenswert, wenn sich Schüler von einfachen Aufgaben lösen und auch anspruchsvollere Probleme bewältigen können. Folgerichtig wird kaum noch auswendig gelernt, und das kleine Einmaleins oder Diktate dienen nur noch als Sprungbrett zum Komplexeren. Doch vergisst man dabei leicht, dass das Elementare, etwa eine schnelle, korrekte Rechtschreibung und die Beherrschung der Grammatik, die solide Basis für „Höheres", z. B. die sichere Interpretation eines Textes oder die Erstellung eines prägnanten Protokolls, ist.

Gerade die grundlegenden Fähigkeiten werden später vorausgesetzt. Fehlen sie, so ist die Irritation groß. Gute Manieren, die Respekt vor dem Anderen bekunden, sind nicht nur im Berufsleben wichtig. Ältere Gasthörer sind regelmäßig entsetzt, wenn sie einen aktuellen Hörsaal betreten. Wenn eine tradierte Lehrform, wie die Vorlesung, plötzlich immer schlechter funktioniert, liegt das eher am enthemmten Publikum, als am Konzept, dass einer erklärt und alle anderen aufmerksam zuhören.

Noten sind die besten Daten

Auch anderes ist offenkundig. Selbstverständlich können nur hinreichend qualifizierte und genügend zahlreiche Lehrkräfte die erforderlichen Fertigkeiten vermitteln. Nicht die Note in irgendeinem Test, sondern das tatsächlich erworbene Wissen, Können oder Verständnis sind entscheidend. Wissenschaftlich unbestritten gibt es für den Spracherwerb eine sensible Phase, die sehr früh beginnt. Ergo sollte schon im Kindergarten mit der Sprachförderung und der Fremdsprachenausbildung begonnen werden. Auch anderes lernt „Hänschen" viel leichter als „Hans", nicht zuletzt lesen, schreiben und rechnen. Der Spruch „nicht für die Schule, sondern für das Leben lernen wir" ist uralt, deshalb aber nicht altbacken, sondern richtig.

Natürlich müssen wir uns permanent auf eine sich ständig wandelnde Umwelt einstellen, doch folgt daraus nicht, kein solides Fundament zu legen und nur bei Bedarf zu lernen. Dass Wissen schnell veralte und der Erwerb konkreter Kenntnisse deshalb eher nachrangig sei, ist eine (faule) Ausrede, greift doch jeder Berufstätige ständig und maßgeblich auf Fertigkeiten zurück, die er sich in vielen Jahren angeeignet hat. Deshalb kommt auch beim aktuellen Motto des „lebenslangen Lernens" schnell der Verdacht auf, dass wir neuerdings viel Energie darauf verwenden (müssen), Defizite einer unzureichenden primären Bildung zu beheben.

Es gibt, wenn man nur nach ihnen sucht, viele valide Daten zum aktuellen Zustand des Bildungssystems. Früher war die Schule im Wesentlichen ein Selbstläufer. Nachhilfe war eher die Ausnahme und auch ohne permanenten Elterneinsatz konnte ein Schüler gut vorankommen. Womöglich haben sich seit 30 Jahren die Anforderungen der Elterngeneration nach oben entwickelt,[10] doch sollte es einem schon zu denken geben, dass es in Deutschland Millionen funktionaler Analphabeten gibt, sich Nachhilfe zu einer boomenden Branche entwickelt hat und an allen Ecken und Enden die Unterstützung der Eltern gefordert wird. Trotz alledem zeigen die Eingangstests der Hochschulen, der öffentlichen Verwaltung und der Unternehmen seit Jahren, dass gerade in den Basisfertigkeiten das Niveau sinkt, zuweilen deutlich. (Apropos: Hatte nicht die Wirtschaft vehement nach einer Verkürzung der Ausbildungszeiten, dem jungen Absolventen, gerufen?) Offenkundig erfüllt die Institution Schule ihre Aufgabe immer lückenhafter, was auch die Inflation guter Noten und bestandener Prüfungen belegt – nur oberflächlich betrachtet gaukeln letztere das Gegenteil vor.

Die naheliegende Vermutung ist, dass das Ausbildungssystem mit einer Vielzahl von Aufgaben überlastet wird. Statt ruhig und systematisch ihrer eigentlichen Arbeit nachgehen zu dürfen, müssen heutige Lehrer viel mehr erziehen als zuvor, haben sie ständig mehr und sich ständig wandelnde Vorgaben zu beachten (für Hochschullehrer gilt dasselbe). Sarkastisch gesagt scheinen im öffentlichen Bildungssystem immer mehr Dokumentationspflichten und Erhebungen, die den Ablauf des Unterrichts stören – ja knebeln – die einzige Konstante zu sein. Zuweilen fragt man sich, ob überhaupt noch etwas ohne vorausgehendes Konzept, begleitende Beschreibung und nachfolgende Bewertung gelehrt werden darf.

Derartige Überreglementierung überzeugt nicht, Bürokratie ist kein Ersatz für einen vollwertigen Unterricht. Von Reform zu Reform zu hetzen, mal in die eine, mal in die andere Richtung zu laufen, kostet viel Zeit und Kraft. Und der Spagat, eine immer heterogenere Zuhörerschaft zu immer anspruchsvolleren Zielen zu führen, kann nicht gelingen, wenn zugleich die Arbeit „verdichtet" wird, also Ausbildungszeiten ver- und die Personaldecken gekürzt werden. Dies erkennen die Betroffenen und stimmen mit den Füßen ab, d. h. sie entscheiden sich immer mehr für nicht-staatliche Angebote.[11]

Trotz aller kurzlebigen „neuen" Konzepte und schriftlichen Berichte ist die viel gescholtene, klassische, durchschnittliche Endnote seit Jahr und Tag der beste Prädiktor für den Ausbildungs- und Studienerfolg geblieben. (Wäre insbesondere der „Abischnitt" darüber hinaus noch bundesweit vergleichbar, weil alle Schüler am Ende eine einheitliche Prüfung

---

[10] Siehe z. B. „Kinder unter Leistungsdruck. Das Schlimmste sind die Eltern", www.spiegel.de vom 19.10.2011.
[11] Siehe z. B. „Gefährdet der Boom der Privatschulen die staatlichen Bildungseinrichtungen?", www.berliner-zeitung.de vom 25.01.2011.

durchlaufen, wäre er sogar noch deutlich aussagekräftiger.) Das ist nicht verblüffend, da in eine solche Endnote zum einen viele Einzelleistungen aus allen Fächern eingehen und sie zum anderen auf dem Lehrplan aufbaut.

Genau deshalb blicken auch die meisten meiner Kollegen immer auf dieselben, „harten" Fächer, wenn sie sich für oder gegen einen Bewerber zu entscheiden haben. Eine „Eins" in Ethik oder Politik ist nicht viel Wert, gute Noten in den Sprachen und Naturwissenschaften schon. Ist es wirklich Zufall, dass prekäre Beschäftigungsverhältnisse, insbesondere die nicht enden wollende Kette von Zeitverträgen nach dem Studium, in den MINT-Fächern, wo viele konkrete und zugleich nicht-triviale Kenntnisse vermittelt werden, fast unbekannt sind? Doch auch Journalisten wissen, dass sich von „gutem Deutsch" und Faktenwissen weit besser leben lässt als von schwer greifbaren "soft skills". Man braucht auch nur geringe Kenntnisse, um in den einschlägigen Statistiken zu lesen, welche Fähigkeiten am Arbeitsmarkt gesucht werden, wem die höheren Gehälter gezahlt werden und wer Karriere macht.

Wie lautet unser Fazit? Es ist gar nicht so schwer, Erziehung und Bildung erfolgreich zu organisieren. Statt auf (zu) viele umfangreiche Untersuchungen ohne großen Mehrwert setze man einfach auf ein bewährtes, gutes System und finanziere dieses aus. Überdies sollte man mehr auf die entscheidende Quelle empirischer Erfahrung hören, also Unterrichtende, die jeden Tag ihren Mann bzw. ihre Frau stehen. Wenn diese z. B. einmütig empfehlen, die Grundschulzeit von vier auf sechs Jahre auszudehnen, so ist dies weit ernster zu nehmen als die Vorschläge idealistischer Reformer, textorientierter Hochschulpädagogen oder zahlenfixierter Bürokraten, die nun schon jahrzehntelang die Chance hatten, Schule und Bildung voranzubringen. Um es ganz deutlich zu sagen: Wir kennen das Rezept für ein erfolgreiches Bildungssystem, es war sogar einmal ein Exportschlager, doch leider weichen wir ständig von ihm ab, verzetteln uns im Wünschenswerten oder versteigen uns sogar in Visionen.

3.2 Systeme und ihre Randbedingungen

Widmen wir uns einem weiteren Thema, das alle angeht. Der Wirtschaft, also dem System von Gut und Geld. Dabei denkt der gebildete Akademiker an die Wirtschaftswissenschaften, viele an den Staat (samt dessen Verschuldung), noch mehr an Steuern, Unternehmen, Banken und Versicherungen, und alle an ihr Vermögen, das aktuelle Einkommen und die in Aussicht gestellte Rente. Fangen wir am Ende an:

Wann ist die Rente sicher?

Wir werden alle unausweichlich älter und das mehr als je zuvor. Deshalb ist die Frage mehr als berechtigt, ob das Geld unserer alten Tage sicher ist, wie ein noch heute prominenter

Bundespolitiker vor Jahrzehnten „unverblümt" behauptete. Offenkundig gibt es prinzipiell drei Möglichkeiten, die Rente für nicht mehr Arbeitende zu organisieren:

(i)   Man spart sie im Vorfeld an, legt also etwas fürs Alter zurück
(ii) Die jetzt Arbeitenden transferieren Geld an die aktuellen Rentner
(iii) Zukünftige Generationen begleichen die im Moment kreditfinanzierte Rente

Anders gesagt: Irgendwann ist für die Rente zu bezahlen. Entweder sorgt man (individuell oder auf der gesellschaftlichen Ebene) vor, begleicht die aktuellen Ausgaben aus den aktuellen Einnahmen oder aber verschiebt das Bezahlen in die Zukunft. Es sollte jedem klar sein, dass es am solidesten ist, wenn bereits die Eltern für ihre Kinder oder sogar ihre Enkel vorsorgen. Formal: Generation i (Eltern) zahlt für Generation $i + 1$ (Kinder) bzw. sogar $i + 2$ (Enkel). Solide und zudem sehr gerecht ist, wenn jede Generation für sich selbst sorgt, Zahler und Empfänger also aus derselben Generation i stammen. Das heißt jede Generation kommt jeweils für sich selbst auf, Lasten werden weder nach vorne noch nach hinten verschoben. Zur Zeit haben wir einen eher vagen „Generationenvertrag", was heißt, dass die jetzt arbeitstätigen Kinder für ihre nicht mehr arbeitsfähigen Eltern aufkommen, mithin also Generation $i + 1$ für Generation i bezahlt. Dies ist natürlich ein Wechsel auf die Zukunft, was mit dem Risiko verbunden ist, dass die nachfolgende Generation zu schwach oder nicht willig ist, um für die vorangegangene zu bezahlen.

Im Prinzip lässt sich durch Kreditfinanzierung die Bezahlung sogar noch weiter in die Zukunft verschieben (Generation $i + 2$ finanziert die Rente von Generation i, d.h. erst die Enkel zahlen für die Großeltern, usw.) und tatsächlich ist die Versuchung groß, jetzt Leistungen in Anspruch zu nehmen, für die erst viel später zu bezahlen ist. Dabei sollte aber jedem klar sein, dass man die nachfolgenden Generationen nicht beliebig belasten kann, die Risiken jedes Jahr, das man in die Zukunft geht, anwachsen und die aufzunehmenden Kredite auch immer teurer werden, allein schon, weil für einen entsprechend längeren Zeitraum Zinsen zu zahlen sind. Hat man sich zudem erst einmal vom Vorsorge- in ein „Nachsorge-System" bewegt, fällt es sehr schwer, die Entwicklung wieder umzukehren: Schlimmstenfalls muss eine Generation sowohl für die Altersrente ihrer Eltern aufkommen als auch für sich selbst vorsorgen.

Die allererste Generation eines Systems mit nachträglicher Bezahlung hat es natürlich am besten: Sie leistet keine eigenen Beiträge und lässt sich von den Nachkommen aushalten. Auch deshalb ist die Versuchung groß, mit einem solchen System zu beginnen, zumal wenn die jetzt herrschende Generation zu den Begünstigten gehört und damit in den entscheidenden Gremien die Mehrheit hat. (Natürlich verteilt auch jeder Politiker gerne vermeintlich kostenlose Wohltaten.) Alle nachfolgenden Generationen treten jedoch in Vorleistung und müssen hoffen, von der jeweiligen nächsten Generation gerade so viel zu erhalten, wie sie selbst schon während ihres Berufslebens eingezahlt haben. Für sie ist es – wenn alles funktioniert – finanziell ein Nullsummenspiel.

Ein einfacher Mechanismus

Soweit so einfach und man könnte nun zum großen Lamento über die Krise der Pflegeversicherung (1995 nach demselben Muster in Deutschland eingeführt), der gesetzlichen Rente sowie der Schuldenwirtschaft im Speziellen wie Allgemeinen anheben. Doch denken wir etwas genauer nach: Sind Schulden, etwa im Rentensystem, immer schlecht? Basiert nicht unser ganzes Wirtschaftssystem auf Kredit und Zins, sinnvoll investiertem Kapital – und das seit Jahrhunderten? Warum bzw. genauer, unter welchen Randbedingungen, funktioniert dieses System?

Nehmen wir an, Sie sind Unternehmer (ohne eigenes Kapital) und leihen sich 100.000 Euro zu einem Zinssatz von 3 %. Wenn der Gewinn, den sie mit diesem geliehenen Kapital erwirtschaften, größer ist (sagen wir 5 %), so lohnt es sich für Sie, Geld zu leihen und natürlich auch für die Bank, die an den Zinsen verdient hat und ihr Geld zurückbekommt:

(in Tsd. Euro)	Unternehmer 0	Bank
Anfang	0	100
Vertragsabschluss	100	0
Erwirtschaftet	105	0
Endstand (nach Rückzahlung)	2	103

Das für beide Seiten vorteilhafte Geschäft hängt an einer entscheidenden Randbedingung. Der Unternehmer muss, zumindest mit großer Wahrscheinlichkeit, in der Lage sein, mindestens 3 % Rendite zu erwirtschaften. Dazu wird er typischerweise dann in der Lage sein, wenn die reale Wirtschaft bzw. zumindest die Branche, in der er tätig ist, um mindestens 3 % wächst.

Es ist wichtig zu erkennen, dass das Geschäft auch dann vorteilhaft ist, wenn Sie Eigenkapital besitzen. Hätten Sie z. B. nur Ihre eigenen 20.000 Euro investiert, so hätten Sie damit 1000 Euro erwirtschaftet,[12] also wesentlich weniger Gewinn gemacht, als wenn Sie zur Bank gegangen wären.

Anders gesagt: Vergleichen wir zwei Unternehmer, beide mit einem Eigenkapital von 20.000 Euro. Der eine agiert vorsichtig, wirtschaftet also nur mit seinem eigenen Geld, der andere geht zur Bank und leiht sich 100.000 Euro. Wer ist am Ende der Kreditlaufzeit der Erfolgreichere? Dieselbe Überlegung wie gerade eben ergibt:

(in Tsd. Euro)	Unternehmer A	Unternehmer B	Bank
Anfang	20	20	100
Vertragsabschluss		120	0
Erwirtschaftet	21	126	0
Endstand (nach Rückzahlung)	21	23	103
Gewinn	1	3	3

---

[12] $20.000 \cdot 0{,}05 = 1.000$.

Der risikobereitere Unternehmer *B* ist ganz klar im Vorteil, er „reitet auf seinen Schulden zum Erfolg" (Schumpeter 1912). Während sein eigenes Geld 1000 Euro Rendite abwirft, kann er mithilfe des von der Bank geliehenen Kapitals weitere 2000 Euro erwirtschaften. Konkurrieren die Unternehmen, so ist klar, wer sich auf Dauer durchsetzen wird. Selbst der obige Unternehmer 0 ist noch immer besser gefahren als der risikoaversive Unternehmer *A*. Nur mit geliehenem Geld hat er 2000 Euro Gewinn gemacht, während der risikoscheue Unternehmer lediglich magere 1000 Euro Gewinn einfuhr. Anders gesagt: Unter den gerade getroffenen Annahmen wird sich der Mechanismus von Geldverleih und (teilweise) kreditfinanzierter unternehmerischer Tätigkeit durchsetzen – willkommen im Kapitalismus.

Wachstum, Wachstum, Wachstum!

Im Prinzip gibt es drei Instanzen: Den Kreditgeber (die Bank), den Kreditnehmer (den Unternehmer) *und* die Umwelt, in der sich beide befinden. Genau dann, wenn das Umfeld günstig ist, sich also geliehenes Geld dort stärker vermehren lässt, als wenn man es auf der Bank belässt, zahlt sich die Kreditfinanzierung unternehmerischer Tätigkeiten aus. Denn entwickelt sich das Umfeld negativ, wächst jenes also langsamer als der an die Bank zu zahlende Zins, so hat der Unternehmer einen Verlust gemacht: Wer Geld zu 3 % leiht und lediglich 2 % erwirtschaftet, muss am Ende mehr Zinsen bezahlen als er am Markt verdient hat.

Die entscheidende Einsicht aus dieser einfachen Überlegung ist, dass für ein funktionierendes kreditfinanziertes Wirtschaftssystem[13] *Wachstum* die entscheidende Randbedingung ist, damit sowohl der Unternehmer (reales Wachstum > Zinssatz) als auch die Bank (Zinssatz > 0 %) Geld verdienen können. Und mithilfe der Kreditfinanzierung geht es *allen* besser als ohne. Etwas überspitzt gesagt: Genau dann wenn die Wirtschaft wächst, die Zukunft also in diesem Sinne *größer* als die Vergangenheit ist, zahlt sich Risikobereitschaft aus. Denn genau dann lässt sich Kapital – in lukrative Unternehmungen gesteckt – in der realen Welt gut vermehren. Es fällt leicht, Kredite zurückzuzahlen, wenn die Raten später, in einer „größeren", also materiell besser gestellten Zukunft, fällig werden.

Im gegenteiligen Fall einer stagnierenden oder sogar schrumpfenden Wirtschaft, wenn, salopp gesagt, die Zukunft *kleiner* als die Vergangenheit ist, lohnt sich eine Kreditaufnahme nicht. Am Ende des Kreditvertrags steht man als Unternehmer mit weniger Kapital da als zuvor und muss dann den geliehenen Betrag plus die Zinsen zurückzahlen.

Aus dieser Grundüberlegung ließen sich noch eine Reihe feinerer Aussagen ableiten, z. B. dass dann, wenn die Wirtschaft boomt, auch Kreditzinsen tendenziell teurer werden, da dann viele mithilfe geliehenen Geldes reich werden wollen. Kühlt sich die Realwirtschaft hingegen ab, so sinken tendenziell auch die Zinsen, also die Kosten für geliehenes Geld. Doch halten wir einen Moment inne. Was hat dies alles mit Statistik zu tun?

---

[13] Wir vermeiden hier (und häufig auch im Folgenden) bewusst den weltanschaulich belasteten Begriff „Kapitalismus", da es primär um wirtschaftliche Mechanismen und nicht um ideologische Positionen geht.

Oberflächlich gesehen recht wenig, kamen doch in diesem Abschnitt bislang keine realen Daten vor. Schaut man jedoch genauer hin, ging es jetzt wie zuvor primär um das subtile Wechselspiel von Systemen und deren statistischer Beschreibung. Hier haben wir uns bislang vor allem um die systemische Komponente gekümmert. Auch das ist typisch für gute Statistik, die wie die erfolgreichen empirischen Wissenschaften nicht nur auf validen Daten, also einem soliden empirischen Fundament beruht. Vielmehr stößt man, von diesem ausgehend, zuweilen weit in die Theorie vor. Das heißt, die Zielrichtung ist, tieferliegende Mechanismen zu erschließen, die das Geschehen auf der beobachtbaren Oberfläche steuern. Man wird sich erinnern, dass dies schon bei der Beschreibung der EHEC-Epidemie so war. Auch dort ging es darum, mithilfe aussagekräftiger Daten die latenten kausalen Zusammenhänge aufzudecken, also aufzuspüren, über welche Wege sich der Erreger verbreitet hatte.

Nichts ist so praktisch wie eine gute Theorie

Gute Statistik geht Hand in Hand mit einem vertieften wissenschaftlichen Verständnis. Im besten Fall passen die entworfenen Modelle nicht nur passabel zu den beobachtbaren Fakten – Daten –, sondern ihr innerer Aufbau repräsentiert auch adäquat, was sich tatsächlich, auf einer zunächst verborgenen, tatsächlich aber sehr wesentlichen Ebene, ereignet.[14] Der Kern exzellenter Wissenschaft besteht oftmals aus einem einfachen Konzept, wenigen entscheidenden Begriffen oder einer Reihe verborgener Mechanismen, aus denen heraus sich alles andere elegant erklären lässt.

Geht man von vielen speziellen Daten zu einer allgemeinen Theorie über, spricht der Wissenschaftstheoretiker von „Induktion". Das obige Beispiel zeigt deutlich, dass eine gute Theorie *nicht* unbedingt aus Unmengen von Daten destilliert werden muss. Weit eher versucht man die Myriaden beobachtbarer Phänomene auf wenige, schlichte aber zugleich ganz wesentliche Grundprinzipien zu reduzieren. So wird die zentrale Idee kreditfinanzierten Unternehmertums im obigen Beispiel so einfach wie möglich und zugleich quantitativ erfasst. Da in der Praxis noch viele weitere Faktoren eine Rolle spielen, handelt es sich dabei natürlich um eine Idealisierung. Dennoch ist das numerische Beispiel keine Karikatur der realen Verhältnisse, vielmehr wird ein ganz zentraler Faktor des Wirtschaftssystems, fast wie im Labor, isoliert. Dadurch wird ganz deutlich, dass der in der realen Welt erzielbare unternehmerische Gewinn der entscheidende Punkt ist und letzterer kann sich auf breiter Front nur dann einstellen, wenn eine Ökonomie expandiert.

Auch der Blick auf den Geldgeber ist interessant. Offenkundig lohnt es sich nicht, Geld mit negativem Zinssatz zu verleihen. Geld vermehrt sich auch nicht von selbst oder indem man es zwischen Banken hin und her schiebt, vielmehr muss man es in profitable Unternehmungen investieren. Mehr zu fordern, als der Unternehmer tatsächlich erwirtschaften kann, funktioniert auch nur im Einzelfall. Also muss in einem stabilen, weil für alle

---

[14] Heckman (2005) ist nicht nur deswegen sehr lesenswert. Siehe auch schon Abschn. 1.8.

Beteiligten längerfristig vorteilhaften System, der Zinssatz für verliehenes Geld notwendigerweise zumeist *unter* der Wachstumsrate der Wirtschaft liegen.

In diesem Abschnitt haben wir ganz bewusst auf der konzeptionellen Ebene begonnen. Doch so überzeugend am grünen Tisch entwickelte Überlegungen auch sein mögen, wirklich relevant wird ein theoretisches Argumentationsmuster erst, wenn es sich mit einschlägigen Tatsachenbeobachtungen stützen lässt. Bei den zugehörigen Daten muss es sich, wie schon ganz am Anfang erwähnt, nicht um numerische Messwerte eines wissenschaftlichen Experiments handeln. Im vorliegenden Fall bieten sich hingegen historische Fakten an:

Geldverleih, ein riskantes Geschäft

Auch wenn das europäische Mittelalter nicht ganz so dunkel war, wie es uns die Aufklärung glauben machen wollte, so war das Jahrtausend vom Untergang des Weströmischen Reiches (Ende des 5. Jahrhunderts) bis zur Renaissance (im 15. Jahrhundert) in unserer Weltregion doch im Wesentlichen eine Zeit der Stagnation und oftmals verheerender Krisen. Wenn jemand Geld benötigte, ging er zum Wucherer, der auf einer Bank sitzend, Geld wechselte und verlieh.[15] Mit Geld zu handeln war unüblich und zumindest mit einem Makel behaftet. Sowohl der Schuldner, der womöglich nicht mit seinem eigenen Geld haushalten konnte, als auch der Wucherer, der ohne echte, ehrliche Arbeit seinen Lebensunterhalt bestritt, galten als verdächtig. Nicht zuletzt verbietet das Alte Testament an mehreren Stellen ausdrücklich, Kapital zu verzinsen, und im islamischen Kulturkreis gilt diese Norm, vom Koran bekräftigt, bis heute.[16] Konnte ein Schuldner nicht mehr bezahlen, so wurde er im Schuldenturm oder einer ähnlichen Einrichtung festgehalten, was häufig literarisch verarbeitet wurde, auch noch von Charles Dickens (1812–1870), dessen Romane autobiographische Züge tragen.

Kaum besser ging es den Geldgebern. Es liegt in der Natur der Dinge, dass ein Gläubiger bei seinen Schuldnern nicht allzu beliebt ist. Doch man versetze sich in die prekäre Lage eines mittelalterlichen Wucherers (ein Wort, das bis heute keine positiven Assoziationen weckt). Moralisch geächtet, wenn nicht sogar juristisch verboten, wurde diese zweifelhafte Tätigkeit einer schwachen Randgruppe übertragen, den Juden. Nach Meinung vieler Autoren legte dies zwar den Grundstein für deren bis heute bedeutende Stellung im Finanzsektor, doch zu beneiden waren die Ahnherren des Kreditgeschäfts bestimmt nicht. Da das Kreditausfallrisiko beträchtlich war, mussten sie hohe Zinsen nehmen. Schon unter normalen Umständen fiel es ihnen schwer, das verliehene Geld wieder einzutreiben, erst recht im Fall häufiger Kriege, Seuchen und Hungersnöte. Bei Streitigkeiten mit dem Schuldner standen dem Wucherer weder die Obrigkeit (Kirche, Fürsten, Gerichte) bei, noch konnte er auf das Verständnis seiner andersgläubigen Mitmenschen hoffen. Ganz im Gegenteil: Viele Christen liehen sich Geld und „beglichen" dann ihre Schulden mit einem Pogrom, selbst die

---

[15] Le Golf (2008, 2009).

[16] Für weitere Details und Beispiele konsultiere man z. B. den Eintrag „Zinsverbot" der deutschsprachigen Wikipedia.

Könige von Spanien, die 1492 erst mit jüdischem Geld Granada eroberten und im Anschluss daran sowohl ihre Finanziers als auch die besiegten Muslime brutal vertrieben.

Erst in den Handelsstädten Norditaliens änderte sich die Einstellung zum Geld grundlegend. Große Handelsunternehmen benötigten Kapital für risikoreiche Unternehmungen und mit ihnen betraten auch die ersten Bankiers die Bühne der Geschichte. Nicht nur Venedig blühte durch Handel, wurde reich und mächtig. Dies wiederholte sich einige Jahrhunderte später in den Niederlanden und in London, wo ganz nebenbei auch die Versicherung und die Börse erfunden wurden. Die abenteuerlichen Reisen der Westeuropäer öffneten neue Wege, Handelsgesellschaften erschlossen und sicherten diese (oft auch mit „robusten" Mitteln), so dass nach kurzer Zeit Menschen und Güter in nie gekanntem Maßstab zwischen den Kontinenten verschifft wurden. Auf diese Weise endete schließlich das beschränkte Mittelalter und wir leben seit der Neuzeit in einer Welt, die nicht zuletzt vom Geld regiert wird.[17]

Politische und wirtschaftliche Expansion auf Kredit

Warum war das kreditfinanzierte Wirtschaftssystem in den letzten Jahrhunderten so erfolgreich? Weil die westlichen Staaten und ihre Wirtschaften nahezu unablässig *expandierten*, es seit Kolumbus eine „historische Konjunktur" (Marks 2006) zugunsten des Westens gab. Unter diesen Vorzeichen ist, wie wir gerade eben gesehen haben, die Kreditfinanzierung von Unternehmungen die angemessene Organisationsform und dieses „Kapitalismus" genannte System war wiederum selbst eine wesentliche Triebfeder der Expansion. Auswanderung, die Gründung von Siedlungen und Kolonien, die Erschließung neuer Ressourcen und Märkte, wachsender Handel und Wohlstand, vermehrte Zuwanderung usw. wirk(t)en zusammen wie ein Rad, das sich selbst in Schwung hielt.

Etwa 500 Jahre lang, vom Ende des 15. bis ins 20. Jahrhundert, wuchs die Wirtschaft in der freien Welt, erst recht nach der industriellen Revolution. Das Paradebeispiel ist Nordamerika: Wer einen fruchtbaren Kontinent, ein Land der (nahezu) unbegrenzten Möglichkeiten, rasch erschließen will, benötigt dafür eine unternehmenslustige, mit dem nötigen Kapital und technischem Know How ausgestattete Bevölkerung. „Die Geschichte des modernen Kapitalismus ist ein Bericht stetigen wirtschaftlichen Fortschritts, der wieder und wieder von fiebrigen Boomphasen und deren Nachwehen, Wirtschafskrisen, unterbrochen wird."[18]

---

[17] Wie praxisrelevant ist dem widersprechend eine Volkswirtschaftslehre, die mit diversen „Geldschleier-Theorien" seit Adam Smith (1723–1790) die „Neutralität des Geldes" nachdrücklich betont? Gemäß solcher Vorstellungen ist Kapital nicht mehr als ein Schleier, der sich über die Realwirtschaft legt, ohne letztere wesentlich zu beeinflussen. Nicht nur der Laie fragt sich, weshalb dann einzelne Banken „systemrelevant" sein können. Dazu mehr in den Abschn. 3.4 und 3.7.

[18] Von Mises (1998: 572): "The history of modern capitalism is a record of steady economic progress, again and again interrupted by feverish booms and their aftermath, depressions." Bemerkenswerterweise interessieren sich Ökonomen zurzeit eher für konjunkturelle Schwankungen als für den langfristigen Trend. Doch was ist wichtiger: Das Auf und Ab der chinesischen Wachstumsraten seit 1979 oder der rasante, anhaltende Fortschritt Asiens samt der damit einhergehenden Verschiebung der weltwirtschaftlichen Gewichte samt der ökologischen Folgen?

Plötzlich erscheint auch die Staatsverschuldung in einem neuen Licht. Wenn sie nicht gerade – entweder (traditionellerweise) aufgrund ruinöser Kriege oder (moderner) aufgrund gut gemeinter, aber unsolider Haushaltsführung – überhandnahm, stellte sie in den letzten Jahrhunderten kein Problem dar. Denn wie der wagemutige Unternehmer im numerischen Beispiel konnte auch der Staat große Wechsel auf die Zukunft ausstellen, die er bei einer wachsenden Wirtschaft und ergo kräftig steigenden Steuereinnahmen mühelos zurückzahlte. Kreditfinanzierte Staatsausgaben waren bei einer expandierenden Wirtschaft gut, solange die Zinszahlungen geringer ausfielen als die Rendite, die eine öffentliche, völlig analog zu einer privaten Investition abwarf.

Selbstredend hat diese lange Ära auch unser aller Mentalität geprägt. Wer sein Leben vornehmlich in prosperierenden, überfüllten Ballungsräumen zubringt – und damit nicht ganz zufälligerweise genau da, wo auch die Arbeit ist – kann sich schwer vorstellen, dass die Bevölkerung in der Fläche zurückgeht, Städte schrumpfen und Dörfer aussterben. Trotz vieler Rückschläge und Katastrophen erwarten wir ziemlich selbstverständlich, dass die Expansion weiter anhalten wird. Es ist gewiss kein Zufall, dass gerade Nordamerikaner, die in wenigen Generationen ein geradezu unglaubliches Wachstum erlebten, die optimistischste Einstellung besitzen. Ihr Verhältnis zu Schulden ist entspannt, unternehmerische Tätigkeit (samt der damit verbundenen Freiheit und Verantwortung) hat einen hohen Stellenwert, Wettbewerb und der Erfolg des Tüchtigen sind so selbstverständlich, dass sie wie ein Mantra um die Welt getragen werden. Obwohl die Kolonialreiche der Europäer Geschichte sind und der Wilde Westen längst erschlossen ist, suchen wir nach der nächsten Herausforderung, der nun anstehenden „Grenze", wenn's sein muss im Weltall.[19]

Doch muss man gar nicht nach den Sternen greifen oder andere Kontinente inspizieren, um zu sehen, wie wichtig auch uns Zentraleuropäern die Zukunft ist. 1990 dachte der Westen Europas ganz selbstverständlich, dass der Osten nach Jahrzehnten der Herrschaft der Ideologie schnell aufschließen würde. Der Westen kannte doch das Erfolgsrezept und setzte es nach der Wiedervereinigung des alten Kontinents auch konsequent ein. Kreditfinanziert wurden im großen Stil Straßen gebaut, Städte saniert, Verwaltungen modernisiert, Firmen privatisiert und Hochschulen ausgebaut.[20]

Bis heute sorgt die Hoffnung, dass Innovationen die Wirtschaft beleben bzw. wachsen lassen, für mehr Investitionen ins Bildungssystem als alle fachlichen Argumente zusammen. Doch trotz aller Anstrengungen entwickelte sich der Osten weit weniger dynamisch als erhofft, Osteuropa schloss nicht zum Westen auf. Psychologisch fällt es uns sehr schwer, dies zu akzeptieren und noch weniger haben wir verstanden, warum alles anders kam als erhofft.

---

[19] Alexis de Tocqueville (1835/40) hat in seinem berühmten und bis heute lesenswerten Klassiker noch viele weitere Aspekte der modernen Haltung beleuchtet.

[20] Die letzte staatliche Neugründung im Osten war 1997 die FH Nordhausen. Seitdem wurden in ganz Deutschland nur noch private Hochschulen ins Leben gerufen.

Anderes Vorzeichen – gegensätzliche Strategie

Eine Ausweitung der Kredite, also eine „Nettokreditaufnahme", stellt, so lange sie sich in den Grenzen des allgemeinen Wirtschaftswachstums bewegt, keine Gefahr dar. Ganz im Gegenteil. Mit ihrer Hilfe nutzt man konsequent die Chancen, die günstige Rahmenbedingungen bieten (siehe den obigen Mechanismus). Bei ungünstigen Randbedingungen, einer schrumpfenden Wirtschaft, ist eine Kreditaufnahme jedoch kontraproduktiv. Im Moment mag sie einem zwar aus einem finanziellen Engpass helfen, doch drückt die Rückzahlung umso mehr, je länger sich die Tilgung hinzieht. Hier ist gerade die gegenteilige Strategie optimal, also das Halten und Ansparen von eigenem Kapital, das, je länger man zuwartet, relativ zum Gesamten an Bedeutung gewinnt. Die alte Weisheit „spare in der Zeit, dann hast Du in der Not" ist das erste Gebot unter sich verschlechternden Bedingungen.

Allgemein gesagt: Ist zu erwarten, dass die Wirtschaftsleistung schrumpft, so drehen sich die Vorzeichen um. Derjenige ist dann im Vorteil, der schnellstens seine Schulden tilgt oder gar nicht erst Geld aufnimmt. Wer dies versäumt und weiter so lebt, als hätten sich die Randbedingungen nicht verändert, gerät hingegen in eine ausgeprägte Kreditklemme. Wie dem Unternehmer, dessen Investition sich nicht auszahlt, wachsen auch einem Staat bei einem kleiner werdenden Haushalt schnell die Kreditverpflichtungen über den Kopf.

Es sind vorrangig die alternden Europäer, die, auf einem engen, erschlossenen Kontinent lebend, zu bedenken geben, dass die Welt endlich, beschränkt ist. Sie fragen sich eher besorgt, wie es um die Zukunftschancen im allgemeinen und die Rente im speziellen steht. Ihre Schlussfolgerung haben sie, zumindest implizit, schon gezogen: Da offenkundig und erstmals seit sehr langer Zeit die Zukunft kleiner als die Vergangenheit sein wird, ist statt Auf- plötzlich Um- und Rückbau angesagt. Nicht nur in Ostdeutschland werden Strukturen gestrafft, z. B. Kreise vergrößert, Stadtviertel „zurückgebaut", Schulen und Krankenhäuser geschlossen. Auch die Staaten gehen erstmalig seit Jahrzehnten (ernsthaft) daran, Schulden zu tilgen und sie versuchen, ihre Sozialsysteme „zukunftssicher" zu gestalten. Die Verhältnisse in Japan sind ähnlich. Trotz umfangreicher Konjunkturprogramme und verschwindend geringer Zinsen stagniert dort seit langem die Wirtschaft, der Schuldenstand ist exorbitant und die Bevölkerung eine der ältesten der Welt.

Immer noch etwas ungläubig stellen wir fest, dass sich das alte System nicht mehr rechnet. Bei der Rente heißt das, dass der während des eigenen Arbeitslebens geleistete Beitrag *nicht mehr* wie in den Zeiten der Expansion (vermeintlich) selbstverständlich und noch dazu gut verzinst zurück kommt. Ganz im Gegenteil: Es lohnt sich immer weniger, in das bestehende System einzuzahlen, da die nachfolgende, weit kleinere Generation nur noch einen Bruchteil dessen aufbringen kann, was auch nur zum Erhalt des Status Quo nötig wäre.

Die Rentenversicherung ist keine Firma, die Pleite ginge. Die erheblichen Beträge, die jedes Jahr eingenommen werden, können auch wieder ausgegeben werden. Das Problem ist nur, dass eine Zeitlang – nämlich solange die Bevölkerung schrumpft – wenigen Beitragszahlern viele Rentner gegenüberstehen. Folgerichtig flüchtet aus dem System wer kann, das durchschnittliche Rentenniveau sinkt kontinuierlich und immer mehr Ältere rutschen unter die Armutsgrenze, selbst wenn sie eine lange, vollbeschäftigte Erwerbsbiographie hinter sich haben. Statistiker berechnen z. B. das „Sicherungsniveau vor Steuern", d. h. den Quotienten aus der Rente, die ein Durchschnittsverdiener nach 45 Jahren erhält, und dem aktuellen Durchschnittseinkommen. Dieses wird bis 2025 wohl um 10 % sinken.[21]

Im Kern ist der Generationenvertrag nichts anderes als eine Wette auf die Zukunft und damit ein Kind der Expansion. Bezeichnenderweise wurde er 1957 in Westdeutschland während der Phase des „Wirtschaftswunders" eingeführt. Schon damals waren kritische Zeitgenossen skeptisch, da sie erkannten, was sich nun bewahrheitet: Ohne Expansion ist das System für alle Beteiligten unvorteilhaft. Es wäre stabiler und fairer, wenn jede Generation für ihre eigene Rente bezahlen würde. Eine solche Umstellung, etwa auf ein „Bürgergeld", ist in Zeiten der Schrumpfung jedoch nicht möglich, letztlich weil dann eine Generation unter schwierigen Randbedingungen doppelt belastet würde.

Dass die Grundüberlegung stimmig ist, zeigt sich auch im Fall einer konstanten, heute „stagnierend" genannten Wirtschaftsleistung. Stabiler „Wohlstand ohne Wachstum" (Jackson 2011) muss mit ausgeglichenen Budgets einhergehen, die Kredite nur in sehr begrenztem Umfang bzw. in Ausnahmefällen in Anspruch nehmen. Denn wenn im Allgemeinen alles gleich bleibt (Wachstum $\pm\, 0\,\%$), lassen sich selbstredend auch keine generellen Wachstumschancen nutzen, während geliehenes Geld immer Zinsen ($> 0\,\%$) kostet. Es kann lediglich sinnvoll sein, ein außergewöhnliches, weil gleichwohl einen guten Gewinn versprechendes Geschäft mit Krediten zu finanzieren.

Die zweite Ausnahme besteht darin, dass das Ansparen des Kapitals für eine große Investition zu lange dauert. Eine Bank übernimmt dann die Rolle einer „Kapitalsenke", d. h. sie sammelt die kleinen Sparbeträge vieler ein, um sie Einzelnen für größere Investitionen zur Verfügung zu stellen. Auch dies ist ein faires, für alle Seiten vorteilhaftes Geschäft (wenn sich damit auch nicht, wie in einer expandierenden Welt, große Margen erwirtschaften lassen). Bank und Sparer erhalten ihr Geld verzinst zurück, der Kreditnehmer kann investieren und einen damit einhergehenden Nutzen viel früher genießen, als wenn er zunächst alleine das nötige Eigenkapital hätte ersparen müssen.

Ein typisches Beispiel hierfür ist der Hausbau, wiederum nicht ganz zufällig das Rückgrat des klassischen Kreditgeschäfts mit Privatpersonen. Finanziell gesehen stellt sich der, der in einem stabilen Umfeld spart, bis er 55 Jahre alt ist und dann ausschließlich mit Eigenkapital ein Haus finanziert, besser als der Dreißigjährige, der viel Geld aufnimmt, um sich schnell ein Haus zu bauen. Dem stehen jedoch 25 Jahre des Wohnens im „eigenen" Haus gegenüber, zumal genau in dieser Zeitspanne auch die Kinder zu Hause wohnen und genau den Platz benötigen, den ein Haus bietet. Die Waage neigt sich weiter zugunsten des Jüngeren, wenn man bedenkt, dass Wohnen ein Grundbedürfnis ist, für das auf jeden Fall Geld aufgewendet werden muss.

Deshalb hat eine junge Familie letztlich die Wahl zwischen zwei Strategien: Entweder sie investiert ins eigene Haus oder sie wohnt lange Zeit zur Miete. Fallen Zins und Tilgung

---

[21] Berichte diverser Medien am 31.08.2011, z. B. www.tagesschau.de.

für die Kredite nicht viel höher aus als die ansonsten zu zahlende Miete, so ist dies für sie ein gutes Geschäft. Dies gilt erst recht, nachdem die Kredite getilgt sind: Während die Hausbesitzer dann mietfrei in den eigenen vier Wänden wohnen und ziemlich flexibel über den Zeitpunkt allfälliger Renovierungen bestimmen können, haben Mieter nach wie vor eine monatliche, langsam steigende finanzielle Belastung zu schultern.[22]

3.3 Vom systemischen Umgang mit Risiken

Eine vorteilhafte Symbiose

Banken und Versicherungen sind die beiden großen Äste der privatwirtschaftlichen Finanzbranche. Allein schon weil ihnen im Wirtschaftskreislauf eine Schlüsselrolle zukommt, würde es sich lohnen, sie eingehender zu betrachten. Wir interessieren uns für sie noch aus einem anderen, fundamentaleren Grund. An ihnen lässt sich hervorragend die Verzahnung von Geld- und Realwirtschaft studieren; etwas abstrakter formuliert geht es nun um die empirische Fundierung der Geldwirtschaft.

Beginnen wir bei den Versicherungen. Deren Geschäftsmodell ist ganz einfach: Eine Bank verleiht Geld, damit größere Unternehmungen möglich werden. Gelingt das so realisierbare Unterfangen, sind Unternehmer und Bank zufrieden, scheitert es jedoch, so gehen schlimmstenfalls beide bankrott. Was liegt also näher, als diese existenzielle Gefahr zumindest finanziell abzusichern? Als ab dem 17. Jahrhundert immer mehr Schiffe über die sieben Weltmeere segelten und die Flotten der großen Handelsgesellschaften immer größer wurden, institutionalisierte sich auch das Geschäft mit dem Risiko.

Als ältester Versicherungsmarkt der Welt gilt Lloyd's in London, zunächst nicht mehr als ein Kaffeehaus, in dem sich Reeder und Versicherungsgeber trafen. Das Prinzip ist bis heute bei jeder Art von Versicherung dasselbe geblieben: Der Versicherungsnehmer zahlt einen Geldbetrag, die so genannte Prämie, für die Garantie, dass er im Schadensfall bis zu einer gewissen, im Vorfeld vereinbarten Summe entschädigt wird. Mehr noch als die Kreditvergabe ist dies für alle Beteiligten eine „Win-Win-Situation": Gelingt eine Handelsfahrt, so kann der Reeder aus dem Gewinn des lukrativen Geschäfts Zinsen und Versicherungsprämien refinanzieren. Geht ein Schiff jedoch unter, so hält sich der Schaden zumindest in Grenzen. Lediglich das Gut, welches bei derlei Abschlüssen gehandelt wird, ist etwas abstrakt: Absicherung bzw. Sicherheit.

---

[22] Man beachte nebenbei, dass die Interessen eines Häuslebauers und seiner Bank gegenläufig sind. Während der Bauherr nur so viel Geld aufnehmen sollte, wie er wirklich benötigt, ist es für die Bank eher von Vorteil, viel Geld – gegen entsprechende Sicherheiten – zu verleihen. So mancher blauäugige Bauherr, der diesen Interessenkonflikt nicht durchschaute, arbeitete jahrzehntelang für seine „Hausbank".

Eine gute Idee setzt sich durch und heute empfinden wir es als völlig normal, dass auch Privatleute eine ganze Reihe von Versicherungspolicen gegen bedrohliche Risiken abschließen. So besitzen ca. 75 % aller Haushalte in Deutschland eine Hausrat- und kaum weniger eine private Haftpflichtversicherung (70 %), weit gefolgt von Unfall- (40 %), Vollkasko- (38 %) und Lebensversicherungsverträgen (34 %).[23]

Durch die zahlreichen, regelmäßigen Prämieneinnahmen sammelt sich in einer Versicherung Kapital in großer Menge an. Ohne Großschäden benötigt eine Versicherung hiervon nur einen kleineren Teil unmittelbar, weshalb es für sie am einfachsten ist, ihr Geld, womöglich kurzfristig abrufbar, als „institutioneller Großanleger" (und damit zu guten Konditionen) einer Bank anzuvertrauen. Banken und Versicherungen ergänzen sich also geradezu ideal.

Gut abgesichert?

Während für eine Bank die Differenz zwischen Spar- und Kreditzinsen entscheidend ist, gilt es für eine Versicherung vor allem, Prämien richtig zu kalkulieren. (Natürlich ist darüber hinaus eine gute Geldanlagestrategie von Vorteil.) Verlangt eine Versicherung nämlich zu wenig Geld von ihren Kunden, so werden die zu leistenden Schadenzahlungen ihr Kapital aufzehren. Kann sie mehr als zur Begleichung der Schäden notwendig fordern, so hat sie Gewinn gemacht.

Genau darin liegt die große Bedeutung der Statistik für die Versicherungsbranche. Denn hält man detailliert fest, welche Risiken mit welchen Schäden einhergingen, so lässt sich gut abschätzen, mit welchen Zahlungen in Zukunft zu rechnen ist. Jede Versicherung führt deshalb genau Buch über jede Police sowie die mit diesen verbundenen Geldflüsse. Hoch spezialisierte Mathematiker, genannt Aktuare, berechnen dann daraus nach allgemein anerkannten Grundsätzen neue Tarife und, wenn es erforderlich ist, auch die Prämie in einem noch nicht da gewesenen Einzelfall. Ein Risiko heißt „darstellbar", wenn es die Versicherung gefahrlos schultern kann.

Versicherungsmathematik basiert auf einem theoretischen und einem empirischen Pfeiler: Auf der einen Seite benötigt man (wieder einmal) hinreichend viele, hinreichend valide Daten. Das Paradebeispiel sind Sterbetafeln, die nach Alter und Geschlecht ausweisen, wie viele Menschen jedes Jahr sterben. Auf dieser Basis wird berechnet, welche Prämien für Lebens- und Rentenversicherungen zu zahlen sind: Je länger die durchschnittliche Lebenserwartung, desto mehr Kapital muss vor Eintritt des Rentenalters angespart werden, desto höher also auch die während des Berufslebens zu zahlende monatliche Prämie. Andererseits ist aber auch das Risiko, schon vor dem sechzigsten oder 65. Lebensjahr zu sterben

---

[23] Für weitere Informationen siehe de.statista.com/statistik/daten/studie/167890/umfrage/versicherungsschutz-der-haushalte-in-deutschland. Fachleute sind sich übrigens einig, dass die private Haftpflichtversicherung am wichtigsten ist und in keinem Haushalt fehlen sollte. Sie kostet wenig, deckt aber selbst verschuldete Schäden bis in Millionenhöhe ab.

geringer, d. h. die Prämien in der Lebensversicherung liegen umso niedriger, je älter die Menschen werden.

Auch für alle anderen Versicherungsarten liegen einschlägige Statistiken vor: Invalidität und Berufsunfähigkeit, Unfälle und Kreditausfälle; Schäden an Autos und Gebäuden; Zerstörungen durch Wasser, Feuer und andere Naturgewalten bis hin zur Versicherung Ihrer Garderobe wenn Sie ins Theater gehen. Tatsächlich sind Naturkatastrophen (Überschwemmungen, Hurrikane usw.) für einen Großteil aller weltweiten Schäden verantwortlich, weshalb auch einige der besten Klimaexperten und -modelle bei den großen Rückversicherern anzutreffen sind.

Der theoretische Pfeiler der Versicherungsmathematik ist die Stochastik, also die Wahrscheinlichkeitsrechnung. Erst sie erlaubt es, zu quantifizieren, also aus vielen Einzelfällen unter Zuhilfenahme der Gesetze des Zufalls zu berechnen, mit welcher Wahrscheinlichkeit ein Schadensfall eintritt und wie teuer einen dieser zu stehen kommt. So unberechenbar der Zufall (bzw. eine Vielzahl nicht genau zu überblickender Ursachen) im Einzelfall auch zuschlägt: Je größer die Population, also die Anzahl der versicherten Risiken, desto genauer lässt sich sagen, was insgesamt geschehen wird.

Aktuare sind freundliche Menschen, die jedem ihrer Zeitgenossen natürlich ein langes, gesundes Leben wünschen. Zugleich verlassen sie sich aber emotionslos auf die großen Sätze der Stochastik, wenn es darum geht, die voraussichtlichen Kosten für deren langes Leben zu berechnen und werden jene auch beizeiten in Rechnung zu stellen. Die Methoden sind so belastbar, dass auch noch seltene Großschäden, etwa Flugzeugabstürze, versicherbar sind. Problematisch wird es bei (seltenen) Katastrophen, die viele Menschen und Sachgüter zugleich betreffen, etwa Kriegen oder größeren Unfällen in Atomanlagen.

Nebenbei bemerkt zählen Versicherungen seit langem zu den großen Arbeitgebern von Mathematikern, und „Versicherungsmathematik" ist eine traditionelle (als langweilig geltende) Vertiefungsmöglichkeit während des Mathematikstudiums. Trotzdem war der neben R.A. Fisher bedeutendste theoretische Statistiker des 20. Jahrhunderts, B. de Finetti (1906–1985) ein italienischer Aktuar, der sowohl an Universitäten lehrte als auch für diverse Versicherungsgesellschaften arbeitete. Selbst ein C.F. Gauß (1777–1855), nach allgemeinem Dafürhalten der größte Mathematiker aller Zeiten, leistete Beiträge zur Versicherungsmathematik.[24]

Fest verankert und vernetzt

Es ist wichtig zu erkennen, dass die privaten Finanzunternehmen und damit auch die großen Kapitalströme, an mindestens zwei Stellen *geerdet* sind. Längerfristig kann eine Bank ihre Spareinlagen nicht besser verzinsen als sich das von ihr verliehene Kapital in der realen Welt, d. h. im tatsächlichen Geschäftsleben, verzinst und wir haben gesehen, dass hierfür günstige Randbedingungen ganz entscheidend sind. Auch eine Versicherung

---

[24] Siehe z. B. Kehlmann (2006: 219).

profitiert natürlich von einer expandierenden Wirtschaft, denn wo mehr Transaktionen, da auch ein größerer Absicherungsbedarf. Im laufenden Geschäft ist für sie entscheidend, dass die Summe der eingenommenen Prämien größer ist als die von ihr zu begleichende Summe aller Schäden. Eine Prämie ist eine Wette mit der realen Welt auf die Zukunft: Zu optimistisch kalkuliert, mag man kurzfristig Glück haben, längerfristig aber wird man mit Sicherheit Pleite gehen, und genau so erging es vielen frühen Versicherungsgesellschaften ohne belastbare mathematische Modelle.

Das Versicherungswesen gilt als konservativ und das aus mehreren Gründen. Wer mit Risiken professionell umgeht, muss vorsichtig sein und exakt rechnen um zu überleben. Überdies ist jede Versicherungsgesellschaft darauf aus, „gute Risiken" zu zeichnen, also Risiken, die überschaubar sind und sich (wahrscheinlich) rentieren. Ist ein Risiko für eine Gesellschaft, zuweilen auch „Erstversicherer" genannt, nicht darstellbar, so wird sie das Geschäft ausschlagen. Typischer jedoch ist, dass sie von einem großen Risiko nur einen Teil übernimmt und den Rest an andere weiterreicht. Wen? Zum einen an andere Versicherungsgesellschaften, zum anderen an noch weit größere und kapitalkräftigere Rückversicherer, von denen es auf der ganzen Welt nur eine Handvoll gibt. Am größten ist die Münchener Rück (neudeutsch "Munich Re"), knapp vor der "Swiss Re". Diese tun ihrerseits dasselbe: Das heißt, sie geben einen Teil des Risikos an wieder andere Marktteilnehmer weiter. Was Versicherer zurecht scheuen wie der Leibhaftige das Weihwasser ist die Kumulation von Verpflichtungen an einer Stelle, z. B. achten sie darauf, nicht gleichzeitig Schiff und Ladung zu versichern.

Der ganz reale *Stresstest* für die Branche ist ein wirklich großer Schadensfall, etwa ein Sturm wie "Sandy", der im Herbst 2012 inmitten eines gut versicherten Ballungsraums wütete. Fast zeitgleich werden den Versicherungen dann unzählige Schäden gemeldet, darunter auch immens große. Was passiert? Die Versicherer mobilisieren ihre finanzielle Reserven bei den Banken, begleichen die Schäden und wenden sich dann an all jene, die nachgelagert ebenfalls einen Teil der Risiken übernommen haben. Es kommt zu einem großes Hin- und Herschieben, wechselseitigen Forderungen in Milliardenhöhe, bis alle für ihren Anteil eingestanden sind. Bestenfalls wurde das Risiko soweit parzelliert, dass jeder der Beteiligten nur einen kleineren, keinesfalls aber existenzbedrohenden Teil des Schadens tragen muss.

In einem gewissen, sehr realen Sinn, haftet das System als Solidargemeinschaft für den entstandenen Schaden. Jeder trägt einen Teil der Last, so dass das zwischen allen Marktteilnehmern fest geknüpfte Netz selbst große Schicksalsschläge ohne Existenzgefährdung Einzelner bewältigen kann. Von entscheidender Bedeutung ist, dass sich die übernommenen Risiken nicht aufschaukeln und das ganze System kollabieren lassen. Ein Großschaden verursacht zwar eine Schockwelle, doch klingt diese im System schnell ab, da jeder Versicherer immer nur einen *Bruchteil* seines eigenen Risikos weitergibt. Das System ist umso stabiler, je mehr Marktteilnehmer vorhanden sind und je breiter deshalb das Risiko gestreut werden kann. Bei einem hochgradig fragmentierten Markt lässt sich ein Risiko am leichtesten „atomisieren".

Insbesondere ist auch kein einziger Wettbewerber „systemrelevant". Geht ein Marktteilnehmer pleite, werden dessen Policen einfach von den vielen anderen, stabilen Versicherungen weitergeführt. Als Ende der 1990er-Jahre viele Lebensversicherer am Aktienmarkt
auf Renditejagd gingen, brachte sie dies prompt Anfang der 2000er-Jahre, als der Markt kol-
labierte, in ernste Schwierigkeiten. Letztlich musste jedoch nur ein einziges Unternehmen
von „Protektor", einer von der Branche vorsorglich eingerichteten Gesellschaft, aufgefangen
werden.[25]

Obwohl ungemein große Summen auf dem Spiel stehen, wird unseriöses Geschäfts-
gebahren in diesem System schnell bestraft. Wer anderen nur schlechte Risiken weitergibt
oder sich an deren Risiken nicht beteiligt, wird schnell seine Reputation in einem auf Kooperation angewiesenen Markt verlieren. Wer Policen zu Dumpingpreisen anbietet hat zwar
kurzfristig einen Wettbewerbsvorteil, wird jedoch längerfristig von der Realität der zu leistenden Zahlungen eingeholt. Es ist wie beim Fliegen. Wer lange im Geschäft bleiben will,
muss sich in ein Team einfügen und kühlen Kopfes Risiken gut einschätzen können. Draufgängerische Piloten sind allesamt eigensinnig, jung und unerfahren, während die „alten
Hasen" zusammenhalten, besonnen und risikoscheu sind.

1988 wurde ein bemerkenswerter Fall von Gier bestraft: Lloyd's of London war eine Versicherung, deren zahlreiche, zumeist wohlhabende Anteilseigner, die so genannten "names",
mit ihrem Privatvermögen hafteten. Als im genannten Jahr eine große Bohrinsel, "Piper
Alpha", in der Nordsee explodierte und viele Todesopfer forderte, war Lloyd's einer der
am meisten betroffenen Erstversicherer. Gemäß den Gepflogenheiten der Branche wäre
dies verkraftbar gewesen, hätte Lloyd's nicht an andere weitergereichte Risikoanteile selbst
wieder rückversichert. Die Schockwelle ging also nicht nur von Lloyd's aus und verlief sich
dann im System, sondern kehrte immer wieder zu Lloyd's zurück. Als schließlich alle wechselseitigen Forderungen abgearbeitet waren, stellte sich heraus, dass Lloyd's viel zu viele
Verpflichtungen eingegangen war und einige "names" außer ihrem adligen Namen nicht
mehr allzu viel besaßen.

So abstrakt das Geschäft mit Risiken also zunächst anmuten mag, es ist ein sehr reales,
daten- und mathematikbasiertes. Wie in den besten empirischen Wissenschaften kommt es
auch hier sowohl auf die Datengrundlage als auch auf die adäquate quantitative Modellierung aller relevanten Faktoren an. Kaum verwunderlich also, dass die Versicherungsgesellschaften spätestens seit 1988 mit informationstechnischer Unterstützung genau verfolgen,
ob sie ihre Risiken wirklich atomisiert haben oder aber an der Hintertür wieder einen Teil
der Verpflichtungen ins Haus holen, die sie zuvor an der Pforte abgegeben haben.

---

[25] Siehe www.protektor-ag.de.

3.4   Gold, Geld, Papier & Bytes

Sichere Renditen

Wie sieht es nun bei den Banken aus? Die nicht enden wollenden Krisen aber auch exzessiven Gewinne dieser Branche lassen vermuten, dass es sich hier mittlerweile um ein anders geartetes System handelt.

Versicherungen hantieren mit Risiken und müssen deshalb mit (viel) Geld umgehen. Für Banken ist hingegen Kapital an sich von zentraler Bedeutung. Ihr Geschäftsmodell besteht einfach darin, Geld zu niedrigeren Zinsen zu sammeln und zu höheren Zinsen zu verleihen. Das heißt, eine Bank ist ständig auf der Suche nach guten Anlagen, sie will permanent Geld investieren. Was ist eine gute Anlage? Zum einen natürlich eine, die einen hohen Gewinn verspricht, die viel Zinsen abwirft. Zum anderen geht mit dem Geldverleih jedoch auch immer das Risiko einher, dass man das verliehene Kapital nicht wiedersieht. Deshalb ist der Drang nach Sicherheiten, also verwertbaren Sachgütern oder Bürgen, die für einen säumigen Zahler aufkommen, in der Branche fast so ausgeprägt wie der Hang zur Rendite.

In der realen Welt sind Rendite und Sicherheit typischerweise gegenläufig. Je kleiner das Risiko, desto geringer der zu erwartende Ertrag und umgekehrt – wer einen guten Schnitt machen will, muss auch etwas riskieren. Der typische Sparer ist eher risikoaversiv und auf Kapitalerhalt bedacht, während der wirklich erfolgreiche Investor gezielt Risiken eingeht. Genau an dieser Stelle kommen auch die mittlerweile prominenten Ratingagenturen ins Spiel. Sie bewerten Geldanlagen und zwar von nahezu ausfallsicher bis höchst spekulativ, also mit einem sehr hohen Risiko des Zahlungsausfalls behaftet. (Auf einem anderen Blatt steht, inwieweit dies zuverlässig und objektiv möglich ist.)

Dies alles vorausgeschickt, wie kann es dann sein, dass der Chef einer großen deutschen Bank 25 % Eigenkapitalrendite fordert? Kann es da mit rechten Dingen zugehen? Ja und nein. Ja, da diverse Geldhäuser im heutigen System solche Renditen wiederholt ausgewiesen haben. Nein, da sich die Realität auf Dauer nicht ignorieren lässt. Doch der Reihe nach.

Des Goldes Glanz

Geld war früher einmal Edelmetall: Von der griechischen Drachme bis zum britischen Pfund Sterling, vom römischen Aureus bis zur Goldmark des Deutschen Reiches, der Metallgehalt bestimmte maßgeblich über den Wert einer Münze. Im Zweifelsfall war es gut, eine Waage dabei zu haben oder zumindest mit dem Gebiss zu prüfen, ob die Valuta hart war. Auch eine „Schatzkammer" war kein metaphorischer Begriff, dort lagerten kilo- ja tonnenweise Barren und Münzen. Schon seit etwa 500 Jahren kennt man das Gresham-Kopernikanische Gesetz, welches besagt, dass schlechtes Geld gutes verdrängt. Dessen Erklärung ist naheliegend: Jeder, der die Wahl hat, hortet gutes Geld mit einem hohen Edelmetallgehalt und gibt schlechte, nicht wert-haltige Münzen weiter.

Wieder einmal lehren historische Daten, dass eine stabile Währung das Fundament eines geordneten Wirtschaftslebens ist. Der byzantinische Solidus – daraus leiten sich u. a. Schilling, Sou, aber auch Sold ab – bestand über 1000 Jahre. Zugleich war der „Golddinar" das allgemein akzeptierte Zahlungsmittel im mittelalterlichen arabischen Weltreich. Die oberitalienischen Stadtstaaten blühten nicht zuletzt Dank des florentinischen „Fiorino d'Oro". 1816 führte die Bank von England den Goldstandard ein und bis zum Ende des Jahrhunderts hatten sich diesem ca. fünfzig Nationen, darunter alle führenden Industrieländer, angeschlossen. Ein Dollar entsprach z. B. genau 1,504632 Gramm Gold. Im Deutschen Reich galt die Gleichung: 1 Mark = 0,35842 g Feingold = 5,55555 g Feinsilber. Nicht zuletzt sorgte das stabile Edelmetallfundament auch dafür, dass es, übrigens nicht nur vor 100 Jahren, (nahezu) feste Wechselkurse zwischen den führenden Währungen gab.

Bezeichnenderweise wurde Geld immer erst dann abgewertet, wenn es gar nicht mehr anders ging. Verheerende politisch-militärische Ereignisse waren typische Auslöser, die oft mit einem allgemeinen wirtschaftlichen Niedergang einhergingen. Die spätrömischen Kaiser konnten ihr großes Heer nur noch in immer schlechterer Münze bezahlen. Um die Währung zu stabilisieren führte deshalb Konstantin der Großen um das Jahr 310 den gerade erwähnten Solidus ein, der erst nach der verheerenden Niederlage von Manzikert (1071) seines Edelmetalls beraubt wurde – also nach mehr als 700 Jahren!

Ähnlich zerstörerisch wirkte sich der erste Weltkrieg auf die europäischen Währungen aus: Der Goldstandard wurde aufgehoben, in Deutschland kam es 1923 zur Hyperinflation. Im Gefolge des zweiten Weltkriegs wurde der Dollar zur neuen Leitwährung. Als Ankerwährung wurde er an Gold gebunden (35 US-Dollar/Unze). Zudem fixierte man im System von Bretton-Woods (1944) die Wechselkurse mit anderen Währungen. Dieses funktionierte bis 1971, als die Vereinigten Staaten den Goldstandard aufgaben, weil sie im Begriff standen, den Vietnamkrieg zu verlieren. Die nachfolgenden Bemühungen der europäischen Länder, ihre Währungen wieder zu stabilisieren, mündeten schließlich im Euro, der am 1.1.1998 das Licht der Welt erblickte und zur Zeit in 17 Staaten offizielles Zahlungsmittel ist.

Genügt nicht auch ein Versprechen?

Papiergeld war eine wesentliche Innovation, doch wie viele große Innovationen versehen mit einem Janusgesicht. Zum einen vereinfachen Banknoten den Warenumschlag, da es wesentlich leichter ist, sie zu transportieren als Münzen. Auch große Beträge lassen sich in Scheinen viel einfacher begleichen, so dass durch sie auch erst wirklich große Geschäfte möglich werden. Zum anderen sind Scheine aber nichts anderes als bedrucktes Papier, sie besitzen keinen intrinsischen Wert. Anders gesagt: Mit Papiergeld entfernt man sich wesentlich weiter von der physikalischen Basis als mit Edelmetall, sodass das *Vertrauen* in eine Währung zum ganz entscheidenden Faktor wird.

Vertrauen wächst, wenn sich ein Emittent an seine oft auch auf den Scheinen aufgedruckte Zusicherung hält, jene in echte Werte (Münzgeld, Edelmetall) zurückzutauschen.

Das heißt, Scheine von soliden, verlässlichen Fürsten oder auch Staaten werden als Zahlungsmittel akzeptiert und verbreiten sich. Ist die Zusicherung jedoch nicht mehr wert als das Papier, auf dem sie steht, schwindet das Vertrauen und schlimmstenfalls fliehen Händler und Anleger aus der Währung. Bei pleite gehenden Banken wie Staaten ist „rette sein Kapital wer kann" – und zwar so schnell wie möglich, solange das Geld noch etwas wert ist – die Devise der Stunde. Deshalb wirken lange Menschenschlangen vor Bankschaltern zwar hochdramatisch, tatsächlich aber handelt es sich um kühl kalkulierende Anleger. Erst nachdem ein Währungsschnitt und eine solide Politik das Vertrauen wieder hergestellt haben, kehren üblicherweise auch die Kapitalgeber zurück.

Abgeleitete Werte

Heute ist Geld noch weniger als bedrucktes Papier: Als sogenanntes Giralgeld ist es kaum mehr als eine Zahl in einem weitgehend elektronischen Konten- und Handelssystem. Als Grund wird meistens genannt, dass die Waren- und Geldströme mittlerweile so groß geworden sind, dass es schon physikalisch nicht mehr möglich sei, jeden Schein mit einer bestimmten Menge Edelmetall zu hinterlegen. Zudem sind natürlich elektronische Buchungen weit zeitgemäßer als Geldkoffer durch die Gegend zu tragen oder gar Gold zu verschiffen.

Doch Vorsicht, denn mit der zunehmende Entfernung von der Realität steigt auch das Risiko. Es ist eine Sache, Gold im Tresor liegen zu haben, eine andere, mit einem darauf basierenden, allgemein akzeptierten, stabilen Zahlungsmittel zu operieren und nochmals eine ganz andere, in abstrakten Kontenräumen virtuelles Geld auszutauschen.

Das beste Beispiel hierfür sind reale Unternehmen, deren Aktien und die aus diesen wiederum abgeleiteten Wertpapiere, gerne auch „Derivate" genannt. Wer ein florierendes Unternehmen besitzt, ist wohlhabend und kann darauf hoffen, noch reicher zu werden. Wer Aktien desselben sein eigen nennt, hat die Aussicht, zuweilen eine größere Dividende zu erhalten und die Chance, dass auch der Aktienmarkt den realen Markterfolg als Wertzuwachs goutiert. Es kann aber auch sein, dass Aktien nach unten tendieren, weil ein allgemeiner Pessimismus aufs Parkett durchschlägt oder aber, es geht auf und ab, ohne dass ein Grund auszumachen wäre. Noch problematischer, d. h. volatiler, also stärkeren Schwankungen unterworfen, sind Optionen auf Aktien und andere auf Aktien basierende Papiere. Als „abgeleitete Werte" sind sie noch eine Stufe mehr von der Realität entfernt, so dass Erwartungen, Hoffnungen, Stimmungen, aber auch spekulative Tendenzen fernab der realwirtschaftlichen Entwicklung erst recht einen maßgeblichen Einfluss nehmen können. Wie die Wipfel hoher Bäume bewegen sich ihre Kurse im brausenden Wind der Spekulation erratisch hin und her.

Letztlich bemisst sich der Wert von Zahlungsmitteln aus dem Warenkorb, der ihnen gegenübersteht. Unablässig und sehr häufig werden Waren in Geld getauscht (wir verkaufen) und letzteres wieder in Sachwerten angelegt (wir kaufen). Ist hierbei die Geldmenge gering, also wenig Bares im Umlauf, so ist Kapital ein knappes Gut. Knappe Güter sind wertvoll, was heißt, dass man mit wenigen Scheinen oder Münzen viel kaufen kann. Im gegenteiligen Fall, wenn also einer großen Geldmenge nur ein geringes Güterangebot gegenübersteht, muss man viel tiefer ins Portemonnaie greifen. Je mehr Geld im Umlauf ist, desto weniger ist es wert. Die folgende Formel drückt diese Einsicht prägnant aus:

$$Kaufkraft = \frac{Warenmenge}{Geldmenge}.$$

Man beachte, dass die absolute Geldmenge nicht wirklich wichtig ist: Ob Euro im Nennwert von 1, 10 oder 100 Billionen verwendet werden ist nicht relevant, die absolute Geldmenge ist weitestgehend „neutral". Ganz anders steht es aber bei einem gleichbleibendem Warenangebot um die *Änderung* der Geldmenge: Wenn jeder 10-Euro-Schein innerhalb kurzer Zeit einen „Bruder" bekommt, wird die Kaufkraft des ersteren halbiert. Allgemein gesagt lehrt die Gleichung, dass Geld schnell an Wert verliert, wenn entweder der Warenkorb zusammenschmilzt (der obige Zähler also kleiner wird) oder die Geldmenge rasch erhöht wird (der obige Nenner also größer wird).

Erstes Beispiel: Geldentwertung durch fleißiges Gelddrucken, bzw. moderner, das „Fluten der Märkte mit Liquidität". Zweites Beispiel: Je seltener Öl wird, desto teurer wird es auch. Drittes, kombiniertes Beispiel: Kriege. Regierungen benötigen dann viel Kapital und die einfachste Art, Rechnungen leichter zu bezahlen, ist, gleichzeitig die Notenpresse anzuwerfen. Werden jedoch im Krieg viele Güter vernichtet und darbt die Wirtschaft danach, so steht in der Nachkriegszeit sehr viel bedrucktes Papier einer geringen materiellen Basis gegenüber, so dass die Inflation galoppiert und eine Währungsreform unumgänglich wird, etwa in Deutschland nach den beiden Weltkriegen.

Die auf vielen Geldscheinen aufgedruckten Zusicherungen taugen im Krisenfall, wenn es darauf ankäme, nicht viel und es ist angesichts der Kaufkraftgleichung nur konsequent, die Golddeckung von Münzen, Scheinen und elektronischen Beträgen völlig aufzuheben. Damit einhergehen sollte aber die *enge* Bindung von Geld- und Gütermenge. Denn ist man an einer stabilen Kaufkraft interessiert, möchte man also die linke Seite der Kaufkraftgleichung konstant halten, gilt es zuallererst einmal, das Wachstum der Geldmenge an das gesamtwirtschaftliche Wachstum zu koppeln. Gut, wenn die Notenbank dann eine unabhängige Institution ist, die sich vorrangig der Geldwertstabilität verschrieben hat. Ohne eine solche Sicherung setzen sich hingegen leicht die Begehrlichkeiten der Politik durch, und es wird mehr Geld geschaffen, als dem realen Wirtschaftswachstum entspricht. Ein trauriges Beispiel hierfür ist die Europäische Zentralbank, die ihre vertraglich festgeschriebene Unabhängigkeit innerhalb weniger Jahre eingebüßt hat, was zu einer entsprechend laxeren Geldpolitik, bis hin zur direkten Finanzierung von Staatshaushalten, geführt hat.

Wenn Märchen wahr werden

Nochmals zurück zum klassischen Goldstandard. Ist nicht auch der Wert von Gold von unseren Überzeugungen abhängig? Einerseits sicherlich ja, denn dass gewisse Metalle und

Steine „edel" sein sollen ist natürlich nicht zuletzt ein Frage sozialer Konvention. Diese ist jedoch so tief verwurzelt, dass Gold wie selbstverständlich, also immer und überall, als hartes Zahlungsmittel akzeptiert wurde. Andererseits sind Edelmetalle selten. Dies ist eine empirische Tatsache, die nicht unseren Konventionen unterliegt. Als knappes Gut ist ihr Wert entsprechend hoch, d. h. mit ein paar Kilo Gold, Silber oder Platin kommt man ebenfalls überall ein Weilchen über die Runden. Schließlich, und das ist am wichtigsten, lassen sich Edelmetalle auch nicht beliebig vermehren. Ihre Menge im Wirtschaftskreislauf ändert sich durch Förderung und Verbrauch nur langsam, womit sie auch so gesehen ein stabiles Fundament für die auf ihnen basierende Geldwirtschaft darstellen. In der gesamten Menschheitsgeschichte wurden wohl nicht mehr als 150–160 Tsd. Tonnen Gold gefördert. Da Gold ein Schwermetall ist, entspricht dies gerade einmal einem Würfel mit einer Kantenlänge von zwanzig Metern![26]

Spinnen wir diesen Gedanken noch ein wenig weiter. Im Märchen gibt es den Goldesel. Was wäre, wenn einige Menschen solche Tiere in ihrem Stall stehen hätten? Wie viel wäre dann Gold noch Wert? Hierüber muss man nicht spekulieren, sondern kann auf ein historisches Beispiel verweisen. Als nach Kolumbus reiche Erzvorkommen in der Neuen Welt entdeckt wurden, schwamm die spanische Monarchie, also ein Teil der damaligen Oberschicht, in Gold und Silber. Zunächst ließen sich mit diesen Edelmetallen Kriege und Luxus leicht finanzieren.

> Dann jedoch zeigt sich ein ökonomisches Phänomen, das heute im Wirtschaftsteil jeder Tageszeitung diskutiert wird, damals jedoch noch weitgehend unbekannt ist: Inflation. Die Preise steigen. Feuerholz, Holzkohle, Getreide, Fleisch, vor allem Waren des täglichen Bedarfs werden teurer und teurer. In den folgenden Jahrzehnten werden sich ihre Preise teilweise fast verzehnfachen. Heute sprechen die Historiker von der Preisrevolution des 16. und 17. Jahrhunderts. Denn dank der Bergwerke in Südamerika ist auf einmal mehr Geld in der Welt. Es gibt aber deshalb nicht mehr Weizen, mehr Rinder oder mehr Bäume. Mit den [neu] geprägten Münzen verhält es sich wie mit fast allen anderen Dingen auf der Erde: Je mehr es von ihnen gibt, desto weniger sind sie wert. Also sinkt die Kaufkraft der neuen Münzen.[27]

Was folgt aus alledem? Mit dem Goldstandard, also der *engen Bindung* von Geld an reale, knappe Ressourcen war auch Geld automatisch etwas wert und ließ sich nicht beliebig vermehren. Ohne Goldstandard, also seit 1971, lässt sich hingegen eine höhere Geldmenge am grünen Tisch der Nationalbanken per Beschluss hervorzaubern. Es kommt seitdem maßgeblich auf unsere Disziplin an, diese Freiheit nicht zu missbrauchen. Noch gefährlicher wird es, wenn darüber hinaus auch der Finanzsektor in der Lage ist, Geld zu schöpfen. Keinem übergeordneten Stabilitätsziel, sondern primär seinem eigenen Gewinn verpflichtet, wird er dies auch tun und letztlich das gesamte System destabilisieren.

---

[26] Die Dichte von Gold beträgt $19,32\,\text{g/cm}^3 = 19,32\,\text{kg/dm}^3 = 19,32\,\text{t/m}^3$. Ein Würfel der genannten Größe bringt also die beachtliche Masse von $(20\,\text{m})^3 \cdot 19,32\,\text{t/m}^3 = 154.560$ Tonnen auf die Waage. Die aktuellen deutschen Goldreserven benötigen hingegen nur ein Volumen von etwa $3400\,\text{t}/19,32\,\text{t/m}^3 = 176\,\text{m}^3$, d. h. sie ließen sich problemlos in einer durchschnittlichen Wohnung (Fläche ca. 86m^2) unterbringen.

[27] Siehe „Gold, Silber, Armut" in www.zeit.de/zeit-geschichte am 24.03.2011.

Doch der Reihe nach. Trotz des wirtschaftlichen Aufbaus nach dem 2. Weltkrieg, zu dem eine expansive Geldpolitik durchaus gepasst hätte, reduzierten die meisten Industriestaaten von 1945 bis Anfang der 1970er-Jahre ihre Schulden. Erst seitdem sind die öffentlichen Schulden geradezu explodiert, obwohl die klassischen Faktoren, also große Kriege und massive Wirtschaftskrisen, zumindest bis in die jüngste Vergangenheit keine große Rolle spielten. Die USA wechselten bereits Anfang der 1980er-Jahre vom Lager der Gläubiger in jenes der Schuldner. Waren sie in den 1950er-Jahren noch der Welt größter Gläubiger, so sind sie heute deren größter Schuldner. Auch andernorts ist von Ausgabendisziplin wenig zu spüren.

Auf den Aktienmärkten setzte Anfang der 1980er-Jahre eine „Super-Hausse" ein, d. h. die Kurse der Aktien schossen in die Höhe. Trotz diverser "Crashs" haben die Aktienmärkte in der Zwischenzeit wieder und wieder neue Maxima erklommen. Auch dies ist nicht verwunderlich, wenn man bedenkt, dass der Kurs einer Aktie sowohl vom Basiswert, also der realwirtschaftlichen Entwicklung eines Unternehmens, als auch von der zirkulierenden Geldmenge abhängig ist. Vervielfacht sich die Geldmenge, so genügt schon eine moderate wirtschaftliche Entwicklung, um Aktienkurse geradezu „explodieren" zu lassen. Etwas technischer beschreibt der Quotient

$$KGV = \frac{Kurs}{Gewinn},$$

das so genannte Kurs-Gewinn-Verhältnis, die Relation zwischen dem Kurs, also der Bewertung einer Aktie am Markt und dem erwirtschafteten Gewinn. Da er die beiden entscheidenden Faktoren miteinander verbindet, ist er einer der besten Indikatoren zur Bewertung von Aktien.

Bezeichnenderweise sind die typischen KGVs immer größer geworden. Galten im deutschen Aktienmarkt in den 1970er- und 1980er-Jahren KGVs um 8 als billig und von 15 als teuer, so hat sich dieses Verhältnis mittlerweile auf 12 bzw. 25 erhöht.[28] In der Internet-Hausse um das Jahr 2000 genügten schon das strategische Ziel, auf einem aussichtsreichen Markt zukünftig eine wichtige Rolle zu spielen (also potenzielle, noch Jahre entfernte Gewinne) und ein Hochglanz-Verkaufsprospekt, um auf dem „Neuen Markt" Erfolg zu haben.

Dass diese Aufwärtsentwicklung wenig mit der Realität zu tun hat, bemerkt man vor allem an den enormen Schwankungen der Kurse. Einerseits genügt schon die „Phantasie der Anleger um Kurse zu beflügeln." (Ein häufig in der einschlägigen Berichterstattung zu hörender Satz.) Andererseits reicht bereits eine gewisse Nervosität unter ihnen, damit Kapital im großen Stil aus den Aktienmärkten abgezogen wird und die Kurse implodieren. Derartig massive Einbrüche haben sich in den letzten 25 Jahren weit häufiger ereignet als in den Jahrhunderten zuvor, so blühte der „Neue Markt" nur wenige Jahre, bis er nach beispiellosen Verlusten wieder aufgegeben wurde. Wie gebannt blicken wir mittlerweile auf das wilde Auf und Ab der Finanzmärkte, mehr als auf realwirtschaftliche Größen.

---

[28] Siehe z. B. „Kurs-Gewinn-Verhältnis" auf de.wikipedia.org.

Die Geldhäuser engagierten sich mehr in diesem Trend als dass sie ihm lediglich folgten. Das heißt, zielstrebig und agil verlagerten sie ihre Tätigkeiten ganz marktwirtschaftlich und rational in die Richtung, wo am meisten Profit lockt. Das klassische Bankgeschäft verlor mehr und mehr an Bedeutung, während das "Investment-Banking" immer wichtiger wurde. Was ist der Unterschied? Während eine Bank klassischerweise Geld von Sparern einsammelt um es höher verzinst an Unternehmer wieder auszugeben, also in reale Geschäfte investiert, geht es bei dieser Art von Bankgeschäften darum, reichlich vorhandene, billige Liquidität auf abstrakten Märkten zu „investieren" und durch die allfälligen Kurssteigerungen eine weit höhere Verzinsung des eingesetzten Kapitals zu erzielen. Der Begriff könnte also irreführender nicht sein, da es sich primär um nichts anderes als Spekulation handelt.

3.5   In luftigen Höhen

Blasen über Blasen

Die Distanzierung von der Realität vollzog sich in mehreren Phasen. Mit der Hausse auf den Aktienmärkten waren die 1980er goldene Jahre für die Branche. Was lag also näher, als den Markt dadurch zu vergrößern, dass außer mit Aktien auch mit innovativen Finanzmarktprodukten – Derivaten aller Art – gehandelt wurde? Bei einem mit einem „Hebel" ausgestatteten Produkt nimmt man nur wenig Geld in die Hand, um damit viel mehr Kapital zu bewegen. Leerverkäufe erlauben es sogar, mit etwas zu handeln und Geld zu verdienen, ohne die Ware zu besitzen. Schließlich lassen sich auf eine reale Größe auch viele Finanzprodukte stapeln. Über gewissen materiellen Werten, etwa Immobilien und Firmen, erheben sich so Aktien, Optionen, Futures und viele weitere abgeleitete Papiere, letztere oft viel mehr untereinander als mit der realen Welt vernetzt.

Da dieser Kapitalverkehr im großen Stil zuverlässig Gewinn abwarf (bzw. abzuwerfen schien) war es nur konsequent, die Kapitalmärkte zu liberalisieren: Je freier die Märkte, je leichter der Kapitalfluss, desto besser. So entfielen in den 1990er-Jahren neben den Hemmnissen der realen Welt auch die politischen. Und schließlich konnten auch die organisatorischen Probleme dank moderner IT-Technik, die sich in den letzten Jahrzehnten *tatsächlich* rasant entwickelte, immer einfacher überwunden werden.

Dass dieses System mit der realen Wirtschaft, also dem mühseligen Wettbewerb um bessere Produkte und mehr Kunden nicht wirklich harmoniert, bemerkte man bei den zeitweilig sehr beliebten "Mergers and Acquisitions", also der Fusion größerer, zumeist am Aktienmarkt notierter Firmen. Anders als versprochen, führten jene nur recht selten zu effizienteren Unternehmen, die „Synergiegewinne" hielten sich meist sehr in Grenzen. Weit häufiger war – neben zeitweiligen Kurssprüngen der zugehörigen Aktien, die natürlich kein "Insider" je zu seinem Vorteil nutzte – ein „Gesundschrumpfen" bislang recht solider Firmen, also die Vernichtung realer Werte. Das heißt, die Finanzwelt erwirtschaftete ihre

Erlöse zumindest zum Teil auf Kosten der unternehmerischen Basis. Auch "Offshoring", eine weitere Mode, ist ein zweischneidiges Schwert. Natürlich sinken die Produktionskosten bei einer Verlagerung ganzer Branchen in weniger entwickelte Länder, was die Gewinne sprudeln lässt, doch zugleich erodiert die heimische Industrie, technisches Können wandert ab, die Arbeitslosigkeit wächst und die Binnennachfrage bricht ein.

Die große Krise bereitete sich jedoch erst vor, als zum einen die reale Basis des ganzen Treibens immer dünner wurde und sich zum anderen auch der Übergang von Sicherheiten (klassischerweise Immobilien) in finanztechnische Produkte automatisieren ließ. Im nachfolgenden Bericht wird dieser Schritt detaillierter erläutert[29]:

> [O.] ist der Erfinder einer Software, die Hypotheken bündeln, tranchieren und zu Wertpapieren verarbeiten kann. Einer Software, die zum Standard der gesamten Finanzbranche wurde und die jenen giftigen Anlagemüll produzierte, der die USA im Jahr 2008 in die tiefste Rezession der Nachkriegszeit stürzte [...] Die sogenannten CMOs, die mithilfe seiner Software entwickelt wurden, änderten das Risikokalkül der gesamten Finanzbranche. Banken begannen Leuten, die weder Einkommen noch Vermögen hatten, Geld für den Kauf eines Hauses zu leihen. Zwar war klar, dass die Kredite nie abbezahlt würden, doch das interessierte keinen, solange die Hypotheken zu Wertpapieren verarbeitet und in alle Welt verkauft werden konnten. Die Wall Street wurde zum Karussell für Ramschkredite. Bis der Irrsinn mit einem großen Knall endete.

Im Überfluss vorhandene Liquidität muss irgendwo angelegt werden. Deshalb ist es nicht verwunderlich, dass parallel zur Hausse auf den Aktienmärkten (samt deren innovativen Derivaten) auch die Immobilienmärkte boomten. Die Immobilienpreise explodierten und in vielen Ländern ist nun zu beobachten, was passiert, wenn sie wieder implodieren. Hier die Auswirkungen auf einen anderen Marktteilnehmer, der zunächst vom Kasino-Kapitalismus ebenfalls erheblich profitiert hatte[30]:

> In Island war man so inspiriert von der Erkenntnis, dass Finanzkapitalismus darin bestehe, einander einfach nur Papier zu verkaufen, dass man dort ein Modell entwickelte, welches [...] ungefähr so funktioniert: Wenn ich dir meine Katze um 500 Millionen verkaufe und du mir deinen Hund um dieselbe Summe, haben wir beide diesen Wert in unseren Büchern und können uns ein paar schöne Firmen kaufen.

Gefährliche Spiele

Warum belastet dieses System die reale Wirtschaft und warum muss es letztlich scheitern? Der Grund ist, dass Wohlstand, also die Verfügbarkeit nützlicher Produkte, *nur* in der realen Welt erwirtschaftet werden kann und sogar nachhaltig, also ohne dauerhafte Schädigung der natürlichen Lebensgrundlagen, geschaffen werden sollte. Die eigentliche Arbeit muss *immer* in der Welt der harten Fakten geleistet werden, im Ringen mit der Natur, der Technik,

---

[29] Siehe „Ausstieg eines Top-Bankers. Finanzhai jagt jetzt Austern", www.spiegel.de am 21.10.2011.
[30] Siehe „Legitimationsprobleme der Banker. Es war Dummheit!" auf faz.net, 24.10.2011.

gesellschaftlichen Institutionen und Menschen (etwa den Kunden). Die dortigen, echten Leistungsträger, egal ob im Blaumann, im Laborkittel oder in Nadelstreifen, verdienen es, gut entlohnt zu werden. Sie sind es, die substanzielle Beiträge zu den wirklichen Problemen leisten und mit viel Schweiß, Können, Geschicklichkeit sowie zuweilen auch ein wenig Inspiration die echten Fortschritte erzielen. Insbesondere Schumpeter (1883–1950) hat die Rolle der Innovation in Form „schöpferischer Zerstörung" hervorgehoben, wobei es zumeist der technische Fortschritt ist, der neue Möglichkeiten und damit auch Produkte und Märkte eröffnet (sowie Altes, nicht mehr Konkurrenzfähiges, verdrängt).

Bei alledem hilft eine wettbewerbsorientierte Marktwirtschaft, die wesentlich effizienter ist, als es irgend ein zentraler Plan je sein könnte. Insbesondere Hayek (1996), Nobelpreisträger für Wirtschaftswissenschaften 1974, aber auch viele andere Klassiker der Nationalökonomie haben dies immer wieder betont. "Top down" aufgelegte Programme und ebenso verteilte Subventionen sind ein gutes Beispiel hierfür. Mit diesen Mitteln lässt sich zwar einerseits strategische Industriepolitik betreiben, insbesondere lassen sich zukunftsfähige Branchen (Luftfahrt, Elektronik, Umwelt usw.) fördern, doch andererseits verzerren solche Programme immer das Marktgeschehen, was der Unproduktivität Vorschub leistet und schlimmstenfalls zu dauerhafter Abhängigkeit von fremder Hilfe führt. Während so im Westen jahrzehntelang sterbende Branchen künstlich am Leben erhalten wurden, wickelte im Osten – genauso ökonomisch unvernünftig – eine staatliche „Treuhand" in kürzester Zeit über ein Drittel aller Arbeitsplätze ab.

Die Wirkungen vorwiegend spekulativer Finanzmärkte und -investoren sind desaströser. Durch ihre Betriebsamkeit gaukeln sie echte Produktivität vor, während sie tatsächlich Geldschöpfung im virtuellen Raum und im großen Stil betreiben. Wären ihre Transaktionen ein Nullsummenspiel, so könnte man dieses noch tolerieren, doch das dabei neu geschaffene Kapital ist kein Spielgeld. Ihr Gewinn ist ganz real, da leider jeder so kreierte Dollar, Euro oder Yen (um nur die wichtigsten Währungen zu nennen, deren Stabilität immer zweifelhafter wird) nicht von einem sauer erarbeiteten zu unterscheiden ist. Er lässt sich genauso in Waren einlösen wie jeder andere. Erwirtschaften müssen den Wohlstand jedoch all jene, die nicht über eine magische Geldvermehrungsmaschine verfügen, mithin also 99 % der Bevölkerung. Nochmals zum historischen Beispiel[31]:

> Am stärksten bekommen dies die einfachen Leute zu spüren [...], also die Kleinbauern, Knechte, Handlanger und Hilfsarbeiter. Bis zu ihnen dringt das neue Geld selten vor, ihre Löhne sind kaum höher als früher. Die neuen, hohen Preise aber gelten für alle. Die Folge: Im Jahr 1570 kann sich ein durchschnittlicher europäischer Lohnbezieher mit seinem Einkommen nicht einmal mehr halb so viel leisten wie zu Beginn des großen Preisanstiegs.

Man sollte also nicht meinen, unsere aktuelle Situation oder die zugehörige Einsicht wären neu. Originell ist höchstens der Gedanke, dass es sich um eine ganz allgemeine Gesetzmäßigkeit handelt: Bröckelt die empirische Basis, so gerät auch der ganze Überbau ins Wanken. Deshalb wird jeder Naturwissenschaftler skeptisch und jeder Statistiker nervös, wenn Daten

---

[31] Siehe das ausführliche Zitat S. 154.

ihre Bodenhaftung verlieren. Wirtschaftswissenschaftlern sollte es angesichts der historischen Beispiele und des aktuellen Kasino-Kapitalismus genauso ergehen. Tatsächlich ist einer ihrer führenden Vertreter schon vor langer Zeit zum gleichen Ergebnis gekommen:

> Auf einem gleichmäßigen Strom unternehmerischen Tuns mögen Spekulanten wie Seifenblasen unschädlich sein. Aber die Lage wird ernst, wenn sich die Rollen umkehren und die Investition in realwirtschaftliche Unternehmungen zu einer Seifenblase auf einem Strudel der Spekulation wird.[32]

John Maynard Keynes schrieb dies 1936, also noch mitten in der Weltwirtschaftskrise, kurz nach dem Börsenboom Ende der 1920er-Jahre. Aus den oben genannten Gründen sind die Parallelen zu heute so ausgeprägt, tiefgehend und deshalb auch besorgniserregend. Er gibt folgende Definitionen[33]:

Spekulation: Vorhersage der Marktpsychologie. *Geschäftstätigkeit*: Vorhersage des voraussichtlichen Ertrags eines Wirtschaftsguts über dessen gesamte Lebensdauer. Ein Spekulant setzt seine Hoffnungen weniger auf den voraussichtlichen Ertrag, als vielmehr auf eine für ihn vorteilhafte Veränderung der (psychologischen) Bewertungsgrundlagen.

Für Keynes ist ein Spekulant also jemand, der viel weniger am längerfristigen Gewinn einer Investition interessiert ist, als daran, dass sich der Marktpreis der von ihm erworbenen Papiere (aber auch Firmen oder Immobilien) nach oben entwickelt. Er spekuliert darauf, dass viele andere zu einem späteren Zeitpunkt bereit sind, mehr zu bezahlen als er aktuell bezahlt hat. Es stockt einem der Atem, wenn er unmittelbar danach explizit auf die „Sünden" der New Yorker Wall Street sowie der Londoner City zu sprechen kommt. Dabei stellt er ausdrücklich fest, dass es dort nicht darum geht, Geld bestmöglich in der Realwirtschaft zu investieren, weshalb er auch eine Finanztransaktionssteuer befürwortet, um die Dominanz der Spekulation über die [normale] Unternehmenstätigkeit einzudämmen.[34]

Die Finanztransaktionssteuer wird heute zumeist in einem Atemzug mit dem Namen von J. Tobin (Nobelpreis für Wirtschaftswissenschaften 1981) genannt. Sie ist eine der Hauptforderungen von Attac und der Occupy-Bewegung.[35]

Am schlimmsten ist, dass jedes spekulative System inhärent instabil ist. 25 % Rendite sind in der realen Welt nicht dauerhaft machbar, sie lassen sich nur erzielen, wenn man innerhalb

---

[32] "Speculators may do no harm as bubbles on a steady stream of enterprise. But the position is serious when enterprise becomes the bubble on a whirlpool of speculation" (Keynes 2008: 142).

[33] Siehe Keynes (2008: 142). *Speculation*: [The] activity of forecasting the psychology of the market [...] *Enterprise*: The activity of forecasting the prospective yield of assets over their whole life. [A speculator] is attaching his hopes, not so much to its prospective yield, as to a favourable change in the conventional basis of valuation [...]

[34] Keynes (2008: 143) schreibt im Original: "The measure of success attained by Wall Street, regarded as an institution of which the proper social purpose is to direct new investment into the most profitable channels in terms of future yield, cannot be claimed as one of the outstanding triumphs of *laissez-faire* capitalism [...] The introduction of a substantial Government transfer tax on all transactions might prove the most serviceable reform available, with a view to mitigating the predominance of speculation over enterprise in the United States."

[35] Siehe www.attac.de und www.occupyfrankfurt.de.

des Finanzsystems ständig Papiere mit Gewinn weitergibt. Das aber führt zwangsläufig zu einem Schneeballsystem, in dem sich die Risiken aufschaukeln. Charakteristisch für hochgradig instabile Systeme ist der „Schmetterlingseffekt": Bildlich gesprochen genügt der Flügelschlag eines Schmetterlings, um einen Sturm loszutreten. Anders gesagt: Wenn jedes noch so kleine Einzelteil „systemrelevant" ist, wird dessen Rettung „alternativlos", will man einen Orkan, schlimmstenfalls verbunden mit dem Kollaps des ganzen Systems, verhindern. Der verantwortliche Politiker denkt bis hierher und installiert deshalb flugs Krisenkontrollmechanismen, neudeutsch „Rettungsschirme" genannt.

Der sich auf der Höhe der Zeit befindliche Wissenschaftler weiß jedoch darüber hinaus, dass die Chaostheorie auch die weiteren Folgen beschreibt. Da sich aufgrund der Konstruktion des Systems Effekte immer weiter – nichtlinear – verstärken, tauchen immer mehr Finanzlöcher auf, die Risiken ufern immer schneller aus und Schutzmauern aller Art müssen immer hektischer höher und höher gebaut werden. Die Krise wird zum (vermeintlichen) Dauerzustand, bis schließlich auch die höchsten, Billionen von Euro hohen Dämme nicht mehr halten und selbst die größten, finanzkräftigsten Staaten das Kartenhaus nicht mehr vor dem Einsturz retten können. Wie sagte doch schon von Mises (1881–1973)[36]:

> Es unmöglich, den letztendlichen Zusammenbruch eines Booms, der durch Kreditexpansion erzeugt wurde, zu vermeiden. Wir haben nur die Wahl, ob die Krise früher auftritt, wenn wir freiwillig die Kreditexpansion beenden, oder aber später, indem das bestehende Währungssystem zusammenbricht.

Wo stehen wir heute, was sagen die empirischen Daten? So sehr man sich auch gegen die Einsicht sträubt, lässt sich doch kaum leugnen, dass wir uns „in der größten Finanzblase aller Zeiten" befinden. Deshalb lässt sich auch die seit Kindertagen bekannte Einsicht kaum verdrängen, dass es nur eine Frage der Zeit sein kann, bis diese Blase, wie jede andere, platzt. Etwas genauer[37]:

> In den vergangenen 40 Jahren, vor allem aber während der vergangenen 20 Jahre, hat das Finanzsystem Kredite aus nichts geschaffen und damit außer Spekulationen nichts Substantielles finanziert. Wir haben die produzierenden Kapazitäten nicht erhöht, dagegen haben die Verbindlichkeiten dramatisch zugenommen. Um das System zu rekalibrieren, müssen wir wegkommen von der Kreditschöpfung der Banken und zurückkehren zum so genannten Fiat-Money der Zentralbank. Was in den vergangenen 20 Jahren finanziell passierte, ist ökonomisch nicht gesund. Der scheinbare Wohlstand, den wir in dieser Zeit erreichten, ist in gewissem Sinne eine Illusion. Faktisch muss der Lebensstandard im Rahmen einer notwendigen Normalisierung fallen. Wir sind jedoch noch weit davon entfernt, das akzeptieren zu können. Das gilt vor allem auch für die politische Klasse.

---

[36] Von Mises (1998: 570): "There is no means of avoiding the final collapse of a boom brought about by credit expansion. The alternative is only whether the crisis should come sooner as the result of a voluntary abandonment of further credit expansion, or later as a final and total catastrophe of the currency system involved."

[37] Siehe ein Gespräch mit S. Keene (University of Western Sydney), faz.net vom 8.1.2010.

Reality strikes

Statt auf industrieller Wertschöpfung beruht das aktuelle System auf hoch spekulativen Geldanlagen mittels immer komplexerer Produkte. Dabei findet der Handel vorwiegend innerhalb des Systems statt, und dieser Handel scheint wie selbstverständlich Gewinne zu produzieren. Doch in den allermeisten Fällen handelt es sich dabei um selbst erzeugtes Kapital, schlimmstenfalls sogar um eine finanzielle Lawine, die immer mehr Marktteilnehmer erfasst. Wird schließlich einer der großen Spieler zahlungsunfähig (wie die Lehman-Bank 2008), bricht der Rest an Vertrauen vollends zusammen. Niemand leiht dem anderen mehr Geld, was vollkommen rational ist, wenn potenzielle Geschäftspartner eher Zocker als Investoren sind.

Zugleich werden die empirischen Pfeiler, die alles tragen, immer brüchiger. Statt mit Eigenkapital zu haften, flieht die Branche in deregulierte Schattenbanken. Statt Risiken abzubauen, werden die „giftigen Papiere" lediglich in "Bad Banks" zwischengelagert. Externe Schocks werden nicht gedämpft, vielmehr verstärkt sie das System. Das Kapital, das 2008 zur Rettung bereitgestellt wurde, floss wohl zu 80 % wieder in die Spekulation. Da sich die Rahmenbedingungen nicht entschieden änderten, wiederholte sich die Finanzkrise später auf höherem Niveau:

> Im vergangenen November [2011] schien die Euro-Zone dem Kollaps nahe. Banken in den Krisenstaaten standen vor akuten Finanzierungsproblemen. In dieser Lage beschlossen die 23 Mitglieder des EZB-Rats, Geldhäuser der Währungsunion mit beispiellosen Liquiditätsspritzen zu stützen. Über 1000 Mrd. Euro liehen sich die Banken bei der EZB für drei Jahre zum Billigleitzins von 1,0 Prozent und gegen Sicherheiten von mitunter zweifelhafter Qualität.[38]

Genauer gesagt handelt es sich um eine einzige, sich über viele Jahre hinziehende Krise, die sich, wie in einem instabilen System zu erwarten, immer weiter auswächst. Zunächst kamen einzelne Banken ins Straucheln, dann die Finanzbranche, nun sind es ganze Staaten und sogar Staatengemeinschaften, die ins Wanken geraten. Rettungsschirm um Rettungsschirm wird geöffnet, deren Volumina immer phantastischer werden. Kleinere Volkswirtschaften mögen so noch aufgefangen werden können, doch den großen „Rettern" kann niemand mehr zur Seite stehen. Der öfters gehörte Satz "too big to fail" (also zu groß, um scheitern zu können) ist einfach falsch, nicht zuletzt *wegen* ihrer Größe sind auch schon die Dinosaurier untergegangen.

Spekulation ist wahrlich kein Nullsummenspiel, letztlich gewinnen nur jene, die im großen Stil im Kasino mitspielen, während alle übrigen dies finanzieren. Die im Kasinokapitalismus „erwirtschafteten" Gewinne werden an die Akteure im Kleinen (Kursgewinne) wie Großen (Boni) ausgeschüttet. Schon diese Summen sind skandalös, zumal sie die Arbeitsmoral in den realwirtschaftlichen Branchen unterminieren. Schlimmer jedoch ist die Tatsache, dass für Banken und andere kapitalstarke Investoren leichte, scheinbar mühelose Gewinne im Spielkasino mit den schwer zu erwirtschaftenden Margen im realen Kreditgeschäft konkurrieren. So kommt paradoxerweise trotz allen billigen Geldes die

---

[38] „Geldpolitik der EZB. Lasst die Dicke Bertha der EZB wirken", www.ftd.de, 4.4.2012.

Realwirtschaft nicht mehr an die Kredite, die sie für sinnvolle Investitionen benötigt. „Kreditklemme" ist eine ungenaue Bezeichnung hierfür. Tatsächlich „kannibalisiert" das renditeträchtigere Kasino-Geschäft alle anderen Geschäftsfelder.

Zu welchen sozialen Verwerfungen dies schließlich führt, ist besonders gut an den Finanzstandorten zu studieren. Während die einen im Luxus schwelgen, wird das Leben dort für den Normalverdiener unerschwinglich. Es ist eine gute belegte Tatsache, dass seit den 1970er-Jahren in vielen entwickelten Ländern die Kaufkraft der breiten Masse bröckelt, was nicht verwunderlich ist, wenn man die Verteilung der Vermögen und Einkünfte betrachtet. In den USA hat sich die Schere besonders weit geöffnet[39]:

	Einkommensgruppe (Einkünfte sind. . .)					
	gering (Unterste 20 %)	niedrig (20–40 %)	mittel (40–60 %)	gut (20–40 %)	hoch (Beste 20 %)	$
1970	4,1	10,8	17,4	24,5	43,2	100
2011	3,2	8,4	14,3	23,0	51,1	100
Differenz	−0,9	−2,4	−3,1	−1,5	+7,9	

Als Grafik:

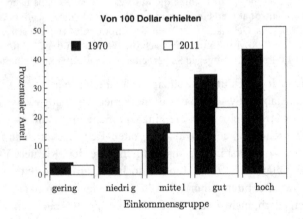

Man erkennt deutlich, dass mit einer Ausnahme die Entwicklung in allen Einkommensgruppen ungünstig war. Nur der Anteil der obersten Gruppe hat sich vergrößert. Erhielt jene 1970 von 100 verdienten Dollar 43,2 $, so waren es vierzig Jahre später 51,1 $. Der renommierte Ökonom J. Stiglitz ergänzt, dass Top-Verdiener, die 1 % aller Beschäftigten

---

[39] Für die folgenden Zahlen und Zitate siehe den Beitrag "The American Dream Has Become a Myth", www.spiegel.de vom 02.10.2012. Die Daten der Grafik findet sich dort im Verzeichnis international/bild-858906-408384, wobei als Quelle das US Census Bureau, also die statistische Bundesamt der USA, genannt wird.

ausmachen, im Moment ca. 20–25 % des gesamten Einkommens erhalten und sich dieser Anteil in den letzten dreißig Jahren verdoppelt hat.

Insgesamt erzählt diese Statistik also die Geschichte einer Polarisierung, und für Deutschland gilt leider ähnliches.[40] „Denn wer da hat, dem wird gegeben, dass er die Fülle habe; wer aber nicht hat, dem wird auch das genommen, was er hat" heißt es im Matthäus-Evangelium (Kapitel 25, Vers 29), und genau deshalb spricht auch die modernen Soziologie vom „Matthäus-Effekt". Dieser hat zur Folge, dass Aufstieg durch Leistung illusorisch wird, also, so Stiglitz, für die allermeisten „der amerikanische Traum zu einem Märchen geworden [ist]."

Unternehmen geht es kaum besser, denn je weniger die Banken an realen Geschäften interessiert sind, desto schwieriger gestaltet sich die Zusammenarbeit mit ihnen. Es ist nicht verwunderlich, dass gerade in Ländern mit einer großen Finanzindustrie nahezu sämtliche anderen Branchen in den letzten Jahrzehnten erheblich gelitten haben. Wird aus der symbiotischen Beziehung zwischen Geld- und Realwirtschaft eine parasitäre, so bedeutet das nichts anderes als eine Deindustrialisierung auf breiter Front, Arbeitsplätze gehen in großem Maßstab verloren oder werden durch minderwertigere ersetzt. Weltweit gesehen sorgen der „Push-Faktor" ungünstiger Kapitalverwendung in den alten Industriestaaten zusammen mit dem „Pull-Faktor" günstiger Arbeitslöhne in den Schwellenländern (insbesondere in Asien) dafür, dass sich die Gewichte schnell verschieben.

Solange die beteiligten realen Wirtschaften und Gesellschaften das Spielkasino finanzieren (können), freut sich jeder direkt am System Beteiligte und erst recht die höheren Hierarchieebenen darin. Wehe aber, wenn wie Ende der 2000er-Jahre alles kippt. Dass damit das Ansehen einer einst genauso hoch geachteten wie seriösen Branche ruiniert wurde, ist kurzfristig noch das geringste Übel. Schlimmer ist, dass weder die Finanzwelt noch die persönlich Verantwortlichen zur Rechenschaft gezogen wurden. Ganz im Gegenteil, die meisten Beteiligten wurden mit üppigen Zuschüssen und Abfindungen „gerettet", sodass sich auf der persönlichen Ebene der Verdacht aufdrängt, eine kleine Minderheit könne selbst bei massivem eigenem Fehlverhalten nie verlieren, während die meisten anderen die Härten des Systems voll zu spüren bekommen. Der Laie staunte und die alten Meister der Wirtschaftswissenschaften drehten sich wohl sprichwörtlich im Grabe um, hatten letztere doch unmissverständlich betont, dass immer Freiheit mit Verantwortung und Vertragsfreiheit mit persönlicher Haftung einhergehen muss:

> Haftung [ist] nicht nur eine Voraussetzung für die Wirtschaftsordnung des Wettbewerbes, sondern überhaupt für eine Gesellschaftsordnung, in der Freiheit und Selbstverantwortung herrschen.[41]

---

[40] Siehe z. B. „Die Mittelschicht in Deutschland schrumpft seit 15 Jahren", Pressemeldung der Bertelsmann Stiftung vom 13.12.2012.

[41] W. Eucken (1891–1950), zitiert nach Starbatty (2008). Auch viele andere aktuelle Autoren berufen sich momentan auf den Gründungsvater des „Ordoliberalismus", der zum einen für eine vom Staat garantierte Wirtschaftsordnung eintritt, zum anderen aber staatliche Planung bzw. eine Lenkung des Wirtschaftsprozesses ablehnt. Siehe hierzu S. 166 und die in Abschn. 3.7 wiedergegebene Debatte.

Wie anders doch in der heutigen Welt (Hüther 2009):

> Der Haftung entzogen sich Banken durch den vollständigen Verkauf der Hypothekarkre-
> dite, statt das endogene Risiko der Kreditbeziehung – wie es der Theorie der Verbriefung
> entspricht – in den eigenen Büchern zu halten. Der Haftung entzogen sich auch die Invest-
> mentbanken, die keine Garantie für den in den Verbriefungen zugesagten Schuldendienst
> übernahmen.

Finanziell am gravierendsten sind die „toxischen" Hinterlassenschaften, also verbriefte Forderungen in Milliardenhöhe, die, wie auch der Giftmüll anderer Branchen, die reale Wirtschaft und Gesellschaft noch lange belasten werden. Letztere haften nun letztlich für die
Eskapaden der Finanzmärkte und zwar so weitgehend, dass immer größere Rettungspa-
kete die Reserven der Industriestaaten erschöpfen. Die Wurzeln der aktuellen, exorbitanten
Staatsverschuldung reichen zwar weiter zurück, doch war es erst der drohende Kollaps der
Finanzwelt, der die Staatshaushalte in kürzester Zeit und auf breiter Front in ihre sehr
prekäre Lage brachte.

Noch problematischer ist, dass trotz alledem bislang keine „Reform an Haupt und
Gliedern" eingeleitet wurde. Die Faktoren und Mechanismen, die in die aktuelle prekäre
Lage geführt haben, sind nach wie vor wirksam. So hält die Krise nicht nur an, sondern zieht
immer weitere Kreise. Durchaus zurecht sieht die allgemeine Bevölkerung ihren Lebensstandard bedroht, womit das von der Finanzwelt ausgehende Beben die Gesellschaften aller
Industriestaaten in ihren Grundfesten erschüttert. Wie inmitten eines Erdbeben wanken
wohlbefestigte Strukturen, werden Sicherungsmechanismen bis aufs Äußerste belastet und
versagt ein „Stabilitätsanker" nach dem anderen. Letztlich erleben wir, dass ohne grundle-
gendes Vertrauen weder das wirtschaftliche noch das gesellschaftliche Leben funktioniert.[42]

Boden-Erosion

Am gefährlichsten ist, dass die Dramatik der Ereignisse die Exekutive zu hektischen Maßnahmen zwingt, die das bewährte Wechselspiel der Institutionen untergraben. Das Haushaltsrecht der Parlamente wird ausgehebelt, wenn Rettungsschirme die Volumina größerer
Staatshaushalte um ein Vielfaches übersteigen und noch dazu von den Regierungschefs

---

[42] Im Moment erscheint eine reichhaltige Literatur über die weltweite, von den Finanzmärkten
ausgehende ökonomische Krise. Die Autoren setzen verschiedene Schwerpunkte, doch ist der Tenor
recht ähnlich. Eine kleine Auswahl: Am einfachsten ist es, vorwiegend über die persönliche Seite zu
schreiben (Sorkin 2010; Das 2011; Johnson und Kwak 2011; Mallaby 2011). Lewis (2010, 2011a,b) gilt
als der Autor der Stunde. Systemische Analysen und historische Vergleiche dominieren ansonsten das
Feld, siehe insbesondere Reinhart und Rogoff (2010), Roubini und Mihm (2010) sowie Lybeck (2011).
Sehr bekannte Autoren sind Krugman (2009) (Nobelpreis 2008), Stiglitz (2010) (Nobelpreis 2001)
und Galbraith (2010). Darüber hinausgehende historisch-anthropologische Perspektiven bieten Hart
und Hahn (2011) sowie Grae (2011). Von den gerade genannten Büchern stammt kein einziges
von einem deutschsprachigen Autor. Diese empirische Beobachtung wirft kein gutes Licht auf die
zugehörige Wissenschaft. Warum hat sie zu den wichtigsten wirtschaftlichen Problemen der Zeit
nichts zu sagen? Siehe hierzu insbesondere Abschn. 3.7.

in Nacht-und-Nebel-Aktionen festgezurrt werden. Wie nicht anders zu erwarten, kam es dabei schon des Öfteren zur Überschreitung aller möglichen „roten Linien", zur Dehnung von Gesetzen, bis hin zum offenen Bruch grundsätzlicher Vereinbarungen. Es wäre naiv zu glauben, ein hoch angesehenes nationales Gericht könne dies alles im Nachhinein wieder korrigieren. Dazu ist die normative Kraft des Faktischen viel zu groß.

Die beispiellose, freiwillige Kooperation der europäischen Nationen in der EU ist nicht nur eine historisch richtige, grandiose Idee, sie ist das realpolitische Pfund, um das alle anderen Kontinente Europa beneiden. Leider weist die institutionelle Realisierung etliche Konstruktionsmängel auf, die sich nun im Sturm zu einer existenziellen Krise (zumindest der gemeinsamen Währung) auszuwachsen drohen. Es ist richtig, dass viel auf dem Spiel steht, doch mit jedem windigen Manöver werden Mast und Schotten be- statt entlastet. Vertrauen und Glaubwürdigkeit erwachsen nicht in langen Nächten hinter verschlossenen Türen in der Brüsseler Kapitänskajüte, sondern aus Vertragstreue und Vertrauensschutz. Diese und nicht zahllose in der Offiziersmesse der „Solidarität" geopferte Milliarden, führen in ruhigere Gewässer. Die Wogen der Märkte zu glätten ist hoffnungslos, den sicheren Hafen der Stabilität erreichen nur sturmfeste Schiffe, die Kurs halten.

Niemand kann und sollte ein Interesse daran haben, dass „wirtschaftliche Zwänge" demo kratische Prozesse und Institutionen unterminieren. Bei allen Unzulänglichkeiten unserer westlichen Republiken (und erst recht der EU): Die Macht muss in den Händen gewählter Volksvertreter liegen und nicht bei eher erratischen Finanzmärkten samt deren undurchsichtigem Umfeld. Bislang war die Lobby des großen, allzu leicht verdienten Geldes – überall im Westen, nicht nur in Kontinentaleuropa – stark genug, echte Regulierungen zu verhindern, von einer soliden Neugestaltung des Sektors ganz zu schweigen. Nichtsdesto-trotz: Entweder es gelingt, das Primat der Politik auch an dieser ganz entscheidenden Stelle durchzusetzen oder die Demokratie nimmt nachhaltig Schaden.

Großen Übeln kommt man nicht durch eine filigrane Justierung von Verboten oder Anreizen bei. Moralische Appelle bewirken noch weniger. Was vielmehr Not tut ist eine grundlegende Reformation des Systems, basierend auf einer kühlen Analyse der im Hinter-grund wirksamen, aber zugleich ganz wesentlichen Prozesse. Jeder Arzt weiß, dass man nur dann gegen eine schwerwiegende, chronifizierende Krankheit eine Chance hat, wenn man gezielt deren Ursachen bekämpft. Die aktuelle wirtschaftliche Misere wird – durchaus tref-fend – mit Alkoholsucht verglichen. Damit alles so weitergehen kann wie gewohnt, rufen die Kranken nach immer mehr Hochprozentigem – obwohl sie wissen oder zumindest ahnen, dass mit jeder Runde die Schwierigkeiten größer werden.

Die Therapie muss in die andere Richtung gehen. Anstatt die Märkte ständig mit „Liqui-dität zu fluten", alte Schulden (plus Zinsen) durch neue Schulden zu „begleichen" und durch hemmungslose Geldschöpfung das Kasino am Laufen zu halten, ist genau das Gegenteil richtig. Unfriede den Investmentbanken, die mit steuerfreien Luft-zu-Geld-Transaktionen die Volkswirtschaften nur belasten, doch Friede den Geschäftsbanken, die sinnvolle Inves-titionen fördern. Spekulationsblasen den Nährboden zu entziehen vermag eine Zentralbank am besten, die der Geldwertstabilität verpflichtet ist. Geld wird erst durch Verknappung (wieder) wertvoll und so auch erheblich stärker in der Realwirtschaft verankert. Es sollte uns beunruhigen, dass sich der Rohölpreis in den letzten sechs Jahren nahezu verdoppelt hat, während in gerade einmal acht Jahren der Goldpreis von weniger als 400 Dollar auf über 1800 Dollar pro Unze geradezu explodiert ist. Auch die politischen „Kollateralschäden" sind schon beträchtlich. Eine Alternative gefällig?

> Der Katalog konstitutiver Prinzipien, die Walter Eucken, der Urvater der deutschen Ordnungsökonomen, aufgestellt hat, enthält im Kern immer noch die Grundregeln einer guten Wirtschaftspolitik: Respekt für die Eigentumsrechte und die Vertragsfreiheit, eine stabile Währung, Wettbewerb und die Betonung der privaten Haftung.[43]

3.6   Harte Realität, sanft gefedert

Boden-Haftung

Die aktuellen Vorkommnisse sind auch ein prominentes Beispiel dafür, dass man die Realität nicht ignorieren darf, sondern versuchen muss, ihr gerecht zu werden. Ohne eine feste empirische Verankerung hängt jede wissenschaftliche Theorie – aber auch jede Institution – in der Luft, und es kommt früher oder später zur schmerzhaften Desillusionierung. Es ist kein Zufall, dass die größten Turbulenzen im Euro-Raum von Griechenland ausgehen, dessen Wirtschaftsdaten am meisten geschönt waren, als es darum ging, den Euro einzuführen. Über unliebsame Daten kann man sich kurzfristig sogar noch leichter hinwegsetzen als über die meisten unangenehmen Fakten. Jedoch lassen sich die Folgen der ignorierten Zahlen nicht mehr ignorieren: "Reality strikes (back)", die Wirklichkeit schlägt zu(rück), heißt es sehr treffend im Englischen. Keine Mauer, kein Elfenbeinturm und auch kein Glaspalast bieten Schutz. Ganz im Gegenteil: Je bequemer wir es uns gemacht haben, je länger der Traum und je schöner der Rausch waren, desto jämmerlicher ist der Kater danach. Gehen wir noch einmal ins Detail und studieren die Symptome, die mit der „Phantasie der Anleger" bzw. der „Krankheit des Mystizismus"[44] einhergehen. Vermeidet man sie, kommt man ganz selbstverständlich zu Strukturen, die gesund, also wirklichkeitsnah und robust sind.

Eine wichtige Unterscheidung ist, ob ein System Turbulenzen dämpft oder verstärkt. Die klassische Versicherungsbranche ist darauf ausgelegt, selbst große externe Schocks zu „verdauen". Dieses Ziel wird erreicht, indem das System wie ein Spinnennetz konstruiert ist. Selbst wenn es an einer Stelle zu einem heftigen Einschlag kommt, wird die Energie bzw. die finanzielle Belastung von dort schnell an die übrigen Komponenten des Systems weitergeleitet. Die Marktteilnehmer sind hervorragend vernetzt und die einzelnen Streben stabil, doch entscheidend ist, dass die Folgen gedämpft werden, und zwar so sehr, dass

---

[43] Plickert (2009).
[44] Laughlin (2007: 174ff.).

selbst größte Risiken beherrschbar werden. Ein solches System muss keinem künstlichen „Stresstest" ausgesetzt werden, also einem hypothetischen Szenario, ob es mit dem einen oder anderen Ereignis noch umgehen könnte. Es bewährt sich tagtäglich im schlimmsten Test den es gibt, der Realität mit all ihren unvorhersehbaren Ereignissen.

Es ist bezeichnend, dass bis vor wenigen Jahren derartige Stresstests auch in der Kreditbranche unüblich waren, noch nicht einmal das Wort war gebräuchlich. Eine seriöse Geschäftsbank wirtschaftet – selbstverständlich – solide, d. h. sie prüft Risiken, besteht auf Sicherheiten, bewertet konservativ (also vorsichtig), versichert sich gegen Kreditausfälle usw. Deshalb kam es auch nur selten vor, dass eine Bank in Schieflage geriet. Tat sie es doch, etwa weil überraschend eine große Anzahl von Kreditnehmern ihren Verpflichtungen nicht mehr nachkommen konnten, so stand eine kapitalstarke Branche bereit um sie, bzw. zumindest die Kunden und deren Einlagen, aufzufangen. Im weltweiten Kasino ist dies ganz anders: Jeder gibt seine Risiken gerne – mit Gewinn – an andere weiter, erst recht, wenn mit den verkauften Risiken auch die „gehebelten" Erlöse sprudeln. Von Haftung oder Verantwortung ist keine Rede, erst recht nicht, wenn das selbst gebaute Kartenhaus schließlich – zwangsläufig – an der Realität zerbricht.

Solide versus aufwendige Mathematik

Schaut man auf die verwendeten Methoden, so zeigt sich sofort, dass klassische Finanzmathematik genauso solide und sogar noch einfacher ist als klassische Versicherungsmathematik. Letztlich genügen die Grundrechenarten, ergänzt um die Zinseszinsrechnung, um mit Geld seriös umzugehen. Blickt man jedoch in ein aktuelles Lehrbuch der Finanzmathematik, so sieht das ganz anders aus. Nach einer kräftigen Prise Maßtheorie öffnet sich das höchst abstrakte Universum der stochastischen Prozesse samt der zugehörigen Kalküle. Ohne ein Mathematikstudium hat man fast keine Chance, all diese Konstrukte auch nur annäherungsweise nachzuvollziehen.

Auf der persönlichen Ebene ist der Erfolgreiche der, der mit dem formalen Handwerkszeug solide umgehen kann. Der künstlerischere Typ, der zwar das Gefüge der Ideen besser versteht, seine Intuitionen aber nicht klar zu fassen vermag, gilt hingegen wenig. Zum einen hat dies seine Berechtigung: Zu vermuten ist weit einfacher, als zu beweisen. Nur wer Schwieriges zu beweisen vermag, ist ein echter Könner. Andererseits neigt die Mathematik aber deshalb nicht unähnlich der Juristerei auch dazu, Formalia zu sehr zu betonen oder sich sogar in diesen zu verlieren, nämlich dann, wenn Strenge wichtiger wird als Ideen. Es gibt wohl nichts langweiligeres als eine „vollendete" Vorlesung über ein althergebrachtes Gebiet, wo die Monotonie von Definition, Satz und Beweis schließlich auch die originellsten Geistesblitze zu vertrockneten Mumien werden lässt.

Wohlgemerkt: Abstraktion ist der Grundimpuls der reinen Mathematik, es ist gut und richtig, dass sie nach allgemeingültigen Aussagen strebt. Daraus folgt jedoch nicht, dass abstraktere Mathematik in der Anwendung auch automatisch die bessere sein muss.

Je weiter der Weg zurück ins Konkrete, desto leichter geraten auch potenzielle Anwendungen aus dem Blick. Noch gravierender ist, dass gar nicht so selten „falsch" verallgemeinert wird, sich die mathematische Eleganz auf Kosten „unbequemer", aber empirisch relevanter Aspekte durchsetzt. Durch „hemmungslose" Generalisierung verfehlt man sogar sehr leicht eine angemessene Abstraktionsebene, also jene Ebene, auf der alles ganz einfach wird, weil die Begriffe in natürlicher Weise eine schöne, zusammenhängende Theorie ergeben. Darüber hinaus schreibt ein bedeutender Physiker (freiere Übersetzung):

> Nichts ist falscher als die Behauptung, dass mathematische Strenge die „Richtigkeit der Ergebnisse" sicherstellen würde. Ganz im Gegenteil. Die Erfahrung lehrt, dass, je mehr man sich auf mathematische Strenge verlegt, desto weniger auf die Gültigkeit der getroffenen Annahmen in der realen Welt geachtet wird. Und umso wahrscheinlicher wird es, dass man zu Schlussfolgerungen gelangt, die in der realen Welt völlig falsch, ja geradezu grotesk sind.[45]

Hinzu kommt, dass „mathematische Ideen orthogonal zu ihrer allgemeinsten Formulierung sind."[46] Dieser Satz ist so zu verstehen, dass die entscheidenden Argumente in aller Regel einfach sind und sich in einem konkreten Rahmen auch gut veranschaulichen lassen. Deren optimale Abstraktion ist jedoch typischerweise ganz andersartig, formal erheblich aufwendiger und zugleich weit schwerer zu verstehen. Gleichwohl bedeutet das in den allermeisten Fällen *nicht*, dass sich auf der allgemeinen Ebene ganz neue Einsichten verbergen, die sich nur dem Eingeweihten offenbaren.

Ein Großteil der reinen Mathematik beschäftigt sich mit der intellektuell anspruchsvollen Aufgabe, starke formale Werkzeuge zu entwickeln. Für Mathematiker ist wie für die Meister des Baues musikalischer Instrumente die makellose Gestaltung ihrer Produkte ein Selbstzweck. Wirklich originale *wissenschaftliche* Arbeit besteht hingegen eher darin, diese Formen kreativ zu nutzen. Insbesondere Physiker beherrschen die mathematische Sprache wie Komponisten die Notenschrift, also um ihre Ideen zu fixieren. Und erst sie (sowie andere Wissenschaftler) spielen wie virtuose Künstler auf den formalen Instrumenten, die sie vorfinden – obwohl ihr Augenmerk nicht primär darauf liegt, diese über das Notwendige hinaus weiterzuentwickeln.

Kurz und gut: Auch an dieser Stelle sollte man sich nicht über Gebühr beeindrucken lassen. So grandios ein Konzertflügel auch klingt, zumeist genügt schon ein halbwegs gestimmtes Klavier, um eine Melodie zu erfassen. Kein übertriebener Respekt vor Zahlen und jenen, die sich berufsmäßig mit ihnen beschäftigen! Wer auf komplexe Mathematik trifft, sollte sich zuallererst einmal nicht ins Boxhorn jagen lassen und dann zwei entscheidende Fragen stellen:

---

[45] Siehe Jaynes(2003: 674ff.): "[. . .] nothing could be more pathetically mistaken than the prefatory claim [. . .] that mathematical rigor 'guarantees the correctness of the results'. On the contrary, much experience teaches us that the more one concentrates on the appearance of mathematical rigor, the less attention one pays to the validity of the premises in the real world, and the more likely one is to reach final conclusions that are absurdly wrong in the real world."

[46] Cover und Thomas (2006: S. xx) . Mathematisch bedeutet „A orthogonal B", dass A senkrecht auf B steht, also völlig anders ausgerichtet ist.

(i) Was sind die Ideen, die sich hinter den mathematischen Begriffen verbergen?
(ii) Ist der Formalismus adäquat, d. h. bewährt er sich in der Praxis?

Das heißt, wieder einmal stellt sich die Frage nach der Erdung des Unternehmens. Die Formeln der Physik beschreiben die reale Welt hervorragend und die Methoden der Versicherungsmathematik erlauben es, risikoadäquate Prämien zu kalkulieren. Inwieweit geben nun die Formeln der Finanzmathematik die Bewegungen auf den Märkten wieder, inwiefern erlauben sie es, den Wert von Aktien und anderen Finanzmarktprodukten zu bestimmen?

Mathematische Zaubereien

Die aktuelle Finanzmathematik ist nicht zuletzt deshalb so unzugänglich, weil sie mit äußerst allgemeinen Objekten in hochabstrakten Kalkülen hantiert. Da es viele Bereiche angewandter Mathematik gibt, die mit weit weniger Formalismen auskommen, drängt sich sofort die Frage auf, ob es nicht auch wesentlich einfacher ginge. Oder, etwas pointierter gefragt, passt nicht die Unzugänglichkeit der verwendeten Methoden ganz hervorragend zur Intransparenz der gesamten Investmentbranche? Es wäre ja nicht das erste Mal, dass barocker Pomp, aufwendiger Putz und klingendes Pathos die dahinter liegende Banalität verbergen soll.

In diesem Fall gilt dies auch für die verwendeten mathematischen Methoden: Der Blick auf konkrete Situationen zeigt, dass keine höheren Weisheiten in den abstrakten Kalkülen stecken, sondern letztlich auch wieder nur ganz schlichte Grundüberlegungen. Erst recht wird die Argumentation dünn, wenn man nach konkreten Anwendungsbeispielen fahndet. Diese sind meist „Standard" oder die einschlägigen Texte vermeiden die Praxis – reale Daten – konsequent. Ein Grund für jeden kritischen Leser, die Stirn zu runzeln.

Vor einigen Jahren wurde eine zentrale Leistung auf diesem Gebiet mit dem Nobelpreis für Wirtschaftswissenschaften ausgezeichnet (1997). Die prämierte, nach ihren Entdeckern benannte „Black-Scholes-Formel" erlaubt es, sehr viele Finanzprodukte mit einem Preis zu versehen. Soweit so gut, wird man sagen, doch kann dies nicht auch jeder Händler, etwa indem er seine subjektiven Erwartungen zu einer Zahl verdichtet? Ja und nein. Natürlich steht es jedem Handelsteilnehmer frei, die Preise zu fordern und zu bezahlen, die er gerade im Sinn hat. Die obige Formel ist jedoch weit objektiver, weil ihr ein explizites Modell des Finanzmarktes zugrunde liegt. Sind dessen Annahmen adäquat, so gilt auch die Formel.

Es ist nun jedoch ein offenes Geheimnis, dass sich die Realität auch hier – wie so oft – die Freiheit nimmt, nicht unseren Wünschen, Vorstellungen und Annahmen zu folgen. Sehr schön hat dies ein französischer Statistiker formuliert:

Tatsächlich habe ich nie daran geglaubt, dass die Formel von Black und Scholes eine genaue Repräsentation der Realität ist, sondern eher eine soziale Übereinkunft, ein "gentleman's agreement" unter Händlern um zu einem konsensfähigen Preis zu kommen. Den „Beweis" meiner Behauptung sehe ich darin, dass die Marktteilnehmer nie wirklich versuchten, ihr

Modell an die Realität anzupassen. Auch dass das Modell nicht mit Kurssprüngen umzugehen vermag, wurde von den meisten übersehen, was sie schließlich bereuten. . .[47]

Was oberflächlich betrachtet wie ein unbedeutendes technisches Detail anmutet, ist tatsächlich das Leitsymptom der Erkrankung. Warum legen Versicherungsmathematiker wie Naturwissenschaftler den allergrößten Wert darauf, dass ihre Modelle präzise auf die Realität passen? Weil das die Quintessenz ihres Geschäfts ist und sie nur dann bestehen können, wenn sie bei der Beschreibung der Realität hinreichend erfolgreich sind. Die glitzernden Paläste der Versicherungen fußen genauso wie die beeindruckenden Theorien der harten Wissenschaften auf dem soliden Fundament adäquater mathematischer Formulierung der jeweils relevanten empirischen Sachverhalte. Wer in dieser Kerndisziplin versagt, wird entweder von der Konkurrenz oder der Realität gnadenlos ausgeschaltet.

Schon die Bilanz, die jedes Unternehmen regelmäßig erstellen muss, dient dazu, die wirtschaftliche Situation eines Unternehmens systematisch und wahr darzustellen. Eine Bilanz fälscht, wer Wunschdenken mehr Platz einräumt als den harten Fakten. Letztere angemessen zu erfassen ist natürlich nicht einfach, selbstverständlich lassen unsere Messungen, Experimente, Modelle und Theorien viel zu wünschen übrig. Sie sind wie alles von Menschen Gemachte nicht perfekt und zuweilen kaum mehr als Karikaturen, verzerrte Bilder des Tatsächlichen. Doch geht das Bemühen immer dahin, valide Daten zu erheben, Messungen präzise zu machen, aussagekräftige Experimente durchzuführen, adäquate Voraussetzungen zu finden, passgenaue Modelle und elegante Theorien zu formulieren, kurzum, der Realität immer besser gerecht zu werden.

Nichts von alledem in der Finanzwirtschaft. Zur Steuerung der gewaltigsten Transaktionen der Geschichte, zur Beherrschung der mächtigsten Geldströme aller Zeiten genügen – ein paar Konventionen. Jene reichen aus, weil es vor allem auf die Binnenbeziehungen des Systems, den Handel untereinander, ankommt. Das spekulative Finanzkarussell dreht sich zuallererst einmal um sich selbst, seine empirische Verankerung ist zweitrangig. Deshalb lohnt es sich auch kaum, das hochkomplexe Auf und Ab der Kursschwankungen besser verstehen zu wollen, viel wichtiger ist, große Volumina – mit Gewinnaufschlag – anderen zu verkaufen.

---

[47] Siehe http://xianblog.wordpress.com/2009/02/page/2/. Im Original: "Actually, I never took the Black-Scholes formula to be an accurate representation of reality, but rather a gentleman's agreement between traders that served to agree on prices, the 'proof' being that they never seemed to estimate anything about this model! That it did not allow for big jumps was overlooked by most, to their eventual sorrow[. . .]" Die Formulierung "estimate anything about this model" lässt sich auf zwei Arten interpretieren: Zum einen, dass die Stellvariablen (Parameter) innerhalb des Modells nicht genau auf die realen Verhältnisse kalibriert wurden. Zum anderen, dass nicht versucht wurde, mithilfe des Modells die reale Entwicklung zu schätzen. Für eine ausführlichere Darstellung siehe Taleb (2008).

Modelle: solche und solche

Man vergleiche einmal typische Modelle der Versicherungen mit jenen der Banken. Selbstverständlich passt jede Lebensversicherung in kurzen, regelmäßigen Abständen ihre Sterbetafeln an. Jeder Autoversicherer weiß ganz genau, welche Fahrer und Fahrzeuge, in Abhängigkeit von der Region und vielen anderen Variablen, wie viele Schäden verursachen. In der Sachversicherung wird ein Großteil der wirklich schwerwiegenden Schäden von Naturkatastrophen, insbesondere aufgrund von extremen Wetterlagen, verursacht. Deshalb ist es für Rückversicherer sehr wichtig, gut über das Klima und dessen voraussichtliche Änderung Bescheid zu wissen.[48]

Nicht so bei den Banken. Niemand modelliert die vielfältigen Faktoren, die einen Aktienkurs beeinflussen. Stattdessen nimmt man einfach an, der Aktienkurs verhalte sich wie ein zufälliger Prozess. Das heißt, aufeinander folgende Marktpreise sind voneinander abhängig und die Modelle versuchen genau diese Abhängigkeitsstruktur zu erfassen. Gelingt dies, so kann man mittels eines kurzen Blicks in die Vergangenheit zumindest grob abschätzen, wie sich ein Kurs in der näheren Zukunft weiterentwickelt. Konsequenterweise ist Finanzmathematik viel Stochastik und recht wenig Statistik.

Dementsprechend ist aber zugleich die Aussagekraft dieser Modelle recht begrenzt. Insbesondere spielen externe Einflussfaktoren nur implizit als „Rauschen" eine Rolle, extreme Ereignisse, die selten auftreten, werden nur unzureichend berücksichtigt. Hinzu kommt, dass der Zeithorizont der Modelle eher klein ausfällt, nur selten wird ein kompletter Geschäftszyklus, der sich über Jahre hinziehen kann, abgebildet. Viel typischer ist, dass das verwendete Modell häufig neu kalibriert, also an die Daten der letzten Zeit angepasst wird, was schnell zur Überadaptation führt. Für ein beeindruckendes Beispiel, wie leicht sich ein Modell – äußerst genau! – an gegebene Daten anpassen lässt, siehe die Geschichte des „Genuesischen Zepters" (Dubben und Beck-Bornholdt 2005: 202–210).

Wie man es auch dreht und wendet: Unser Verständnis, wie sich die Kurse von Aktien und anderen Papieren entwickeln, ist äußerst begrenzt. Womöglich gibt es sogar gar keine einfache Theorie, die die Schwankungen adäquat erfassen könnte. Eine aufwendige Mathematik vermag dies zwar gut zu übertünchen, doch Formalia sind kein wirklicher Ersatz für psychologische, wirtschaftliche und politische Einsichten, und genau an diesen mangelt es. Gute Mathematik wächst viel eher aus inhaltlichem Verständnis und aussagekräftigen Beobachtungen, als dass sie in Form aufwendige Kalküle zum Fortschritt in der Sache führte. Bestenfalls hat die Mathematik schon einen Formalismus, also eine geeignete Sprache entwickelt, wenn ihn die Fachwissenschaftler benötigen. Schlimmstenfalls substituiert esoterische Mathematik erste einfache, aber hilfreiche Ansätze. Natürlich lässt sich auf das schlichte Kurs-Gewinn-Verhältnis (siehe S. 155) allein keine akademische Karriere gründen, doch wäre es weit aussichtsreicher, solche empirisch relevanten Kennzahlen zu verstehen, als weltfremde Konstrukte aufeinander zu häufen, also unverstandener empirischer Komplexität mit kaum fassbarem mathematischem Aufwand zu begegnen.

---

[48] Siehe schon S. 147.

3.7   Wenn die Realität die Wissenschaft einholt

Schiff aufgrund

„An ihren Früchten sollt ihr sie erkennen" heißt es schon in der Bibel.[49] Ziemlich unbestritten sind zwei der wichtigsten Früchte wissenschaftlicher Theorien Prognosekraft und Erklärungsfähigkeit. Eine gute Theorie sollte in der Lage sein, vorherzusagen, was unter bestimmten Bedingungen geschehen wird. Kein Physiker ist überrascht, wenn ein Apfel nach unten fällt und jeder Chemiker wird sich in Acht nehmen, wenn er mit Knallgas hantiert. Zudem sollte eine gute Theorie auch eine nichttriviale Erklärung liefern, warum etwas geschieht. Hierzu wird ein Physiker auf diverse Naturgesetze verweisen und ein Chemiker womöglich farbenfrohe Bausätze von Molekülen präsentieren.

Für wirtschaftliche Vorgänge sind primär die gleichnamigen Wissenschaften zuständig, die sich in Betriebs- und Volkswirtschaftslehre untergliedern. Während die Betriebswirte eher am erfolgreichen Management von Betrieben interessiert sind, geht es den Volkswirten ums Große und Ganze. Sie wollen verstehen, erklären und vorhersagen, wie sich das Wirtschaftsleben entwickelt. An Universitäten aber auch vielen darauf spezialisierten Instituten wird tagein, tagaus die Wirtschaft analysiert und fast genauso oft werden die Experten, zuweilen sogar „Wirtschafts-Weise" genannt, um ihren teuren Rat gebeten. Gerade so wie Banken und Versicherungen arbeiten auch Makroökonomen gerne mit Modellen. Diese enthalten zahlreiche als relevant erachtete Mechanismen sowie eine Reihe manifester wie latenter Variablen. Wohl jeder hat schon von Inflation, Kaufkraft, Erwerbsquote, Arbeitslosigkeit, Produktivität, Bruttosozialprodukt, industrieller Auslastung, Außenwirtschaftsbeziehungen und Handelsbilanzen gehört.

So weit so gut. Der Aufwand ist jedenfalls beträchtlich. Bleibt (wie immer) die gerade von Wirtschaftswissenschaftlern gerne gestellte Frage, wie es denn mit den Erträgen aussieht. Waren, ganz konkret, die akademischen Bemühungen hilfreich bei der Voraussage der Krise, in der wir uns zurzeit befinden? Können die Volkswirte erklären, weshalb sie sich ereignete und wie wir wieder aus ihr herausfinden? Die Schlagzeilen in der einschlägigen Presse sind unzweideutig[50]:

- Der Bankrott der Ökonomen (Horn, 1.12.08)[51]
- Von der Wertfreiheit zur Wertlosigkeit (Willgerodt, 26.2.09)
- Die Krise als Waterloo der Ökonomik (Hüther, 16.3.09)
- Die Ökonomen in der Sinnkrise (Nienhaus und Siedenbiedel, 5.4.09)

---

[49] Matthäus-Evangelium, Kapitel 7, Vers 16. Etwas ausführlicher: „Also ein jeglicher guter Baum bringt gute Früchte; aber ein fauler Baum bringt arge Früchte. Ein guter Baum kann nicht arge Früchte bringen, und ein fauler Baum kann nicht gute Früchte bringen. Ein jeglicher Baum, der nicht gute Früchte bringt, wird abgehauen und ins Feuer geworfen. Darum an ihren Früchten sollt ihr sie erkennen." (ibd., Verse 17–20).

[50] Soweit nicht anders angegeben finden sich alle genannten Artikel unter www.faz.net.

[51] Siehe die Zeitschrift „Internationale Politik" 12/2008.

- In Krisen gehen auch Doktrinen unter (Braunberger, 7.4.09)
- Ökonomie ist Gehirnwäsche (Eimer, 5.4.11)[52]
- Versagen der Uni-Ökonomen. Warum bringt uns keiner Krise bei? (Olbrisch und Schießl, 28.12.11)[53]

Schlechter kann es um eine Disziplin eigentlich kaum bestellt sein. Alles Lamentieren und Lavieren der Experten sollte wenig helfen, wenn eine einzige Tabelle zum prognostizierten Wirtschaftswachstum eigentlich schon alles besagt[54]:

Renommiertes Institut	Prognose vom 5.4.09 für 2009	Anfang 2008 erstellte Prognose für 2009	Differenz
A	Rückgang um deutlich mehr als −3,0 %	+1,7 %	>4,7
B	−3,7 %	+1,2 %	4,9
C	Einbruch um mindestens −4,0 %	+1,5 %	>5,5
D	−4,3 %	+1,8 %	6,1
E	−4,8 %	+1,8 %	6,6
D	−5,0 %	+1,5 %	7,5

Wie die letzte Spalte zeigt, haben innerhalb weniger Monate alle renommierten Institute ihre Einschätzung massiv geändert, ihre Prognose ins genaue Gegenteil verkehrt. Es ist nur ein sehr schwacher Trost, dass die Politologie und andere Disziplinen mit ihren Vorhersagen und Analysen kaum besser liegen. Kaum jemand hat auch nur mit einem Vorlauf von ein paar Monaten das Ende des Ost-West-Konflikts 1989 oder den demokratischen Umbruch in der arabischen Welt 2011 vorhergesagt. Auch Ärzte sind bei der Prognose von Krankheitsverläufen äußerst vorsichtig.

Im Fall der Ökonomik werden vielerlei Gründe für das Scheitern genannt: Zu viel (oder zu wenig) Mathematik und Formalismen, zu viel (oder zu wenig) naturwissenschaftliche Methoden, zu viele quantitative Auswertungen zu Lasten qualitativen Verständnisses, zu wenig Ethik und historische Durchdringung, kaum Wirtschaftspolitik, Soziologie, Psychologie oder gar Wissenschaftstheorie... Es schade, dass die diversen Schulen das Versagen nur allzu gerne beim jeweils anderen verorten und schnell dafür plädieren, ihrem eigenen Ansatz mehr Geltung zu verschaffen. Solche nahe liegenden Reflexe lenken nur ab. Gemäß dem biblischen Motto „was siehst Du aber den Splitter in deines Bruders Auge, und wirst nicht gewahr des Balkens in deinem Auge?"[55] stünde es jedem gut an, zunächst einmal vor der eigenen Türe zu fegen. Wenn eine ganze Zunft versagt, liegt die zugehörige

---

[52] Siehe www.spiegel.de.

[53] Siehe www.spiegel.de.

[54] Siehe den vorstehend genannten Artikel vom 5.4.2009 von L. Nienhaus und C. Siedenbiedel.

[55] Matthäus-Evangelium, Kapitel 7, Vers 3.

Fachwissenschaft im Argen und der Verdacht liegt nahe, dass etwas grundsätzlich falsch läuft. Das sollte alle Fachvertreter motivieren, die strategische Ausrichtung ihrer Disziplin zu überdenken.

Das Riff der Realität

Doch der Schock saß tief, und es spricht für die Diskussionsteilnehmer, dass sich ihre Auseinandersetzung nicht nur im Gegeneinander erschöpfte. Reiht man einige zentrale Aussagen aneinander, erkennt man, dass bezüglich einer der Hauptursachen Konsens besteht. Es spricht für die Kombattanten, dass sie klar benannt wird:

> Szientistischer Leerlauf. Ökonomen nehmen immer weniger wahr, was um sie herum vorgeht. Was nicht in gerade modischen, mathematisch gefassten Modellen behandelt wird, existiert nicht mehr. Weil sich die Zunft der Ökonomen nicht mehr um das kümmert, was „jenseits von Angebot und Nachfrage" liegt, kann sie sich kein umfassendes Bild mehr von Wirtschaft und Gesellschaft machen. (Starbatty, 3.11.2008)

> Inzwischen hat sich weithin die Volkswirtschaftslehre in wissenschaftliche Schneckenhäuser zurückgezogen. Die Wirtschaftstheorie ähnelt immer mehr einer Medizintheorie ohne Klinik. (Willgerodt, 26.02.09)

> Große Diskrepanz zwischen formalen Modellen und realen Problemen. Mir scheint, dass zwischen formalen Modellen, die für artifizielle Welten definiert sind und den wirtschaftspolitischen Problemen, die sich in der Welt unserer Erfahrung mit ihren realen Institutionen und realen Menschen stellen, eine beträchtliche Diskrepanz besteht. (Vanberg, 13.04.09)

> Kunstfertigkeit in der Ableitung logischer Schlussfolgerungen ist manchmal nur von begrenztem Nutzen, wenn es darum geht, Realität zu verstehen und zu beurteilen. Auch in anderen Ländern opfern immer mehr Ökonomen die Realitätsnähe ihrer Analysen dem Ziel formallogischer Stringenz, und auch dort wird diese Tendenz in der Öffentlichkeit lebhaft beklagt. (Aufruf von 83 Professoren der Volkswirtschaftslehre, 05.05.09)

> Ihre makroökonomischen Modelle suggerieren, dass sie die großen Zusammenhänge der Volkswirtschaften und ihre weltweite Verflechtung recht präzise abbilden und letztlich damit auch beherrschbar machen. Dem liegt eine „Anmaßung von Wissen" (Friedrich August von Hayek) zugrunde. In den hochabstrakten Modellen werden entscheidende Faktoren ausgeblendet, die das menschliche Verhalten prägen. (Plickert, 13.05.09)

> Jede realwissenschaftliche Analyse, die etwas über die Wirklichkeit aussagen will, muss notwendigerweise von den meisten Aspekten der Wirklichkeit abstrahieren und sich einige wenige genau vornehmen. Wesentlich ist nicht, dass ein Ansatz allumfassend ist, was er auch nie sein kann, sondern dass er die für die Fragestellung relevanten Aspekte der Wirklichkeit hinreichend korrekt abbildet. (Kirchgässner, 15.06.09)

Wie sich die Bilder doch gleichen. In Banken, Versicherungen und auch der Wirtschaftswissenschaft spielen Modelle eine große, wenn nicht sogar beherrschende Rolle. Doch Modell ist nicht gleich Modell. Eine schlüssige Kausalkette erklärt den Verlauf einer Epidemie hervorragend, die zugehörige Mathematik quantifiziert das Geschehen präzise und daraus abgeleitete (computergestützte) Modelle sagen dem Praktiker, was zu tun ist. Auch die von Versicherungen verwendeten Modelle sind präzise genug, um Risiken realistisch einzuschätzen, sodass adäquate Prämien kalkuliert werden können.

Anders die Modelle der Banken, die die wirtschaftlich relevanten Faktoren kaum erfassen. Selbst deren aufwendigste Mathematik kann die empirische Basis nicht ersetzen. Ganz im Gegenteil: Ohne eine einschlägige Datenbasis, komprimiert in wirklichkeitsnahen Konstruktionen, ist alles Rechnen der Realität entrückt. Entsprechend wenig zuverlässig sind die Ergebnisse. Genau das charakterisiert auch die Theorie des Wirtschaftens[56]:

> In der VWL wird vor allem das Denken in Modellen gelehrt. Leider ist da der Bezug zur Wirklichkeit immer mehr geschwunden. Es wird kaum noch mehr [sic] geprüft, ob sich diese Modelle überhaupt an der Realität messen lassen – von wenigen Ausnahmen abgesehen.

Typischerweise sind die Annahmen der Modelle eher einfach gestrickt, sodass sich deren Konsequenzen mathematisch nachvollziehen lassen. Klassischerweise geschieht dies durch logische Ableitung – also den Beweis – interessanter Theoreme, neuerdings auch durch Simulationsstudien, also unzählige Rechenschritte. Das Problem hierbei ist nicht die strenge deduktive Methode, sondern die empirische Relevanz der Ergebnisse. Mit den Worten eines renommierten englischen Statistikers[57]:

> Voraussetzungen sind Annahmen über die reale Welt und Analysen, die auf ihnen beruhen, sind nur dann von Interesse, wenn die zugrunde liegenden Annahmen als plausible Eigenschaften derjenigen spezifischen Aspekte der Welt angesehen werden können, die unsere Modelle beabsichtigen zu repräsentieren.

In der Wissenschaftstheorie hat sich der etwas despektierliche Begriff "toy models"[58] für Modelle eingebürgert, die auf recht einfachen oder einschränkenden, jedenfalls nicht sonderlich realistischen Annahmen beruhen. In der Theorie sind sie sehr beliebt und durchaus nützlich um konzeptionelle Zusammenhänge zu klären. Man schlage nur irgendein Lehrbuch der Makroökonomie auf. Nachdem diverse Grundbegriffe eingeführt sind, werden diese auch sofort mithilfe einfacher, zumeist linearer Modelle in Beziehung zueinander gesetzt. So lässt sich – etwas überspitzt gesagt – im Sandkasten nachvollziehen (und sogar berechnen), dass die Arbeitslosigkeit um y % steigt, wenn die privaten Investitionen um x % zurückgefahren werden und zugleich die Inflation konstant bleibt.

Es ist nichts dagegen einzuwenden, dass Studierende lernen, in Begriffen, Konzepten und Modellen zu denken, ihr Abstraktionsvermögen schulen und üben, fokussiert zu argumentieren sowie sachlich-präzise zu diskutieren. Das Problem ist, wenn solche seminaristische Übungen 1:1 auf die Praxis übertragen werden. Die Kluft zwischen simplizistischen Modellen und der komplexen Praxis lässt sich nicht durch ein paar verbale Girlanden oder

---

[56] Siehe „Den Job bekommt der Karrierist, nicht der Querdenker", www.spiegel.de, 6.4.2011.

[57] Im Original schreibt Dawid (2003: 56): "[Assumptions] are assertions about the real world, and analyses that rest upon them can only be of interest when the underlying assumptions can be regarded as acceptable properties of those specific aspects of the world that our models are intended to represent."

[58] Also Spielzeugmodelle, siehe z. B. Gottschalk-Mazouz (2012).

blankes Schweigen überbrücken. Vielmehr besteht ein Großteil der Arbeit in den härteren Wissenschaften darin, Theorie und Praxis zusammenzubringen, insbesondere Modelle zu entwickeln, die sowohl auf überzeugenden Mechanismen basieren als auch die realen Daten exakt beschreiben.[59]

Die traditionelle Volkswirtschaftslehre hat mit allerlei empirisch-verbalen Argumenten und viel Intuition das wirtschaftliche Geschehen mit einem theoretischen Überbau versehen. Heraus kamen bestenfalls überzeugende Erklärungsmuster, die tiefe Einblicke in wirtschaftliche Zusammenhänge erlaubten und entscheidende Mechanismen aufdeckten. Doch die empirischen Daten waren verstreut und genauso wenig belastbar wie die bevorzugte verbal-qualitative Methode. Aus den verschiedenartigen Perspektiven der originellen Gründerväter entwickelten sich deshalb Denkschulen, deren Gründer umso mehr als Säulenheilige verehrt wurden, je mehr deren Lehren zu Dogmen aushärteten. Derart intellektuell gestärkt aber auch eingemauert lief alles auf den endlosen, doch letztlich fruchtlosen Streit rivalisierender „philosophischer" Schulen hinaus.

Der heutige „Dreiklang" ist harmonischer und stärker: Zur klassischen Theorie gesellt sich Ökonometrie, also eine dezidiert empirische und quantitative Sicht. Modelle jeglicher Abstraktionsstufe sollen zudem die Konzepte „oben" mit den Daten „unten" verknüpfen. Im Prinzip ist das eine gute Idee, doch zeigen die obigen wie auch die sich anschließenden Ausführungen, wie schwer sie in die Praxis umzusetzen ist. Bislang gleichen volkswirtschaftliche Modelle eher den datenfernen Kalkülen der Banken, als den realitätsnahen Strategien der Versicherungsbranche. Theorie und Daten liegen so *weit* auseinander, dass es mächtiger Werkzeuge bedarf, um sie zuverlässig und dauerhaft zu verbinden.

3.8   Die Kluft überwinden

Wie wird das Wetter?

Spricht man von Prognosen ist die allabendliche Wettervorhersage nicht weit. Wer nicht mehr ganz jung ist, hat am eigenen Leib erlebt, dass die Güte dieser Vorhersagen im Laufe der Zeit besser geworden ist. Vor einigen Jahrzehnten tat man gut daran, trotz gegenteiliger Versicherung einen Schirm einzupacken. Heutzutage wird man nur noch selten vom Regen überrascht. Zudem gehen die Prognosen mehr ins Detail: Obwohl es in Halle (wie üblich) regnen soll, kann den benachbarten Leipzigern die Sonne scheinen. Wir werden über die Luftfeuchtigkeit genauso informiert wie über Ozonwerte, Feinstaub und den Pollenflug. Und anstatt nur Prognosen für einen oder zwei Tage zu erstellen, trauen sich die Meteorologen mittlerweile auch an längerfristige Aussagen, z. B., wie streng wohl der nächste Winter wird.

---

[59] Für eine schöne (klassische) graphische Darstellung siehe Feigl (1970: 6).

Der Grund dafür ist eine hervorragende Modellierung. Die heutige Meteorologie hat fast nichts mehr mit den Bauernregeln, Bleistiftskizzen und punktuellen Messwerten früherer Zeiten zu tun. Statt einzelner Wetterstationen überspannt ein immer dichter geknüpftes Netz den Globus. Zigtausende Messstationen in allen Regionen der Welt bis hin zu für ihre Zwecke optimierten Satelliten produzieren laufend Daten en masse. Von einer starken Informatik-Infrastruktur werden diese dann weiterverarbeitet, also bereinigt, modifiziert, verdichtet und angereichert um schließlich – graphisch aufbereitet – in einer Prognose integriert zu werden.

Soweit die gewaltige empirische Basis und die nicht weniger beeindruckende Technik. Genauso wichtig ist jedoch die theoretische Durchdringung des Wettergeschehens. Meteorologen früherer Zeiten mussten fehlende Daten und mangelhafte technische Hilfsmittel mit Geschick, Erfahrung und Intuition wettmachen. Denn die Theorie, obwohl harte Naturwissenschaft, half nicht viel, um das Wetter vorherzusagen. Zu komplex sind die Beziehungen, zu verwirrend die gegenseitigen Abhängigkeiten, als dass man schnell aus ein paar Formeln herleiten könnte, was passieren wird. Zudem ist das Wetter ein hochgradig instabiles System, es ist kein Zufall, dass ein Meteorologe die Grundlagen der Chaostheorie legte (Lorenz 1963). Der schon einmal (S. 160) erwähnte „Schmetterlingseffekt" – kleine Ursache, immense, völlig unabsehbare Wirkung – ist noch heute sprichwörtlich.

Diese Schwierigkeiten wurden gemeistert. Bemerkenswerterweise begann die Entwicklung mit einer Phase, in der Theorie und praktische Prognose fast nichts miteinander zu tun hatten. Ein erster Versuch, aus den grundlegenden Gleichungen und verfügbaren Daten eine reale Prognose zu erstellen, scheiterte 1910 kläglich. Bis in die 1950er-Jahre waren handwerklich solide subjektive Wettervorhersagen das Maß aller Dinge, zu der die eigentlich grundlegende physikalische Theorie praktisch nichts beitrug.

Erst als die Computer leistungsfähiger und die mathematischen Verfahren verbessert wurden, gelang es mit immer komplexeren phänomenologischen Modellen (also nahe an den Daten, den beobachteten Phänomenen), die Vorhersagegüte deutlich zu steigern. Man operierte auf „makroskopischer Ebene" mit den wichtigsten physikalischen Größen (Luftdruck, Temperatur, Feuchtigkeit,. . .) und versuchte durch sukzessive Verfeinerung, insbesondere durch den Einbezug weiterer Variablen sowie einer genaueren räumlich-zeitlichen Auflösung, den Erfolg zu erhöhen. Auch wenn bei der Verarbeitung viele gezielte Eingriffe nötig waren, diverse „Bauernregeln" verwendet wurden und man sich zuweilen nur noch mit Ad-hoc-Setzungen weiterhelfen konnte, waren derart „objektive Analysen" in der Lage, den Anteil subjektiver Prognosen bis 1990 auf ca. 5 % zurückzudrängen. Letztere wurden aber immer noch bei extremen Wetterlagen, also in besonders schwierigen und kritischen Situationen, benötigt.

Bis heute hat sich die Datenmenge abermals vervielfacht, die Daten aus ganz verschiedenartige Quellen – vom Wetterballon bis zum Satellit – werden möglichst in Echtzeit verarbeitet und es ist auch nicht weiter verwunderlich, dass sich die räumliche Auflösung der Modelle weiter erhöht hat. Nun geht man auch theoretisch den letzten Schritt und versucht, ausgehend von den grundlegenden physikalischen Vorgängen bzw. den diese beschreibenden Gleichungen, den Energiefluss nachzuvollziehen: Letztlich misst man die von der Sonne einfallende Strahlung und verfolgt den Weg der zugehörigen Energie durch die Atmosphäre, die Ozeane und an Land. Zu berücksichtigen ist dabei, dass sich die Erde dreht, die Hitze Wasser verdunsten lässt und sich Wolken bilden. Da die Erde zudem unterschiedlich stark beschienen wird, kommt es zu Temperatur- und Druckgefällen, so dass Winde wehen und Meeresströmungen fließen. Luft, Wasser und viele andere Stoffe werden so immerfort und immerzu ähnlich, genauso sicher aber auch immerzu etwas anders um den ganzen Globus verteilt. Kennt man die Anfangsbedingungen und die relevanten Prozesse hinreichend genau, sagt einem dann die Strömungsdynamik – im Idealfall völlig ohne Kunstgriffe – wie das Wetter werden wird.

Man beachte den immensen Aufwand, der nötig ist, um die Empirie mit der naturwissenschaftlichen Theorie zusammenzubringen. Die beste technische Infrastruktur und das geballte Wissen mehrerer Wissenschaften werden aufgeboten, um aus vielen Terabyte Daten realitätsnahe Szenarien zu erstellen. Schlüsselelement dabei sind umfassende Modelle, die möglichst alle relevanten Faktoren und deren Wechselwirkung detailliert erfassen und deshalb bei Eingabe konkreter Daten auch in sich stimmige und zuverlässige Prognosen errechnen können. Edwards (2010) beschreibt den weiten Weg bis zum heutigen Erfolg im Detail. Besonders eindrücklich zeigen seine Grafiken S. 131 und S. 266, wie sich die Vorhersagegüte sukzessive verbesserte. Kennt man weder die relevanten Faktoren noch deren komplexes Zusammenspiel, so fällt die Kluft zwischen Theorie und Praxis entsprechend groß aus. Dem entsprechend schwer fällt es z. B. der Medizin, vielversprechende, im Reagenzglas erzielte Ergebnisse ans Krankenbett, also in die klinische Praxis, zu übertragen. Doch auch in den Verhaltenswissenschaften ist der Unterschied zwischen „Labor" und „Feld" dramatisch.

Von Werkzeugen und Spielzeugen

Modelle sind Mediatoren (Morgan und Morrison 1999). Das heißt, sie vermitteln zwischen Theorie und Praxis, beziehungsweise, genauer, zwischen Theorie und Empirie. Gute Modelle erkennt man daran, dass sie diese Kluft effizient überbrücken. Sie müssen dabei nicht so aufwendig sein, wie in der aktuellen Wettervorhersage und Klimamodellierung. In der Physik arbeitet man seit Jahrhunderten mit einfachen Differenzialgleichungen, die das Kunststück fertigbringen, sowohl mathematisch elegant zu sein als auch wichtige Naturvorgänge exakt zu beschreiben. Etwas überspitzt gesagt reicht den Physikern dieses mathematische Werkzeug, eine Handvoll Grundannahmen und wenige, äußerst präzise Experimente, um mit ein paar höchst allgemeinen Gesetzen (fast) alle bekannten Daten zu erklären.

Zuweilen dienen schon konkrete, aber überaus charakteristische Beispiele als Modelle, und zwar genau dann, wenn sie sowohl empirisch relevant sind als auch den entscheidenden Mechanismus offenlegen. Viele Modellvorstellungen sind etwas komplizierter, doch auch sie verdeutlichen zumeist wenige, aber als entscheidend erachtete Aspekte der Realität: Viele kleine, leicht bewegliche Kugeln zeigen, wie sich eine Flüssigkeit verhält und versieht man die Kugeln mit „Bindungen", wird daraus schnell Chemie.

Wohin man in den Natur- aber auch den Sozialwissenschaften auch blickt: Modelle, also vereinfachte Darstellungen der entscheidenden Größen samt ihrer Zusammenhänge sind allgegenwärtig. Zuweilen sind sie recht anschaulich, zuweilen auch recht mathematisch. Immer aber verbinden sie konzeptionelle Überlegungen mit empirischen Phänomenen und Fakten. Das trägt auch wesentlich zu ihrer Entwicklung bei, da man mit stark vereinfachenden Annahmen beginnen und diese dann sukzessive verfeinern kann. Es gibt auch kein Primat der einen oder anderen Seite. Man kann sowohl von gewissen interessanten Daten ausgehen und versuchen, für diese in eine geeignete, passende Form zu finden. Oder aber, man startet mit einer Hypothese und versucht jene anhand von Daten zu beurteilen. Eine fruchtbare, lebendige Wissenschaft geht ohne prinzipiell-philosophische Vorbehalte beide Wege.[60]

Problematisch wird es immer dann, wenn manche der Komponenten vernachlässigt werden:

(i) Ohne Daten schwebt jedes Modell in der Luft. Allgemeiner: Ein schwacher Realitätsbezug lässt sich auch durch noch so viel Theorie oder Mathematik nicht kompensieren.

(ii) Phänomenologische Modelle, die in der Statistik vorherrschen, sind nützlich. Doch ihnen fehlt der konzeptionelle Überbau, sie erfassen nicht die wesentlichen, zugrunde liegenden Mechanismen.

(iii) *Toy models*, in den Sozialwissenschaften (die sich an den Naturwissenschaften orientieren) weit verbreitet, können ebenfalls nützlich sein, wenn sie wesetliche (potenzielle) Zusammenhänge verdeutlichen. Doch wie phänomenologische Modelle sind sie nicht bzw. kaum in der Lage, die Kluft zwischen theoretischen Vorstellungen und empirischen Daten zu überbrücken. Während sich die einen im Konzeptionellen erschöpfen, bleiben die anderen zu bodenständig, um Phänomene im größeren Stil erklären zu können.

(iv) Legt man zu viel Wert auf mathematisch-deduktive Ableitungen, so tritt man leicht mit festgefügten Vorstellungen an die Realität heran und ist nicht mehr offen für wirklich Neues. *Weil nicht sein kann, was nicht sein darf* ist das Gegenteil guter Wissenschaft, deren große Stärke „in ihrer Fähigkeit [liegt], uns durch brutale Objektivität Wahrheit zu enthüllen, die wir nicht antizipiert hatten. . .“ (Laughlin 2007: 17).

(v) Hofft man auf die Induktion, d. h. darauf, dass sich aus der verwirrenden Vielfalt der Phänomene quasi „von selbst“ ein klares Signal abzeichnet, so wird man oft enttäuscht. Daten alleine verraten oft nur sehr wenig, sie sprechen selten mit einer Stimme, sondern erzeugen eine Vielzahl von Geräuschen. Folgt man diesen, so verirrt man sich schnell im Gestrüpp unzähliger Möglichkeiten, sieht schließlich auch den sprichwörtlichen Wald vor lauter Bäumen nicht mehr.

Insgesamt sollte deutlich geworden sein, dass insbesondere ein Fehler besonders bedenklich ist: Die Illusion, Wissen zu besitzen. Gerade Modelle, die die wirklichen Verhältnisse

---

[60] Siehe Saint-Mont (2011), insbesondere Kapitel 5 und 6 .

karikieren, dies jedoch sorgsam (hinter vielen Formeln) kaschieren, sind gefährlich. Ein renommierter Statistiker beschreibt den schlimmsten Fall:

> Das Modell war schlechter als nutzlos; denn es gab einem lediglich die Illusion, etwas zu wissen, verbrauchte viel Geld für Entwicklung und Unterhalt und lieferte am Ende auch noch falsche Vorhersagen.[61]

Schlechte Modelle und „Antitheorien" (Laughlins Begriff) stehen dem Fortschritt im Weg. Sie vergeuden Mittel, bewähren sich nicht in der Praxis und verhindern durch unnötige Denkverbote Einsichten, gerade so, wie ein unsinniges Stopp-Schild den Verkehr aufhält. Doch sie können uns auch wie ein gedankenlos platziertes Vorfahrtschild einlullen, sodass wir nicht mehr nach links oder rechts schauen und den einmal eingeschlagenen Weg stur beibehalten. Man kann sich lange darüber unterhalten, inwieweit ein Modell die Realität abbildet, wie viele Aspekte der Wirklichkeit es korrekt erfasst bzw. erfassen sollte. Unbestritten jedoch ist, dass Modelle und Theorien zumindest nützliche Instrumente sind. Bestenfalls lenken sie wie an den richtigen Stellen platzierte Schilder das Denken und Handeln in die richtige, also eine fruchtbare Richtung. Während schlecht platzierte Verkehrszeichen uns an den falschen Stellen Vorkehrungen treffen lassen, warnen nützliche Regeln vor echten Gefahren, sodass wir an den wirklich kritischen Stellen besonders sorgfältig vorgehen.

Modelle sind ein zentraler Bestandteil wissenschaftlicher Arbeit. Sie erleichtern Fortschritte, wenn sie uns an den wichtigen Stellen theoretisieren lassen, konstruktive Verfahren motivieren und uns zu den informativsten Experimenten anregen. Gelingt es ihnen, abstrakte Vorstellungen mit konkreten Daten elegant zu verknüpfen, sind sie erfolgreich. Dazu müssen sie jedoch alle gerade genannten Aspekte adäquat berücksichtigen. Edwards (2010: 433ff.) beschreibt ziemlich genau, wie sich die Prinzipien erfolgreicher Wettermodellierung auf die Modellierung der Wirtschaft übertragen ließen. Die Analogien sind so ausgeprägt, dass wenig dagegen spricht, ziemlich genau dem von der Meteorologie eingeschlagenen Entwicklungspfad zu folgen.[62]

---

[61] Siehe Diaconis(1998: 799): "The [...] model turned out to be worse than useless; giving the illusion of knowledge, soaking up a large amount of money for development and support, and in the end giving wrong forecasts." Ausführlich und mit demselben kritischen Unterton hat sich jahrzehntelang sein Kollege Freedman (2010) geäußert. Für einen aktuelleren, in die gleiche Richtung weisenden Kommentar siehe "Why Economic Models Are Always Wrong", www.scientificamerican.com, 26.10.2011.

[62] Einige Stichworte: make global data, make data global, infrastructural globalism, model-data symbiosis...

3.9 Anwendung: Die Welt retten

Input – Verarbeitung – Output

Kehren wir nochmals zur Ökonomie zurück und versuchen anhand eines einfachen Modells einzuschätzen, wie es mit unserem Wohlstand weitergehen wird. Dass sich plötzlich viele Politiker darin überbieten, die Nettokreditaufnahme zu drücken, den Staatshaushalt auszugleichen und sogar Kredite wieder zu tilgen, lässt sich auf zwei Arten interpretieren. Die weniger beunruhigende Sicht ist, dass lediglich die exzessive Schuldenmacherei der letzten Jahrzehnte, als man gewissermaßen allzu optimistisch war, korrigiert wird. Dies ist die angemessene Interpretation, falls die Wirtschaft auch in den nächsten Jahrzehnten weiter wachsen sollte (siehe Abschn. 3.2).

Die Angelegenheit ist weit beunruhigender, falls die Wirtschaft in den nächsten Jahrzehnten schrumpfen sollte. Anstatt nur die Exzesse des kreditfinanzierten Systems zu beschneiden, wäre dann ein neues, unter den neuen längerfristig ungünstigen Randbedingungen tragfähiges System zu entwickeln, das in vielerlei Hinsicht das genaue Gegenteil des bisherigen wäre. Dann stünden Tilgung statt Kreditaufnahme und Rückbau statt Expansion ganz oben auf der Agenda. „Nichts wird mehr so sein, wie es war. Nicht im Osten, aber auch nicht im Westen", die prophetischen Worte des damaligen westdeutschen Außenministers 1989,[63] bekämen eine ganz neue Bedeutung und der aktuell schon zu beobachtende Rückbau im Osten (schrumpfende Bevölkerung, verkleinerte Infrastruktur, stagnierende Einkommen, konsolidierte Finanzen,...) wäre lediglich ein Vorgeschmack auf die bald allgemein einsetzende Entwicklung.

Bedienen wir uns zur Analyse des Kommenden der bereits mehrfach erfolgreich verwendeten Methode, d. h. betrachten wir ein möglichst einfaches und zugleich wirklichkeitsnahes Modell unserer Situation. Das einfachste Modell ist „EVA", also Eingabe, Verarbeitung, Ausgabe, auch wenn Informatikern diese Überlegung geläufiger zu sein scheint als Wirtschaftswissenschaftlern.

Bis zur industriellen Revolution beruhte das menschliche Wirtschaften auf nachwachsenden Rohstoffen (plus ein bisschen Metall, Kohle, Salz...) als Input. Die Verarbeitung derselben war ziemlich primitiv und der Output löste sich nach kurzer Zeit quasi von selbst wieder auf. Das änderte sich in den letzten 200–300 Jahren grundlegend. Seitdem setzen wir bei der Verarbeitung nicht mehr primär auf menschliche Arbeitskraft sondern auf technische Prozesse, die, basierend auf naturwissenschaftlichem Wissen, mächtig genug sind, in großem, eben „industriellem" Maßstab, allerlei Produkte zu erzeugen. Anders gesagt: Unser aktueller Wohlstand beruht auf unserer ausgeprägten Fähigkeit, leicht verfügbare und deshalb auch billige fossile Rohstoffe – zunächst Kohle, mittlerweile v. a. Öl – in allerhand nützliche Konsumgüter, insbesondere aus „Kunststoff", umzuwandeln. Was ist nicht alles aus Plastik?

---

[63] Siehe www.genscher.de.

Solange der Input vorhanden und der Output nicht allzu schädlich ist, kann, wie auch die Zeitgeschichte lehrt, ein solches System eine ganze Weile hervorragend existieren, ja sogar immens expandieren. Bei einer einigermaßen vernünftigen, wachstumsorientierten, also im obigen Sinne kapitalgetriebenen Wirtschaftspolitik stellt sich der Erfolg unter günstigen natürlichen Randbedingungen geradezu automatisch ein. Es bedurfte schon massiver ideologischer Verblendung, um die Wirtschaft, wie in der Sowjetunion und ihren Satellitenstaaten, trotz alledem zugrunde zu richten.

Der scheinbar nachhaltige Erfolg unseres Tuns stimmt uns unkritisch, viele meinen sogar, wirtschaftliches Wachstum sei völlig selbstverständlich. Das ist nur allzu verständlich, fällt es doch jedem psychologisch schwer zu akzeptieren, dass etwas nicht immer so wie bisher weiter gehen kann. Doch lässt sich die Mathematik noch weniger überlisten als die Natur. Weder sind inputseitig fossile Energieträger beliebig vermehrbar, noch ist die Umwelt in der Lage, unseren zunehmenden Output zu beseitigen. Weit schlimmer noch: Je mehr ökonomische Erfolge (große Wachstumsraten in vielen Ländern) wir kurzfristig erzielen, desto schneller steuern wir das Gesamtsystem gegen die Wand. So wie bisher kann es schlicht und ergreifend nicht mehr allzu lange weitergehen.

Unendlich gibt's nicht

Die Wahrheit ist simpel: Wir leben auf einem endlichen Planeten. Ergo ist unendliches Wachstum nicht möglich. Stellt sich deutliches Wachstum doch zeitweilig einmal ein, so muss es lokal begrenzt und von kurzer Dauer sein. Daraus folgt: Auch die menschliche Ökonomie kann nur dann längerfristig funktionieren, wenn sie weder permanent noch im globalen Maßstab quantitativ wächst. Ansonsten ist das Wachstum pathologisch, es schädigt die Grundlagen, auf denen es beruht. In der Medizin ist dieses Phänomen als Krebs (leider) wohlbekannt: Eine Geschwulst wächst so lange auf Kosten ihrer Umgebung, bis es zur Katastrophe kommt, nämlich der Körper so sehr geschwächt ist, das er und mit ihm auch das Karzinom stirbt.

Es war das große Verdienst des Club of Rome, früh auf die „Grenzen des Wachstums" hinzuweisen. Heute, fast vierzig Jahre später muss man die Augen schon sehr verschließen, um die sich häufenden Krisensymptome zu ignorieren. Zum Input: Mittlerweile wird in über einem Kilometer Tiefe nach Öl gebohrt und die „Kollateralschäden" sind großflächig verseuchte Gebiete (2010 der Golf von Mexiko). Ölsande, die in Kanada abgebaut werden, sind so minderwertig, dass ein nicht unerheblicher Teil der so gewonnenen Energie zunächst in deren Förderung investiert werden muss.[64] Vor nicht allzu langer Zeit war dies noch ganz anders: Rockefeller und seine Zeitgenossen bohrten einfach nur kleinere Löcher in

---

[64] Wir verwenden die üblichen Bezeichnungen von Energiegewinnung, Energieverlusten, Energieverschwendung usw. Physikalisch gesehen gibt es natürlich nur Energieumwandlungen (Energieerhaltungssatz). Gleichwohl ist die alltägliche Sprache angemessen, denn gewünschte Energieträger muss man tatsächlich erst gewinnen, also in großem Maßstab fördern.

den Boden und schwammen danach „standardmäßig" in Öl. Heute scheint hingegen "Peak Oil", also der Zeitpunkt, an dem wir etwa die Hälfte des weltweit (leichter) förderbaren Öls aus der Erdkruste geholt haben, schon erreicht oder sogar überschritten zu sein.[65]

Wie also die Versorgung sichern? Gasvorkommen sind eng an Ölfelder gekoppelt. Braunkohle ist nicht beliebig verfügbar, das Ende der großen Tagebaue, etwa im Rheinland oder in der Lausitz, absehbar. Andere fossile Energieträger sind teurer, weil nur mit größerem Aufwand zu gewinnen und erzeugen bei ihrer Verbrennung ebenfalls Kohlendioxid, mit den bekannten Folgen für das Klima. Atomenergie ist zurecht schlecht beleumundet: Schon im Normalbetrieb muss man sich jahrtausendelang um ihre strahlende Hinterlassenschaft kümmern und Uran gibt es nicht allzu reichlich. Hinzu kommen recht regelmäßig auftretende Störfälle mit schwer eindämmbaren Folgen.

Der Kreis der Kandidaten wird kleiner... Wasserkraft? Kaum noch ausbaubar. Holz? Hat eine viel zu geringe Energiedichte. Biomasse? Und auf welchen Flächen werden Nahrungsmittel angebaut? Fusionsreaktoren? Der größte von ihnen, ITER in Südfrankreich, liefert frühestens in 10 Jahre etwas mehr Strom als er selbst benötigt. Wie man es auch dreht und wendet: Die Zeit der billigen Energie ist vorbei.

Bei den Rohstoffen, aus denen wir nicht nur Energie, insbesondere Strom, gewinnen, sondern primär unsere Produkte bauen, sieht es kaum besser aus. Kunststoffe, in deren Ära wir leben, werden ohnehin vor allem aus Öl gewonnen. Neue Werkstoffe, etwa Kohlefasern? Nomen est omen. Viele wichtige Metalle, etwa Kupfer, sind schon heute Mangelware oder sehr energieaufwendig in der Herstellung (Paradebeispiel: Aluminium). Seltene Erden machen ihrem Namen alle Ehre und markieren einen Preisrekord nach dem nächsten. Mit Holz lassen sich zwar Häuser bauen, viel mehr aber auch nicht. Auch hier wird es also eng.

Irgendwo klemmt's immer

Kommen wir zur Outputseite, also dem Abfall, den wir produzieren. Verbrennt man Kohlenstoff, sei es direkt oder auf dem Umweg über diverse Produkte, entsteht notwendigerweise Kohlendioxid.[66] Zwei seiner Folgen kennen wir schon: Klimaerwärmung und die Versauerung der Meere. Wer beide leugnet, stellt sich nicht der Realität.[67] Nicht jeden mag es beunruhigen, dass wir uns auf dem Weg in die nächste Warmzeit befinden, da dies ja auch Vorteile mit sich bringt (etwa Landwirtschaft in höheren Breiten). Doch sollte jedem der Gedanke unangenehm sein, dass ein Großteil der Menschheit in Meeresnähe bzw. nicht allzu viel über dem heutigen Meeresspiegel lebt. Letzterer wird aller Voraussicht nach genauso deutlich steigen wie die Temperaturen. Schon wenige Grad Celsius machen in Mitteleuropa

---

[65] Siehe Murray und King (2012), den Eintrag zu „Globales Ölfördermaximum" auf Wikipedia sowie aber auch www.peak-oil.com.

[66] $C + O_2 \rightleftharpoons CO_2$ ist die zugehörige chemische Reaktionsformel, mit Kohlenstoff C und Sauerstoff O_2.

[67] Siehe Gore (2006) und Edwards (2010) für einen Blick nach Nordamerika.

den Unterschied zwischen Gletschern und subtropischer Vegetation aus. Näher am Nordpol ist der Temperaturanstieg noch markanter, was für das Festlandeis Grönlands – ein Relikt der letzten Eiszeit – nichts Gutes ahnen lässt.

Weitere Schreckensmeldungen gefällig? Wer die Versauerung der Ozeane für nebensächlich hält, halte sich vor Augen, dass Korallenriffe die produktivsten Ökosysteme des Planeten sind und die sie aufbauenden Korallen ihre Skelette aus Kalk bilden, der sich im saureren Meerwasser leider auflöst.[68] Die artenreichsten Biotope an Land, die tropischen Regenwälder, schrumpfen nach wie vor in atemberaubendem Tempo. Das damit einhergehende Artensterben ist mittlerweile so ausgeprägt, dass Paläontologen es mit den wenigen großen Massensterben in der Erdgeschichte vergleichen und ein renommierter Geograph (Ehlers 2008) bereits das *Antropozän* ausgerufen hat, also eine Ära, die massiv vom Menschen geprägt wird. Neben direkter Verfolgung, unserem Müll und der Klimaänderung ist eine ganz banale Ursache für das Verschwinden vieler Arten, dass wir mit ihnen um knappe Ressourcen, insbesondere Land, konkurrieren. Irgendwo müssen sieben Milliarden Menschen schließlich leben, zumal diese alle trinken, essen und wohnen wollen und sich auch weiter vehement vermehren[69]:

Anzahl Menschen in Milliarden								
Jahr 0	nach 1600	1804	1927	1959	1974	1987	1999	2011
0,3	0,6	1	2	3	4	5	6	7

Wir müssen wohl kaum betonen, dass es sich zumindest bei den Zahlen vor dem 20. Jahrhundert um grobe Schätzungen handelt und niemand wirklich weiß, wie viele von uns am 31. Oktober 2011 – dem Tag, als laut UNO der siebtmilliardste Mensch geboren wurde – auf der Erde lebten. Dass die Zahlen wie so oft eher eine höhere Genauigkeit vorgaukeln, als tatsächlich vorhanden ist, bemerkt man zum einen, wenn es um Prognosen geht. Im zitierten Bericht werden für das Ende des Jahrhunderts bis zu 15 Milliarden Personen prognostiziert! Zum anderen lohnt es sich, eine andere, absichtlich schon einige Jahre alte Quelle zu zitieren[70]:

Anzahl Menschen in Milliarden							
Jahr 1630	nach 1830	1930	1980	2005	2017,5	...	2030
0,5	1	2	4	8	16	...	∞

Im Text zur Tabelle heißt es: „um 1630 [lebten] etwa 500 Millionen Menschen [...] um 1830 etwa eine Milliarde [...] Es dauerte also rund 200 Jahre, bis sich die Zahl der Menschen verdoppelt hatte." Man beachte, dass völlig zurecht und ausdrücklich auf die vorhandenen

---

[68] $CO_2 + H_2O \rightleftharpoons H_2CO_3$, d.h. Kohlendioxid und Wasser bilden Kohlensäure.

[69] Quelle: Weltbevölkerungsbericht 2011 der UNFPA (Bevölkerungsfonds der Vereinten Nationen). Übersetzung: DSW (Deutsche Stiftung Weltbevölkerung), www.weltbevoelkerung.de.

[70] Siehe Vollmer (1985: 118ff.).

Ungenauigkeiten hingewiesen wird. Gibt es ein Wachstumsgesetz hinter den Zahlen? Da sich die Zeit bis zur Verdoppelung gemäß der Daten halbiert, hat man es mit hyperbolischem Wachstum zu tun.[71] Schreibt man dieses Wachstumsgesetz in die Zukunft fort, kommt man zu der in der Tabelle wiedergegebenen, bemerkenswerten Aussage, dass die Zahl der Menschen in endlicher Zeit über alle Grenzen wächst. Diese theoretische Herleitung ist alles andere als unsinnig oder irrelevant. Sie bedeutet, in die Praxis übersetzt, dass die Menschheit in kürzester Zeit an ihre Grenzen stößt.

Wo ein Wille, da auch ein Weg?

Es ist äußerst bemerkenswert, dass wir es trotz dieser gewaltigen Bevölkerungsexpansion geschafft haben, das Los vieler Menschen in den letzten Jahrzehnten zu verbessern. Ohne die grüne Revolution, also eine hocheffiziente Landwirtschaft, müssten viel mehr Menschen darben, ohne die moderne Medizin wären Seuchen viel schlimmere Geißeln. Doch können diese vielen Menschen nur existieren, weil die Welt, in der sie leben, noch hinreichend viele Ressourcen bereithält. Auch eine hochgradig mechanisierte Landwirtschaft basiert auf technischen Produkten (Agrochemie, Pharmazeutika, Maschinen) und Öl als Treibstoff.

Es ist kein Zufall, dass einerseits die Großstädte wuchern und wir andererseits immer entlegenere Ecken des Planeten erschließen. In den Megacities, den Zentren des modernen Lebens, hoffen Menschen ein erträglicheres Auskommen zu finden als auf dem genauso überbevölkerten Land, das sie nicht mehr alle ernähren kann. Jungfräuliches Land muss unter den Pflug genommen werden und so ersetzen Sojaplantagen in großem Maßstab tropischen Regenwald, während zugleich die Meere leergefischt werden. Wir meinen es in den seltensten Fällen wirklich böse und es ist auch nicht primär die Profitgier die uns treibt, sondern der Hunger. (Der Hunger der Wohlhabenden nach Fleisch verschärft natürlich noch einmal das Problem, da, um 1 kg Fleisch zu produzieren, etwa das Zehnfache an pflanzlichen Rohstoffen verfüttert werden muss.)

Ein Untergangsprophet – und deren gibt es viele – würde spätestens hier zur fundamentalen Umkehr aufrufen: Tuet Buße, übet Euch im Verzicht und in Bescheidenheit... Das würde jedoch viel zu kurz greifen. Natürlich ist es sinnvoll, mit Rohstoffen und Energie sparsam umzugehen. So lange Bio-Bananen in Plastik eingeschweißt verkauft werden, haben wir unsere Lektion wahrlich nicht gelernt. Der entscheidende Punkt jedoch ist, dass wir nur *mit* der aktuellen Versorgung und Technik in der Lage waren, sieben Milliarden Menschen eine Lebensgrundlage zu geben. Man möchte sich die sozialen Verwerfungen nicht vorstellen, falls diese Grundlage im größeren Umfang erodiert. Doch genau dies ist der Fall. Bislang konnte eine ausgefeilte Technik einen Teil des Raubbaus noch kompensieren. Wenn uns

---

[71] Bei exponentiellem Wachstum, was man allgemeinhin mit „explosionsartig" assoziiert, bleiben Verdoppelungszeiten konstant, hyperbolisches Wachstum ist also noch weit *stärker* als exponentielles.

jedoch zu ganz zentralen Problemen im globalen Maßstab keine eleganten Lösungen einfallen, wird auf allen Ebenen der sozialen Pyramide der Lebensstandard empfindlich sinken, insbesondere wird den jetzt schon Armen sogar das Existenzminimum genommen.

Man lasse sich nicht von der materiell grandiosen Entwicklung der letzten Jahrhunderte oder auch nur Jahrzehnte täuschen: Auf der Inputseite unser Ökonomie gab es genauso wenig echte Probleme wie auf der Outputseite. Die Technik entwickelte sich stetig voran, die kapitalgetriebene Wirtschaft wuchs auf allen Kontinenten kräftig und parallel dazu vervielfachte sich auch die Zahl der Menschen. Die Expansion des Westens seit 1500, nicht zuletzt basierend auf den Ressourcen der Neuen Welt und der kolonialisierten Völker, beschleunigte sich in den letzten 200 Jahren: Durch die Erschließung fast aller Länder und Bodenschätze, auf den Naturwissenschaften basierenden Industrien und Massenproduktion, stieg der materiell verfügbare Wohlstand immens an. Selbst die durch den 2. Weltkrieg verursachten ökonomischen Verluste konnten in gerade einmal fünf Jahren wieder ausgeglichen werden, schon 1950 hatte das weltweite Bruttosozialprodukt wieder das Vorkriegsniveau erreicht.

Es wäre jedoch naiv zu glauben, Wachstum sei ein Naturgesetz. Weil wir keine Rücksichten nehmen, weil wir uns hemmungslos vermehren und Ressourcen genauso hemmungslos ausbeuten, verschlechtern sich die Randbedingungen und wir steuern wieder auf den historisch weit typischeren Fall zu, uns in widrigen Verhältnissen behaupten zu müssen. Es ist eine Illusion, anzunehmen, mit ein bisschen „Bio" sei es getan oder man könne mit etwas „grüner Technik" so weitermachen wie bisher. Angezeigt ist eine deutliche Verkleinerung des „ökologischen Fußabdrucks" jedes Einzelnen wie der gesamten Art.

Schein- und echte Lösungen

Nehmen wir die Mobilität: Die einfachste Art, Autos mit Treibstoff zu versorgen, ist es, energiereiches Rohöl zu Benzin und Diesel zu raffinieren und dann über ein Tankstellennetz zu verteilen. Elementare Physik lehrt, dass der Wirkungsgrad nur ein Bruchteil davon ist, wenn man das Öl zunächst in Strom und dann in die Bewegung eines Autos umsetzt. Wie bei der Nahrungspyramide sind Energieumformungen nicht kostenlos; ganz im Gegenteil, Umwege bzw. „Veredelung" sind sehr teuer. Warum also der Elektroboom?

Elektrofahrzeuge sind nur dann sinnvoll, wenn der Strom, der sie antreibt, aus alternativen Energieträgern stammt, zumal die für sie benötigten Batterien auch noch materialintensiv und schwergewichtig sind. Doch Strom lässt sich nicht speichern, er muss praktisch in dem Moment, in dem ihn ein Kraftwerk erzeugt, auch verbraucht werden. Anders als Atomenergie und Braunkohle, die hierzulande die Grundlast abdecken, also mit großer Zuverlässigkeit den immerzu benötigten Teil des Stromangebots bereitstellen, bläst Wind nicht so zuverlässig, von dezentralen Solaranlagen, die an strahlenden Sommertagen – wenn der Strombedarf gering ist – viel und an trüben Wintertagen – wenn überall die Heizungen auf Hochtouren laufen – fast nichts beisteuern, ganz zu schweigen. „n-tv.de" berichtete am 14.6.2011: „Während es 2003 noch zwei Eingriffe in die Stromproduktion pro Jahr zur Stabilisierung der Netze gegeben habe, seien es in den vergangenen Jahren durch die schwankende Ökostromproduktion etwa 300 pro Jahr gewesen." Doch auch wenn man die Stromtrassen von der Nordsee nach Süddeutschland ausbaut: Jeder größere Sturm an der Küste lässt die Versorgung erzittern. Der Grund ist ganz einfach: Windräder sind genauso wenig beliebig belastbar wie Segel. Man muss sie bei Orkanstärke abschalten bzw. einholen.

Was wäre angesichts dieser Großwetterlage eine längerfristig tragfähige Lösung, die nicht ständig den Joker leicht verfügbarer Energie und Rohstoffe aus dem Ärmel zieht? Wie könnte eine echte Lösung der strategischen Herausforderung aussehen? Da wir mit fossilen Rohstoffen letztlich die Sonnenenergie vergangener Jahrmillionen in Windeseile verfeuern, bleibt nur eine ehrliche Lösung: Zuverlässig aus der aktuellen Sonnenenergie so viel Strom zu erzeugen, wie wir benötigen. Blickt man sich nach konkreten Realisierungsmöglichkeiten um, läuft im Moment neben Wind und Wasser (also Stauseen, v.a. in Gebirgen) alles auf groß dimensionierte Solarkraftwerke in den Wüsten dieser Welt hinaus, mit den Bevölkerungszentren verbunden durch Gleichstromtrassen, die die Transportverluste minimieren. 2009 wurde ein erstes solches Projekt angekündigt und zur Zeit sieht es so aus, dass auch hier die Realisierung schneller vorankäme als zunächst geplant.[72] Auch eine zweite Lösung basiert auf der Sonne. Gelänge es, die im Inneren der Sonne stattfindende Kernfusion auf der Erde nachzustellen, ließen sich auch auf diesem Wege immense Energiemengen gewinnen.[73]

Fossile Rohstoffe sollten hingegen vornehmlich und sparsam zur Produktion nützlicher Produkte eingesetzt werden, die am Ende ihrer Lebensdauer nicht verheizt, sondern wiederverwertet werden. Das Leben auf der Erde, das es immerhin geschafft hat, Jahrmilliarden zu überleben, setzt auf einfach auf- und abzubauende Kohlenstoffverbindungen. Kohlenstoff, Wasserstoff, Sauerstoff, Stickstoff, Phosphor, Schwefel, ergänzt um ein paar Spurenelemente, dazu eine Energiequelle – mehr braucht es im wahrsten Sinne des Wortes nicht zum Leben. Es ist dabei kein Zufall, sondern zwingende Notwendigkeit, dass alle stabilen Ökosysteme über geschlossene Kreisläufe verfügen und die Stoff- sowie Energieumsätze in ihnen zwar fluktuieren, aber nie unbegrenzt wachsen. Solche Kreisläufe sind zwar zunächst aufwändiger als „ex und hopp", doch entsorgt sich „ex und hopp" eher über kürzer denn länger selbst. Für einen weiteren, recht amerikanischen Blick in die Zukunft siehe Laughlin (2012).

Quo vademus?

Es ist natürlich unangenehmer, mit sich verschlechternden Randbedingungen als mit sich tendenziell verbessernden Umständen zurechtzukommen. Betrachten wir, und sei es nur

---

[72] Siehe www.desertec.org.
[73] Für Details siehe das schon erwähnte internationale Großprojekt www.iter.org und die Seiten der Deutschen Physikalischen Gesellschaft, www.dpg-physik.de, Stichwort „Plasmaphysik".

sehr oberflächlich, die letzten 200 Jahre, so stellen wir jedoch unschwer fest, dass sie, trotz der allgemeinen Tendenz nach oben, gewiss nicht die glücklichsten in der Menschheitsgeschichte waren. Auf das «grand siècle» der Aufklärung und die Wirren der Französischen Revolution folgte ein sehr optimistisches, vermeintlich recht ruhiges 19. Jahrhundert, das jedoch in ein umso katastrophaleres 20. Jahrhundert, mit mehr als einem Rückfall in die Barbarei, mündete. Erst heute befindet sich ein (schwindender) Teil der Menschheit auf einem historisch beispiellosen Gipfel materiellen Wohlstands. Was daraus wird, liegt nicht zuletzt in unserer Verantwortung. Wie sagte schon Konfuzius (551–479 v. Chr.)?

> Der Mensch hat dreierlei Wege, klug zu handeln:
> erstens durch nachdenken, das ist der edelste,
> zweitens durch nachahmen, das ist der leichteste,
> drittens durch Erfahrung, das ist der bitterste.

Für eine Prognose, welchen Weg wir gehen werden, sind die Daten der letzten Jahrhunderte samt einem einfachen Modell hilfreich: Auf der einen Seite stehen die zur Verfügung stehenden Ressourcen und was wir aus ihnen herstellen können. Auf der anderen Seite die Anzahl der Konsumenten K. Der jedem im Mittel zukommende individuelle Wohlstand w ist einfach die gesamte Produktion P geteilt durch die Menge aller Konsumenten, also $w = P/K$.

Für den Einzelnen geht es aufwärts, wenn w größer wird und die Verteilung von w nicht allzu extrem ist, also alle von der Produktion profitieren und nicht einige wenige immens viel für sich beanspruchen. Schon anhand dieser einfachen Überlegung zeigt sich, dass die Menschheit in den letzten Jahrhunderten an drei entscheidenden Stellen versagt hat:

(i) In diesem Zeitraum wuchs P rasant. Da jedoch gleichzeitig auch ein ungehemmtes Bevölkerungswachstum einsetzte, wurde der Quotient w nicht entscheidend größer. Bis heute sind die meisten Menschen arm geblieben.

(ii) In der vorindustriellen Welt war die Verteilung des Vermögens w sehr ungleich. Wenige hatten viel, während die Meisten eher arm waren.[74] Diese Polarisierung verstärkte sich noch im Verlauf der Industrialisierung, die (politischen) Ansichten folgten ins Extreme, und bis 1989 bekämpften sich Ideologien. Ist das heute grundsätzlich anders? Solange wir in einer materiell polarisierten Welt leben, ist leider zu erwarten, dass auch der weltanschauliche Extremismus anhält.

(iii) Schnelles Wachstum in einer begrenzten Welt ließ auch die zwischenstaatlichen Konflikte eskalieren. Vermeintlich galt es, sich gegen andere, ebenfalls schnell erstarkende Nationen zu behaupten. Das Erbe der Aufklärung vergessend, stürzten sich die „Herren der Welt" 1914 schließlich wie pubertierende Halbstarke aufeinander.

Wir wissen, wie die meisten Konflikte bislang aufgelöst wurden. Gewalt und Zwang spielten dabei eine weit größere Rolle als Einsicht und kluge, langfristige Entscheidungen. Seit

---

[74] In absoluten Zahlen aber auch relativ. Historiker sprechen mittlerweile von den "happy few", also den wenigen, zumindest materiell Glücklichen einer geradezu winzigen Oberschicht.

zwanzig Jahren kommt der Klimaschutz nicht voran. Wir schaffen es noch nicht einmal, die Bevölkerungsverteilung auf der Erde in nachhaltigere Bahnen zu lenken (von der Bevölkerungszahl, siehe die obigen Tabellen, ganz zu schweigen). Während der reiche Norden vergreist, werden zugleich viele arbeitswillige, junge Menschen an den südlichen Grenzen abgewiesen. Ist es nicht verblüffend, dass in Deutschland das Rentensystem kriselt, weil nicht genügend Einwanderer den heimischen Geburtenknick ausgleichen, während zugleich die Jugendarbeitslosigkeit im Süden Europas bis zu 50 % beträgt und die Weltbevölkerung um 80 Millionen Menschen jährlich wächst?

Zwar wäre sehr zu wünschen, dass die Menschheit durch Nachdenken „nachhaltiger" lernen würde, als durch harte, unerbittliche Realitäten. Doch zeigen die historischen Daten überdeutlich, dass selbst wissenschaftlich verbriefte Fakten zusammen mit dem fast hundertprozentigen Konsens unter den Fachleuten *nicht* hinreichend für strategisches Umsteuern sind. So kamen bislang nahezu alle wichtigen Umwälzungen durch äußeren Zwang und eben nicht durch Verständnis, gepaart mit rechtzeitigem, vernünftigem Handeln zustande. Die Chancen stehen bestens, dass wir erneut im globalen Maßstab versagen (zumal die obigen Konflikte noch keineswegs entschärft sind).

Doch sollte man den Menschen auch nicht unterschätzen. Erstens ist er intelligent und weiß sich oft geschickt zu helfen, d. h. mit den Problemen wächst auch die Motivation, technische Lösungen zu finden. Zum zweiten ist hierzu unser Verständnis weit umfassender und tiefer als je zuvor. Zum dritten haben wir in den letzten Jahrhunderten Strukturen geschaffen, die Macht kontrollieren und damit Sachargumenten mehr Geltung verschaffen. Genau diese gesellschaftlichen Institutionen sind es auch, die die Verteilung von Ressourcen innerhalb der Staaten gerechter gestalten und die auch zwischen den Staaten Konflikte dämpfen. Kurz gesagt: Die historisch allgegenwärtige Konfrontation im Inneren (Klassenkampf) wie Äußeren (Kriege) ist einer grundsätzlichen, bei allen Abstrichen im wesentlichen kooperativen Haltung gewichen. Schließlich und endlich lassen sich ökologische Probleme auch nur gemeinsam lösen (oder sie wachsen allen über den Kopf).

Das Problem ist nicht, dass wir machtlos oder hilflos wären. Wir sind eine globale Macht und kennen diverse wirkungsvolle Maßnahmen, uns selbst zu begrenzen (z. B. Geburtenkontrolle), nachhaltiger zu produzieren, Fehler wieder gut zu machen oder sie gar nicht erst zu begehen (z. B. durch transparente politische Prozesse). Doch „es gibt nichts Gutes, außer man tut es" (Kästner, 1899–1974). Nur wenn wir die ökologischen Kosten in unsere Rechnung eingehen lassen, werden sie auch unser Verhalten beeinflussen, ansonsten jagen wir wie eh und je überall ohne Rücksicht auf Verluste nach Ressourcen und „Wachstum".

Schließlich und endlich ist der Mensch für schlechte Zeiten gemacht. Das ist keine philosophische Anschauung, sondern folgt aus unserer evolutionären Vergangenheit, als zumeist die Randbedingungen schwierig waren und es allzu oft ums nackte Überleben ging. Gute Randbedingungen machen uns zwar leichter reich. Doch, sanfter gebettet und vor der harten Realität geschützt, werden wir auch schnell bequem und träge, so dass wir verschwenden, was uns geschenkt wird. Sich verschlechternde Randbedingungen hingegen fordern uns heraus, bestenfalls zwingen sie uns zu außerordentlichen Leistungen.

Philosophie: Auf Daten aufbauen

4

Informatiker verarbeiten Daten, Statistiker werten sie aus und Wissenschaftler errichten datenbasierte Theorien. In diesem Kapitel gehen wir den letzten Schritt und fundieren auf diese Weise auch die abstrakten Gedankengebäude der Philosophie. Der Realität zugewandt, ergibt sich so eine durchgängige wissenschaftliche Weltsicht, die es auch erlaubt, die strategisch-methodische Ausrichtung von Wissenschaft(en) zu beurteilen.

4.1 Geschichtsphilosophie als Wissenschaft

Historische Daten und Muster

Vermeintlich haben wir uns auf den letzten Seiten weit auf ein vages Gebiet gewagt, das mehr von Meinung als von Fakten bestimmt wird: die Philosophie der Geschichte. Einerseits ist das richtig. Traditionellerweise wurden Fragen nach der Natur des Menschen sowie dem Gang der Weltgeschichte eher von Denkern und zuweilen auch Dichtern beantwortet. Ein hervorragendes Beispiel ist Rousseaus „Gesellschaftsvertrag" von 1762. Ausgehend von einem (wenig schmeichelhaften) „Naturzustand" schließen sich Menschen aus freien Stücken zu gesellschaftlichen Gruppen zusammen, in denen vereinbarte, allgemein anerkannte Regeln gelten. Der Blick weit zurück bis zu den Anfängen der Gesellschaft zeigte ihm zudem deutlich, dass es mit der Menschheit vorangegangen war, sie sich aus den Niederungen der Barbarei bis zu den Höhen der verfeinerten französischen Gesellschaft des 18. Jahrhunderts emporgearbeitet hatte. Daraus bastelten seine Nachfolger im 19. Jahrhundert dann einen Weltgeist (Hegel) und Stufenleitern des Fortschritts, nicht zuletzt Marx (1818–1883) und Engels (1820–1895) ihren historischen Materialismus. Nach den Katastrophen und Umbrüchen des 20. Jahrhunderts stehen wir solchen Großtheorien nun sehr

U. Saint-Mont, *Die Macht der Daten*, DOI: 10.1007/978-3-642-35117-4_4,
© Springer-Verlag Berlin Heidelberg 2013

reserviert gegenüber. Erwähnen Sie doch einmal in der Nähe eines professionellen Philosophen das Wort „Fortschritt" . . .[1]

Andererseits inspirierte Rousseau (1712–1778) aber auch Soziologie und Politologie zum wissenschaftlichen Studium grundlegender Fragen menschlicher Gemeinwesen. Offenkundig gibt es Daten in Hülle und Fülle und auch Wissenschaften, allen voran die Archäologie und die Geschichtsschreibung, die auf jenen basieren. Es ist überhaupt nicht abwegig, den großen Fundus an historischem Material systematisch zu evaluieren und daraus allgemeine Kenntnisse über soziale Gruppen sowie die Konstitution des Menschen zu gewinnen. Die Chancen stehen heute besser als je zuvor: Moderne naturwissenschaftliche Methoden decken immer mehr faszinierende Details der Vergangenheit auf, schaffen belastbare Daten, wo früher nur Spekulation war.

Wir wissen auch viel mehr über uns selbst als jemals zuvor. Die aktuelle Antropologie, also die Wissenschaft vom Menschen, versucht den klassischen geisteswissenschaftlichen Ansatz mit modernen, naturwissenschaftlichen Theorien in Einklang zu bringen. Erst recht ist die Psychologie Stück für Stück zu einer Naturwissenschaft geworden, die mit den zugehörigen Methoden immer besser beschreiben und erklären kann, wann wir uns wie verhalten. Sogar Glück, also eine vage, ziemlich subjektive Erfahrung, lässt sich mittlerweile einigermaßen befriedigend erfassen. Auch die Mechanismen sozialer Gruppen werden immer besser verstanden (siehe S. 118), selbst das Verhalten von Nationen lässt sich zumeist nachvollziehen, wenn nicht sogar anhand des Studiums ähnlicher historischer Interessenkonstellationen im Vorfeld abschätzen. Teilweise ist es schon möglich, von schlüssigen verbalen Überlegungen zu logisch zweifelsfreien mathematischen Argumentationssträngen überzugehen. Hierfür hat sich die mathematische Spieltheorie als dominanter Formalismus erwiesen, womit auch wieder die Stochastik (samt Statistik) präsent ist.

So kommt es, dass ein Feld, welches entrückt zu sein scheint, in Wirklichkeit empirisch arbeitenden Wissenschaftlern offen steht. Es lädt geradezu dazu ein, mit modernen Methoden und aktuellen Konzepten erschlossen zu werden. Die Zurückhaltung ist historischer Natur, nicht sachlich oder methodisch begründet.

Von der Biologie zur Kultur

Tatsächlich hat die Erschließung schon vor längerer Zeit begonnen. Darwin (1859) begründete, wie biologische Arten auseinander hervorgehen, wodurch schon im 19. Jahrhundert der Mensch ein Sujet der Biologie wurde. Seine evolutionäre Vergangenheit ist relevant, denn sie hat ihn geprägt, und es ist auch interessant, den Menschen mit seinen nächsten Verwandten zu vergleichen. Auch wenn sich Darwins viktorianische Zeitgenossen darüber erregten, für uns ist selbstverständlich, dass wir über 98 % unserer Gene mit unseren stärker behaarten Vettern gemeinsam haben.

---

[1] Ein besonders drastisches Beispiel ist Volland (2007).

Im 20. Jahrhundert drang die Biologie nicht nur ins mikroskopisch Kleine vor, sie widmete sich auch vertieft dem individuellen Verhalten sowie größeren Einheiten, bis hin zu ganzen Ökosystemen. In der Soziobiologie geht es, ganz wie bei Rousseau, um das Individuum in der Gruppe, nur dass die Biologie zunächst nicht mit dem Menschen begann. Doch die Analogien sind einfach zu stark. Es lässt sich praktisch nicht vermeiden, die Denkmuster der Evolutions- und sozialen Biologie auch auf den Menschen zu übertragen. Spätestens ab den 1960er-Jahren haben Biologen, allen voran Morris, Wilson und Dawkins, damit ernst gemacht.[2] Im deutschsprachigen Raum sind darüber hinaus Irenäus Eibl-Eibesfeldt und Konrad Lorenz bekannt. Wie immer wenn Naturwissenschaftler auf Gebiete vorstoßen, die zuvor nicht ihr Terrain waren, kam es auch in diesem Fall zu heftigen Auseinandersetzungen, und die Wellen haben sich bis heute nicht gelegt.

Für unsere Argumentation am wichtigsten ist, dass Diamond (1997, 2005, 2006), von Hause aus ebenfalls Biologe, sich systematisch der menschlichen Kulturgeschichte angenommen hat. Insbesondere sein erstes Buch, das den Pulitzer Preis gewann, inspirierte eine ganze Welle naturwissenschaftlich orientierter Werke zu unserer jüngeren Vergangenheit. Anders als seine geisteswissenschaftlichen Vorgänger beginnt er nicht mit Ideen oder abstrakten Konzepten. Er versucht auch nicht, aus der unüberschaubaren Menge von Rohdaten mit irgendwelchen statistischen oder interpretativen Verfahren eine Hypothese zu untermauern.

Stattdessen verkleinert er zunächst die Kluft zwischen spezifischen Daten und allgemeinem Gesetz. Da einzelne Ereignisse erratisch sind – die fast schon sprichwörtlichen historischen Zufälligkeiten – stützt er sich von Anfang an auf aggregierte und damit auch wesentlich stabilere Daten, nämlich wesentliche Innovationen der Kulturgeschichte (Ackerbau, Viehzucht, Eisenverarbeitung…) sowie einschneidende historische Ereignisse. Zum Beispiel waren im fruchtbaren Halbmond (dem heutigen Nahen Osten vom Nil bis zum Zweistromland) mehrere Getreidesorten und leicht domestizierbare Tierarten vorhanden, sodass die Menschen dort früh sesshafte Bauern wurden. Diese neue Kulturform konnte sich leicht auf etwa derselben geographischen Breite nach Osten (Persien, Indien, Zentralasien) und Westen (Griechenland, Rom, Europa) ausdehnen. Dort entstanden nicht nur große Städte, Staaten und Imperien, also politische Organisationsformen viel größerer Dimension, es wurden auch ständig Ideen und Keime (insbesondere aus der Tierhaltung) ausgetauscht. Das heißt, der eurasische Kulturraum war gut organisiert, technologisch innovativ und zugleich gegen biologische Krankheitserreger recht resistent.

Wissenschaftliche Modellierung der menschlichen Entwicklung

Nach diesem Muster arbeitet Diamond drei zentrale Faktoren für den Gang der (bisherigen wie künftigen) Weltgeschichte heraus: Waffen, Keime und Technologie.[3] In seiner späteren

---

[2] Siehe schon S. 118.

[3] Guns, germs, and steel, siehe (Diamond 1997).

Arbeit betont er fünf zentrale Faktoren für das Schicksal von Gesellschaften: Umwelt-schäden, Klimaveränderungen, feindliche Nachbarn, freundliche Handelspartner sowie die Reaktion einer Gesellschaft auf ihre Umweltprobleme. Letztlich identifiziert er „Geogra-phie" – was war wo vorhanden, konnte genutzt und weiterentwickelt werden – und den Umgang von Gesellschaften mit ihren strategischen Herausforderungen als die wichtigsten Einflussgrößen.

Anders als bei schlechten Modellen oder einseitiger Wissenschaft gelingt so ein bemer-kenswerter Brückenschlag. Weder versinkt Diamond in ungeordneten Details, noch in spekulativen Erörterungen. Seine Theorie, eng verwoben mit den Fakten, ist automatisch praxisrelevant. Sie geht den vielfältigen Daten nicht aus dem Weg, sondern lädt geradezu dazu ein, sie anhand weiterer historischer Informationen zu überprüfen. So verschieden die Problemstellung, so einheitlich die erfolgreiche Methode: Basierend auf hinreichend vielen validen Daten stoße man gezielt auf die Ebene der zunächst latenten, aber wesentlichen Zusammenhänge vor. Bei der EHEC-Epidemie war es eine einfache Kausalkette, die das Geschehen steuerte, hier sind es eine Reihe kritischer Faktoren, die maßgeblichen Einfluss auf das historische Geschehen ausüben.

Natürlich wird man die Grundüberlegung verfeinern, erweitern und korrigieren, was auch schon geschehen ist.[4] In gewissem Sinne wurde mit der Isolation weniger, aber wich-tiger Faktoren kaum mehr als der Grundstein einer umfassenderen Theorie gelegt. Aber die Bausteine der Theorie sind wohl begründet, ihre Zusammenhänge einleuchtend, ebenso wie ihre Auswirkungen: Landwirtschaft setzte sich durch, weil sie eine sicherere Nahrungsbasis garantierte als das Jagen und Sammeln. Die damit einher gehende Sesshaftigkeit ermöglichte größeren Besitz, Arbeitsteilung und zentralisierte Verwaltungen. Tiere wurden domesti-ziert, was eine weitere Erhöhung der Bevölkerungsdichte bewirkte, aber auch Seuchen begünstigte. Auf Dauer führte dies zu einer größeren Immunität, was sich vor 500 Jahren als entscheidend herausstellte, als Europäer über den Atlantik segelten. Während ca. 95 % der amerikanischen Ureinwohner innerhalb weniger Jahre an eingeschleppten Seuchen, insbesondere den Pocken, starben, konnte die Syphilis die Eroberer nicht entscheidend schwächen.

Solche und ähnlich gebaute Kausalketten erklären schlüssig wesentliche Entwicklungs-pfade der Kulturgeschichte. Wer mehr Nahrungsmittel anbaut, kann größere Armeen unterhalten und behält in kriegerischen Auseinandersetzungen eher die Oberhand. Gesell-schaften, die ihre natürlichen Ressourcen übernutzen, nähren damit zunächst eine kulturelle Blüte, jedoch nur, um kurz darauf zu kollabieren. Der Überlebenskampf auf isolierten Inseln mag zunächst weniger hart sein, doch wehe, die große weite Welt kommt zu Besuch, usw. Bei aller Unwägbarkeit im Kleinen – gerade die großräumigen Muster unserer kulturellen Vergangenheit sind alles andere als zufällig.

Entscheidend ist, dass mit dem Übergang von unzähligen Fakten zu wenigen wesentli-chen Faktoren die Stufe des empirisch basierten Verständnisses erreicht wurde. Daten und

---

[4] Siehe z. B. Robinson (2008) sowie Acemoglu und Robinson (2012).

konzeptionelle Ebene stehen nicht mehr unverbunden nebeneinander, die frisch geknüpften, doch starken Bezüge zwischen beiden ermöglichen gezieltes Argumentieren und Beobachten. Orientierung tritt an die Stelle der Spekulation, könnte man überspitzt sagen. Auch der Charakter fachlicher Diskussion ändert sich dadurch vollständig. Anstatt möglichst alle denkbaren Optionen auszuloten, keinen Aspekt zu übersehen, alle bisherigen gelehrten Meinungen zu kennen und darüber dann nuanciert zu reden, geht es um viel konkretere Fragen und klarere Antworten. Es stoßen nicht mehr prinzipielle Positionen aufeinander, zwischen denen in der Theorie keine Entscheidung möglich ist. Vielmehr bewegen sich alle auf derselben maßgeblich durch empirische Fakten geprägten Basis, was den Konsens befördert. Am Ende heftiger Diskussionen steht nicht die Frustration über das mangelnde Ergebnis, weit häufiger konnten Dinge geklärt werden und man hat einen Fortschritt erzielt, wenn sich derjenige durchsetzt, der die relevanten Daten am besten erklärt.

Es ist schwer vorstellbar, dass man sich danach noch einmal mit weniger begnügen wird. Bezeichnenderweise unternehmen Diamond und Robinson (2011) keinen Versuch, den neuen Ansatz systematisch mit der überkommenen Geschichtsphilosophie zu verflechten. Nur sporadisch finden sich hierin und in Diamonds früheren Büchern Hinweise auf Klassiker, etwa Rousseau, doch schon einen Verweis auf den historischen Materialismus habe ich vergebens gesucht. Dabei war jener durchaus empirisch orientiert: „Hiernach sind die letzten Ursachen aller gesellschaftlichen Veränderungen und politischen Umwälzungen zu suchen nicht in den Köpfen der Menschen, in ihrer zunehmenden Einsicht in die ewige Wahrheit und Gerechtigkeit, sondern in Veränderungen der Produktions- und Austauschweise; sie sind zu suchen nicht in der *Philosophie*, sondern in der *Ökonomie* der betreffenden Epoche."[5]

Stattdessen präsentieren sie eine Reihe von Studien, die die Vorzüge der neuen Herangehensweise konstruktiv, an konkreten Beispielen belegen. Das heißt, der Vorstoß wird abgesichert, indem die Fruchtbarkeit und Bedeutung der naturwissenschaftlich-vergleichenden Methode (siehe Abschn. 1.9) für die historischen Wissenschaften herausgearbeitet wird. Anstatt also den Epilog über „die Zukunft der Geschichte als Naturwissenschaft" (in Diamond 1997) sowie den Prolog in Diamond (2005) zu einer programmatischen Verteidigung auf der philosophischen Ebene auszubauen, was auch nahezu zwangsläufig zu einem „Arrangement" mit der Tradition führen würde, orientiert sich selbst die Argumentationsstrategie an den empirisch-experimentellen Wissenschaften: Lasse die Fakten sprechen und belege mit ihnen die Macht deines Ansatzes.

---

[5] Siehe Engels (1973: 210), Hervorhebungen im Original.

4.2   Empirische Ethik

Der lange Schatten die Vergangenheit

Einen noch verwegeneren Vorstoß wagt die „evolutionäre Ethik", die Ethik als angewandte Wissenschaft auffasst (Ruse und Wilson 1986). Die Idee ist, dass unsere evolutionäre Vergangenheit einen maßgeblichen Einfluss auf unsere Anatomie und Physiologie, aber auch unsere psychische Konstitution und unser Sozialverhalten ausgeübt hat.[6] Indem sich die an die Umwelt jeweils am besten Angepassten auch am ehesten fortpflanzen, haben sich deren Eigenschaften in der Population durchgesetzt. Das heißt, die Umwelt, in der sich unsere Art entwickelt hat, hat über die Selektion der hieran am besten Angepassten dazu geführt, dass wir Menschen so sind, wie wir sind. Unsere „Natur" fiel nicht vom Himmel, sie wurde in den Niederungen der Erde von den dort herrschenden Bedingungen gemacht. Dies sollte nicht zuletzt auch für unsere Verhaltensstrategien gelten, weshalb es nur naheliegend ist, Gesetze und Konventionen, die unser Zusammenleben regeln, auf ihren biologisch-evolutionären Hintergrund zu untersuchen.

Da Inzest mit dem gehäuften Auftreten von erblichen Krankheiten einhergeht, liegt beim in vielen Gesellschaften durchgesetzten Inzestverbot die Genetik sozusagen in der Luft. Ruse (2003) bringt ein etwas unappetitliches Beispiel: In unserer Kultur gilt es als unfein, seine eigenen (bakteriell belasteten) Fäkalien zu essen. Kinder, die sich davon nicht abhalten lassen, finden sich schnell in der Psychiatrie wieder. Doch stellen Sie sich vor, aufgrund unserer evolutionären Vergangenheit wäre es vollkommen üblich, Fäkalien zu essen. Dann gäbe es höchstwahrscheinlich auch keine Verhaltensnorm, die dies verbietet, d. h. wir würden unsere körperlichen Ausscheidungen mit demselben Appetit verzehren wie andere Nahrungsmittel. Zum Beispiel orientieren sich viele Jäger mit ihrer Nase, weshalb ihre Beutetiere möglichst keine Geruchsspuren hinterlassen wollen. Kleine Hirsche, die oft von ihren Müttern im Wald allein gelassen werden müssen, haben deshalb praktisch keinen Eigengeruch und die Mütter fressen ganz selbstverständlich deren Fäkalien.

Leicht lassen sich noch extremere Beispiele konstruieren: Bei manchen Spinnenarten ist es Usus, den Geschlechtspartner oder sogar die eigene Mutter zu verspeisen. Auch beim Menschen sind viele Beispiele von gewohnheitsmäßigem Kannibalismus belegt, in Neuguinea hat man erst vor ein paar Jahrzehnten davon Abstand genommen. Ist Kannibalismus nun prinzipiell schlecht oder womöglich „nur" eine soziale Konvention? Oder man denke an unsere Heiratsgewohnheiten: Ist die monogame Ehe heterosexueller Partner die allein seligmachende? Bis heute sind außerhalb des christlichen Kulturkreises 1:n Beziehungen Gang und gäbe (zumeist ein Mann und mehrere Frauen, doch auch Polyandrie ist bekannt) und womöglich sind es bald auch gleichgeschlechtliche Partnerschaften. Wir sind ein ziemlich aggressives und zugleich auch einigermaßen soziales Tier, was den Umgang miteinander

---

[6] Durchaus verwandt ist die von Bentham (1748–1832) begründete „Wissenschaft von der Moral" (engl. moral science). Für einen aktuellen Beitrag siehe Harris (2010).

nicht gerade erleichtert. Gewalt, die überwiegend von Männchen ausgeht, ist fast schon an der Tagesordnung. Sage einer, Testosteron habe keinen Einfluss auf die Kriminalitätsstatistik oder das politische Geschehen.

Neben dem biologischen Einfluss gibt es den kulturellen. Ein Individuum bewegt sich in einem sozialen Umfeld. Einerseits kommen ihm Leistungen zu Gute, die andere Individuen für es erbringen, andererseits wird das Individuum auch von der Gruppe, zu der es gehört, gefordert. Denken wir an den persönlichen Schutz. In einer größeren Gruppe lebt es sich sicherer. Bestenfalls hält eine starke Armee Feinde auf Distanz. Andererseits müssen sich aber auch Individuen bereitfinden, Soldaten zu werden, d. h. ein persönliches Risiko auf sich nehmen. Doch auch ohne körperlichen Einsatz werden Beiträge, heutzutage insbesondere finanzieller Natur, für den Erhalt des Militärs fällig. Es ist ein Spannungsfeld: Im günstigen Fall hält sich für das Individuum der eigene Beitrag in Grenzen und auch die Gruppe kommt gut über die Runden. Dies kann aber auch ins Gegenteil umschlagen und aufgrund übergeordneter politischer Ereignisse verliert der Einzelne Geld und Gut, oft sogar das eigene Leben. Doch auch eine Gruppe kann von mächtigen oder geschickt agierenden Individuen ausgenutzt werden.[7]

Man kann nun lange darüber diskutieren, ob die „Natur" oder die „Kultur" wichtiger ist. Das sollte jedoch nicht darüber hinweg täuschen, dass beide empirische Faktoren nahelegen, Ge- und Verbote aufzustellen, die sowohl unserem biologischem Erbe als auch dem sozialen Spannungsfeld gerecht werden. Im Idealfall sind wir mit uns selbst und anderen im Reinen und die Gesellschaft, der wir angehören, floriert. Weise, allgemein gültige Gesetze sollten in der Lage sein, das Zusammenleben reibungsloser zu gestalten. Schon in der Antike haben sich viele an dieser schwierigen Aufgabe versucht, so dass die Namen von Hammurabi, Lykurg, Solon und Justinian bis heute bekannt sind. Am bekanntesten ist sicherlich der Dekalog[8]:

1. Ich bin der Herr, Dein Gott. Du sollst keine anderen Götter neben mir haben.
2. Du sollst den Namen Gottes nicht verunehren.
3. Gedenke, dass Du den Sabbat heiligst.
4. Du sollst Vater und Mutter ehren.
5. Du sollst nicht morden.
6. Du sollst nicht die Ehe brechen.
7. Du sollst nicht stehlen.
8. Du sollst kein falsches Zeugnis geben über Deinen Nächsten.
9. Du sollst nicht die Frau Deines Nächsten begehren.
10. Du sollst nicht das Hab und Gut Deines Nächsten begehren.

Die Gebote 4–10 sind offenkundig Regeln für einen respekt- und vertrauensvollen Umgang in einer Gemeinschaft. Interessant ist, wie sie begründet werden. Die „Autorität der Erfahrung" (siehe S. V) spielt keine Rolle und es ist auch keine Rede davon, dass die Gesetze

---

[7] Siehe schon S. 118ff., eine ausführlichere Analyse findet sich in Saint-Mont (2002: Kap. 4).

[8] Im Folgenden etwas gekürzt wiedergegeben.

modifizierbar wären. Mit göttlicher Autorität versehen, sind sie im wahrsten Sinne des Wortes in Stein gemeißelt. Noch dazu werden sie "top down" verkündet. Mitsprache? Vorläufigkeit? Kritik? Nein, nein und nochmals nein.

Man mag einwenden, dass dies Theologie sei, die aus Richtlinien göttliche Befehle werden lässt. Doch auch eine „säkulare" Ethik wird als Teilgebiet der praktischen Philosophie "top down" betrieben. Zunächst trennt man dazu Fakten (wie etwas ist) von Normen (wie etwas sein soll). Im Feld der Normen ist der entscheidende ethische Grundbegriff dann „das Gute" und es geht vorwiegend darum, ausgehend von allgemeinen, nicht empirischen Prinzipien, „Moral" abstrakt zu begründen. Das heißt, ethische Leitlinien werden rational abgeleitet, wobei kaum auf empirische Fakten zurückgegriffen wird.

Es dominieren, anders gesagt, „kognitivistische" und „nicht-naturalistische" Ansätze, insbesondere in der Nachfolge von Hume und Kant. Letzterer ist für seinen (nicht gerade konkreten) „moralischen Imperativ" berühmt, also *handle so, dass deine subjektive Verhaltensregel zugleich als Prinzip einer allgemeinen Gesetzgebung gelten könnte*, den er aus allgemeinen Vernunftgründen ableitet. Sich stärker oder sogar explizit auf empirische Fakten zu stützen, wird hingegen im Handumdrehen und generell als „naturalistischer Fehlschluss" abgelehnt. Kurz gesagt lautet das Argument, dass die Tatsache, wie etwas *ist*, nichts darüber aussagt, wie etwas sein *sollte*. Die Realität ist so, wie sie eben ist – auch wenn wir etwas ganz anderes für wünschenswert halten mögen.

Gewachsene Normen

Der Gegensatz zu einem konsequenten „Bottom-up-Ansatz" könnte kaum größer sein. Jede empirisch fundierte Ethik geht wie jede wissenschaftliche Theorie von Erfahrungstatsachen aus. Aus sozialen und biologischen Fakten versucht sie, die wesentlichen Faktoren und Wirkzusammenhänge zu ergründen. Erst dann wendet sie dieses fundierte Wissen und vertiefte Verständnis an, indem sie hiermit kompatible, zweckdienliche Umgangsformen definiert. Die Normen stehen logisch gesehen am Ende eines Prozesses, der bei den relevanten biologischen und sozialen Daten beginnt. Wie juristische Gesetze, die wir uns (über die Legislative und andere Institutionen) selbst geben, definieren wir auch die übergeordneten Normen, die unser Zusammenleben steuern. Letztlich handelt es sich um Konventionen, auf die sich eine große Anzahl von Menschen geeinigt haben. Bewähren sie sich nicht, besteht wenig Anlass sie beizubehalten.

Der wohl wichtigste Grundsatz der praktischen Ethik ist die so genannte Goldene Regel: *Behandle andere so, wie du von ihnen behandelt werden willst.* Negativ und etwas eingängiger formuliert: *Was Du nicht willst, dass man Dir tut, das füg' auch keinem anderen zu.* In der klassischen Sichtweise erfasst diese Norm die Quintessenz der obigen zehn Gebote. Der jüdisch-christliche Gott will, dass wir ihm und einander mit Respekt begegnen. Schon ein Historiker muss jedoch zu bedenken geben, dass auch andere Kulturkreise zu ganz ähnlichen Formulierungen gefunden haben.[9] Das spricht gegen ihren übernatürlichen Ursprung und zugleich für ihre Allgemeingültigkeit. In der modernen Perspektive ist diese Regel nichts anderes als Ausdruck des grundlegenden Prinzips der Reziprozität stabiler sozialer Beziehungen (siehe S. 119). Als solches ist sie empirisch-konzeptionell wohl begründet, doch zugleich wie jedes wissenschaftliche Theorem auch prinzipiell revidierbar.

Dessen ungeachtet besitzen manche Normen einen geradezu zwingenden Charakter. Verzweifelte, um Hilfe flehende Menschen ihrem Schicksal zu überlassen, ist mindestens so barbarisch wie Folter und Sadismus. Mord ist so widerwärtig, das er als einziges Verbrechen nicht verjährt. Bei diesen Bewertungen scheint es sich um viel mehr als beliebige Konventionen zu handeln, kühle Setzungen aufgrund einer abstrakten Moral. Vielmehr werden tiefe Gefühlsebenen angesprochen. Verbrechen und Ungerechtigkeit lassen uns nicht kalt, sie wühlen auf. Genau das ist zu erwarten, wenn Ethik eine biologische Basis hat, die viel tiefer reicht, als eine vor kurzem getroffene soziale Übereinkunft. Unsere menschliche Natur wurde in Jahrhunderttausenden geformt, als wir in kleinen Gruppen um das Überleben kämpften. „Hilf deinesgleichen!" hat sich als moralischer Imperativ tief in unsere Konstitution eingebrannt. Für den Biologen handelt es sich dabei um eine effektive Adaptation an brutale Umweltbedingungen, die sich nur gemeinsam – wenn überhaupt – erfolgreich bewältigen ließen.

Normen sind außerordentlich stark, wenn sie zum einen unseren tief verankerten persönlichen Überzeugungen entsprechen *und* zum anderen sozial unbestrittene, grundlegende Konventionen sind. „Du sollst nicht töten" (das 5. Gebot) ist solch ein Imperativ. Man beachte jedoch, dass wir selbst in diesem vermeintlich eindeutigen Fall differenzieren. Und zwar nicht nur zwischen Mord, Totschlag, Fahrlässigkeit und Notwehr mit Todesfolge, sondern auch zwischen unserer Familie und Fremden, die uns etwas wegnehmen wollen. Erstere beschützen wir mit Zähnen und Klauen, wir ziehen für sie in den Kampf und sehen es als gerechtfertigt an, wenn nötig, letztere zu töten. Biologisch gesehen ist Blut, also (enge) genetische Verwandtschaft, (viel) dicker als Wasser und fast genauso fundamental ist die soziale Unterscheidung in Miteinander (Kooperation, Freund) versus Gegeneinander (Konfrontation, Feind).

Das Ist – d. h. die aktuelle Situation – bestimmt nicht, was sein soll. Oberflächlich stimmt das. Doch der Schatten der Vergangenheit ist lang, und sowohl unser biologisches Erbe als auch unser kulturellen Traditionen sind so tief verwurzelt, dass sie einen starken, wenn nicht sogar maßgeblichen Einfluss auf die Regeln haben, die unsere Zusammenleben organisieren. Juristen verwenden hier den Begriff des Gewohnheitsrechts und sie erkennen die „normative Kraft des Faktischen" an. Tatsachen schaffen Regeln. Anders gesagt: Zwar lässt sich aus dem „Ist" (Gegenwart) nicht das „Soll" folgern, wohl aber hat das, was „gewesen ist" – die evolutionäre und kulturelle Vergangenheit – einen erheblichen Einfluss auf unsere menschlichen Verhaltensnormen. Die Kritik am naturalistischen Fehlschluss betont zurecht, dass

---

[9] Siehe de.wikipedia.org/wiki/Goldene_Regel.

das „Ist" zu wenig Information enthält um allzu viel über das "Soll" sagen zu können. Das gilt aufgrund der obigen Argumentation jedoch *nicht* für das, was "gewesen ist".

Dies bemerkt man, wenn soziale Konvention und biologische Konstitution widersprüchliche Signale senden. Eine erfolgreiche Fortpflanzungsstrategie männlicher Vertreter der Spezies *homo sapiens* ist Promiskuität. Drastischer formuliert: Männer wollen schnellen Sex mit wechselnden Partnerinnen. Andererseits sind die sozialen Konventionen (siehe das 6. und 9. Gebot) explizit und eindeutig: Fremdgehen ist falsch. Die Sünde schmeckt zum einen süß und hinterlässt doch zum anderen einen bitteren Nachgeschmack. Beides geht kaum zusammen, sodass die Prostitution, eine Institution mit langer Tradition, im Verborgenen blüht. Genau umgekehrt ist es bei Helden. Für diese ist charakteristisch, dass sie sich mit Haut und Haar für die Gemeinschaft, der sie angehören, einsetzen, bis hin zur Selbstaufgabe. Es ist nur konsequent, dass ihr Altruismus im sozialen Raum als leuchtendes Beispiel zitiert und zuweilen sogar tatsächlich auf einen Sockel gehoben wird.[10] Laut Horaz (65-8 v.Chr.) ist es „süß und ehrenvoll" fürs Vaterland zu sterben, doch offenkundig ist viel „Überzeugungsarbeit" notwendig, um einen Menschen dazu zu bringen, seine persönlichen Interessen und biologischen Ziele so weit aus den Augen zu verlieren. Felsenfeste ideologische, bis zur Neuzeit zumeist religiös untermauerte Überzeugungen scheinen hierfür sehr zweckdienlich zu sein.

Eine weitere Kehrseite der „Top-down-Medaille" ist, dass wir uns mit allen von der modernen Technik (insbesondere Medizin) aufgeworfenen ethischen Problemen sehr schwer tun. Die alten Normen sind unflexibel und einfach nicht für Innovationen wie Empfängnisverhütung, Stammzellforschung, Implantations- und pränatale Diagnostik, Organspende, lebens- aber zuweilen auch leidensverlängernde intensivmedizinische Maßnahmen oder Sterbehilfe gemacht. Entsprechend brechen bei jeder neuen Möglichkeit, die der technische Fortschritt mit sich bringt, Grundsatzdiskussionen auf. Die sich an das Urteil des Kölner Landgerichts vom 26.06.2012 anschließende Debatte zum Beschneidungsverbot demonstriert dasselbe, nur unter anderen Vorzeichen. Seit Jahrtausenden werden Jungen und Mädchen aus religiösen Gründen beschnitten. Sofern keine medizinische Indikation vorliegt ist dieses Opfer im modernen Verständnis eine Körperverletzung und damit strafbar.

So tasten wir uns voran, wobei Deutschland konservativer ist als seine europäischen Nachbarn (insbesondere Österreich, die Schweiz, die Niederlande und Großbritannien). Warum? Dem Statistiker, der nicht nur auf die Daten blickt (in diesem Fall also die jeweiligen Entscheidungen), sondern immer auch darauf achtet, wie jene zustande kommen, entdeckt nahe den Gesetzgebungsverfahren Gremien wie den „nationalen Ethikrat". In jenen sind traditionelle Gruppierungen stärker vertreten als moderne, säkulare Strömungen, womit leicht zu erklären ist, weshalb einschlägige Gesetze hierzulande vergangenheitsorientiert ausfallen.

---

[10] Admiral Nelson, Jeanne d'Arc, Wilhelm Tell, Giuseppe Garibaldi. . .

Einzelfall versus allgemeine Regel

Ganz allgemein ist es weit schwerer, "top down" begründete, universell gültige ethische Normen mit einer variablen Praxis zu vereinbaren, als anzuerkennen, dass unsere biologisch und sozial gewachsenen Regeln situationsspezifisch-flexibel sind. Als Beichtväter mächtiger Könige benötigten die Jesuiten all ihren Scharfsinn um eine sehr differenzierte „Kasuistik" des Ehebruchs zu entwickeln. Das heißt, sie versuchten, verbindliche religiöse Gebote mit der Natur und Politik ihrer Schäfchen (eher Böckchen) in Einklang zu bringen, zumal dynastische Heiratspolitik häufig Menschen auf Tuchfühlung brachte, die sich persönlich kaum geneigt waren. Sich dann auf die ehelichen Pflichten zur freudlosen Erzeugung von Nachwuchs zu beschränken und ansonsten mit einer schönen Wilhelmine[11] oder intelligenten Madame de Pompadour (1721–1764) zu verkehren, schien selbst Klerikern weit weniger verwerflich zu sein, als wie Ludwig XV (1710–1774) nahe Paris einen „Hirschpark" (sein privates Bordell) zu unterhalten oder gar wie Heinrich VIII (1491 1547) Frauen zu „beseitigen", sobald diese nicht mehr genehm waren.

Doch es gibt noch weit problematischere Fälle. Wann ist ein Tyrannenmord, also die gewaltsame Beseitigung eines korrupten Herrschers, gerechtfertigt? Nach Graf von Stauffenberg -1944 maßgeblich am fehlgeschlagenen Anschlag auf Hitler beteiligt – werden in Deutschland zurecht Schulen und Straßen benannt. Bei den meisten anderen politisch motivierten Gewalttaten ist unsere Einschätzung hingegen eine ganz andere. Man gehe nur einmal im Geiste berühmte Attentate durch: M. Erzberger (1921, Finanzminister der Weimarer Republik), Franz Ferdinand (1914, Thronfolger von Österreich-Ungarn), A. Lincoln (1865, Präsident der Nordstaaten im amerikanischer Bürgerkrieg) oder die vielen Attentate auf Napoleon.[12]

„Not kennt kein Gebot" bringt die Situationsabhängigkeit von Normen womöglich am deutlichsten zum Ausdruck. Schlimmstenfalls kann es sich der Einzelne nicht leisten, auf andere, Moral oder Gesetz Rücksicht zu nehmen, sodass wir selbst Kannibalismus in extremen Situationen als legitim empfinden. Wer wollte es den Passagieren eines 1972 in den Anden abgestürzten Flugzeuges verdenken, dass sie, völlig von der Außenwelt abgeschnitten, tote Mitreisende aßen? Schiffbrüchigen des 19. Jahrhunderts blieb zuweilen nichts anders übrig, als auszulosen, wer am Leben bleiben und wer gegessen werden sollte. Mehrere Fälle sind juristisch aufgearbeitet worden und die Täter blieben (im Wesentlichen) straffrei. Antropophagie ist auch für zahlreiche Hungersnöte und im 2. Weltkrieg (Leningrad, pazifische Inseln) belegt.

Zuweilen werden auch ganz bewusst und regelmäßig die üblichen Regeln außer Kraft gesetzt, etwa im Karneval oder in (zumeist etwas abgeschiedenen) Kommunen, die nach neuen Formen des Zusammenlebens suchen. Erschreckender- aber nicht ganz überraschenderweise bricht dann schnell die „Natur" durch, was von allen Spielarten „freier(er) Liebe" über Kindesmissbrauch bis hin zu Gewaltexzessen reicht.

---

[11] W. Enke (1753–1820), Mätresse des preußischen Königs Friedrich Wilhelm II (1744–1797).

[12] Für eine umfangreiche Liste siehe de.wikipedia.org/wiki/Chronik_wichtiger_Attentate.

4.3   Vom Kopf auf die Füße stellen

Vermeintliche Stärke

Die Grundhaltung der traditionellen Philosophie ist bis heute „rationalistisch", also theoretisch-prinzipiell und "top down". Ausgehend von einem zumeist ziemlich grundsätzlichen Problem werden, ruhig und ausführlich, alle im Prinzip denkbaren Positionen erörtert. Insbesondere natürlich, was mehr oder minder bedeutende Denker dazu in der Vergangenheit zu sagen hatten. Wer also den zahllosen Aspekten und Nuancen eines Problems gerecht werden will, muss zuallererst einmal umfassend belesen sein. Das Unternehmen ist text-kritisch, bei aller professioneller Distanz orientiert man sich also viel mehr an den Beiträgen der Vorgänger, als an direkter empirischer Erfahrung.

Vermeintlich ist ein solches Vorgehen stark, da die letztlich gezogenen Schlüsse auf einem Berg von Material – idealerweise auf allen relevanten Quellen – ruhen, das mit einem Maximum an Sachverstand gewürdigt und zu einer durchdachten Synthese verdichtet wurde. Wenn alle denkbaren Argumente kritisch durchleuchtet werden und das Für und Wider umsichtig zu einem Urteil synthetisiert wird, so mag dieses Unternehmen zwar hunderte von Seiten einnehmen, doch entsprechend gewichtig sollte das Ergebnis auch sein. Soweit die Theorie.

Die Praxis zeigt leider viel häufiger, dass eine grundlegende Frage oder eine originelle Antwort sich im Laufe der Zeit immer weiter von ihrer empirischen Basis entfernt. Was als ein konkreter, konstruktiver Beitrag hin zur Lösung eines klar umrissenen Problems begann, wird von den nachfolgenden Autoren wieder aufgegriffen, kommentiert, Seite für Seite hin und her gewendet, kompiliert und modifiziert, bis schließlich auch ein Gelehrtenleben nicht mehr ausreicht, alle Verästelungen zu erfassen. Auf diesem Weg in die theoretische Verfeinerung geht – wieder einmal, wie allzu oft – schnell der Kontakt zur Empirie verloren. Worte werden aufeinander geschichtet, die Sätze immer abgehobener, Bezüge vermehren sich, doch nicht deren Bezug zur Realität. Vielmehr dreht sich nach nicht allzu langer Zeit die Literatur um sich selbst, weit entfernt von den echten Problemen. Starke, einfache Ideen werden so lange besprochen, bis sie zerredet sind, endlose Debatten verwirren eher, als dass sie zu einer klaren Schlussfolgerung führen. Mancher gute Vorschlag wird durch prinzipielle Kritik, Gegenrede, Angriff und Verteidigung so oft umformuliert, dass man ihn am Ende kaum noch wiedererkennt oder er so verwässert ist, dass er jegliche Schärfe eingebüßt hat.

Dass nichts wirklich zu funktionieren scheint, frustriert die Autoren, die immer pessimistischer werden und die Hoffnung, in der Sache voranzukommen, schließlich gänzlich begraben. Man schreibt nicht mehr mit dem Ziel, ein Problem zu lösen oder zumindest um einen originellen Beitrag zu dessen Lösung zu leisten. Eher referiert man über Lösungsversuche und gar nicht so selten erschöpft sich die Behandlung eines klassischen Themas in einer gründlichen Darstellung der wichtigsten Versuche, gleich gefolgt von prinzipieller Kritik, warum keiner der Ansätze wirklich funktioniert. Schließlich wendet sich die gelehrte Welt neuen Problemen zu, die angehäufte Literatur verstaubt und wird schließlich vergessen. Jahrhunderte später gräbt sie der Historiker wieder aus und fragt sich verblüfft, mit welchen abseitigen Themen sich viele hochgebildete Geister so lange – ohne greifbares Resultat oder klaren Fortschritt – beschäftigen konnten.

Echte Stärke

Die Grundhaltung der modernen empirischen Wissenschaften ist eine andere. Sie orientieren sich an der realen Welt, konkreten Problemen, gezielten Lösungsansätzen, Erfahrungen und Experimenten. Das Unternehmen ist mit einem Wort primär daten- und nicht textbasiert. Anstatt die Ideen mit sich selbst reden zu lassen, geht es zuallererst einmal darum, Konzepte mit Daten zu untermauern und so konkrete Fortschritte zu erzielen. Man will etwas besser machen als die Vorgänger: genauer messen, eleganter formalisieren, schneller berechnen, tiefer verstehen.

In einem typischen naturwissenschaftlichen Lehrbuch werden deshalb *nicht* alle denkbaren Positionen nebeneinander gestellt, ausführlich diskutiert und schließlich fein gegeneinander abgewogen. Ganz im Gegenteil: Bestenfalls wird nur eine einzige Konzeption im Detail erörtert, nämlich genau jene Theorie, die alle Fakten hervorragend erklärt. Man verschwendet keine Zeit damit, einst potenziell aussichtsreiche Kandidaten zu diskutieren, die längst als fehlerhaft erkannt und ad acta gelegt wurden. Wozu alle möglichen Ideen zur Entwicklung des Lebens durchgehen, wenn Darwin befriedigend erklärt hat, wie Lebensformen auseinander hervorgehen. Besser, diese eine, hervorragend passende Theorie im Detail verstehen und dann von dort aus weitergehen (insbesondere, da sich seit 1859 einiges in der experimentellen Methodik getan hat), als viele falsche Ansätze studieren. Es lohnt sich kaum, den vielen unrichtigen Vorschlägen nachzuspüren und sie mit dem einen Ansatz zu vergleichen, der sich aufgrund bester fachlicher Gründe (insbesondere Erklärungs- und Prognosekraft) durchgesetzt hat.

Gibt es mehrere konkurrierende Ansätze, die alle einen gewissen Teil der Daten auf ihrer Seite haben, was für die Sozialwissenschaften typisch ist, so kommt es zu einer Mischung beider obiger Argumentationsmuster. In diesem Fall müssen alle empirisch wichtigen Theorien, samt ihrer Vorzüge und Nachteile, fair dargestellt und verglichen werden. Man kann sich also leider nicht, wie zumeist in den Naturwissenschaften, auf ein bis zwei Theorien einschränken. Doch auch wenn mehrere Ansätze etwas für sich haben, sind die Fakten, die für und gegen jene sprechen, nach wie vor wichtiger als textbasierte Argumente. Ausufernde theoretische Betrachtungen ohne ausgeprägten empirischen Bezug sind hingegen ein klares Zeichen für das mangelnde Verständnis eines Problems.

Insgesamt erweist sich so vermeintliche argumentative Stärke oft als empirische Schwäche und umgekehrt. Eine ausschweifende Literatur zu einem Thema bedeutet nicht unbedingt, dass viel bekannt ist und verstanden wurde. Genauso gut kann es sein, dass keiner von zahllosen Ansätzen wirklich überzeugt, weshalb bei jeder konkreten Frage prinzipielle Diskussionen geführt werden (mussten), Unwissen und Mutmaßen dominieren, und sich die Autoren gegenseitig Mut zusprechen. Häufiger ist leider, dass datenferne Theorie zur Ideologie wird, deren Anhänger sich mit Verve bekämpfen und bestenfalls koexistieren. Andererseits bedeutet wenig Literatur nicht unbedingt Unkenntnis. Es ist vielmehr außerordentlich angenehm, wenn sich in wenigen, dafür aber ganz entscheidenden Werken, alles findet, was man wissen muss. „Gebrauchsanweisungen" für die Physik oder Geometrie wie sie Newton und Euklid (ca. 360–280 v. Chr.) verfasst haben, machen zwar den disputierenden Gelehrten arbeitslos, doch sind sie für den forschenden Wissenschaftler ein Vademekum.

Nebenbei bemerkt erschwert dies auch die Berichterstattung in den Medien. Journalisten sind so sehr daran gewöhnt, mehrere Positionen darzustellen, Pro und Contra sorgfältig gegeneinander abzuwägen, dass sie es als unseriös empfinden, nur eine einzige Haltung wiederzugeben, selbst wenn jene unbestritten ist. In einer vermeintlich „objektiven" Berichterstattung über ein wissenschaftliches Thema werden deshalb oft mehrere Positionen nebeneinander gestellt und diskutiert, selbst wenn es in der Fachwelt gar keinen ernsthaften Disput gibt. Das verleiht Außenseiterpositionen ein Gewicht, von dem sie fachlich gesehen weit entfernt sind. Schlimmstenfalls verliert sich sogar die deutliche Stimme wohlfundierten Wissens im Debattierklub der Meinungen.[13]

Erfolgreiche Philosophie

Was heute unter „Philosophie" firmiert, ist tatsächlich der Endpunkt einer langen Entwicklung. In den frühen Universitäten fiel darunter so ziemlich alles, was nicht eindeutig Theologie, Medizin oder Recht war. Nicht unähnlich der Kategorie „Sonstiges" bei einer Tagesordnung, wo frei über alle möglichen Themen gesprochen wird, war „Philosophie" spekulative Metaphysik genauso wie strenge Logik und Mathematik, Naturphilosophie und die Behandlung konkreter, praktischer Probleme. Im Laufe der Zeit mehrte sich das Wissen über die Welt, die Fächer spezialisierten sich und nabelten sich eines nach dem anderen von ihrer geistigen Mutter ab; zunächst die Naturwissenschaften, dann auch die modernen Sozialwissenschaften. Erfreulicherweise wuchsen die intellektuellen Kinder rasch und reiften mehr und mehr zu eigenständigen Persönlichkeiten heran.

Doch zwangsläufig verlor die Philosophie dadurch auch ein inhaltlich interessantes Gebiet nach dem anderen. Heute ist sie substanziell entleert und beschäftigt sich mehr mit ihrer eigenen glorreicheren Vergangenheit und der Neuformulierung alter Ideen, als dass sie wichtige Beiträge zu aktuellen Problemen leisten würde. Entsprechend trübe sind die Berufsaussichten und die Entlohnung ihrer Adepten, zumal in der Arbeitswelt konkretes Wissen und Können nachgefragt werden. Auf Rhetorik verstehen sich Wirtschaftswissenschaftler mindestens ebenso gut und Mathematiker sind ebenfalls scharfsinnige Denker.

---

[13] Eine interessante Quelle hierzu sind die Richtlinien, denen Wikipedia-Einträge genügen sollten.

Man kann diese Geschichte auch anders erzählen, also die historischen Daten etwas anders interpretieren, und kommt doch zum gleichen Ergebnis. Seit ihren Anfängen gab es in der Philosophie zwei Hauptströmungen: Die empiristische und die rationalistische. Ein Empirist geht im Wesentlichen "bottom up" von der empirischen Erfahrung zum konzeptionellen Überbau, ein Rationalist bevorzugt den Weg "top down" vom Ideenhimmel zur Anwendung auf der Erde. Von Anfang an und sicherlich nach Plato (ca. 428–348 v. Chr.) dominierte die rationalistische Sicht. Dies gilt erst recht für das europäische Mittelalter, als Theologie und Philosophie eine traute wenn auch wenig fruchtbare (scholastische) Einheit bildeten und rationales Denken sogar zur „Magd" religiösen Glaubens degradiert wurde.

Erst mit dem Aufkommen der modernen empirischen Wissenschaften änderte sich schließlich auch auf der abstrakten Ebene das Kräfteverhältnis. Die Philosophie emanzipierte sich von der Theologie und innerhalb der Philosophie entstand eine starke „empiristische", also primär an der beobachtbaren Realität orientierte Schule. Galileo Galilei (1564–1642) und Francis Bacon (1561–1626) machten den Anfang; John Locke (1632–1704) und David Hume (1711–1776) gingen den eingeschlagenen Weg konsequent weiter und die großen, v. a. französischen Aufklärer des 18. Jahrhunderts erreichten einen ersten Höhepunkt. Nach einer bemerkenswert langen Phase romantischer Wallungen und idealistischer Stagnation im 19. Jahrhundert griffen philosophierende Naturwissenschaftler Anfang des 20. Jahrhunderts das Leitthema der Moderne wieder auf. Ihr Zusammenschluss, der Wiener Kreis, führte ab 1930 zur analytischen Philosophie, die heute nach diversen kritisch-rationalistischen Drehungen und zahlreichen postmodernen Wendungen nicht so recht weiß, wo sie steht und hin will. Immerhin erfreuen sich Felder wie (empirische) Wissenschaftsforschung sowie experimentelle(!) Ethik/Philosophie einer gewissen Popularität.

Dabei wurde „der Aufstieg der wissenschaftlichen Philosophie" schon vor längerer Zeit eindrucksvoll beschrieben (Reichenbach 1953). Diese datenbasierte Philosophie erschöpft sich nicht in Kritik, Zweifeln, prinzipiellen Argumenten (oft Vorbehalten), Literaturstudien und der Analyse der eigenen Vergangenheit. Vielmehr geht es, wie in der Wissenschaft auch, primär darum, in der Realität verankert und auf die „positiven" Fakten aufbauend, allgemeine Einsichten zu gewinnen. Eine so verstandene Philosophie ist nicht a priori, also der Wissenschaft vorgelagert. Sie formuliert nicht vermeintlich notwendige Bedingungen für Erkenntnis (als könnte man, bevor man die Augen aufschlägt, viel über die Welt sagen). Stattdessen ist sie den Einzelwissenschaften und persönlichen Erfahrungen nachgelagert, d. h. sie integriert a posteriori in einer „wissenschaftlichen Weltauffassung" das ansonsten unzusammenhängende Wissen. Eine solche Philosophie ist der Abschluss des ganzen empirisch-konzeptionellen Projekts, gewissermaßen ihr natürlicher Gipfel. Doch wie die Spitze eines hohen Berges schwebt sie nur scheinbar in den Wolken. Tatsächlich wird sie von zahllosen Gesteinsschichten getragen, also konkreten wissenschaftlichen Theorien, die selbst in unzähligen Fakten und spezifischen Daten verankert sind.

Die Wissenspyramide (siehe S. X) zeigt in einfacher, fast schon trivialer Weise, wie Erkenntnisse aufeinander aufbauen. Die hierarchische Anordnung von Daten, Informationen und Wissen ist völlig natürlich: Wie bei den Etagen eines Hauses stützen sich die höher gelegenen, abstrakteren Stockwerke substanziellen Wissens auf die tiefer gelegenen, beobachtungsnahen. Doch trotz alldem wäre der Eindruck falsch, Wissen würde immer von unten nach oben „wachsen". Substanzielle Einsichten sind das Ergebnis eines erfolgreichen Forschungsprozesses, den wir auf den Seiten 179f angerissen haben. Etwas ausführlicher und allgemeiner:

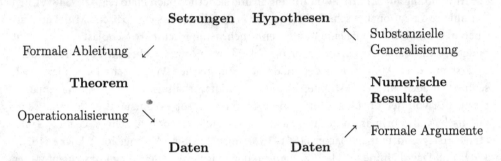

Der „induktive Weg" vom Speziellen zum Allgemeinen (*rechts*) steht dabei gleichberechtigt neben dem „deduktiven Weg" vom Allgemeinen zum Speziellen (*links*). Besonders in weiter entwickelten Wissenschaften, d. h. solchen mit einer starken Theorie, wäre es nicht sonderlich erfolgsversprechend, das Vorwissen zu ignorieren und „naiv" den induktiven Pfad einzuschlagen. Effizientes wissenschaftliches Arbeiten besteht nicht zuletzt aus gezielten Fragen an die Natur, die mithilfe durchdachter Experimente beantwortet werden. Gleichzeitig wäre es aber auch falsch, den Daten lediglich die Rolle eines „theoriegeladenen" Anhängsels zuzugestehen. Empirische Erfahrungen bilden das Fundament aller modernen Wissenschaften, Experimente haben ein Eigenleben (Hacking 1983), und gerade die stärksten Theorien und Modelle sind auch in der Realität am besten verankert. Hingegen sind Gedankengebäude, die um sich selbst kreisen, erwiesenermaßen schwach. Kreißt „theoriegeladene Theorie", so gebiert sie in aller Regel intellektuelle Mäuschen und zuweilen auch veritable Monster.[14]

Ertragreiche Forschung auf allen Ebenen

Ein dynamischer, fruchtbarer Forschungsprozess ist der Motor einer erfolgreichen empirischen Wissenschaft und damit auch Philosophie. Unzählige iterative, „datengetriebene" wie „hypothesenprüfende" Schritte sind im obigen *Zirkel* nötig, damit aus rudimentären Anfängen eine stabile, wohlproportionierte Wissenspyramide entstehen kann. Sie ist das konstruktive Ergebnis erfolgreicher Forschung. Im Laufe der Zeit wächst die Pyramide nicht nur in die Breite, sondern auch in die Höhe, was insbesondere dazu führt, dass schließlich

---

[14] Für viele weitere Details siehe Saint-Mont (2011), insbesondere die Abschn. 5.2 und 6.1.

auch Gebiete, die jahrhundertelang eher spekulativ-vage-erahnt als fundiert erforscht werden konnten, einer wissenschaftlichen Behandlung zugängig werden. Aus (eher spekulativer) Philosophie wird feste, weil mit Fakten untermauerte und von einer klaren Konzeption zusammengehaltene Wissenschaft. Dabei lassen sich mehrere Phasen unterscheiden:

Typischerweise entwickelten sich die Fachgebiete aus der Philosophie heraus, oftmals haben sie sogar wie die Medizin einen empirischen und eine theoretischen Ursprung. So gab es in der frühen Neuzeit sowohl den Mediziner, der an der Universität die klassischen Autoren und deren Ideen studiert hatte, als auch die Barbiere und Feldschere, die ganz praktisch – wenn es nötig war – zum Messer griffen. Aus beiden ging der heutige intensiv geschulte Mediziner hervor, der sowohl im Hörsaal als auch in der Klinik ausgebildet wird. Eine Wissenschaft im engeren Sinne etabliert sich, wenn die Theorie "top down" mit den Daten "bottom up" zu einer Einheit finden.[15]

Dadurch wird aber auch der Weg von der Empirie in „höhere Gefilde" geebnet. Nachdem sich die Psychologie von der Philosophie gelöst hatte, war sie zunächst eher Geistes- als Naturwissenschaft. Der experimentelle Ansatz war nur einer unter zahlreichen anderen, wobei in den ersten Jahrzehnten die (recht „hoch" angesiedelten) psychoanalytischen Schulen dominierten. Doch im Laufe der Zeit verloren das Ich, das Es und das Über-Ich ihren Reiz. Die zahlreichen von Freud und seinen Schülern postulierten Komplexe waren in der Realität schwer nachzuweisen und auf der Couch dauerte eine Therapie deutlich länger als andernorts. Währenddessen ging die empirische Psychologie immer engere Verbindungen mit anderen Wissenschaften ein, so dass immer mehr Phänomene experimentell untersucht und zuweilen auch überzeugend erklärt werden konnten. Was dem Verhaltensforscher die Evolutionsbiologie sind dem kognitiven Psychologen heute bildgebende Verfahren. Mögen die Philosophen auch noch so viele prinzipielle Vorbehalte anmelden: Immer mehr, einst völlig unzugängliche Bereiche der Psyche können sichtbar gemacht werden, inklusive Abläufe im Bewusstsein.

Der letzte, jedoch ganz entscheidende Schritt besteht nun noch darin, auf breiter Front von den Einzelwissenschaften in die Philosophie vorzustoßen. Im vorletzten Abschnitt haben wir beschrieben, wie die Kulturgeschichte zur empirischen Wissenschaft geworden ist. Mit einer evolutionär-kulturellen Ethik werden geoffenbarte Gebote mehr und mehr durch selbst gemachte Menschenrechte ersetzt, die unsere Natur berücksichtigen und den Bedürfnissen von Individuum und Gesellschaft rational Rechnung tragen. Die evolutionäre Erkenntnistheorie (Vollmer 2001) ist eine enge Verwandte, sie zieht Darwin heran um zu erklären, warum unsere menschlichen Erkenntnisstrukturen so sind, wie sie sind – nämlich genauso wie unser Körper im Allgemeinen an den uns umgebenden, für uns relevanten Teil der Welt angepasst. Es ist absehbar, dass die „Philosophie des Geistes" in dem Maße obsolet werden wird, wie die Psychologie „höhere kognitive Prozesse" versteht.[16]

---

[15] Für ein aktuelles, ausführlicher beschriebenes Beispiel siehe Abschn. 4.1.
[16] Siehe z. B. Roth (2003), Donald (2008) und Damasio (2011).

Es wäre völlig falsch, zu denken, der Wandel würde sich auf einzelne Teilgebiete beschränken. Zwar stehen heute vor allem „evolutionäre" und informatikgestützte Ansätze im Rampenlicht, doch waren die herausragenden Vertreter des Wiener Kreises sowie dessen Umfelds Physiker und Mathematiker, die bezeichnenderweise in der Wohnung eines Philosophen (M. Schlick) zusammenkamen. Von allen Seiten dringen heute die empirischen Wissenschaften in die Philosophie vor, während sich zugleich die traditionellen Geisteswissenschaften, müde endloser Debatten, mehr und mehr der Empirie zuwenden.[17] Während die tradierte Wissenschaftstheorie – ein Teilgebiet der *theoretischen* Philosophie! – über ihre großen Heroen gebeugt stagniert, erzielt ganz unspektakulär die Wissenschaftsforschung Einsicht um Einsicht in das reale Getriebe des Forschungsbetriebs. Wissenschaft lässt sich, wie die Psyche, Gesellschaften und vieles andere mehr, vermessen, sodass auch die klassischen Verbündeten traditioneller Philosophie, nämlich geisteswissenschaftlich orientierte Antropologie, Psychoanalyse, Geschichtsschreibung und Soziologie, immer mehr zu empirischen Wissenschaften werden.

Es gibt keine „dritte Kultur" zwischen dem belesenen Geisteswissenschaftler und dem hemdsärmeligen Ingenieur.[18] Ein heutiger, echter „Intellektueller" benötigt zuallererst einmal eine solide fachliche Ausbildung. Insbesondere muss er die modernen Wissenschaften verstehen, die auf ihnen basierenden technischen Anwendungsmöglichkeiten überblicken, Worte *und* Zahlen lieben, damit er schließlich Substanzielles über die wirklichen Probleme zu schreiben vermag. Erst recht ist eine spekulative Philosophie, die sich in ihrem Elfenbeinturm verschanzt, dem Untergang geweiht. Der „Stoßtrupp der Aufklärung"[19] hat längst den schützenden Wassergraben ideologischer Vorbehalte an der empirischen Methode überschritten, sich Stück für Stück die Mauern höherer Erkenntnis emporgearbeitet und ist dabei, in die letzten metaphysischen Refugien vorzudringen. Grundsätzliche Zweifel, gepaart mit fundamentaler Kritik bis hin zum Irrationalismus, die noch verbliebenen Verteidigungsringe, werden nicht mehr lange standhalten:

> Gewiß wird es noch manches Nachhutgefecht geben, gewiß werden noch jahrhundertelang viele in den gewohnten Bahnen weiterwandeln; philosophische Schriftsteller werden noch lange alte Scheinfragen diskutieren, aber schließlich wird man ihnen nicht mehr zuhören, und sie werden Schauspielern gleichen, die noch eine Zeitlang fortspielen, bevor sie bemerken, daß die Zuschauer sich allmählich fortgeschlichen haben. Dann wird es nicht mehr nötig sein, über „philosophische Fragen" zu sprechen, weil man über *alle* Fragen philosophisch sprechen wird, das heißt: sinnvoll und klar.[20]

---

[17] Sogar ein Projekt wie "digital humanities" gewinnt an Fahrt.

[18] Siehe „Dritte Kultur? Kein Bedarf", ZEIT (Nr. 6) vom 29.01.1998 und www.edge.org/3rd_culture.

[19] P. Frank, zitiert nach Mormann (2010).

[20] Schlick (1930: 30), Hervorhebung im Original.

4.4 Alt versus neu

Abwegig

Die Philosophie (nicht nur, aber auch) eines wissenschaftlichen Gebietes ist gesund, wenn es einen regen Austausch zwischen Fachwissenschaftlern und Philosophen gibt. Bestenfalls dringen Wissenschaftler mit ihren Beiträgen bis ins Prinzipielle vor, während zugleich Philosophen mit ihren Synopsen und nicht fach-spezifischen Betrachtungen die alltägliche Arbeit in einen größeren Sinnzusammenhang einordnen. Selbst bzw. schon Hegel (1770–1831) sprach diesbezüglich von „Realphilosophie".

Viel häufiger haben sich beide Gruppen wenig zu sagen. Als gäbe es eine unsichtbare Mauer zwischen beiden Gebieten, wagen sich einerseits Wissenschaftler nur selten über ihr Feld hinaus. Wenn doch, so geben sie sich gerne als "gentleman amateur" aus, eine recht bequeme Haltung, die gegen Kritik immunisiert. Andererseits legen jedoch auch Philosophen wenig Wert darauf, außerhalb ihrer Kreise verstanden zu werden. Sie diskutieren weit lieber untereinander, als ihre Überlegungen so konkret zu gestalten, dass der konstruktive Beitrag zu einem fachwissenschaftlichen Problem deutlich würde.

Wie aufgrund der Wissenspyramide nicht anders zu erwarten, kommt die Wissenschaft ganz gut mit einem nur rudimentären philosophischen Überbau zurecht. Anders die Theorie einer bzw. der Wissenschaft. Schlimmstenfalls wird auf der Bühne der Philosophie ein Theaterstück geboten, das sich weit von der „Lebenswirklichkeit" der Wissenschaften entfernt hat. Ein solches skurriles Schauspiel nimmt das Fachpublikum kaum noch zur Kenntnis und wenn doch, so nur, um despektierlich den Kopf zu schütteln. Die altehrwürdige Philosophie der Mathematik bietet ein solches Trauerspiel. Ihre Isolation hat sich in der jüngeren Zeit derart verstärkt, dass die allermeisten Fachwissenschaftler kaum noch etwas mit ihr anzufangen wissen:

Selbstverständlich sind dem gebildeten Mathematiker die drei grundsätzlichen Denktraditionen geläufig, die im Grundlagenstreit vor 100 Jahren entstanden, wahrscheinlich kennt er auch deren hervorragende Vertreter: Logizismus (Russell, Frege), Intuitionismus (Brouwer, Weyl) sowie Formalismus (Hilbert, Bernays).[21] Bemerkenswerterweise entstanden diese Schulen nicht aus einer philosophischen Laune heraus, sondern standen am Ende einer zentralen innermathematischen Entwicklung. Bis ins 19. Jahrhundert ging man in der Mathematik im Wesentlichen mit Zahlen, (geometrischen) Punkten und (speziellen) Funktionen um. Zugleich wurden die einzelnen Objekte immer auch in größere gedankliche Zusammenhänge eingebettet. Man sprach von den natürlichen, ganzen, rationalen,

---

[21] Lord B. Russell (1872–1970) war ein äußerst geistreicher englischer Philosoph, Mathematiker und Logiker (Nobelpreis für Literatur 1950). G. Frege, siehe S. 59, gilt als der Vater der modernen, mathematisierten Logik. L. Brouwer (1881–1966) war ein bedeutender niederländischer Mathematiker, H. Weyl (1885–1955) ein renommierter deutscher Mathematiker, Physiker und Philosoph, der u. a. in Zürich und Princeton lehrte. D. Hilbert (siehe ebenfalls schon S. 59) hat nicht nur die Mathematik so stark geprägt, dass ihn jedes Schulkind kennen sollte. P. Bernays (1888–1977), Schweizer, war einer seiner prominenten Schüler.

reellen und komplexen Zahlen, dem Euklidischen Raum oder der Gesamtheit aller stetigen, differenzierbaren bzw. integrierbaren Funktionen.

G. Cantor (1845–1918) vereinheitliche diese Traditionen, indem er ganz allgemein von Elementen samt den zugehörigen Mengen schrieb. Doch dies war erst der Anfang. Den Ansatz gründlich zu Ende denkend, konnte er auch stärkere Aussagen über das Unendliche gewinnen als jemals zuvor. Anstatt sich nur in einzelnen, genau umrissenen Fällen (sozusagen punktuell) ins „aktual Unendliche" voranzutasten, wagte er sich auch hier an eine Verallgemeinerung und drang zum „potenziell" Unendlichen vor. Damit war er jedoch zu weit gegangen: Seine naive Mengenlehre versagte, d. h. es tauchten prinzipielle logische Probleme, so genannte Antinomien, auf. Was tun?

Spätestens jetzt war es an der Zeit, übers Grundsätzliche zu reden und Mathematiker und Logiker stellten sich dem Problem. Die Logizisten betonten, dass Mathematik und Logik sehr eng verwandt sind. Widerspruch erhebt sich nur, wenn man beide gleichsetzen will. Die Intuitionisten unterstrichen, dass es einen Unterschied macht, ob man Objekte direkt „sieht", ihre Existenz also offensichtlich ist, oder aber, ob man ihre Existenz nur über einigermaßen indirekte Methoden erschließt. Es ist eine Sache, zu sagen, dass es Primzahlen gibt, da diese jedes Schulkind aufzählen kann. Ein ganz andere Sache ist es jedoch, zu zeigen, dass jeder Vektorraum eine Basis hat, zumal wenn zugleich bekannt ist, dass es noch nicht einmal ein allgemeines Verfahren geben kann, um eine solche zu konstruieren. Gegen diese Auffassung erhebt sich Widerspruch dann, wenn sie empfiehlt, deshalb sehr vorsichtig mit mathematischen Objekten umzugehen und mächtige Methoden, insbesondere Widerspruchsbeweise, ablehnt. Hilberts Formalismus setzte sich letztlich durch, weil er sowohl herausstellte, dass die logischen Beziehungen zwischen mathematischen Objekten entscheidend sind, zugleich aber bemerkte, dass das Konkrete, die Anschauung; Anwendung und Interpretation mathematischer Konstrukte nicht aus den Augen verloren werden dürfen.

Vielleicht mit Ausnahme des extremen Intuitionismus unterscheiden alle diese Konzeptionen klar zwischen empirischen und mathematischen Objekten. Erstere sind real (existieren also in der Welt „da draußen"), letztere ideal(isiert)e Objekte, definiert in formalen Universen. Die Zahl π hat weder ein räumliche Ausdehnung, noch ist für sie die Zeit relevant und sie ist auch nicht in die kausalen Zusammenhänge der Welt eingebettet. Der Umfang des Einheitskreises ist 2π, egal was ein Physiker messen mag, und $2 + 2$ sind notwendigerweise gleich vier. Klassischerweise heißt diese Auffassung *Platonismus*.

Der nahe liegende Haupteinwand lautet, dass nicht einzusehen ist, weshalb bzw. wie wir zu Objekten in einer ideellen Welt, sozusagen dem Platonischen Ideenhimmel, Zugang haben können. Wir leben in einer endlichen Welt und welken im Laufe der Zeit, wie können wir da über Objekte außerhalb unserer Sphäre – gewissermaßen jenseits von Raum und Zeit – etwas sagen? Genauso offensichtlich hat dieser prinzipielle Zweifel Mathematiker jedoch nicht davon abgehalten, jahrhundertelang und sehr erfolgreich mit Zahlen und ihren Verwandten zu hantieren, weshalb der Platonismus unter ihnen bis heute nicht nur mehrheitsfähig, sondern sogar unbestrittener Konsens ist. Mit der einzigen nennenswerten

Ausnahme von J.S. Mill (1806–1873) hat ihn auch bis ins 20. Jahrhundert kein Philosoph ernsthaft in Frage gestellt.

In neuerer Zeit ergab sich unter Philosophen jedoch eine ganz andere Entwicklung. Anhänger des von Popper (1902–1994) begründeten kritischen Rationalismus, für die *alles* empirisch falsifizierbar sein muss, nehmen die Mathematik nicht aus (Albert 1968). Sein Schüler Lakatos (1976: 102) fordert die Mathematiker sogar auf, sich zwischen logischer Sicherheit und empirischer Relevanz zu entscheiden: „Wer eine (empirisch) relevante Mathematik möchte, muss der Sicherheit entsagen. Wer sich (logische) Verbindlichkeit wünscht, muss sich von empirischer Bedeutsamkeit verabschieden."[22] Seit Jahrzehnten diskutieren Philosophen nun dieses nach Benacerraf (1973) benannte „Dilemma", ohne hinreichend zu würdigen, dass es Einstein (1993: 119) paraphrasiert, der mit Blick auf *physikalische* Gesetzmäßigkeiten bemerkte: „Insofern sich die Sätze der Mathematik auf die Wirklichkeit beziehen, sind sie nicht sicher, und insofern sie sicher sind, beziehen sie sich nicht auf die Wirklichkeit." Schließlich sucht man neuerdings auch direkt nach einer „naturalistischen" Basis der Mathematik.[23]

Die meisten Fach-Mathematiker reagieren auf diese aktuelle Entwicklung sehr verhalten, entfernt sich doch so die Philosophie ihres Fachs sehr weit von ihrer eigenen Intuition. Mathematik wie eine Naturwissenschaft zu behandeln ist für sie, aber auch für die meisten Wissenschaftler, kaum einer ernsthaften Diskussion würdig. Philosophen sehen das anders. Ihres Erachtens ist im Universum der denkbaren Grundhaltungen die empiristische Position bislang (zu) wenig bedacht worden. Also gilt es, diese (endlich) gründlicher auszuarbeiten und zu erörtern. Bestenfalls werden so die Grenzen und Schwierigkeiten der herrschenden Grundauffassung deutlich, lassen sich Defizite erkennen, die es womöglich zu beheben gilt.

Hinzu kommt, dass „empirisch" orientierten Philosophen die Sonderstellung der Mathematik ein Dorn im Auge ist: Nur sie geht dogmatisch von Axiomen aus, beharrt auf strengen Beweisen, liefert sichere Ergebnisse und ist bei alledem auch noch äußerst erfolgreich. Im Sinne einer konzeptionellen Integration würden es sogar noch mehr Philosophen begrüßen, wenn alle Wissenschaften einer einheitlichen Methodik folgten und z. B. immer dasselbe gemeint ist, wenn man von Wahrheit spricht. Doch *wahr* im Sinne von „logisch richtig" – bewiesen – ist offenkundig nicht dasselbe wie wahr im Sinne von „was ich sage, stimmt mit dem überein, was ich sehe".

So ergibt sich eine skurrile Konstellation: Während die Fachwissenschaft keinen Anlass sieht, vom Konsens im Grundsätzlichen abzugehen, empfinden es heutige Philosophen geradezu als ihre Hauptaufgabe, eben die am besten verankerten Überzeugungen infrage zu stellen. Statt das subtile Verhältnis der Mathematik zu den empirischen Wissenschaften genauer zu beleuchten; zu klären, was die Sonderstellung der Mathematik ausmacht und

---

[22] "If you want mathematics to be meaningful, you must resign of certainty. If you want certainty, get rid of meaning. You cannot have both." Für eine verständliche Diskussion und darauf basierende Entwicklungen siehe v. a. Zimmermann (1995).

[23] Siehe insbesondere Wilder (1981), Kitcher (1983) und Dehaene (2011).

was ihren besonderen Weg so fruchtbar macht, gehen zeitgenössische Philosophen ganz im Gegenteil daran, den grundsätzlichen Unterschied zwischen dem Formalen und dem Inhaltlichen wieder einzuebnen.

So verteidigen zurzeit Wissenschaftler die von keinem geringeren als Kant gezogene Demarkationslinie zwischen „analytischen" und „synthetischen" Aussagen bzw. Humes fundamentale Einteilung in „relations of ideas" versus „matters of fact". Eugene Wigner (1960), ein Physiker, stellte sich in einem unter Fachwissenschaftlern berühmten Artikel dem entscheidenden Problem. Doch seit über 50 Jahren greifen Fachphilosophen zu ganz anderer Literatur und stellen völlig anders geartete Fragen. Als Mathematiker kann man sich schwer des Eindrucks erwehren, dass dabei einerseits oft problematisiert wird, wo es nichts zu problematisieren gibt und andererseits unsensibel, ja grob, über Stellen hinweggegangen wird, wo es gälte, mit einem feinen Pinsel zu arbeiten.

Einigkeit macht stark

Diese Entwicklung ist keine Ausnahme.[24] Sie ist vielmehr zu erwarten, wenn die Ausbildung des Nachwuchses in die falsche Richtung geht. Anstatt sich zumindest eine Wissenschaft gründlich anzueignen, liest der typische Philosoph nur über Wissenschaft, genauso wie er sich Text für Text über Literatur, Kunst und Politik informiert. Er konsumiert sozusagen aus zweiter Hand, anstatt sich selbst die Hände schmutzig zu machen. Auf diese Weise mag man sich auf den zuletzt genannten Feldern noch ein hinreichend tiefes Verständnis anlesen um originell über sie schreiben zu können. Nicht so in den Naturwissenschaften oder der Mathematik, für die eigene Erfahrungen aus erster Hand unerlässlich sind:

> Ich finde es ziemlich abstrus, dass Leute versuchen, Theorien der Wissenschaft und des Wissens zu entwickeln, ohne tatsächlich Wissenschaft zu betreiben, wie jemand, der über den Grundlagen der Mathematik arbeitet, ohne selbst in irgendeiner Weise mathematisch tätig zu sein.[25]

So kommt es, wie es kommen muss. Allzu oft reden Philosophen miteinander über Themen, von denen sie nicht allzu viel verstehen. Schlimmstenfalls disputieren sie nach allen Regeln ihrer Kunst über alles Mögliche, reden sich die Köpfe heiß, ohne jemals den Boden zu berühren, geschweige denn tief in ein Gebiet eingedrungen zu sein. Genügend viele Subventionen vorausgesetzt, kann auf diese Weise eine blühende Literatur über ein Thema entstehen, mit zahlreichen geistreichen und tiefsinnigen, doch leider auch nicht sonderlich relevanten Beiträgen. Wovon handelt die Sekundärliteratur? Sie schreibt vornehmlich über sich selbst sowie einige "top down", ziemlich selektiv ausgewählte Grundsatzbeiträge von

---

[24] Siehe Saint-Mont (2011), insbesondere das letzte Kapitel.

[25] Kempthorne (1971: 485) im Original: "It is quite fantastic to me how individuals can try to develop theories of science and knowledge without doing science, like someone who works on the foundations of mathematics without actually doing any mathematics."

Fachwissenschaftlern. Anders gesagt: Schaut man genauer hin, so erkennt man, dass die wenigen wirklich starken Ideen nahezu alle von Experten der diskutierten Felder stammen. Jene geben nicht nur in ihrer Wissenschaft, sondern auch darüber hinaus, die entscheidenden Impulse.

Isolation ist in den seltensten Fällen gut. Im Fall der Philosophie ist sie äußerst kontraproduktiv. Anstatt gut informiert und wohl durchdacht das fragmentierte Verständnis der Einzeldisziplinen an der Spitze der Wissenspyramide zusammenzufassen, schwebt sie viel zu oft über den Disziplinen und verzettelt sich in abstrakten Scheindiskussionen. Doch je mehr die Spezialisierung voranschreitet, desto notwendiger wird auch eine "bottom up" gewachsene Synthese. Der bereits erwähnte, bedeutende Biologe Wilson (2000) hat sich die Mühe gemacht, das heute bekannte substanzielle Wissen abzuschreiten und miteinander in Beziehung zu setzen. Das Ergebnis ist nicht nur wegen des schieren Umfangs beeindruckend. Vor allem erkennt man so auch, wie sehr die Felder zusammenhängen und wie stark sie voneinander profitieren.

Überaus typisch ist das Beispiel der Psychologie. In nicht einmal 150 Jahren wandelte sie sich von einem Teilgebiet spekulativer Philosophie via systematischer Verhaltensforschung und Psychometrie zu einer biologisch fundierten Naturwissenschaft. Letztlich ist es das völlig andersartige, weit umfangreichere und solidere Datenfundament von heute, das die moderne Psychologie trägt, und je mehr wir mit mikrobiologischen Methoden die Genetik, Epigenetik, Onto- und Phylogenese einerseits sowie mit allerlei experimentellen Verfahren die Gehirnaktivitäten andererseits entschlüsseln, desto näher kommen wir uns selbst.

Ohne Physik würde den anderen Naturwissenschaften der Boden unter den Füßen fehlen, genauso wie die Wirtschaftswissenschaften ohne Psychologie nur ein Torso sind und ohne die Berücksichtigung relevanter ökologischer Randbedingungen in einem Vakuum schweben. Hingegen haben Konzepte der Spieltheorie, z. B. Nash-Gleichgewichte und „evolutionär stabile Strategien", das Denken in mehr als einem Gebiet revolutioniert, und stochastische Verfahren sind aus gutem Grund dort Standard, wo sich Unsicherheiten nicht beliebig verkleinern lassen.

Es ist auch kein Geheimnis, was die empirischen Wissenschaften in ihrem Innersten zusammenhält: Abstrakte Strukturen, strenge (formale) Argumente, prägnante Modelle und die gemeinsame mathematische Sprache. Dabei handelt es sich um ein Geben und Nehmen: Physik und Mathematik haben jahrhundertelang aufs Engste zusammengearbeitet und sich wechselseitig befruchtet. Konkrete Probleme spornten die Mathematik zu fruchtbaren Verallgemeinerungen an und im Gegenzug beflügelten starke formale Methoden die Physik, sodass insgesamt eine im weitesten Sinne „nützliche" (praktische) Theorie entstand. Dieses Erfolgsmodell enger symbiotischer Zusammenarbeit lässt sich problemlos auf andere Fächer übertragen. Die engen Verbindungen zwischen den MINT-Fächern bedürfen keiner weiteren Erläuterung. Doch von diesem Kern aus laufen auch viele und starke Verknüpfungen zu allen anderen empirischen Wissenschaften sowie weit darüber hinaus:

[Die Mathematik hat] im engsten Bunde mit den Naturwissenschaften – von ihnen befruchtet und ihnen die Früchte zurückgebend – unsere Welt in den letzten dreihundert Jahren so

tiefgreifend umgestaltet, daß die Wirkungen der großen politischen Revolutionen demgegen-
über verblassen und eher oberflächlich und peripher anmuten. Wer von der Weltfremdheit
der Mathematik spricht, dem muß die moderne Welt wahrlich sehr fremd geworden sein
(Heuser 1988: 5).[26]

Bei alledem handelt es sich um eine Einheit. Spezielle Datensätze sind der Kern einzelner Untersuchungen, überschaubare Artikel in Fachzeitschriften werden zu Monographien
zusammengefasst und Stück für Stück wächst so das Wissen in seiner Breite und Tiefe.
Durchdringende Begriffe und durchgehende Konzepte schmieden daraus eine Wissenschaft. Integriert man schließlich die substanziellen Ergebnisse und vergleicht systematisch
die angewandten Methoden, so ergibt sich fast von selbst eine angemessene, glaubhafte
Wissenschaftstheorie, die weit in die Philosophie hinein ausstrahlt.

Meilensteine auf diesem Weg waren sicherlich Pearson (1892), Hahn, Neurath & Carnap
(Verain Ernst Mach, 1929), Reichenbach (1953), Kraft (1997), Bung (2001) sowie von Baeyer
(2005). Wie gute wissenschaftliche Theorien, so ist auch diese empirisch fundierte, übergrei-
fende „wissenschaftliche Philosophie" weit bescheidener als alle spekulativ-dogmatischen
Systeme, die ihr vorangingen. Dasselbe gilt für die gründliche, unaufgeregte empirisch-
experimentell-quantitativ-rationale „wissenschaftliche Methode", die uns die echten und
dauerhaften Fortschritte gebracht hat. Selbst ein Napoleon gab zu Protokoll, dass die wahren Eroberungen, die keine Reue hinterlassen, Siege über die Unwissenheit sind.

Für die Organisation der Bildung hat dies eine bemerkenswerte Konsequenz. Es spricht
eigentlich nichts gegen „Gesamthochschulen", in denen alle Gebiete von der bodenstän-
digsten Anwendung bis zur höchsten Philosophie zu Hause sind. Schriebe man in solchen
Einrichtungen Problemorientierung und Kooperation groß, so dürften diese „integrierten"
Voll-Universitäten interessante Ideen und zukunftsweisende Projekte wie von selbst generieren. Das heißt, die Felder würden "bottom up", von echten Schwierigkeiten motiviert, an
den spannendsten Fragestellungen arbeiten (wie sie es heute insgeheim nach wie vor tun).
Gute – viel häufiger „gut gemeinte" – staatliche Vorgaben "top down" wären hingegen eher
die Ausnahme. Hand aufs Herz: So schlecht die akademische Selbstverwaltung auch immer
funktioniert haben mag, sind die von einer starken Spitze aus „gemanagten" Lernfabriken
mit ihren pedantischen Evaluationen und der unwürdigen Hatz auf Drittmittel wirklich
besser? Führt nicht allein schon der mit dieser Organisationsform zwangsläufig einhergehende bürokratische Aufwand die in der Verfassung *garantierte* Freiheit von Forschung
und Lehre ad absurdum?[27]

Die gestuften Abschlüsse vom Bachelor bis zum Habilitierten müssten kaum verändert
werden, wohl aber sollte die Auswahl der Dozenten flexibler werden. Wer starke, gestal-
tende Persönlichkeiten will, muss das ganze Leistungsspektrum von Publikationen über

---

[26] Im Moment stünde es den Vorreitern dieser Bewegung gut an, sich wieder auf ihre traditionelle,
gemeinsame Stärke zu besinnen: Quantenphysik taugt weit mehr im Laser denn als Multiweltmystik
(Laughlin 2007), und gegen die Erstarrung der reinen Mathematik hilft nur die Arbeit an echten,
empirisch motivierten Problemen (Jaynes1a 2003).
[27] Man lese nochmals Churchills Einsicht S. XV.

Patente und Projekte bis hin zu Karrieren in anderen Institutionen berücksichtigen. Leistung zeigt sich in überzeugenden theoretischen *und* praktischen Beiträgen; insbesondere lässt sich „Exzellenz" nicht in ein strenges Raster pressen oder mittels Sekundärkriterien wie der Länge der Publikationsliste erfassen. ("Impact Faktoren", mit denen der Einfluss wissenschaftlicher Zeitschriften gemessen werden soll, sind kaum besser.) Humboldt hatte die geniale Idee, Forschung und Lehre als eine Symbiose zu begreifen. Indem wir auf einen regen Austausch zwischen den wissenschaftlichen Institutionen und ihrer Umgebung zielen, könnten wir heute einen entscheidenden Schritt weiter gehen. So könnte das akademische System tatsächlich zum Motor einer wissensbasierten Gesellschaft werden.

4.5   Erfolgreiche Strategien

Von Gipfeln und Niederungen

Steht man auf einem Gipfel, sollte man dort etwas verweilen und kurz den Ausblick genießen. Nicht zu lange, da einem sonst die dünne Luft die Sinne vernebelt und Visionen die Realität überlagern. Doch von der Spitze aus erkennt man am leichtesten die großen Linien, lassen sich am einfachsten einzelne Initiativen ins Große und Ganze einordnen. Vergleiche sind leicht möglich, Analogien fallen ins Auge, was verhindert, dass manches „Rad" mehrfach erfunden werden muss. Der Ausblick ermöglicht auch, konkrete Bemühungen zu bewerten: Womöglich quält sich ja ein Wanderer mit unzureichender Ausrüstung einen steilen Pfad empor oder ein Bergsteiger hängt in einer rutschigen Wand fest, obwohl es gleich daneben einen bequemen Weg gäbe, der „von unten" leider nicht sichtbar ist. Anders gesagt, der strategische Blick auf spezielle Wissenschaften und deren Methoden lohnt sich. Es gilt auch in diesem Fall, dass nichts so praktisch ist wie eine gute Theorie, hier also eine adäquate Wissenschafts-Philosophie.

Aus dieser Perspektive haben wir zuvor schon die Meteorologie beurteilt. Sie setzt alles daran, Theorie und Empirie zusammenzubringen. Daten werden mit der schnellsten Technik in den detailliertesten Modellen zu Prognosen kondensiert. Andererseits werden auch ganz gezielt mannigfaltige Daten erhoben. So gelingt nicht nur eine präzise Vorhersage des Wetters, sondern auch eine ernst zu nehmende Abschätzung des zukünftigen Klimas (in Abhängigkeit von unserem Verhalten). Der vermeintliche Streit ums Klima ist ausschließlich politischer Natur, in der Wissenschaft selbst herrscht – basierend auf Daten, allgemein akzeptierten Methoden und genauen Theorien – der größtmögliche Konsens: Die Welt erwärmt sich dramatisch und die Menschheit hat darauf einen maßgeblichen Einfluss.[28]

Der Volkswirtschaftslehre gelingt der Brückenschlag hingegen nur ungenügend. Es gibt eine große Kluft zwischen datenzentrierter Ökonometrie einerseits und grundsätzlichen,

---

[28] Für mehr als eine eindrückliche Statistik siehe Gore (2006: 260–269).

wirtschafts-theoretischen, bis hin zu wirtschafts-philosophischen Überlegungen andererseits. Auch Modellen gelingt es nicht, diese zu überwinden, entweder sind sie konzeptionell zu einfach oder kommen kaum über die speziellen Daten hinaus. Dem entsprechend divergieren die Forschungsschwerpunkte und Meinungen, kaum etwas ist wirklich unumstritten, die Auseinandersetzungen dauern fort, ohne dass daraus ein allgemeiner akzeptabler Konsens erwachsen würde.

Dem Ansatz evidenzorientierter medizinischer Forschung haben wir S. 77f. ein gutes, der konkreten Praxis jedoch weniger befriedigendes Zeugnis ausgestellt. Als allgemeiner Statistiker (mit einem Faible für Ökonomie und Psychologie) habe ich mich zurückgehalten, doch sind manche Experten noch weit kritischer. Ein typisches Zitat mag dies belegen:

> Die Signifikanzjagd mit der Schrotflinte führt zu einer Flut nutzloser Publikationen, die wirklich wesentliche Arbeiten schwer auffindbar macht oder sogar ganz unter sich begräbt [...] Die Wissenschaftspolitik fördert heute nur die Informationsquantität, während Qualität kaum Beachtung findet [...] Was wir brauchen ist nicht *mehr*, sondern *bessere* Forschung. Wenn wir weiter nach der Maxime *publish* or *perish* – veröffentliche oder geh vor die Hunde – verfahren, wird es die Wissenschaft sein, die vor die Hunde geht.[29]

Die Autoren empfehlen, das Signifikanzniveau abzusenken, also härtere Kriterien anzulegen, damit entsprechend weniger (Schrott) publiziert wird. Doch ist dies wirklich sinnvoll? Ein versierter Physiker hält dagegen:

> Wir müssen uns fragen, wie viele wichtige Entdeckungen, insbesondere in der Medizin, durch die Politik der Herausgeber wissenschaftlicher Zeitschriften schon verhindert worden sind, die sich weigern, das notwendige erste Anzeichen für einen Effekt zu publizieren [...] Dies könnte sehr wohl den ganzen Zweck wissenschaftlicher Publikationstätigkeit vereiteln, da die kumulative Evidenz von drei oder vier solchen Datensätzen möglicherweise zu einer überwältigenden Evidenz für den Effekt führt. Doch diese Evidenz wird womöglich nie gefunden, wenn es der erste Datensatz nicht schafft, publiziert zu werden.[30]

Die richtigen Dinge tun...

Offenkundig ist hier auf einer abstrakten Ebene, unabhängig von der konkreten Wissenschaft oder dem speziellen Problem, eine strategische Entscheidung zu fällen. Kurzes Nachdenken genügt um zu erkennen, dass beide genannten Aspekte wichtig sind: Alles potenziell Bedeutsame sollte publiziert werden (damit die Fachwelt davon erfährt), zugleich ist aber

---

[29] Beck-Bornholdt und Dubben (2001a: 80f), Hervorhebungen im Original. Ganz allgemein sind bei vielen Tests zahlreiche (numerisch) signifikante, inhaltlich aber völlig irrelevante Auffälligkeiten zu erwarten, siehe Beck-Bornholdt und Dubben (2001a: 61–84).

[30] Jaynes (2003: 505) im Original: "We must wonder how many important discoveries, particulary in medicine, have been prevented by editorial policies which refuse to publish that necessary first evidence for some effect [...] This could well defeat the whole purpose of scientific publication; for the cumulative evidence of three or four such data sets might have yielded overwhelming evidence for the effect. Yet this evidence may never be found unless the first data set can manage to get published."

auch dafür Sorge zu tragen, dass sich das wirklich Wichtige am ehesten durchsetzt (damit kumulative Forschung möglich wird).

Physiker kennen hierfür ein probates Mittel: Replikation. Zum einen sind sie eher groß-zügig mit der erstmaligen Publikation eines interessanten Phänomens – sicherlich groß-zügiger als Mediziner. Zum anderen legen sie aber auch allergrößten Wert darauf, dass sich das erste Verdachtsmoment erhärten lässt. Anstatt also gemäß dem Motto „wir haben gezeigt, dass ... gilt" das Resultat einer einzelnen Studie überzuinterpretieren, fängt für klassische Naturwissenschaftler die eigentliche Arbeit damit erst an: Es gilt nachzuweisen, dass sich der einmalige Erfolg zuverlässig wiederholen lässt, und je spektakulärer der (ver-meintliche) Effekt war, desto kritischer sind die Fachkollegen. Ruhm und Forschungsgelder gebühren dem (potenziellen) Entdecker, aber auch denjenigen, die ein Phänomen kritisch überprüfen, bestenfalls bestätigen können.

Durch dieses einfache Verfahren trennt sich die Spreu vom Weizen, kommt man zu belastbaren Resultaten, auf die sich im Folgenden aufbauen lässt. Anders gesagt: Abge-sicherte Ergebnisse sind die Basis kumulativen Fortschritts. Heute werden die Anreize hingegen völlig falsch gesetzt. "Publish or perish" hetzt die Forscher von einer (zumeist irrelevanten) Signifikanz zur nächsten, anstatt dass ein systematisches Verfahren dafür sor-gen würde, die meiste Arbeit auf die wirklich aussichtsreichen Ansätze zu konzentrieren. Wie schon weiter oben beschrieben, bedeutet eine umfangreiche Literatur nicht unbedingt, dass darin ebenso viel Wissen enthalten wäre. Weniger kann (bedeutend) mehr sein, und gewiss bringt kein heißlaufender Motor ein Fahrzeug zuverlässig voran.

Auch Psychologen verwenden viel zu wenig Mühe auf „das langsame Bohren von harten Brettern mit Leidenschaft und Augenmaß". (Ein berühmter Satz Max Webers über erfolg-reiche politische Arbeit.) Wie bei den Medizinern steht das „Nachkochen" der Ergebnisse anderer Leute nicht sonderlich hoch im Kurs,[31] vielmehr schielen sie ebenfalls auf das schnelle, weit müheloser erzielbare, „signifikante" Ergebnis. Lediglich ihre Strategie ist eine andere.

Anstatt wie die Mediziner zahlreiche Tests durchführen, damit irgendwo ein auffälliger numerischer Effekt zu beobachten ist, verwenden sie nur einen oder relativ wenige Tests. Dafür wird aber der experimentelle Aufbau so gestaltet, dass sich ein signifikanter Effekt bei vielen Daten wie von selbst, sozusagen ganz selbstverständlich, einstellen muss. Das geht ganz einfach: Bei wenigen Daten ist schwer zu sagen, ob sich eine Hypothese mit ihnen vereinbaren lässt oder nicht. Zu groß ist die Streuung, um eine eindeutiges Urteil zu fällen. Je mehr Beobachtungen jedoch vorliegen, desto kleiner wird die Unsicherheit, d. h. umso sicherer lässt sich zumindest sagen, dass Daten systematisch von einer bestimmten theoretischen Vorstellung abweichen.

Nehmen wir die Physik: Dort wird eine konkrete Hypothese zumeist aus einer umfassen-deren Theorie abgeleitet und entspricht z. B. einer präzisen Prognose. Wird der Wert 2,000 (mit zumeist noch viel mehr Nachkommastellen) vorhergesagt, bemerkt man bei genügend

---

[31] Für ein markantes Beispiel siehe „Psychologen sehen schwarz fürs Hellsehen", www.spiegel.de vom 15.03.2012.

vielen Beobachtungen auch noch kleine Abweichungen hiervon. So war einer der ersten Verdachtsfälle gegen die newtonsche klassische Physik im 19. Jahrhundert, dass sich der Planet Merkur nicht an der vorausberechneten Position befand. Er beliebte, sich an einer etwas anderen Stelle aufzuhalten, wich also, wenn auch nur um eine Nuance, von der Prognose der Theorie ab. Laughlin (2007: 35), Nobelpreisträger für Physik 1998, zieht daraus die allgemeine Konsequenz:

> In der Physik unterscheiden korrekte Wahrnehmungen sich insofern von irrigen, als Erstere klarer werden, wenn man die Genauigkeit des Experiments verbessert. Diese simple Vorstellung bringt das Denken der Physiker auf den Punkt und erklärt, warum sie stets so besessen von Mathematik und Zahlen sind: Durch Präzision wird das Falsche sichtbar.

Anders gesagt ist es für eine inhaltlich interessante Hypothese, ganz wie es sein sollte, *umso schwerer* zu bestehen, je *mehr* Informationen vorliegen. Der methodische „Geniestreich" der psychologischen Forschung besteht deshalb darin, *nicht* einen sorgfältig begründeten, spannenden Effekt zu prüfen (etwa eine exakte Prognose zu testen), sondern die so genannte Null-Hypothese, dass ein reiner Zufallsmechanismus die vorliegenden Daten erzeugt hat (siehe schon S. 64). Dadurch kehrt sich nicht nur die Beweislast um. Vielmehr weiß man, da alles von allem (zumindest ein wenig) abhängt, schon *von vorne herein*, dass die Null-Hypothese nicht exakt richtig sein kann. Irgendein kleiner systematischer Effekt hinterlässt immer eine Spur in den Daten, womit bei genügend vielen Daten zwangsläufig ein signifikantes Ergebnis zu beobachten ist und der „Strohmann" Null-Hypothese ganz wie gewünscht verworfen werden kann.

Nun kommt ein weiterer Kniff dieser Methode. Zumindest verbal wird mit zwei Hypothesen gearbeitet, d. h. neben der Null-Hypothese wird auch eine bemerkenswerte Alternative erwähnt. Beim Testen geht man davon aus, dass entweder die eine oder die andere korrekt ist, d. h. die Null-Hypothese zu widerlegen ist gleichbedeutend mit dem „Beleg" der interessanten Alternative-Hypothese. Insgesamt wird so eine verworfene Null-Hypothese statistisch und inhaltlich signifikant, das heißt publizierbar, und alle Beteiligten sind zufrieden. Doch was ist geschehen? Anstatt sich wirklich mit den Daten auseinander zu setzen oder eine substanzielle Hypothese tatsächlich auf den Prüfstand zu stellen, hat man nur so getan als ob.

Wie in der Medizin wird auch diese Vorgehensweise seit Jahrzehnten vehement kritisiert,[32] ohne jedoch die Forschungs- und Publikationspraxis zu verändern. Es ist sogar so, dass derlei Methoden „richtige" Forschung substituieren (müssen), wenn nur der, der sie verwendet, belohnt wird. Und genau dies war leider die historische Entwicklung. Es ist geradezu absurd, dass heutzutage derjenige, der sich dem hektischen Forschungsbetrieb am besten entziehen kann, am ehesten darauf hoffen darf, voranzukommen. Die verheerende Konsequenz für die betroffenen Wissenschaften ist, dass sich echter Fortschritt erheblich verzögert; zuweilen wird er sogar verhindert, weil die wirklich wichtigen Ergebnisse im Rauschen irrelevanter „Signifikanzen" untergehen.

---

[32] Siehe insbesondere Meehl (1967) und Cohen (1994). Viele weitere Verweise finden sich in Saint-Mont (2011: Abschn. 3.2).

... und die falschen vermeiden

Die obigen Beispiele zeigen ein Minimalziel erfolgreicher wissenschaftstheoretischer Kritik, nämlich strategische Fehlentwicklungen zu verhindern oder zumindest einzudämmen. Mit der Expertise auf einem Gebiet geht auch immer die Gefahr der Engstirnigkeit einher. Ist man zudem von den Gepflogenheiten und sozialen Strukturen eines Faches abhängig, so kann man es sich praktisch nicht leisten, auszuscheren. Dies gilt selbst für völlig nutzlose ja sogar schädliche Rituale, falls sich diese in einer „Community" eingebürgert haben. Ein außenstehender, diverse Fächer vergleichender Wissenschaftstheoretiker erkennt Missstände leichter und kann es sich auch eher leisten, sie klar zu benennen. Bestenfalls tritt er schon auf den Plan, bevor eine Fachwissenschaft einen strategisch falschen Pfad beschreitet.

Fehlentwicklungen sind gar nicht so selten. Sie treten besonders dann auf, wenn äußere Faktoren, insbesondere politische Vorgaben und die soziale Eigendynamik eines Fachs, wichtiger werden als das Urteil der Empirie gepaart mit gesundem Menschenverstand. Richard Feynman (2005) hat solche Degenerationen unter dem wenig schmeichelhaften Begriff „Cargo-Kult-Wissenschaft" zusammengefasst und bringt viele drastische Beispiele. Charakteristisch ist, dass sich alle höchst akribisch an gewisse Normen halten, dabei jedoch das wesentliche Element von Wissenschaft – funktioniert's oder nicht? – aus den Augen verlieren. Selbst bahnbrechende Ergebnisse werden zuweilen schlicht ignoriert, weil sie oberflächlich gesehen nicht den selbstgemachten Kriterien „guter wissenschaftlicher Arbeit" genügen, sich also nicht an die vorgegebenen Formen halten.

Richtig unwohl fühlt sich der außenstehende Betrachter, wenn er mit ansehen muss, dass sich diverse schlechte Gewohnheiten bis hin zum blanken Unsinn im Laufe der Zeit nicht verlieren, sondern sogar noch verstärken. Während die wichtigen Beiträge – sollten sie überhaupt bemerkt worden sein – also schließlich in Vergessenheit geraten, wird ausgerechnet das Falsche, Unbrauchbare, tradiert. Die ausführlich besprochenen „statistischen Manöver" sind ein besonders drastisches Beispiel hierfür. Obwohl sie seit Jahrzehnten von Medizinstatistikern und methodisch versierten Psychologen[33] als „rituelles Händewaschen" erkannt und aufs Schärfste kritisiert worden sind, greifen sie immer weiter um sich. Doch es geht noch toller.

"Six Sigma", eine schicke Methode moderner Qualitätssicherung, orientiert sich mit diversen „Gürteln" explizit mehr an asiatischem Kampfsport als an ernsthafter Wissenschaft. Doch der Reihe nach. Gauß gebührt die Ehre, die Normalverteilung $N(\mu, \sigma)$, eingeführt zu haben. Bei einem technischen Prozess ist μ oft der angestrebte Sollwert und σ, gesprochen „Sigma", die (unerwünschte) Streuung. Anschaulich entspricht dies der bekannten „Glockenkurve", μ ist deren „Mittelpunkt" und σ bestimmt, wie stark die Werte von μ abweichen. Die allermeisten Beobachtungen liegen im Bereich $\mu \pm 3\sigma$, und große Abweichungen von μ bedeuten Fehler.

Six Sigma bedeutet nun im Kern nichts anderes, als die Streuung so weit zu reduzieren, dass praktisch keine Fehler mehr auftreten. Hierzu wird auf der numerischen Ebene alles

---

[33] Siehe insbesondere Gigerenzer (2004), Gigerenzer et al. (2004).

und jedes mithilfe der Normalverteilung in einen einschlägigen „z-Wert" umgerechnet, dessen Interpretation sich anschließend in einer vermeintlich objektiven Tabelle nachschlagen lässt. Dabei stört niemanden, dass die entscheidende Grundannahme, alles sei normalverteilt, seit Jahrzehnten überholt ist. Jeder statistisch Vorgebildete weiß, dass es in Theorie und Praxis *weit* mehr relevante Verteilungen gibt.

Dass die Methode trotzdem nicht nur Unfug liefert, liegt sicherlich nicht am martialischen Jargon oder einer geheimen Lehre, die nur wenigen Eingeweihten zugänglich wäre. Vielmehr ist die systematische Vorgehensweise, nämlich *Define, Measure, Analyze, Improve, Control* – also zunächst festzulegen, um was es geht, jenes zu messen, dann zu analysieren und zu verbessern, mit dem Ziel, einen Vorgang exakt zu steuern – eng verwandt mit solider wissenschaftlich-technischer Arbeit. Dies offen zu sagen wäre jedoch allzu banal, zumal sich damit auch niemandem (viel) Geld aus der Tasche ziehen ließe. Also verschweigt man das eigentliche Fundament und bildet stattdessen verschworene Grüppchen eingeweihter „Kämpfer".

4.6   Statistische Spannungsfelder

Vom wissenschaftstheoretischen „Hochsitz" aus haben wir im letzten Abschnitt einige Wissenschaften betrachtet. In diesem und dem nächsten Abschnitt wollen wir auch eine Positionsbestimmung der Statistik und der Informatik vornehmen. Während also in den ersten beiden Kapiteln typische Fragestellungen, wichtige Methoden und einige aktuelle Entwicklungen im Mittelpunkt standen, soll es in den beiden folgenden, fortgeschrittenen Abschnitten um das Selbstverständnis und die strategische Ausrichtung der gerade genannten Fächer gehen.

Eine starke Gemeinschaft

Beginnen wir mit der Statistik. Da die vordringliche Aufgabe statistischer Arbeit darin besteht bzw. bestehen sollte, souverän mit sensiblen Daten umzugehen, ließen sich zahlreiche Verknüpfungen in ganz verschiedenartige Richtungen aufzeigen:

- zur Mathematik, nicht nur, weil Daten zumeist in Form von Zahlen auflaufen
- zu vielen angewandten Gebieten, die in immer größerem Umfang Daten erheben, organisieren und analysieren
- zur sachorientierten Politik, da viele Felder auch mithilfe von zusammenfassenden Kennwerten gesteuert werden

- zu den empirischen Wissenschaften, deren ausgreifende konzeptionelle Überlegungen ebenfalls auf validen Daten basieren[34]

Am engsten sind die Verbindungen zwischen Statistik und Informatik. Für beide Fachgebiete ist die Erhebung, Speicherung, Organisation und Weiterverarbeitung von Daten von ganz entscheidender Bedeutung. Dabei übernimmt die Informatik eher den organisatorisch-technischen Part, auf den dann statistische Analysen aufsetzen. Ganz ähnlich dienen „statistische" also eher numerisch-formale Analysen oft als Grundlage für weiterreichende inhaltliche Interpretationen.

Neben der eher oberflächlichen Überschneidung ihrer praktischen Aufgaben drehen sich aber auch beide Gebiete konzeptionell um denselben Begriff: Information. Statistik wie auch Informatik sind Informationswissenschaften, alle ihre Prozesse sind darauf ausgerichtet, Informationen zugänglich zu machen, zu speichern und weiterzugeben. Zwar haben beide einen etwas anderen Fokus und verwenden deshalb ihre eigenen Methoden, doch das verbindende, gemeinsame Anliegen ist gewaltig. Nicht nur ist die moderne Statistik ohne aktuelle IT-Methoden (praktischer wie theoretischer Natur) kaum vorstellbar. Weil Information der Kernbegriff aller empirisch basierten Felder ist, dringt auch die Informatik mit atemberaubender Geschwindigkeit in alle Bereiche vor, in denen reale Daten relevant sind.

Die Symbiose zwischen beiden Feldern reicht jedoch noch viel tiefer. C. Shannon (1916–2001) und A.N. Kolmogorov (1903–1987) schufen mit ihren Informations-, Kodierungs- und Komplexitätstheorien ein umfassendes begriffliches Gebäude für jegliche Art der Informationsverarbeitung. Es ist so fundamental, dass sich ihm weder die Informatik noch die Statistik, noch die auf ihnen aufbauenden Fächer entziehen können. Selbst uralte philosophische Fragen erscheinen aufgrund dessen in einem neuen Licht bzw. lassen sich erstmals soweit beleuchten (präzisieren), dass aus verbal-prinzipiellen sachlich-mathematische Diskussionen werden.

Es heißt, der Computer, genauer: die moderne IT-Technik (Vernetzung!), kremple unser alltägliches Leben vollkommen um. Man sollte dabei nicht übersehen, dass die zugehörige Theorie ebenfalls gerade dabei ist, unser Verständnis vom Gefüge der Wissenschaft zu revolutionieren. Die materiellen Grundlagen treten dabei immer mehr in den Hintergrund, während zugleich die systemischen Zusammenhänge und die mit diesen einhergehenden Prozesse – also Strukturen und zugehörige Informationsflüsse – immer mehr in den Vordergrund rücken. "IT from BIT", also erst die Information und dann die (materielle) Substanz, ist ein häufig gehörtes Schlagwort, das erst Physiker (deren Arbeitsgebiet doch die materielle Welt ist) populär gemacht haben.[35]

Es sollte auch deutlich geworden sein, wie eng naturwissenschaftliches und statistisches Denken zusammenhängen. Beide basieren auf empirischen Daten und beide ve rsuchen gezielt diese Datenbasis zu verbessern. Die empirisch-experimentelle Grundhaltung wird

---

[34] Zur Nähe von Statistik und Wissenschaftstheorie siehe zudem Saint-Mont (2011).
[35] Siehe z. B.von Baeyer (2005).

ergänzt durch den quantitativ-mathematischen Impuls. Mit Zahlen unterlegte Aussagen sind in aller Regel genauer und damit besser als rein qualitative. Doch weit mehr als dies ist Mathematik die Sprache der Wissenschaft wie der Statistik, nur mit ihrer Hilfe lassen sich wirklich tiefe Einsichten erschließen. Der Übergang von Statistik zu Wissenschaft ist fließend, genauso wie der Unterschied zwischen Statistik und Informatik eher ein gradueller denn ein prinzipieller ist.

Alle genannten Fächer sind genau dann erfolgreich, wenn sie gekonnt mit validen Daten umgehen. Während die Informatik, aber auch die Statistik, zumeist nahe beim "Input" bleiben (etwa wenn letztere konkrete Daten auswertet und phänomenologische Modelle entwickelt), ist der konzeptionelle Überbau, also die fachwissenschaftliche Theorie, in einer entwickelten Wissenschaft viel bedeutsamer. Natürlich sind die grundlegenden Daten der archimedische Punkt jeder Wissenschaft, doch ist die Beschäftigung mit ihnen eingebettet in eine ausgedehnte experimentelle Beobachtungspraxis einerseits und eine ausführliche theoretische Diskussion andererseits.

Die Last der Tradition

Soweit die in diesem Buch entwickelte Position. Die Realität ist eine andere. Obwohl die Statistik äußerst enge Bezüge zur Informatik und den empirischen Wissenschaften aufweist und sie für viele Felder sogar die Kernmethodik darstellt, steht sie heute da, wo Mathematiker sie hingeführt haben. Das heißt, theoretische Statistik ist zur *weniger* angewandten Mathematik geworden. Sie konzentriert sich einerseits auf Stochastik, abstrakte Objekte und Beweise, während andererseits ihre Methoden tendenziell seltener als früher benutzt werden, einfach weil innovativere Forschungsfelder viele neue Verfahren entwickelt haben. Wer jedoch bei den tradierten Verfahren und Denkweisen stehen bleibt, wird schnell zum Faktotum.

Zugleich blickt der „reine", also vorwiegend theoretisch Arbeitende gerne auf den „Anwender" mit seinen vermeintlich simplen, ja banalen Problemen herab, was das persönliche Verhältnis nicht gerade befördert. Wer sich als Mathematikstudent erfolgreich durch hochgradig abstrakte Universen bewegt hat, fühlt sich leicht unterfordert, wenn er zum ersten Mal reale Daten auswerten soll. Von oben herab meint er hervorragend zu wissen, was zu tun ist. Solcher Dünkel verfliegt in der Praxis (meist) recht schnell, er ist jedoch typisch für ein Fach, dass sich im Laufe der Zeit von seinen empirischen Bezügen gelöst hat. Gebetsmühlenartig werden in der Lehre die vor langer Zeit eingeführten Methoden samt den zugehörigen deduktiv-mathematischen Denkmustern wiederholt, auch wenn sich seitdem die Welt mehr als einmal grundlegend verändert hat.

Vor einigen Jahrzehnten wusste man in den weichen Wissenschaften nicht viel, sodass (vermeintliches) Vorwissen oft ignoriert werden konnte. Warum aber noch heute dem

„Kult der kleinen, isolierten Studie",[36] anhängen? Sollte die Energie nicht eher darauf verwendet werden, substanzielles Wissen elegant zu formalisieren? Geplante Experimente sind natürlich sinnvoll, doch in einigermaßen systematisch befüllten Datenbanken lagern heute noch weit mehr interessante Informationen. Viele Lehrmeinungen sind eher den Friktionen vergangener Zeiten geschuldet, als dass sie unumstößliche Wahrheiten wären: Neben der Randomisierung gibt es auch naheliegendere Verfahren um Vergleichbarkeit herzustellen.[37] Selbstverständlich gibt es „causation without manipulation", also kausale Beziehungen, ohne dass ein menschlicher Experimentator einen Hebel umgelegt hätte.[38] „Alles ist normalverteilt" postulierte man, weil man mit anderen Verteilungen kaum und mit „verteilungsfreien Verfahren" noch nicht umzugehen verstand. Solange schließlich die Wahrscheinlichkeitstheorie praktisch der einzige gut ausgearbeitete und in der Statistik direkt verwendbare Formalismus war, musste man sich ihrer natürlich bedienen. Heute ist dies anders. Warum sollte man nicht auch die feineren und zugleich stärkeren Werkzeuge der modernen Informationstheorie konsequent nutzen?[39]

Gute Wissenschaft war schon immer problemorientiert, ihre besten Methoden entstanden im Ringen mit der Natur. Das heißt, sie waren kein Selbstzweck oder schmucke Ausstellungsstücke im Atelier, sondern zentraler Bestandteil der Problem-Lösung, äußerst nützliche und dringend benötigte Werkzeuge in der Praxis. Newton gilt als der erste Gigant der modernen Wissenschaften, weil er aus partiellen Resultaten die klassische Physik formte.[40] Dies war nur möglich, weil er zugleich den zugehörigen Formalismus – Differenzial- und Integralrechnung samt Differenzialgleichungen schuf. Die Statistik griff auf die Stochastik zurück und entwickelte sich wie die klassische Physik in enger Symbiose mit ihren mathematischen Werkzeugen. Doch auch sie sollte, genau wie die moderne Physik, diejenigen mathematischen Strukturen nutzen, die ein Problemfeld am elegantesten formalisieren.

Der Rohstoff der Statistik sind Daten. Wenn sich der Umgang mit diesen radikal verändert hat, sollte dies auch eine problemorientierte Wissenschaft umkrempeln. Doch weit gefehlt: Vor über 50 Jahren waren Stichproben klein, Daten selten und ihre Erhebung mühselig. Obwohl wir heute in Bits und Bytes fast ertrinken, ist nach wie vor die gelehrte Weisheit, dass kleine, nach den Regeln der Kunst erhobene Stichproben, aussagekräftiger seien als große, nicht-experimentelle Datensammlungen.

Ein nahe liegendes militärisches Bild zeigt, dass dies so nicht stimmen kann. Zwar kann es eine kleine Gruppe bestens ausgebildeter Elitesoldaten (die sorgfältig erhobene Stichprobe) leicht mit einem fünf- wenn nicht sogar zwanzigmal so großen Haufen schlecht ausgerüsteter Söldner (unklar strukturierte Daten aus zweifelhafter Quelle) aufnehmen. Doch ist selbst die beste Kommandoeinheit chancenlos, wenn sie auf eine straff organisierte Armee trifft

---

[36] Nelder (1999).

[37] Pocock und Simon (1975).

[38] Pearl (2009: 361f).

[39] Li und Vitányi (2008).

[40] Hauptwerk: *Philosophiae Naturalis Principia Mathematica* (1687).

(aktuelle, systematisch erfasste, riesige Datenbestände). Das Beispiel der Wettervorhersage, in die mittlerweile Myriaden von Daten einfließen, macht dies ganz deutlich:

> In den Zeiten vor der automatisierten Wettervorhersage, waren Meteorologen an relativ klei-
> nen Datensätzen interessiert und bevorzugten wenige Quellen, die qualitativ hochwertige
> Daten lieferten. Daten schlechter Qualität, große Datenmengen und [nicht den Regeln ent-
> sprechende Daten] wurde schlicht ignoriert, da die das Wetter Vorhersagenden nichts mit
> ihnen anzufangen wussten. Computermodelle änderten dies grundlegend. In Gegenden, wo
> nur wenige Beobachtungen zur Verfügung standen, war nahezu jegliche Informationsquelle
> besser als gar keine.[41]

Etwas allgemeiner gesagt:

> Jedes Mal, wenn sich die Effizienz einer Technologie verzehnfacht, sollte man grundsätzlich
> darüber nachdenken, wie man sie verwendet [. . .] Ein Korollar [also eine unmittelbare Folge-
> rung] hiervon könnte sein: 'Jedes Mal, wenn sich der Datenumfang verzehnfacht, sollten wir
> grundsätzlich überdenken, wie wir Daten analysieren.'[42]

Es wird höchste Zeit, dass sich die Statistik intensiv mit den heute vorherrschenden Informationsquellen auseinandersetzt, also automatisiert erhobenen, gut strukturierten, oft sogar
einigermaßen vollständigen Datensätzen. Die Zeiten der isolierten, kleinen, exquisiten
Stichprobe sind zwar nicht vorbei, doch ist deren Bedeutung weit geringer als früher.

Vorwärts, wir müssen zurück

Statistik war einmal ein weites, sehr innovatives Feld. Wie konnte es trotz des reichlich vorhandenen „Düngers" zur obigen Entwicklung kommen? Im 19. Jahrhundert war es normal,
dass Forscher auf mehr als einem Feld arbeiteten. Ein C.F. Gauß, der Fürst der Mathematiker, zeichnete sich auch in Astronomie und Physik aus und verdiente sich ein Zubrot sowohl
als Landvermesser wie auch an der Börse. Diese „breite" Tradition hielt sich in der Statistik
bis Mitte des 20. Jahrhunderts. De Finettis wirtschaftswissenschaftliche Ansichten sind so
lesenswert wie seine philosophischen. Der Physiker Jeffreys korrespondierte oft mit R.A.
Fisher, seinerseits auch Biologe, und beide entwickelten die Statistik entscheidend weiter.
Auch der zweite Weltkrieg zwang alle Wissenschaftler in die Anwendung, wobei britische

---

[41] Vgl. Edwards (2010: 271), der etwas ausführlicher schreibt: "Before numerical weather prediction,
forecasters sought relatively small amounts of data and preferred a few trusted, high-quality sources.
Low-quality data, large volumes of data, irregularly reported measurements, continuous measurements (as opposed to discrete ones taken only at synoptic hours), and data arriving after forecasters
had completed their analysis: under the manual regime, forecasters could do nothing with any of
these and simply ignored them. Computer models changed all this. Now, in areas of the computer
grids where few observations existed, almost any information source was better than none."
[42] "Every time a technology increases in effectiveness by a factor of ten, one should completely
rethink how to apply it [. . .] A corollary to this might be 'Every time the amount of data increases by
a factor of ten, we should totally rethink how we analyze it'." (Friedman 2001: 7).

Statistiker/Datenanalysten wesentlich an der Entschlüsselung des deutschen Enigma-Codes mitwirkten.

Erst in den letzten fünfzig Jahren ist diese Einheit zerbrochen. In einem gewissen Sinn ist die Statistik, die vom engen Austausch vieler Felder lebt, also ein Opfer der in dieser Zeit immer weiter um sich greifenden Spezialisierung geworden. Genauso wenig wie Mathematikern kann man empirischen Wissenschaftlern kaum vorwerfen, dass sie Daten primär aus ihrer jeweiligen Perspektive heraus behandeln: Als Zahlen in abstrakten Räumen oder als notwendige Basis fachwissenschaftlicher Einsicht. Es wäre auch viel zu einfach zu denken, die Fächer würden sich bewusst voreinander verschließen. Das Gegenteil ist der Fall, man bemüht sich redlich um Interdisziplinarität. Doch geht mit der notwendigen fachlichen Spezialisierung auch nahezu zwangsläufig ein engerer persönlicher Interessensfokus einher und herausragende wissenschaftliche Leistungen gelingen zumeist nur bei einer entsprechend großen „Eindringtiefe" in das jeweilige Fach. Der Blick in die Breite lenkt eher ab, als dass er einen schneller voranbrächte.

Warum erging es anderen Feldern, etwa der Physik, nicht ähnlich? Dafür gibt es drei Gründe. Erstens bearbeitet die Physik einen klar definierten Gegenstandsbereich, sie beschäftigt sich intensiv mit den Gesetzen der materiellen Welt. Zweitens ruht sie auf zwei Säulen, der empirisch orientierten Experimentalphysik und der an übergreifenden Konzepten arbeitenden theoretischen Physik. Drittens hat die Physik eine lange, erfolgreiche Tradition, sie weiß deshalb insbesondere auch, wie man Mathematik als omnipräsentes Werkzeug nutzt, ohne sich von ihm (das heißt von dem mit jenem einhergehenden Denken) beherrschen zu lassen.

Quo vadis, Statistik?

All das fehlte der Statistik. Sie ist eher ein Kanon logisch miteinander verbundener Methoden, und gewiss keine empirische Wissenschaft, die sich an ihrem Gegenstandsbereich „festhalten" könnte. Ihre Substanz, etwa die von R.A. Fisher propagierten Verfahren, lassen sich nur schwer von Mathematik einerseits und allgemeiner wissenschaftlicher Methodik andererseits trennen. Schließlich sind die statistischen Anwendungsfelder weit verstreut, d. h. die empirischen, peripheren „Gegengewichte" sind viel schwächer, als die gut organisierte, einheitliche und ganz zentrale Mathematik.[43]

Sich statt an der Mathematik an einzelnen, empirischen Wissenschaften zu orientieren, wäre jedoch auch nur bedingt hilfreich. Mathematische Fertigkeiten werden so leicht vernachlässigt, die Datenerheber und -analysten zu Hilfswissenschaftlern, und auch das Fach selbst erstarrt rasch zu einem methodischen Katechismus. Schlimmstenfalls wird „Statistik", völlig entkräftet, zum geistlosen Ritual degradiert, etwa den immer etwas anderen und

---

[43] Ein Blick auf die jüngere Finanzmathematik zeigt, dass die Statistik kein Einzelfall ist. Die Positionierung der Finanzmathematik ist noch extremer, sie hat nie eine wirklich empirische Phase durchlaufen.

deshalb doch ewig gleichen Regressionsmodellen der Ökonometrie oder diversen „Signifi-kanzsternchen" beim Testen. Doch auch wenn ein Statistiker noch etwas auf sich hält, ist er als ständig mahnende und zuweilen sogar heftig kritisierende Stimme selten ein gerne gesehener Gast.

Wie man es auch dreht und wendet, ein Statistiker leistet am ehesten dann wirklich nütz-liche Arbeit, wenn er sowohl mathematisch-methodisch versiert als auch in (mindestens) einem Fachgebiet gut bewandert ist. Die britische Ausbildung ging jahrzehntelang in genau diese Richtung. Bewährt hat sich zum einen ein solides Mathematikstudium verbunden mit einer einschlägigen Wissenschaft als Nebenfach und zum anderen ein Fachstudium ergänzt um eine forschungsmethodische Vertiefung. Hinzu kommen sollten natürlich aktuelle Stu-dieninhalte, insbesondere aus der Informatik. Wer auf der Höhe der Zeit ist und immer wieder zeigt, wie nützlich er beim Problemlösen ist, dessen Arbeitsplatz ist sowohl in der Wirtschaft wie auch in der Wissenschaft sicher.

Die inhärente Schwäche, dass dem mathematischen Kern kein gleichförmiges, genauso gut organisiertes Anwendungsgebiet gegenübersteht, lässt sich schwer beheben. Wie leicht das Konstrukt in eine Richtung kippt, haben wir gesehen. Es hilft auch wenig, Statistik als „angewandte Wissenschaftstheorie" zu deklarieren und zu hoffen, der philosophische Überbau würde schon irgendwie für Zusammenhalt sorgen. Die Heterogenität der Anwen-dungsgebiete zwingt zunächst zu einer methodischen Vielfalt, und dieser Pluralismus bringt immer die Gefahr mit sich, dass der Zusammenhalt des Felds verloren geht.

Glücklicherweise muss dem jedoch nicht so sein. *Dieselben* statistischen Herangehens-weisen und Analyseverfahren finden sich nämlich auf so unterschiedlichen Gebieten wie Medizin und Epidemiologie, Wirtschafts- und Sozialwissenschaften, aber auch Ingenieur-und Naturwissenschaften. Dies hat einen tiefer liegenden Grund:

> Die Probleme der verschiedenen Anwendungsfelder sind einander viel ähnlicher als die Fach-leute der jeweiligen Felder meinen. Sie gleichen einander weit mehr, als dass sie unterschiedlich sind.[44]

Darüber hinaus ist auch das Universum der möglichen, logisch konsistenten Erklärungs-Muster weit kleiner als man gemeinhin denkt. Die Mathematik ist zwar einerseits riesig, doch sind ihre Grundideen und -bausteine andererseits recht begrenzt. Ein großes Problem kreativer mathematischer Forschung ist, überhaupt eine Struktur zu ersinnen, die sich vom Bekannten wesentlich unterscheidet. In aller Regel führt eine originelle Idee nämlich nicht zu etwas völlig Neuem, typischerweise entpuppt sie sich nach einer gewissen Zeit als etwas Altbekanntes, das sich lediglich neu verkleidet hatte.

Beides lässt Statistik, das Bindeglied zwischen empirischen Daten und konzeptionellen Theorien, zu einem einigermaßen einheitlichen Gebiet werden. Sie stellt spezielle Methoden und Strategien zur Verfügung, die vielerorts mit Erfolg verwendet werden können. Dabei hat es die klassische Statistik sogar geschafft, trotz eines einheitlichen mathematischen

---

[44] "The problems of different fields are much more alike than their practitioners think, much more alike than different" (Tukey 1969).

Formalismus nicht zu angewandter Mathematik zu werden. Die Altvorderen wussten sehr wohl, dass neben dem mathematisch-deduktiven auch der wissenschaftlich-induktive Aspekt nicht zu kurz kommen darf.

Mit der Informationstheorie steht heute wieder ein einheitlicher und zugleich passender Rahmen zur Verfügung, der einigen formalen Halt gibt. Die Nähe zur Informatik samt deren zahlreichen Anwendungen sorgt jedoch von vorne herein für ein stärkeres empirisches Gegengewicht. Wichtiger noch sind die immensen Datenmengen, die es zu verarbeiten und zu analysieren gilt. So kann die Statistik heute ihre Stellung im Wissensgewinnungsprozess leichter behaupten. Ihre Aufgaben ergeben sich nahezu zwangsläufig aus ihrer vermittelnden Position zwischen Empirie, Daten und konzeptionellen Wissenschaften. Sie ist kurz gesagt, eine ganz entscheidende „Schnittstelle", deren richtige, d. h. fruchtbare strategische Ausrichtung weit wichtiger ist als irgendwelche formalen Details.

Wohin sollte die Reise gehen? Wählt man ein politisches Bild, so gleicht die Statistik einer supranationalen Einrichtung, deren aktueller Zustand eher der heterogenen UNO als der „wohlgeordneten" NATO entspricht. Bestenfalls würde sie sich (wieder) zu einem starken Band zwischen im Moment (leider) zersplitterten Gebieten entwickeln:

> So anonym dies auch immer geschehen sein mag, hat doch das aktuelle technologische Umfeld der experimentell ausgerichteten Statistik eine revolutionäre Aufgabe zugewiesen: Unsere Fachrichtung aus der Zweiteilung in mathematische Philosophie und computer-unterstütztem Empirismus in eine experimentell fundierte Informationswissenschaft zu verwandeln.[45]

4.7   Internet-Philosophie

Eine feurige Entwicklung

Kommen wir nun zur angewandten Informatik. Schon ein flüchtiger Blick auf die aktuelle Situation offenbart deren grundsätzliches Problem, „richtig" mit Daten, Informationen und Wissen umzugehen. In einer sich rasant entwickelnden Welt hochgradiger Vernetzung und gigantischer Datenbestände verschärft sich diese Fragestellung tagtäglich. Anders gesagt: Wie können wir konstruktiv auf die Revolution in der Informationserhebung, -speicherung und -nutzung reagieren?

Anstatt eine gut informierte, ausgereifte Position zu vertreten und deshalb auch eine klare Richtung zu verfolgen, scheinen wir eher, wie schon seit Jahrzehnten, ziemlich erratisch zwischen Extremen zu schwanken. In den 1960er-Jahren hatte man Angst vor dem

---

[45] Wieder das Original: "However anonymously, the present technological environment has given experimental statistics a revolutionary task: transforming our discipline from the dichotomy of mathematical philosophy and computer-aided empiricism into an experimentally supported information science" (Beran 2001: 261).

allmächtigen Roboter-Computer, der, beseelt mit „künstlicher Intelligenz", die Menschheit unterjochte – während gleichzeitig die erste Rationalisierungswelle einsetzte und zehntausende Industriearbeiter „freisetzte". In den 1970er-Jahren zog die „EDV" in den betrieblichen Alltag ein, Großrechner und mannstarke Rechenzentren dominierten. Doch während alle auf die neuen grünen Bildschirme starrten und der verheißenen Wunderdinge (wie das papierlose Büro), harrten, bastelten ein paar begabte Jugendliche an kleinen, persönlichen Computern, die bald einen Giganten wie IBM ins Wanken brachten.

In den 1980er-Jahren lebte jeder auf seiner kleinen Dateninsel (die viele gleichwohl für sehr groß hielten), als mit dem Volkszähler die systematische Erfassung und Durchleuchtung ins Haus stand. Jenem knapp entkommen und zugleich für die Gefahren umfassender Datensammlungen sensibilisiert, schaffte der Westen „treuhänderisch" auch gleich das Krebsregister in den neuen Bundesländern ab. Kurze Zeit später palaverten alle von Multimedia, während wiederum eher unbemerkt das weltweite Netz sein enges militärisches und universitäres Umfeld verließ. Noch 1994 verwechselte der damalige Bundeskanzler die neue Datenautobahn mit einer echten,[46] und ein Jahr später sagte kein geringerer als Bill Gates: „Das Internet ist nur ein Hype."

Mit einem großen Knall platzte 2001 die Internetblase, während fast gleichzeitig und mit wesentlich geringerer medialer Aufmerksamkeit bedacht, Schachcomputer mit dem menschlichen Weltmeister gleichzogen. (Wie wäre darauf wohl das Medienecho in den 1960er-Jahren ausgefallen?) Heute sind alle so sehr in „soziale Spiele" vertieft und permanent vernetzt, dass zuweilen kaum noch ein persönliches Gespräch möglich ist: Der nicht mehr flimmernde Bildschirm und das nur noch selten klingelnde Handy fesseln die Aufmerksamkeit ihrer Nutzerwirkungsvoller als die Realität.

Wenn es bei alldem eine Konstante gibt, dann die, dass wir nicht gut darin sind, wichtige Trends zu erkennen oder sogar angemessen auf grundlegend neue Situationen zu reagieren. Im Moment erahnen wir erst die immense Herausforderung durch eine global vernetzte, datendurchflutete Welt, von durchdachten Reaktionen ganz zu schweigen. Als hätte es die durchaus computer- und datensammlungskritische Zeit bis 1990 nie gegeben, verfangen wir uns wie arglose Fische in sozialen Netzen, werden, je bereitwilliger wir sensible Daten preisgeben, bis auf die Gräten durchschaubar. Während über einzelne Anwendungen wie "Streetview" unangemessen viel berichtet wird, werden im Hintergrund und ganz im Stillen aus unserem vielfältig protokollierten Verhalten aussagekräftige Profile erstellt.

---

[46] Helmut Kohl in einem Interview mit RTL am 03.03.1994. Um den Eindruck von Parteilichkeit sofort zu zerstreuen, bevor er entsteht: Der weit jüngere Parteivorsitzende der Grünen, Cem Özdemir, konnte in einem Interview in der ARD-Sendung „Brennpunkt" am 15.03.2011 Giga*byte* und Giga*watt* nicht auseinanderhalten.

Gezähmte Daten

Doch es führt kein Weg zurück in die gute(?) alte Zeit. Die Moderne holt den Aussteiger im Urwald genauso unerbittlich ein wie den Technikverweigerer unserer Breitengrade. Selbst wenn wir uns den aktuellen Entwicklungen entziehen könnten, schütteten wir damit das sprichwörtliche Kind (unserer Zeit) zugleich mit dem Bade aus. Herausforderungen bewältigt man nicht dadurch, dass man sich von der eigenen Angst lähmen lässt. Worauf es ankommt, ist, angemessen mit den neuen Mitteln umzugehen, genauso konsequent ihre Chancen zu nutzen wie ihre Risiken zu vermeiden. Wie bei Medikamenten gilt: Bei sorgfältiger Verwendung sind sie ein Segen und die Nebenwirkungen halten sich zumeist in Grenzen.

Zumindest in Europa und Deutschland haben weitsichtige Richter schon weitreichende Urteile gefällt, die vernünftige Regeln enthalten. Diese sind konsequent umzusetzen. Es fehlen jedoch noch klare, konsensfähige, übergeordnete Strategien der Datennutzung. Hier einige Vorschläge, ohne Anspruch auf Vollständigkeit:

(i) Datensparsamkeit. Keine Datensammlung, -speicherung und -weiterverarbeitung ohne konkreten Nutzen. Weder muss alles auf Vorrat gespeichert, noch elektronischen Medien anvertraut werden. Am besten geschützt sind Daten, die gar nicht existieren.

(ii) Professionelle Organisation. Übersteigt der Nutzen einer Datenerhebung deren Kosten, so sollten die Daten weitgehend automatisiert und vollständig erhoben werden. Datenmanagement und -analyse gehen Hand in Hand. Nur wer Daten effizient zu organisieren versteht, kann auch leicht in ihnen lesen.

(iii) Transparente Rechte, insbesondere Beteiligung der Betroffenen. Zum Umgang mit Daten gehören immer auch Rechte und Pflichten. Insbesondere ist es weit besser, im Vorfeld zu überlegen, wer was darf, als später über Missbrauch zu klagen. Wer Daten hergibt, sollte wissen, was mit ihnen geschieht und wenn irgend möglich selbst einen Nutzen davon haben: *No information without participation.*[47]

Der letzte Satz folgt ganz bewusst der berühmten Redewendung "no taxation without representation".[48] Denn Informationen liefern zu müssen gleicht einer Besteuerung, die, soll sie sich in Grenzen halten, eines Gegengewichts bedarf. Das Parlament hält mit seinem Haushaltsrecht den Finanzhunger der Regierung im Zaum, weshalb auch bei einem prinzipiellen Mitspracherecht der Datenlieferanten zu erwarten wäre, dass jenes den Datenhunger „interessierter Kreise" eindämmt. Anders als ein Außenstehender, der immer nur fordern kann, wird derjenige, der die Last der Daten-Erfassung und -Verarbeitung trägt, sich genau überlegen, ob dem Aufwand ein angemessener Nutzen gegenüber steht.

Insgesamt ist das Bild vom Datenfluss und zuweilen auch der Datenflut passend: In vielerlei Hinsicht gleicht der Umgang mit Daten jenem mit Wasser. Ohne Daten keine

---

[47] Also keine Informationsherausgabe ohne Mitspracherecht.

[48] Also keine Besteuerung ohne parlamentarische Partizipation, zugleich die zentrale Forderung der anglo-amerikanischen Kolonisten vor 1776.

Information und damit auch kein Wissen; auch ohne Wasser blüht nichts, schlimmstenfalls befinden wir uns sogar in einer Wüste. Besser etwas Wasser als gar keines, d. h. besser
irgendwelche, wenn auch wenig zuverlässige Daten, als völliges Unwissen. Wasser zu reini-
gen ist aufwendiger als Wasser sauber zu halten. Genauso gilt: Lieber valide Daten erheben
als im Nachhinein versuchen, Daten zu bereinigen. Daten an der richtigen Stelle und im
richten Maß eingesetzt sind genauso ein Segen wie Bewässerungssysteme, die Ödnis fruchtbar machen.

Hier wie dort sind gute Lösungen im Kern einfach, klar strukturiert; sie bringen Information bzw. Wasser genau dorthin, wo sie gebraucht werden. Bestenfalls erblüht eine Wissenschaft, wo zuvor nur Vorurteile und Ignoranz herrschten. Doch auch ein Zuviel an Wasser
kann schädlich sein. Genauso bei zahllosen Daten: Dann wird es immer schwieriger, die
Übersicht zu behalten und das Wesentliche vom Unwesentlichen zu unterscheiden. Erst
recht schadet Wasser an der falschen Stelle, dies gilt bei Informationen insbesondere dann,
wenn sie in die falschen Hände geraten.

Wir sind auf dem besten Weg in die globale Informationsgesellschaft und offenkundig
sind die Ozeane, die wir dabei befahren, neue, unbekannte. Zugleich ist das Internet ganz
offensichtlich ein Abbild unserer Gesellschaft(en). Es hält uns sogar – unausweichlicher als
je zuvor – einen Spiegel vor, in dem wir dem Schönen wie dem Hässlichen ins Auge blicken
müssen.[49] Auch im elektronischen Universum gibt es Erbauliches und weniger Erquickli-
ches, Unterhaltung, Bildung, Trivia, seriöse Partner, Piraten und Kriminalität. Wie in der
realen Welt treffen auch im Internet völlig verschiedenartige Grundhaltungen aufeinander:
Von ganz links bis ganz rechts reicht das Spektrum, von Humanisten, Agnostikern und
Skeptikern bis zu religiösen Sekten, vom kriegsdienstverweigernden Quäker bis zum waf-
fenstarrenden Terroristen. Und wie in der realen Welt ist dabei nicht ausgemacht, wer die
Oberhand behält.

Offenes Netz, offene Gesellschaft

Das Internet, im westlichen Teil der Welt entstanden, ist geprägt von Offenheit bis hin zur
Anarchie. Erst langsam wird es rechtlich erschlossen, erst langsam zeigt sich, dass die Fäden,
die in ihm gesponnen werden, mindestens so straff sein können wie in der realen Welt.
Wäre das Internet nur eine Technik von vielen, so müsste darüber nicht viel gesprochen
werden. Doch die vernetzte Welt wird immer bedeutsamer, unsere Aktivitäten verlagern
sich immer mehr ins soziale Netz. Zuweilen lassen sich Netz- und reale Aktivitäten kaum
noch voneinander trennen, so eng sind sie miteinander verwoben. Das heißt aber auch:
Was im Internet geschieht, wirkt, unmittelbarer als je zuvor, zurück auf den Alltag, in dem
wir leben.

---

[49] Ob dies gut ist? Nach Aldous Huxley (1894–1963) bewahrt uns jedenfalls nichts so gründlich vor
Illusionen wie ein Blick in den Spiegel.

Deshalb darf es uns nicht egal sein, wie sich das Netz der Netze weiterentwickelt und welcher Geist dort herrscht. Die Gefahr ist bei weitem nicht nur, dass Einzelne dort elektronisch überfallen werden, etwa indem ihre Webauftritte eine Zeitlang nicht erreichbar sind (Estland 2007; Israel 2011) oder Geld unrechtmäßig seinen Besitzer wechselt. Auch tut jedes Land gut daran, sich gegen Angriffe aus dem Netz zu wappnen, *cyberwar* ist weit mehr als bloße Theorie.[50] Für das Individuum ist hingegen die systemische Gefahr eines omnipräsenten "Big Brother", der alles und jedes bespitzeln kann, am größten. Obwohl sich permanente Überwachung und Kontrolle grundsätzlich nicht mit einer freiheitlichen Verfassung vertragen, hat sich hier unter den Stichworten „Sicherheit" sowie „wirtschaftliche Interessen" schon einiges getan. Das Beispiel von „Schufa & Facebook, Kredit auf Daten"[51] ist bezeichnend. Schlimmstenfalls könnte das Internet zum perfidesten Werkzeug der Repression werden, das es je gab. Man möchte sich gar nicht vorstellen, was in einer elektronischen Stasi-Akte stünde, wie umfangreich jene wäre und wie minutiös sie automatisiert geführt werden könnte. Eine moderne Geheimpolizei könnte sich ein detailliertes, aktuelles Bild von jedem und allem machen – Flucht in den Untergrund unmöglich.

Die Realität zu Beginn der 2010er-Jahre geht zum Glück in eine andere Richtung: Der Arabische Frühling wurde dank moderner Kommunikation möglich, genauso wie sich der Widerstand gegen die mexikanischen Drogenbanden über das Internet organisiert. Es ist ein Fortschritt, wenn Kriegsherren nicht in aller Heimlichkeit Kinder als Soldaten missbrauchen und schillernde Potentaten ihre Kritiker foltern und schänden können, sondern der Weltöffentlichkeit in aller Deutlichkeit erfährt, was wirklich geschieht.

Wie der magische Spiegel im Märchen, der sich in beide Richtungen durchschreiten lässt, öffnet das Internet den Weg in Diktaturen, die sich ansonsten leicht abschließen und ihre Schandtaten hinter einer blickdichten Maske verbergen könnten. Widerstand wird möglich, wo er bislang völlig hoffnungslos gewesen wäre. Das neue Medium kann zur Repression benutzt werden, doch mindestens genauso gut eignet es sich dazu, Gewalt bloßzustellen und freiheitliches Gedankengut im Tal der ansonsten Ahnungslosen zu verbreiten. 2011 bewahrheitete sich Thomas Jeffersons Einsicht, dass „Information die Währung der Demokratie ist". China fürchtet die westliche Konkurrenz mittlerweile gewiss mehr in Internetforen als in der Wirtschaft.[52]

Man muss auch kein Mitglied von "Transparency International" sein, um anzuerkennen, dass Korruption im Dunkeln blüht, während der öffentlichen Kritik unterliegende Prozesse zumeist die besseren Ergebnisse hervorbringen und auch viel leichter bewusst verbessert werden können. Es ist kein Zufall, dass die europaweit neue, durchaus erfolgreiche Partei

---

[50] Siehe z. B. „Der große Hack ist keine Legende", faz.net vom 22.12.2011, „Enthüllung über Stuxnet-Virus. Obamas Cyberangriff auf Irans Atomanlagen", www.spiegel.de vom 01.06.2012 und das Forum „Cyberwar" unter www.spiegel.de/thema/cyberwar.

[51] Siehe faz.net, 09.06.2012.

[52] Von den zehn größten Häfen der Welt liegen mittlerweile sechs in China (incl. Hongkong) und drei weitere in Asien, nämlich Singapur, Busan (Südkorea) und Dubai. Auf dem 10. Platz folgt Rotterdam, siehe z. B. www.hafenradar.de.

der Piraten konsequent moderne IT-Technik zur Implementierung transparenter Prozesse nutzt. Dadurch werden viele zum Mitmachen animiert, was die direkte Demokratie stärkt. Längerfristig ist zu hoffen, dass eine „eDemokratie" den aktuell weit verbreiteten, parteiischen und obskuren Zirkeln der Funktionäre und Lobbyisten Paroli bieten kann.

Karl Poppers Studie über die „offene Gesellschaft und ihre Feinde" (erste Auflage 1945) ist demgemäß aktueller und lesenswerter denn je. Vor dem düsteren Hintergrund aggressiver totalitärer Systeme arbeitete er dort heraus, was freiheitliche Gesellschaften auszeichnet und weshalb es zwar viele geschlossene, aber nur eine offene Gesellschaft gibt. Mit diesem Schlüsselwerk der politischen Philosophie sind wir auch ganz zwanglos bei der allgemeinen Frage angekommen, welche Grundhaltung mit datenorientierten Projekten einhergehen sollte.

Aufklärung reloaded

Die Väter der US-amerikanischen Verfassung, die Mitglieder des Wiener Kreises, Karl Popper, Jimmy Wales, die Giordano-Bruno-Stiftung und Teile der analytischen Philosophie sahen bzw. sehen sich alle explizit in der Tradition der Aufklärung.[53] Seit dem 18. Jahrhundert ist deren erklärtes Ziel, den Menschen aus seiner „selbst verschuldeten Unmündigkeit" (Kant 1784) zu befreien.

Diese Bewegung war immer dann erfolgreich, wenn Theorie (Philosophie) und Praxis (Politik) Hand in Hand gingen. Es ist kein Zufall, dass sowohl Popper als auch Tim Berners-Lee, der Erfinder des Internets, von Elisabeth II geadelt wurden. Doch schon Voltaire (1694–1778) korrespondierte wie selbstverständlich mit den – u. a. durch ihn – aufgeklärten Herrschern seiner Zeit. Sein Zeitgenosse Rousseau betonte besonders die Bedeutung von Erziehung und Bildung. (Wie sollte „Emile", so der Titel eines seiner Hauptwerke (1764), selbstständig denken oder auch nur den Verstand sinnvoll gebrauchen, wenn er nicht zugleich über das hierfür notwendige Wissen verfügt?) Zahlreiche Pädagogen und Minister folgten solchen Anregungen. Sie erneuerten ab dem 19. Jahrhundert das Schulsystem, wobei sie neben der charakterlichen Entwicklung und humanistischen Bildungsinhalten auch allerlei Wissenschaften recht weit oben auf dem Lehrplan platzierten. Heute könnten wir mittels netzbasierter Initiativen dem Ideal „Bildung für alle" näher kommen als jemals zuvor in der Geschichte. Womöglich werden Wikipedia und Google sogar mehr bewirken als alle pädagogischen Bewegungen seit Pestalozzi (1746–1827) zusammen.

Informationen zu erschließen und allgemein zugänglich zu machen war schon ein Grundimpuls der Renaissance, auch wenn Erasmus (1465–1536) und seine Mitstreiter dabei eher an antike Texte dachten. Doch ist die eigentliche Wurzel der Aufklärung das neuzeitliche Denken seit Galilei. Wissen lässt sich nur verbreiten, wenn es zuvor erarbeitet worden ist. Das heißt, man muss zunächst forschen, die Sachverhalte im Detail untersuchen, um dann zu versuchen, sie zu verstehen. Diese seit ihm dominierende „moderne

---

[53] Wikipedia beruft sich explizit auf Diderot (1713–1784) und d'Alembert (1717–1783), die Herausgeber der ersten großen neuzeitlichen Enzyklopädie.

wissenschaftliche Methode" setzt auf Empirie und Experiment, sucht systematisch nach quantitativ-mathematischen Beziehungen, verlässt sich auf logisch-rationales Denken und kritisches Hinterfragen. Eine solche weltzugewandte, konstruktiv-kritische Grundhaltung, die mit klaren Begriffen und transparenten Konzepten die Realität verstehen will, findet ihren modernen Ausdruck in allen massiv datengestützten Tätigkeiten, von der Statistik und den Naturwissenschaften, über evidenzbasierte Medizin, quantifizierende Wirtschafts- und Sozialwissenschaften, zu moderner Technik und industriellem Wirtschaften, bis hin zu einer informierten Gesellschaft samt einer an der Sache orientierten Politik.

4.8   Unpopuläres zum Schluss

Was heißt schon populär?

Dieses Buch wurde mit dem Anspruch geschrieben, allgemein verständlich zu sein. Dieses Ziel hat zur vorliegenden Form geführt. Mathematik kommt nur am Rande vor, die Sprache bewegt sich auf einem mittleren Niveau, Zitate sind selektiv und weniger zahlreich als bei einer Publikation für Fachwissenschaftler. Natürlich könnte man über die angerissenen Themen viel ausführlicher, weit formaler und womöglich auch subtiler schreiben. Wer es gerne umfangreicher, mathematischer oder nuancierter liebt, wird in jeder Universitätsbibliothek schnell fündig werden.

Doch wäre die Behandlung des gesamten Themenkomplexes besser geworden, hätte sich der Autor akribisch an alle Regeln der Zunft gehalten? Es ging mir weniger darum, den einen oder anderen fachlich Versierten zu beeindrucken, als einer breiteren Leserschaft wichtige Zusammenhänge zu verdeutlichen. Die moderne Welt und erst recht die zukünftige ist eine Welt der Daten und der Information. Nur wenn wir sie verstehen und sinnvoll gestalten, werden wir auch andere Herausforderungen, vor denen wir stehen, konstruktiv bewältigen.

Daten sind omnipräsent. Sie machen das Internet zu einem mächtigen Werkzeug, mit dem man entsprechend sorgfältig umgehen muss, sie sorgen dafür, dass Statistik weit wichtiger und besser ist, als es ihr Ruf vermuten ließe, sie fundieren die Wissenschaften, die zu wertvoll sind, als dass man sie der Beliebigkeit preisgeben dürfte und sie sind es auch letztlich, die der Philosophie eine Richtung geben. Das alles ist meines Erachtens relevant und sollte die Allgemeinheit interessieren, woraus die Verpflichtung folgt, verständlich zu schreiben.

Die so verstandene „Popularität" sollte man nicht als seicht missverstehen. Ich habe für den erwachsenen Leser geschrieben, der sich mit wichtigen Themen auseinander setzen will. Ihn zu unterfordern ist genauso unangemessen, wie ihn mit erhobenem Zeigefinger zu belehren. Gründlich zu informieren ist die Aufgabe jedes Autors, doch ein Urteil muss sich jeder Leser selbst bilden. Ich kann gut damit leben, wenn andere zu anderen Schlüssen kommen, (sachliche) Kritik gehört zum Geschäft. Viel schlimmer wäre es, sich mit den Themen nicht auseinander zu setzen oder irgendjemand blind zu vertrauen.

Es fiele nicht schwer, die Errungenschaften moderner Statistik herauszustellen, der Informatik eine grandiose Entwicklung zu bescheinigen, die Erfolge der Wissenschaft zu besingen und alledem mit einer gefälligen „Philosophie" noch einen Heiligenschein aufzusetzen. Doch wäre dieses Bild viel zu idealisiert und zuweilen auch einfach falsch. „Wahre Worte sind nicht schön, schöne Worte sind nicht wahr" heißt es schon bei Laotse. Dieser Einsicht folgend musste ich mich oft gegen die schönen Worte entscheiden, sodass einige Abschnitte des Buches ziemlich unpopulär ausfallen. Doch der Wert von Wissenschaft kommt gerade dadurch zustande, dass sie die Fakten würdigt. Nur sie sind in der Lage, uns, zuweilen recht brutal, die Realität zu enthüllen.

Tatsächlich ist die Statistik nicht mit der Zeit gegangen. Statt sich der aktuellen Datenlage zu stellen und eine intensive Symbiose mit ihr nahestehenden Wissenschaften anzustreben, verliert sie sich momentan eher in mathematischer Abstraktion. Die Informatik samt ihrer Anwendungen ist das innovativste Gebiet von allen, erst sie ermöglicht, dass Daten ihre ganze Macht entfalten können. Doch leider gehen Informatiker – wie viele andere – recht naiv mit den potenziellen Nebenwirkungen um. Ein gut(gemeint)es Motto wie Googles "don't be evil" (sei nicht böse) reicht bei weitem nicht aus, um die immense Macht gut organisierten Daten wirkungsvoll zu kontrollieren.

Ihre exorbitante Bedeutung zeigen Daten schon seit langem in den (wirklich) empirischen Wissenschaften. Auf sie gestützt gelingt den Naturwissenschaften der Brückenschlag zwischen konkreter Erfahrung und erläuternder Theorie, sodass wir wie selbstverständlich hin und zurück springen. Man sollte die Sozialwissenschaften (in einem weiten Sinn) weniger dafür kritisieren, dass ihnen der Brückenschlag im Großen und Ganzen schlechter gelingt als den klassischen Naturwissenschaften. Weit problematischer ist, dass sie ihn oft gar nicht ernsthaft in Angriff nehmen.

So ist die obige volkswirtschaftliche Analyse aktueller Probleme alles andere als orthodox. Doch weshalb sollte sie es auch sein? Von wenigen, isolierten Stimmen einmal abgesehen, gingen die Analysen des wirtschaftswissenschaftlichen Mainstream am Wesentlichen vorbei, und die Prognosen aller „renommierten" Institute waren sogar vollkommen falsch. Obwohl die Krise rasch voranschreitet, fehlt bis heute eine allgemein akzeptierte, einigermaßen „runde" wissenschaftliche Erklärung. Warum also nicht Realitätsnähe einfordern und Erklärungsmuster in den Vordergrund rücken, die sich in den Naturwissenschaften bewährt haben? Um es ganz deutlich zu sagen: „Eine Wissenschaft, die in der Stunde ihrer größten Herausforderung versagt hat, muss sich neu definieren."[54]

Es ist die Schwäche der Fachwissenschaft, die Dogmatismen aufblühen lässt, weshalb es bezeichnend ist, dass gerade in der Ökonomie ein „Liberalismus" herangereift ist, der den Begriff „Freiheit" gründlich missbraucht, um brutalen, kurzsichtigen Egoismus, hemmungslos(e) Gier, Verantwortungslosigkeit und selbstzerstörerische Anarchie zu vergöttern. Extremer Individualismus ist (per definitionem) asozial, d. h. er verträgt sich mit keiner vernünftigen Gesellschaftsordnung. Die meisten Europäer sind zwar nach wie vor gemäßigt und tolerant, doch ist nicht zu übersehen, dass die Extreme in Politik, Gesellschaft

---

[54] So Nienhaus und Siedenbiedel in „Die Ökonomen in der Sinnkrise", faz.net, 5.4.2009.

und Kultur zunehmen. Ohne hinreichende charakterlich-intellektuelle Stütze (Bildung!) vergessen wir – wieder einmal bzw. immer wieder erneut – ganz schnell unser hoch gepriesenes abendländisches Erbe um es auf dem Altar von Ideologien zu opfern, die sämtliche Lebensbereiche in Mitleidenschaft ziehen, den klaren Geist vernebeln und gut begründete Argumente durch wilde Behauptungen sowie Glaubenssätze ersetzen. Die großmäuligen "Masters of the Universe" von heute sind genauso gefährlich wie die großspurigen „Herren der Welt" vor hundert Jahren.

Sapere aude

Der typische Naturwissenschaftler kümmert sich weit weniger um diesen Überbau als ums Detail, insbesondere um die Frage, ob etwas empirisch funktioniert. Falls nicht, so verabschiedet er sich schneller als andere von Illusionen, so schön jene auch sein mögen. Es ist ebenfalls kein Zufall, dass sich eine konstruktiv-kritische Grundhaltung von vorne herein eher an konkreten Fragen als an vorschnellen umfassenden Großtheorien orientiert, zumal sich letztere – wie sollte es auch anders sein – gerne zu weltfremden Ideologien verhärten. So kommt es, dass Informatik, Statistik und Wissenschaft zumeist konkret und nützlich sind, während Dogmen eher vage bleiben und viel häufiger schädliche Wirkungen entfalten.

Deswegen bin ich auch recht streng mit einer abgehobenen Philosophie[55] ins Gericht gegangen. Doch verstehe man dies nicht falsch. Vernünftige Überzeugungen, klare Analysen, ausgewogene Urteile und eine integrative Sicht sind wichtiger denn je. Es lohnt sich auch, zivilisiert mit jemandem zu diskutieren, der fundiert völlig anderer Ansicht ist. Aufgrund ihrer exponierten Stellung am oberen Ende der Wissenspyramide fällt es lediglich besonders schwer, datenorientiert zu philosophieren. Das lässt das Fach leicht übermäßig sophistiziert, spekulativ und unbrauchbar werden. Es liegt, anders gesagt, weniger am Personal und mehr an der sauerstoffarmen Höhe, die es dem intellektuellen Bergsteiger erschwert, im konzeptionellen Hochgebirge noch einigermaßen sinnvolle Sätze von sich zu geben. Viele können gut ausgerüstet auf mittlerer Höhe solide wissenschaftliche Arbeit leisten. Ziemlich schwer fällt es jedoch, ohne Mathematik und nur mit den Büchern der Vorväter bewaffnet, in der dünnen Luft der Abstraktion voranzukommen.

Man lese deshalb auch die Bemerkungen zur Ethik richtig. Es geht mir in keinster Weise darum, bisherige Bemühungen in den Schmutz zu ziehen. Die überlieferten heiligen Schriften enthalten viel Weisheit und von ihnen inspirierte Menschen haben mehr Gutes bewirkt als Schlechtes. Auch wenn es in den Jahrtausenden, in denen die Religion dominierte, manchen seltsamen Heiligen und noch mehr fette Prälaten gab, so sind doch die (in Stein gemeißelten wie auch auf Pergament festgehaltenen) Bauwerke, die uns das Mittelalter hinterlassen hat, beeindruckend. Seitdem hat sich rationales, diesseitiges Denken fest etabliert, weshalb es völlig unnötig ist, die Schlachten, die zu dessen Durchsetzung notwendig waren, abermals zu schlagen. Es geht nicht um hitzige Polemik, sondern um sachliche Diskussion,

---

[55] und Pädagogik

Erneuerung (wo nötig) durch konstruktive Kritik. Wir können heute viel höher bauen, weil wir auf einem ganz anderen Fundament stehen.

Zur intellektuellen Redlichkeit gehört aber auch, klar zu sagen, dass eine Begründung "bottom up" völlig anders geartet ist als eine klassische Argumentation "top down". Wie, wenn nicht durch göttliche Offenbarung, hätte man vor einigen Tausend Jahren ungebildeten Menschen explizite, mit hinreichender Autorität versehene, vernünftige Regeln geben können? Ihr „göttlicher" Funke, sprich ihr bewusstes Denken, Vernunft und Verstand, waren ohne höhere Bildung und ausreichendes organisatorisches Wissen viel zu schwach um einen allgemein verbindlichen „Gesellschaftsvertrag" durchzusetzen. Das ist heute anders. Mit der Aufklärung emanzipierten sich die Gebildeten von der Kirche und spätestens seitdem zieht die Säkularisierung immer weitere Kreise. Die Allgemeine Erklärung der Menschenrechte von 1948 verzichtet konsequent auf religiöse Formeln und wir Heutigen, womöglich noch mehr im Diesseits verwurzelt, fragen nach der empirischen Rechtfertigung ethischer Gebote.

Es geht nicht darum, das bis heute in der Philosophie (aber auch auf anderen Gebieten) vorherrschende „Top-down-System" etwas zu modifizieren. Naive Wissenschaftsgläubigkeit wäre genauso wie exzessive Wissenschaftskritik, die Anbetung der Freiheit (bis hin zu Anarchie und Zynismus) oder irgendein anderes Dogma ein schlechter Ersatz für einen sittlich hochstehenden Glauben. Vielmehr geht es um einen grundlegenden Paradigmenwechsel: Genauso wie die Moderne im politischen Bereich das klassische Konzept einer von oben legitimierten Macht durch den „Bottom-up-Ansatz" Demokratie ersetzt hat, geht es auch ideengeschichtlich nicht darum, lediglich einen König durch einen anderen auszutauschen oder von einer Dynastie zur nächsten überzugehen.

Wir befinden uns inmitten eines Gezeitenwechsels. Die von Galilei und den britischen Empiristen ausformulierte, zu den empirischen Wissenschaften gehörige Philosophie ist heute, nach Jahrhunderten harter Arbeit, weit mehr als Programm. Gestützt auf einen immensen Erfahrungsschatz, verdichtet in brillanten wissenschaftlichen Theorien (mit zuweilen immenser Erklärungs- und Prognosekraft) bringt die hier und anderswo ausgebreitete „wissenschaftliche Geisteshaltung" trotz aller prinzipiellen Zweifel und historischen Rückschläge das Denken des modernen Menschen auf den Punkt. Die Nachfolger von Kant (1724–1804) haben messerscharf erkannt, dass es kein „synthetisches Wissen a priori" gibt. Schlicht gesagt: Ohne Daten haben wir keine Ahnung, wie die reale Welt funktioniert. Nur konsequentes Forschen und rationales Denken ermöglichen echten Fortschritt.

Aufgrund dieser allgemeinen philosophischen Lektion, weit mehr als irgendwelchen speziellen Entdeckungen, haben die Naturwissenschaften einen solch tiefgreifenden Einfluss auf die menschliche Kultur seit der Zeit von Galilei und Francis Bacon ausgeübt.[56]

---

[56] Bacon (1561–1626), Hauptwerk: *Novum Organon (1620)*; Galiei (1564–1642), Hauptwerk: *Dialog über die beiden hauptsächlichsten Weltsysteme, das ptolemäische und das kopernikanische (1632)*. Noch das Zitat im Original: "It is because of this general philosophical lesson, far more than any specific discoveries, that the natural sciences have had such a profound effect on human culture since the time of Galileo and Francis Bacon" (Sokal 2008: 19).

Das Übernatürliche ist weit entrückt, das Metaphysische ist uns fremd geworden. Stattdessen schätzt der typische Zeitgenosse valide Daten und alles, was man mit deren Hilfe machen kann, nicht zuletzt wissensbasierte Technik, die das Leben verlängert und angenehmer macht. Für die empirisch-rational-quantitative Grundhaltung ist immer die vorliegende Datenbasis, die Evidenz, ganz entscheidend dafür, wie überzeugend eine Argumentation ist. Zuweilen lässt sich diese Haltung sogar auf ein mathematisches Kalkül reduzieren und mit den (quantitativen) Daten sind es dann immer die Zahlen, die maßgeblich zählen. Methodisch strebt das wissenschaftliche Denken nach empirisch funktionierenden Regeln, die auch konzeptionell überzeugen. Systematischer Fortschritt ist die Folge, der inhaltlich gesehen in einem fakten- und wissenschaftsbasierten Weltbild kulminiert. Gezieltes, weil wohl begründetes und informiertes Handeln ist dessen natürliche Konsequenz. Die harmonische Einheit von theoretischer Wissenschaft und angewandter Technik (beides in einem weiten Sinn zu verstehen) ist keine ferne, vage Vision – sie ist Alltag.

Rationales, datenbasiertes Denken und Handeln

Im hellen und zuweilen harten Licht echten Verständnisses fallen die dunklen, zuweilen auch etwas staubigen Ecken umso mehr auf: Warum verliert sich ein Großteil der herrschenden Philosophie in schrankenloser Kritik und fundamentalem Zweifel, dekonstruiert sich selbst und endet in der Beliebigkeit eines „anything goes"? Wieso sind deren Fachvertreter orientierungslos, wenn doch mehr bekannt ist als jemals zuvor? Doch auch einige Wissenschaften müssen sich fragen lassen, ob ihre strategische Ausrichtung stimmt, ob die von ihnen bevorzugten Methoden wirklich den Ertrag abwerfen, der zu erhoffen ist. Niemandem kann es egal sein, wenn die Medizin stagniert oder die Wirtschaft kollabiert. Bei aller professionellen Distanz, auch ein Wissenschaftstheoretiker sollte sich für das Gedeihen der ihn interessierenden Wissenschaften engagieren, also – genauso wie die Fachwissenschaftler – mutig auf Unstimmigkeiten, Fehler und Probleme hinweisen und konstruktive Verbesserungsvorschläge machen.

Es geht um nicht weniger als eine „Umpolung" des Denkens. Ändert ein physikalisches Feld seine Richtung, so schwächt sich dessen ursprüngliche Orientierung zunächst ab. Es folgt ein chaotisches Intermezzo, bis sich schließlich die neue Ausrichtung durchsetzt. So gesehen mag ein Teil der aktuellen intellektuellen Konfusion ihre tiefere Ursache im Gezeitenwechsel der Ideen haben. Wir würden dann gerade ein Phase des Übergangs erleben, in der die bisherige Ordnung zerfällt, sich aber noch kein neuer fundamentaler Konsens gebildet hat und Skeptizismus besonders wichtig ist, um die „falschen Propheten" – Poppers Worte – zu durchschauen (zumal wenn sie gut getarnt oder verführerisch daherkommen).

Doch anstatt die Verwirrung noch zu steigern und sich einer der vielen, eher kleinen aber gleichwohl lautstarken Gruppen anzuschließen, scheint es mir besser zu sein, ruhig konstruktive Arbeit zu leisten und die mannigfaltigen Vorzüge der wissenschaftlichen Auffassung darzustellen. Was ist so falsch daran, die Daten zu würdigen, dem rationalen Argument einen hohen Stellenwert einzuräumen, Mathematik einzusetzen, wo immer dies sinnvoll ist, zu messen, was messbar ist und messbar zu machen, was es noch nicht ist, und durch sorgfältiges Abwägen von Erfahrung, Verstand und konstruktiver Kritik zu einer wirklich wohlfundierten „vernünftigen" Position zu kommen?

Im Erkenntnisgewinnungsprozess kommen induktive wie deduktive Methoden zum Einsatz, es gibt im Allgemeinen kein Primat der einen oder anderen Erkenntnisrichtung. Auch wenn „Daten" und ihre Macht prominent im Titel dieses Buches erscheinen, den wichtigsten Ankerpunkt unseres Denkens bilden und wir uns mit (fast) allem beschäftigt haben, was man *mit* ihrer Hilfe machen kann, so sind sie doch nicht der alleinige Herr im Ring. Auch der Forschungs*zirkel* (siehe S. 206) stützt sich maßgeblich auf Daten, er beginnt aber nicht bei ihnen! Andererseits ist ein zentraler Glaubenssatz der aktuellen Philosophie – alle Daten sind „theoriegeladen"! – noch zweifelhafter. Jeder Statistiker kennt aus leidvoller Erfahrung völlig unstrukturierte Daten, und die Informatik verwendet viel Energie auf die Entwicklung von "anytime algorithms", also von universell einsetzbaren Verfahren, die sich automatisch an beliebige Gegebenheiten anpassen. Sicherlich werden die besten Daten oft "top down", zielgerichtet, erhoben, doch sind sie der Theorie deshalb nicht nachgeordnet. Viel häufiger heben sie gemäß den Spielregeln der Wissenschaft, d. h. als deren archimedischer Punkt, Theorien aus den Angeln.

Man beachte, dass es trotzdem beim letztlich generierten Wissen, also dem Ergebnis unserer Lernprozesse, eine klare Hierarchie gibt! Natürlicherweise bauen allgemeine Aussagen auf konkreten Beispielen und spezifischen Phänomenen auf, stützen sich die abstrakteren Schichten auf die beobachtungsnäheren, bis sich schließlich und endlich auch die Philosophie auf die Wissenschaft gründet (siehe S. X). Die stärksten Argumente sind nicht nur analytisch richtig, sondern immer auch empirisch höchst relevant. Galilei und seine Nachfolger zwingen uns mit Experiment und Beobachtung, Logik und Kalkül auf ihre Bahn.

Die in diesem Buch geäußerten Ansichten zum Bildungssystem sind vermeintlich konservativ, die Meinung zur Geldwirtschaft ist eher kritisch usw. Doch geht es weit weniger um „links" versus „rechts", als um die Funktionstüchtigkeit der besprochenen Systeme. Wir alle sollten ein großes Interesse daran haben, dass unsere sozialen Einrichtungen stabil bleiben, der Staat Wort und Geist einer freiheitlichen Grundordnung Geltung verschafft, die nächste Generation es gut ausgebildet mit den Herausforderungen des Lebens aufnehmen kann und das Wirtschaftssystem den einmal erworbenen Wohlstand nicht wieder verspielt. Es ist niemandem damit gedient, wenn nur Geld die Welt regiert, bis eine enthemmte Ökonomie ihre sozialen und ökologischen Grundlagen zerstört hat.

Auch auf anderen Gebieten sind die prinzipiellen Diskurse zwar noch nicht zu Ende, doch ist die Richtung, in die Veränderung erfolgen sollten, klar. Ex cathedra eine „höhere Wahrheit" zu verkünden, wird immer weniger akzeptiert, wenn auch der zugehörige absolutistische Anspruch immer noch nicht ganz überwunden ist. Anders als ihrem Schicksal ergebene Untertanen erwarten selbstbewusste Bürger ganz selbstverständlich, dass wichtige Schlüsse und Entscheidungen hinreichend begründet werden. Sich auf eine „höhere" und damit gegen rationale Kritik immunisierte Autorität zu berufen, reicht ihnen nicht mehr. Wer mitdenkt, will stärkere Argumente hören und bald auch mitreden, sodass man wieder (auf allen Ebenen) zu einer im weitesten Sinne "bottom up" ausgeübten Partizipation kommt. Nicht zuletzt sorgt diese Rückkopplung dafür, dass sich auch das politische „Oben" nicht allzu weit vom „Unten" und dessen realen Problemen entfernt.

Die aktuelle EU demonstriert leider, wie es nicht sein sollte. Während das Europäische Parlament wie ein Wanderzirkus durch die Gegend zieht, blüht unter Dutzenden kaum legitimierter Kommissare die „wohlwollende" Bürokratie in Brüssel. Übliche institutionelle Abläufe mehr und mehr substituierend, verhandelt diese zusammen mit den nationalen Regierungen in dunklen Hinterzimmern, wohin die Reise gehen soll. Derweil bleiben im „Notfall" (der bereits Jahre anhält) Verträge und deren Prinzipien auf der Stecke und nicht nur in Südosteuropa gewinnen autoritäre Tendenzen an Fahrt. Wie wär's stattdessen, ganz bescheiden, mit „mehr Demokratie wagen"?[57]

Summa summarum haben wir die Mittel, den neuartigen Herausforderungen konstruktiv zu begegnen. Aus bloßen Informationen lässt sich heute leichter als je zuvor wertvolles Wissen gewinnen und weit mehr Menschen können so einfach wie noch nie an ihm teilhaben. Das Prinzip der Offenheit lässt sich auch in der netzorientierten Welt mit dem konsequenten Schutz sensibler Daten vereinbaren, und sogar Macht sollte sich in einer transparenten Welt leichter kontrollieren lassen als in einer obskuren. Bewährte Traditionen werden dabei nicht untergehen, vielmehr haben in einem Klima geistiger Freiheit gehaltvolle Überzeugungen immer genügend Kraft, Menschen an sich zu binden – zu überzeugen – und sich so auf Dauer zu behaupten.

Doch auch die Zukunft ist offen. Wie es kommen wird, welche Strömungen sich durchsetzen werden, kann niemand vorhersagen. Klar ist nur, dass Wissen mit Verantwortung, Vernunft und Verstand einhergehen muss, um einem befriedigenden Resultat näherzukommen. Ganz sicher werden Schafe immer von Wölfen regiert werden. Das heißt, es kommt maßgeblich auf uns, die System-Administratoren, an, in welche Richtung wir uns bewegen, ob wir mit den neuen Netzen eher wie Fischer oder wie Fische umgehen. Zumindest lassen die historischen Daten hoffen:

> Die allgemeine Unwissenheit, die durch List und Betrug aufrecht erhalten wird, gebiert die Torheit, die wiederholt die Weisheit zuschanden macht und das Verdienst seiner Krone beraubt, bis Vernunft und Geduld schließlich die Täuschung überwinden, indem sie die Wahrheit enthüllen...[58]

---

[57] Willy Brandt (1913–1992) in einer Rede am 28.10.1969 vor dem Deutschen Bundestag. Etwas ausführlicher: „Wir wollen mehr Demokratie wagen. Wir werden unsere Arbeitsweise öffnen und dem kritischen Bedürfnis nach Information Genüge tun. Wir werden darauf hinwirken, daß [...] jeder Bürger die Möglichkeit erhält, an der Reform von Staat und Gesellschaft mitzuwirken."
[58] M.C. Luzzatto (1707–1747), zitiert nach Durant und Durant (1985: Bd. 16, S. 178). Aber Achtung: Traue keinem Zitat...

Dank

Zum Schluss verbleibt mir die angenehme Pflicht, mich bei jenen zu bedanken, die zu diesem Buch beigetragen haben. Wie beim Vorgängerwerk (Saint-Mont 2011) gewährte der Forschungsbeirat meiner Hochschule eine Lehrentlastung, die die Fertigstellung dieses Buchs beschleunigte. Meine Frau Susanne und mein Kollege Dr. Georg Baumbach lasen in bewährter Weise Korrektur, darüber hinaus verdanke ich auch Prof. Gerd Gille zahlreiche konstruktive Hinweise. Ich habe gerne viele ihrer Anregungen aufgenommen. Ich danke dem Springer-Verlag für die Bereitschaft, dieses Projekt zu wagen, die Betreuung durch Frau Herrmann und Herrn Heine war hervorragend. Selbstverständlich sind alle verbliebenen Fehler die meinen.

Wo dieses Buch mit seinem klaren Bekenntnis für empirische Wissenschaft, gewinnbringende Forschung, quantitative Methoden, elegante Mathematik, Verstand und Vernunft ideengeschichtlich einzuordnen ist, habe ich im letzten Kapitel und v.a. im letzten Abschnitt deutlich gemacht. Manchem zeitgenössischen „kritischen" Philosophen mag es deshalb altmodisch erscheinen! Wie kann man heute noch von „der" wissenschaftlichen Methode reden oder der Mathematik einer herausragende Bedeutung beimessen? Hat der Autor die letzten dreißig Jahre verschlafen?

Nein. Ich bin nur alt genug um zu wissen, wie schnell Moden kommen und gehen. Scheinerklärungen welken über kurz oder lang, echte Begründungen hingegen sind immer datenbasiert und tief verwurzelt. Während Ansichten wechseln, haben empirisch fundierte Einsichten Bestand. Das macht sie weit beständiger, bestenfalls sogar zeitlos, insbesondere, sie sich mathematisch elegant formulieren lassen. Das ist auch der eigentliche Grund, warum die großen Köpfe der Wissenschaft samt ihrer Philosophie bis heute aktuell geblieben sind:

> Keine Frage ist jemals geklärt, bis sie richtig geklärt ist.[1]

In einem gewissen Sinne ist das oben Gesagte selbstverständlich. Wie sollte man ohne reliable Daten etwas über ein spezifisches Problem bzw. ohne valide Informationen etwas über die Welt im allgemeinen sagen können? Mancher Wissenschaftler mag deshalb

---

[1] "No question is ever settled until it is settled right," Wheeler Wilcox (1850–1919).

U. Saint-Mont, *Die Macht der Daten*, DOI: 10.1007/978-3-642-35117-4,
© Springer-Verlag Berlin Heidelberg 2013

ebenfalls die Nase rümpfen und sich fragen, wozu man das allzu Naheliegende und Offensichtliche abermals, wenn auch mit neuen Worten, ausführen musste. Der Grund ist, dass sich wie in der Politik gute neue Ideen nicht von heute auf morgen durchsetzen. Menschen zu überzeugen ist mühselig und braucht Zeit, zumal wenn sich immer wieder wortgewaltige Strömungen erheben, die - wie intellektuelle Stürme - einmal erlangte Einsichten wieder hinwegzureißen drohen.

Als philosophierender Statistiker gehöre ich einer (verschwindend) kleinen Minderheit an. Mathematiker haben in ihrer Welt genug (anderes) zu tun, der typische Wissenschaftler arbeitet an (konkreten) Sachfragen und Informatiker stürmen so schnell voran, dass sie sich dabei fast selbst überholen. Sie alle finden (zu) wenig Zeit fürs Prinzipielle, während der typische Philosoph neben (mancher auch „statt") den MINT-Fächern noch ganz anderes im Kopf hat. Doch lohnt es sich, klassische Fragen mit heutigen Begriffen, aktuellen Methoden und vor allem einer modernen Grundhaltung neu zu durchdenken. Philosophie in allen ihren Facetten ist bei weitem nicht so abgehoben wie viele fürchten und manche hoffen. Valide Daten sind auch ihre Basis. Es ist kein Zufall, dass führende Wissenschaftler der Philosophie immer wieder entscheidende Impulse geben konnten und alle herausragenden Philosophen - von Aristoteles über Hume und Kant bis zum Wiener Kreis - im Wissen ihrer Zeit bestens bewandert waren.

Ich danke deshalb abschließend meinen Weggefährten in Wissenschaft und Philosophie, die ähnlich denken und mit ihren Mitteln Wege beschreiten, die zum selben Ziel führen.

Nordhausen, im Dezember 2012

Anhang A

Ziegenproblem (allgemeine Formel)

Beim Ziegenproblem (siehe S. 26ff) gebe es nicht drei, sondern n Tore. Die Wahrscheinlichkeit bei n Alternativen ohne weitere Information gerade die richtige zu tippen ist offensichtlich $1/n$, was auch die Gewinnwahrscheinlichkeit der Strategie „Nie Wechseln" ist. Bei der Strategie „Immer Wechseln" sind wieder zwei Fälle zu unterscheiden:

(i) Wählt man zunächst das richtige Tor und wechselt dann von diesem weg, so hat man verloren. Wahrscheinlichkeit hierfür: $1/n$.

(ii) Wählt man zunächst ein falsches Tor, was mit der Wahrscheinlichkeit $(n-1)/n^2$ geschieht und wechselt dann auf ein nicht vom Showmaster geöffnetes Tor, so tippt man dann mit Wahrscheinlichkeit $1/(n-2)$ auf das Tor mit dem Hauptgewinn. (Der Hauptgewinn befindet sich in diesem Fall nicht hinter dem zunächst gewählten Tor und auch nicht hinter dem vom Showmaster geöffneten. Also ist er hinter einem der verbliebenen $n-2$ Tore versteckt, die alle gleichartig sind.)

Die Gewinnwahrscheinlichkeit der Strategie „Wechseln" ist also[3]

$$p = \frac{1}{n} \cdot 0 + \frac{n-1}{n} \cdot \frac{1}{n-2} = \frac{n-1}{n-2} \cdot \frac{1}{n} > \frac{1}{n}.$$

Ein analoges Argument zu dem auf S. 30 ausgeführten zeigt nun sofort, dass man nur die beiden *reinen* Strategien „Immer Wechseln" versus „Nie Wechseln" vergleichen muss und dass erstere immer echt besser ist als letztere.

---

[2] Von n Alternativen sind $n-1$ „ungünstig"

[3] Man beachte, dass $n-1 > n-2$ ist, der Bruch $(n-1)/(n-2)$ ist also größer als Eins.

U. Saint-Mont, *Die Macht der Daten*, DOI: 10.1007/978-3-642-35117-4,

Die Formel zeigt aber auch, dass sich beide Strategien bei großem n kaum unterscheiden.[4] Dies ist wiederum auch intuitiv einleuchtend. Der Showmaster öffnet immer nur *ein* ungünstiges Tor. Bei gerade einmal drei Toren hilft das dem Kandidaten sehr, nicht aber bei Tausend oder sogar einer Million Toren.

---

[4] Der Quotient $(n-1)/(n-2)$ strebt gegen Eins.

Anhang B

EHEC, Chronologie der Ereignisse

Die ganze Dramatik, aber auch die konstruktiven Beiträge zur Lösung der EHEC-Krise zeigen sich am besten, wenn man die Berichterstattung Tag für Tag verfolgt. Unter http://themen.t-online.de/news/ehec findet sich eine hervorragende Chronologie der Ereignisse. Dieser Quelle wurden, soweit nicht ausdrücklich anders vermerkt, die nachfolgenden Agenturmeldungen entnommen.

Anfang Mai 2011. (dpa) Dem Robert Koch-Institut (RKI) in Berlin werden gehäuft blutige Durchfallerkrankungen gemeldet. Auslöser ist EHEC. Der früheste Erkrankungsbeginn lässt sich auf den 1. Mai datieren. Ungewöhnlich viele Patienten erleiden eine schwere Komplikation, das hämolytisch-urämische Syndrom (HUS).

Mitte Mai. (dpa) Die EHEC- und HUS-Fallzahlen steigen rasant an. Besonders viele Patienten gibt es in Hamburg, Schleswig-Holstein und Nord-Niedersachsen. Untypisch ist, dass darunter viele junge Frauen sind. Bisher traf EHEC eher kleine Kinder.

23.5. (dapd) Spezialisten [haben] mit der Suche nach der Ursache der Ausbreitung des EHEC-Erregers begonnen. Epidemiologen des Robert Koch-Instituts (RKI) versuchten durch Befragung der Erkrankten zu ermitteln, ob die einen gemeinsamen Ursprung hätten.

24.5. (dapd, AFP) Neben Rohkost gelten unbehandelte Milch und Rohmilchkäse oder rohes Fleisch als größte Risikoquellen. [Die Gesundheitsbehörden:] „Bisher konnte kein konkretes Lebensmittel als Infektionsquelle identifiziert werden."

(dpa, AFP, dapd, t-online.de) Es ist die bisher einzige Spur bei der fieberhaften Suche der Behörden nach der Quelle für die EHEC-Infektionen: Alle 19 der bisher in Frankfurt Erkrankten haben in denselben Kantinen einer Unternehmensberatung gegessen [...] sagte Oswald Bellinger vom dortigen Gesundheitsamt [...]

(Spiegel Online) Auch dem Hamburger Institut für Hygiene und Umwelt zufolge lassen die bisherigen Befragungen immerhin vermuten, dass Produkte wie Rohmilch, Frischkäse und Rindfleisch ausscheiden.

25.5. (dpa) Der Chef des Robert Koch-Instituts, Reinhard Burger, erwartet ein Abflauen bei den grassierenden EHEC-Infektionen [...] Trotz Untersuchungen eines

U. Saint-Mont, *Die Macht der Daten*, DOI: 10.1007/978-3-642-35117-4,
© Springer-Verlag Berlin Heidelberg 2013

großen RKI-Teams unter Hochdruck sei kein einzelnes Lebensmittel als Quelle identifiziert worden.

(dpa) Im Kampf gegen die EHEC-Welle warnen Experten des Robert-Koch-Instituts vor Gurken, Salat und Tomaten insbesondere in Norddeutschland.

(dpa) „Im Moment sieht es so aus, als wenn Salatbars, also vorbereitete Salatteile eine Rolle spielen", sagte die ärztliche Leiterin des Großlabors Medilys der Asklepios-Kliniken in Hamburg.

(faz.net) Schuld sei wahrscheinlich eine belastete Lieferung an die Kantine: „Wir gehen davon aus, dass die Infektionsquelle in Norddeutschland liegt", sagte Bellinger vom Frankfurter Gesundheitsamt. Derzeit werteten Experten die Lieferscheine der beiden betroffenen Kantinen aus.

26.5. (dapd) Der Verdacht liege nahe, dass der „Verteiler" der Infektion ein Lebensmittelproduzent sei, der seine Produkte von einer Zentrale aus über große Entfernungen an verschiedene Ziele transportiere, aber hauptsächlich in Norddeutschland vertreibe.

(dpa) Im Kampf gegen die EHEC-Welle warnen Experten des Robert-Koch-Instituts vor Gurken, Salat und Tomaten insbesondere in Norddeutschland. Eine Studie habe gezeigt, dass Erkrankte diese Gemüsesorten häufiger verzehrt hätten als gesunde Vergleichspersonen, so das RKI. Es stehe noch nicht fest, ob nur eines oder mehrere dieser drei Lebensmittel mit der Erkrankungswelle zusammenhängen. Da die Lieferketten noch untersucht werden, ist unklar, ob das Gemüse aus Norddeutschland stammt oder nur vor allem dort verkauft wurde.

(dpa) Forscher der Universitätsklinik Münster haben den Typ des EHEC-Erregers identifiziert, der für die Welle lebensgefährlicher Erkrankungen in den vergangenen zwei Wochen verantwortlich ist.

(dpa) Die gefährliche EHEC-Darmerkrankung breitet sich immer dramatischer aus. Jetzt wurde die Ursache gefunden: Das Hamburger Hygiene-Institut hat Salatgurken aus Spanien als Träger des Erregers identifiziert. Bei drei Proben, darunter einer Bio-Gurke, sei der Erreger eindeutig festgestellt worden, teilte Hamburgs Gesundheitssenatorin [. . .] mit. „Es ist nicht auszuschließen, dass auch andere Lebensmittel als Infektionsquelle infrage kommen."

(dapd, dpa) Der gefährliche Darmkeim EHEC hat andere europäische Länder erreicht. In Dänemark wurden vier Fälle bestätigt. Alle Betroffenen seien zuvor in Deutschland gewesen, teilte das Staatliche Seruminstitut in Kopenhagen mit. Verdachtsfälle gibt es zudem in Schweden, Großbritannien und den Niederlanden. Auch hier hätten sich die Erkrankten kürzlich in Deutschland aufgehalten, sagte der Sprecher des EU-Kommissars für Gesundheit, Frederic Vincent.

27.5. (J. Korge, dpa) So kamen die EHEC-Fahnder den Gurken auf die Spur. Es war eine Puzzlearbeit fast wie bei einem Kriminalfall: Kontrolleure aus Hamburg haben rekonstruiert, wie sich der EHEC-Erreger ausgebreitet haben könnte. Sie durchsuchten die Kühlschränke von Erkrankten, prüften Kassenzettel und Geschäfte – und wurden schließlich fündig.

(dapd) Der Schuldige schien gefunden: Gurken aus Spanien sollen das EHEC-Bakterium ins Land gebracht haben – oder doch nicht? Denn EHEC weitet sich zu einem europäischen Problem aus: Die Gurken aus den Niederlanden sehen Forscher als eine weitere potenzielle Infektionsquelle. Der Erreger hat sich inzwischen in fünf Ländern ausgebreitet. Schweden hat zehn Erkrankungen, Dänemark vier, Großbritannien drei und die Niederlande eine gemeldet. Alle betroffenen Skandinavier seien zuvor in Deutschland auf Reisen gewesen.

29.5. (dpa) Bei der Ausbreitung des lebensbedrohlichen Darmkeims EHEC gibt es keinerlei Entwarnung. Die Quelle des Erregers sei weiterhin nicht zweifelsfrei benannt, und solange gelte die Warnung vor rohen Gurken, ungekochten Tomaten oder Blattsalaten, sagte Verbraucherministerin Ilse Aigner (CSU). In Mecklenburg-Vorpommern gibt es Hinweise auf EHEC-Erreger in Gurken.

30.5. (dapd, dpa) RKI warnt Norddeutsche weiter vor Verzehr roher Gemüsesorten. Aus Sicht des Robert-Koch-Instituts ist die Gefahr durch den gefährlichen Darm-Keim noch lange nicht gebannt. „Es gibt somit keinen Anlass für eine Entwarnung", betonte der RKI-Chef. Die Quelle der Infektionen ist weiterhin unbekannt. Es sei noch kein Produkt als ursächlich für den Ausbruch bestimmt worden, sagte der Präsident des Bundesinstituts für Risikobewertung.

31.5. (dapd) Wissenschaftler des Universitätsklinikums Münster haben einen Schnelltest zum Nachweis des EHEC-Erregers entwickelt.

(t-online.de) Der auf spanischen Gurken in Hamburg entdeckte EHEC-Erreger hat offenbar nicht die Erkrankungswelle im Norden ausgelöst.

1.6. (dpa) Suche nach EHEC-Quelle geht von vorne los.

2.6. (dpa) EHEC: Forscher entschlüsseln Genom des Erregers.

(Spiegel Online) Experten suchen weiter fieberhaft nach der Herkunft der Erreger: „Man kann derzeit gar nichts ausschließen", erklärte Verbraucherministerin Ilse Aigner (CSU) im ZDF. Die Lieferwege müssten zurückverfolgt, Lieferlisten ausgewertet werden.

(Süddeutsche Zeitung) Das Rätsel von Lübeck. Drei Tage, vom 12. bis 14. Mai, hatten die Frauen zusammen in Lübeck verbracht [. . .] Mindestens acht der 34 Frauen von der Deutschen Steuergewerkschaft hatten sich in Lübeck den Ehec-Keim zugezogen und waren schwer krank geworden; bei vieren trat Organversagen ein.

3.6. (tagesschau.de) Das Kieler Landwirtschaftsministerium bezeichnete Medienberichte über ein Lübecker Restaurant als mögliche Infektionsquelle für die EHEC-Epidemie als überzogen. „Wir haben keine heiße Spur", sagte Ministeriumssprecher Seyfert der Nachrichtenagentur dpa. Ergebnisse der Untersuchungen von Mitarbeitern des Robert-Koch-Instituts in Lübeck lägen bislang nicht vor.

(AFP, dapd, dpa, t-online.de) Die andauernde Suche nach der EHEC-Infektionsquelle sorgt für große Verunsicherung bei den Verbrauchern: Zahlreiche Experten liefern immer neue Annahmen und Mutmaßungen, woher der mutierte Darm-Keim stammt. Mal soll rohes Gemüse kontaminiert sein, mal ungegartes Fleisch. Nun tauchen Horrorszenarien eines terroristischen Biowaffenanschlages auf. Der Grund für die verwirrenden Berichte scheint einfach, eingestehen will sich diesen niemand: Behörden und Wissenschaft tappen vollkommen im Dunkeln.

4.6. (dpa, AFP, dapd) Auf der Jagd nach dem Auslöser der lebensgefährlichen Darminfektion EHEC haben Wissenschaftler zwei heiße Spuren: Insgesamt 17 Menschen seien erkrankt, nachdem sie Mitte Mai ein Lübecker Restaurant besucht hatten, berichteten die „Lübecker Nachrichten". Offenkundig hätten sie dort kontaminierte Speisen gegessen. Eine weitere Spur führt nach Hamburg [. . .] Nach einem Bericht des Magazins „Focus" wird im Robert-Koch-Institut jedoch die These favorisiert, die Infektionen hätten ihren Ursprung beim Hamburger Hafengeburtstag Anfang Mai.

Sonntag, 5.6. (Financial Times Deutschland) Heiße Ehec-Spur führt nach Lübeck. Mehrere Menschen infizierten sich dort nach einem Restaurant-Besuch, darunter Teilnehmerinnen eines Treffens der Deutschen Steuergewerkschaft [. . .] Das Restaurant sei deshalb ins Visier der Gesundheitsbehörden geraten, weil am 13. Mai dort auch eine dänische Besuchergruppe gegessen habe, von denen sich einige ebenfalls mit EHEC infiziert hätten. „Das Restaurant trifft keine Schuld, allerdings kann die Lieferantenkette möglicherweise den entscheidenden Hinweis geben, wie der Erreger in Umlauf gekommen ist", wird Werner Solbach, Mikrobiologe am Universitätsklinikum Lübeck, in den „Lübecker Nachrichten" zitiert. Er berichtete von einem weiteren schweren Infektionsfall: Ein erkranktes Kind aus Süddeutschland sei bei einer Familienfeier ebenfalls im betreffenden Zeitraum in dem Restaurant gewesen.

(dapd) Das niedersächsische Verbraucherschutzministerium ist nach eigenen Angaben der Ursache der Welle von EHEC-Erkrankungen auf der Spur. „Wir haben ein Produkt identifiziert, das an alle großen Ausbruchsherde von EHEC-Erkrankungen geliefert worden ist", sagte der Sprecher des Ministeriums, Gert Hahne, am Sonntag in Hannover. Dabei handele es sich um roh in Salaten verzehrte Sprossen, verlautete in Hannover. Einzelheiten wollte der niedersächsische Verbraucherminister Gert Lindemann (CDU) am Abend (18.00 Uhr) bei einer Pressekonferenz in seinem Haus bekanntgeben.

(dapd) Bei Auswertungen sei ein Zusammenhang zwischen den Erkrankungen und einem Gartenbaubetrieb im niedersächsischen Bienenbüttel (Landkreis Uelzen) produzierten Sprossen [festgestellt] worden, sagte Niedersachsens Landwirtschaftsminister Gert Lindemann (CDU) am Sonntag in Hannover [. . .] Bislang stützen sich die Untersuchungsergebnisse lediglich auf die Handelswege. Dennoch sei man sicher, dass man eine „sehr deutliche Spur zu der Infektionsquelle" habe. „Der Ablauf des Geschehens belegt sehr, sehr nachdrücklich, dass die Sprossen eine sehr, sehr eindeutige Quelle des Erregers sein dürften", sagte Lindemann.

(dapd) Die ersten sechs größeren Ausbrüche des EHEC-Erregers lassen sich nach Angaben des niedersächsischen Landesamtes für Verbraucherschutz (LAVES) auf Lieferungen des Sprossenherstellers zurückführen. Nach Angaben des Amtes wurden drei Kantinen in Hessen und Nordrhein-Westfalen und drei Gastronomie-Betriebe in Niedersachsen und Schleswig-Holstein über Zwischenhändler von dem Gartenbaubetrieb in Bienenbüttel im Landkreis Uelzen beliefert.

(dapd) Die Sprossen würden in dem Betrieb in 38 Grad heißem Wasserdampf erzeugt. Dies seien auch für die Vermehrung des EHEC-Erregers „optimale Bedingungen", sagte Lindemann. Der Erreger könne auch schon mit dem Saatgut importiert worden sein, aus dem die Sprossen erzeugt würden. Allerdings habe man auch bei einer Mitarbeiterin des Betriebes eine EHEC-Erkrankung nachgewiesen. Eine weitere Mitarbeiterin sei ebenfalls an Durchfall erkrankt.

6.6. (dapd) Für Bundesgesundheitsminister Daniel Bahr (FDP) steht der Ausgangspunkt der gefährlichen Darmerkrankungen in Deutschland trotz der Hinweise auf Sprossengemüse aus Niedersachsen noch nicht fest. Auch der Präsident des Bundesinstituts für Risikobewertung, Andreas Hensel [...] warnte vor voreiligen Schlüssen. Die jetzigen Erkenntnisse seien ein weiteres Puzzleteil auf der Suche nach der Quelle der Infektion. Die Experten von Behörden und Instituten würden auch in den nächsten Tagen am Ursprung des Krankheitsausbruchs forschen. Doch in drei von vier Fällen würden die Quellen dieser Erreger nicht gefunden.

(dapd, AFP, dpa) Nach Ansicht des Mikrobiologen Alexander Kekulé sind Sprossen als möglicher Auslöser für die EHEC-Epidemie „sehr plausibel". Es habe in der Vergangenheit schon häufiger solche durch Sprossen verursachten Ausbrüche gegeben.

(dapd) Die als EHEC-Quelle infrage kommenden Sprossen aus einem Betrieb im niedersächsischen Bienenbüttel sind auch nach Hessen geliefert worden. Zwei Kantinen in Frankfurt am Main sowie eine Kantine in Darmstadt verwendeten Sprossen des Unternehmens, wie ein Sprecher des Umweltministeriums am Montag in Wiesbaden auf dapd-Anfrage sagte. In diesen Kantinen hatten die meisten der in Hessen Erkrankten gegessen.

(AFP, dpa, dapd) Die ersten 23 von 40 untersuchten Sprossen-Proben aus dem verdächtigen Betrieb im niedersächsischen Kreis Uelzen sind EHEC-frei. Das teilte das niedersächsische Verbraucherministerium mit [...] Nicht auszuschließen sei, dass vor Wochen eine Ladung Saatgut kontaminiert gewesen sei, die längst verbraucht wurde, hatte ein Sprecher im Vorfeld betont.

7.6. (dapd) Das saarländische Gesundheitsministerium warnt angesichts der anhaltenden EHEC-Welle weiter vor dem Verzehr von rohen Gurken, Tomaten und Blattsalat sowie nun auch von frischen Sprossen.

(tagesschau.de) Das RKI kündigte mittlerweile eine dritte „Fall-Kontroll-Studie" an, in der speziell der Verzehr von Salat-Zutaten, wie beispielsweise auch Sprossen, als möglicher Risikofaktor untersucht werde. Zugleich warnte das Bundesinstitut für Risikobewertung weiterhin vor dem Verzehr roher Tomaten, Salatgurken und Blattsalate.

8.6. (dapd, dpa) Nach Angaben von Niedersachsens Agrarminister Gert Lindemann (CDU) verdichten sich die Hinweise auf den gesperrten Sprossen-Hof im niedersächsischen Bienenbüttel als eine mögliche Quelle für die EHEC-Epidemie [...] Die drei im selben Bereich tätigen Frauen seien - soviel stehe fest - nacheinander am 6., 11. und 12. Mai an Durchfall erkrankt. Bei einer dieser Mitarbeiterinnen habe man definitiv EHEC festgestellt [...] Weitere 18 EHEC-Fälle in Cuxhaven wiesen Verbindungen zu dem verdächtigen Biohof auf, wie das Verbraucherschutzministerium mitteilte. Die 18 Patienten hätten Sprossen in einer Kantine gegessen, die von dem Erzeuger aus Bienenbüttel beliefert wurde.

(dpa) EHEC-Detektive stochern im Nebel. Das RKI nennt mehrere Gemüsesorten als mögliche EHEC-Träger. Die erste Patientenbefragung, die ein erhöhtes Erkrankungsrisiko nach dem Verzehr von Tomaten, Gurken und Salat gezeigt habe, sei durch weitere Untersuchungen bestätigt worden. Nur wenige Erkrankte hätten angegeben, Sprossen gegessen zu haben. „Nach gegenwärtigem Kenntnisstand ist es möglich, dass mehrere Gemüsesorten Überträger des EHEC-Bakteriums sind." Eine neue Studie frage nun speziell auch nach dem Verzehr von Salatzutaten inklusive Sprossen.

9.6. (AFP, dpa) Nach einer Familienfeier im Landkreis Göttingen wurde eine weitere Häufung von EHEC-Fällen registriert. Fünf der rund 70 Teilnehmer aus dem gesamten Bundesgebiet befänden sich im Krankenhaus, teilte das Gesundheitsministerium in Hannover mit. Beliefert worden war die Festgesellschaft von einer Catering-Firma aus dem Landkreis Kassel in Nordhessen [...] Ob der Caterer möglicherweise von dem als Auslöser der Epidemie in Verdacht stehenden Biohof mit Sprossen beliefert worden ist, sei noch unklar, sagte ein Ministeriumssprecher. Es deute nach wie vor alles auf diesen Betrieb hin, sagte der Sprecher. „Es läuft alles auf Sprossen hinaus."

(AFP, dpa) Bei den Befragungen der Erkrankten durch das Robert-Koch-Institut (RKI), die nach Angaben der Behörde von Beginn an auch den Verzehr von Sprossen umfassten, hatten sich nur 28 Prozent der Patienten daran erinnert. In einer laufenden dritten Fall-Kontroll-Studie des RKI werde nun speziell der Verzehr von Salat-Zutaten einschließlich Sprossen als Risikofaktor untersucht.

(AFP, dpa) Nach Angaben des Bundesinstituts für Risikobewertung (BfR) konnten in der Vergangenheit 75 Prozent der EHEC-Ausbrüche in Deutschland nicht aufgeklärt werden. Ein Hauptgrund ist, dass Lebensmittel, die als Überträger in Verdacht gerieten, zum Zeitpunkt der Erkrankungen und späteren Untersuchungen oft schon restlos aufgegessen waren.

10.6. (dpa, dapd) Bei der Suche nach der Quelle des gefährlichen EHEC-Erregers gehen Behörden offenbar erstmals davon aus, dass der Keim möglicherweise auch von Menschen übertragen wurde. Einem Bericht der „Hannoverschen Allgemeinen Zeitung" zufolge könnte eine mit EHEC infizierte Angehörige einer Cateringfirma dafür verantwortlich sein, dass Ende Mai mindestens acht Gäste eine Festgesellschaft in Göttingen an EHEC erkrankten. „Wir haben Hinweise darauf, dass es sich in diesem Fall um eine Infektion vom Menschen handeln könnte", zitiert die Zeitung eine Sprecherin des hessischen Gesundheitsministeriums. Demnach hatte sich eine enge Verwandte des Cateringbetreibers aus dem Kreis Kassel, der die Geburtstagsfeier in Göttingen mit Essen beliefert hatte, zuvor in einer Kantine in Frankfurt mit dem Darmerreger infiziert.

(dpa, dapd) Mindestens einer der erkrankten Gäste habe angegeben, weder Salat noch Gemüse oder Sprossen gegessen zu haben, berichtet die Zeitung. In der vergangenen Woche war bekannt geworden, dass die Kantine in Frankfurt, die als eine der Ausbruchsschwerpunkte der Epidemie gilt, von dem mittlerweile wegen EHEC-Verdachts gesperrten Sprossenproduzenten aus dem niedersächsischen Landkreis Uelzen beliefert worden war.

(dapd) Auf der Suche nach der Herkunft des Darmkeims EHEC deutet aus Sicht von Niedersachsens Landwirtschaftsminister Gert Lindemann (CDU) weiterhin vieles auf den Sprossenerzeuger im niedersächsischen Bienenbüttel hin. Der Bio-Betrieb sei „die Spinne im Netz", sagte Lindemann dem Nachrichtenmagazin „Focus". Offenbar hätten mindestens 80 Opfer der Seuche in ganz Deutschland Sprossen zu sich genommen, die dort gezogen wurden.

(AFP, dpa, dapd) Endlich gelingt den EHEC-Fahndern eine Eingrenzung. „Es sind die Sprossen", sagte der Präsident des Robert-Koch-Instituts Reinhard Burger am Vormittag in einer Pressekonferenz. Die wegen der EHEC-Epidemie geltende Warnung vor dem Verzehr roher Tomaten, Gurken und Blattsalate ist aufgehoben. Unterdessen konnte erstmals der aggressive EHEC-Erreger vom Typ O104 in einer Packung Sprossen nachgewiesen werden, die nach den bisherigen Erkenntnissen aus dem Erzeuger-Betrieb im niedersächsischen Bienenbüttel stammen.

12.6. (dapd) Bei der Suche nach dem Auslöser der EHEC-Krise haben sich die Hinweise auf den Gartenbaubetrieb im niedersächsischen Bienenbüttel weiter verdichtet. Das niedersächsische Landesgesundheitsamt habe bei zwei Mitarbeiterinnen des Sprossenerzeugers den EHEC-Ausbruchsstamm O104 nachgewiesen. Beide Frauen hätten aber bisher keine Erkrankungssymptome gezeigt. Niedersachsens Gesundheitsministerin Aygül Özkan (CDU) sagte der Nachrichtenagentur dapd, „damit können wir einen weiteren wichtigen Teil für die Indizienkette vorlegen".

(dapd) Das Bundesverbraucherschutzministerium erklärte: „Damit können wir die Ergebnisse der Landesbehörden in Nordrhein-Westfalen bestätigen: Mit EHEC kontaminierte rohe Sprossen, die aus dem Haushalt von an EHEC erkrankten Patienten in Nordrhein-Westfalen stammten, waren mit dem EHEC-Stamm O104:H4 besiedelt." Das Ergebnis sei ein weiterer wichtiger Stein in der Beweiskette, dass rohe Sprossen als wesentliche Quelle für die EHEC-Infektionen der letzten Wochen anzusehen seien.

13.6. (dpa) Bei der Suche nach der EHEC-Infektionsquelle sind die Behörden möglicherweise wieder einen Schritt vorangekommen. Man habe jetzt drei Sprossenarten eingegrenzt, sagte Niedersachsens Gesundheitsministerin Aygül Özkan. Demnach haben fünf erkrankte oder positiv getestete Mitarbeiterinnen des Betriebes in Bienenbüttel bevorzugt Sprossen von Brokkoli, Knoblauch und Bockshorn gegessen.

17.6. (dapd) Eine mit EHEC infizierte Mitarbeiterin eines nordhessischen Partyservices hat 20 Teilnehmer einer Familienfeier im niedersächsischen Landkreis Göttingen mit der Krankheit angesteckt. Die Frau hatte das Essen mit zubereitet und dabei offenbar den Keim übertragen, teilten das hessische Sozialministerium am Freitag in Wiesbaden mit. Obwohl die Frau zum Zeitpunkt der Feier vor etwa vier Wochen den Angaben nach bereits mit EHEC infiziert war, hatte sie noch keine Symptome.

24.6. (dapd) EHEC-Darmkeime werden nach Angaben des Gesundheitsministeriums in Hannover mittlerweile vor allem von Mensch zu Mensch übertragen.

30.6. (dpa, AFP) Ägyptische Samen könnten der Auslöser für die EHEC-Ausbrüche in Deutschland und Frankreich sein [...] offenbar existiert ein auffälliger Zusammenhang zu Importen nach Frankreich und Deutschland. So sollen 2009 aus Ägypten eingeführte Bockshornkleesamen wohl an dem Ausbruch in Frankreich, 2010 importierte Samen an dem Ausbruch in Deutschland beteiligt gewesen sein.

1.7. (dapd, dpa, AFP) Bockshornkleesamen aus Ägypten sind auch an den Biohof in Bienenbüttel geliefert worden.

5.7. (dapd, dpa, AFP) Die Ursache für die außergewöhnliche EHEC-Epidemie in Deutschland ist nach Ansicht der Gesundheitsbehörden aufgeklärt. Bestimmte Lieferungen von aus Ägypten stammenden Bockshornkleesamen seien mit „hoher Wahrscheinlichkeit" für den Ausbruch verantwortlich, teilten die zuständigen Behörden mit.

21.7. (dapd) „Aus Sicht der Bundesbehörden gibt es nach Vorlage weiterer Informationen aus den Bundesländern keinen Grund mehr für die Empfehlung, zum Schutz vor Infektionen mit EHEC O104:H4 Sprossen und Keimlinge generell nicht roh zu verzehren", teilten das Robert Koch-Institut, das Bundesinstitut für Risikobewertung (BfR) und das Bundesamt für Verbraucherschutz und Lebensmittelsicherheit in Berlin mit.

26.7. (dapd, aerzteblatt.de) EHEC-Epidemie offiziell für beendet erklärt. Deutschlandweit forderte der aggressive Darmkeim 50 Todesopfer. Mehr als 4.320 Erkrankungsfälle wurden registriert.

29.11.2011. (Spiegel Online). Bockshornklee-Samen als Ehec-Verursacher bestätigt. „Dieser Ausbruch war einer der folgenschwersten lebensmittelbedingten Ausbrüche der Nachkriegszeit in Europa", sagte der Präsident des Bundesinstituts für Risikobewertung (BfR)".

Literatur

Acemoglu, D., & Robinson, D. (2012). *Why nations fail. The origins of power, prosperity and poverty*. Random House.

Ackroyd, P. (2006). *London. Die Biographie*. Knaus Verlag.

Ackroyd, P. (2011). *Venedig. Die Biographie*. Knaus Verlag.

Albert, H. (1968). *Traktat über kritische Vernunft*. Tübingen: J.C.B. Mohr. Zitiert nach der 5. Aufl. 1991.

Ariely, D. (2012). *Die halbe Wahrheit ist die beste Lüge. Wie wir andere täuschen – und uns selbst am meisten*. Droemer.

Aulinger, A., & Pfeiffer, M. (Hrsg.). (2009). *Kollektive Intelligenz. Methoden, Erfahrungen und Perspektiven*. Steinbeis-Edition.

Autier, P., Boniol, M., Gavin, A., & Vatten, L. J. (2011). Breast cancer mortality in neighbouring European countries with different levels of screening but similar access to treatment: Trend analysis of WHO mortality database. *British Medical Journal, 343*, d4411. doi:10.1136/bmj.d4411.

Axelrod, R. (1984). *The evolution of cooperation*. New York: Basic Books. Aktuelle deutsche Ausgabe: (2009). *Die Evolution der Kooperation*. München: Oldenbourg.

Bacon, F. (1620). Novum Organon. Genauer: The new organon or true directions concerning the interpretation of nature. In J. Spedding, R. L. Ellis, & D. D. Heath (Hrsg.), *The works* (Vol. VIII). Boston: Taggard and Thompson (1863). Siehe www.constitution.org/bacon/nov_org.htm.

Barke, W. (2004). Ich glaube nur der Statistik, die ich selbst gefälscht habe … *Statistisches Monatsheft Baden-Württemberg*, 11/2004, S. 50–53.

Barnard, G. A., & Cox, D. R. (1962). *The foundations of statistical inference. A discussion*. London: Methuen.

Beck-Bornholdt, H.-P., & Dubben, H.-H. (2001a). *Der Hund, der Eier legt. Erkennen von Fehlinformationen durch Querdenken* (6. Aufl.). Rowohlt.

Beck-Bornholdt, H.-P., & Dubben, H.-H. (2001b). *Der Schein der Weisen. Irrtümer und Fehlurteile im täglichen Denken* (2. Aufl.). Hoffmann und Campe.

Behrend, D., & Paroush, J. (1998). When is Condorcet's Jury Theorem valid? *Social Choice and Welfare, 15*(4), 481–488.

Benacerraf, P. (1973). Mathematical truth. *Journal of Philosophy, 70*, 661–680.

Benkler, Y. (2011). Das selbstlose Gen. *Harvard Business Manager*, Okt. 2011, S. 33–45.

Beran, R. (2001). The role of experimental statistics. In A. K. M. E. Saleh (Hrsg.), *Data analysis from statistical foundations. A festschrift in honour of the 75th birthday of D.A.S. Fraser* (S. 257–274). New York: Nova Science Publishers.

Best, J. (2010). *Tatort Statistik. Wie Sie zweifelhafte Daten und fragwürdige Interpretationen erkennen* (6. Aufl.). Rowohlt.

U. Saint-Mont, *Die Macht der Daten*, DOI: 10.1007/978-3-642-35117-4,
© Springer-Verlag Berlin Heidelberg 2013

Beutelspacher, A. (2001). *In Mathe war ich immmer schlecht... Berichte und Bilder von Mathematik und Mathematikern, Problemen und Witzen, Unendlichkeit und Verständlichkeit,... heiterer und ernsterer Mathematik*. 3. Aufl. Vieweg Verlag

Beutelspacher, A. (2009). *Kryptologie: Eine Einführung in die Wissenschaft vom Verschlüsseln, Verbergen und Verheimlichen. Ohne alle Geheimniskrämerei, aber nicht ohne hinterlistigen Schalk, dargestellt zum Nutzen und Ergötzen des allgemeinen Publikums* (9. Aufl.). Wiesbaden: Vieweg Teubner.

Bodendorf, F. (2005). *Daten- und Wissensmanagement*. Springer.

Bosbach, G., & Korff, J. J. (2011). *Lügen mit Zahlen: Wie wir mit Statistiken manipuliert werden*. Heyne.

Brachinger, H. W. (2007). Statistik zwischen Lüge und Wahrheit. Zum Wirklichkeitsbezug wirtschafts- und sozialstatistischer Aussagen. *Wirtschafts- und Sozialstatistisches Archiv, 1*, 5–26.

Braunberger, G. (2009). In Krisen gehen auch Doktrinen unter. *Frankfurter Allgemeine Zeitung (Online)*, 16.03.2009.

Buchmann, J. (2010). *Einführung in die Kryptographie* (5. Aufl.). Springer.

Bunge M. (2001). In M. Mahner (Hrsg.), *Scientific realism: Selected essays of Mario Bunge*. Prometheus Books.

Cohen, J. (1994). The Earth is round ($p > .05$). *American Psychologist, 49*(12), 997–1003.

Cover, T. M., & Thomas, J. A. (2006). *Elements of information theory* (2. Aufl.). New York: Wiley.

Damasio, A. (2011). *Selbst ist der Mensch. Körper, Geist und die Entstehung des menschlichen Bewusstseins*. Siedler.

Dammann, I. (2011). *Der Kernbereich der privaten Lebensgestaltung. Zum Menschenwürde- und Wesensgehaltsschutz im Bereich der Freiheitsgrundrechte*. Berlin: Duncker & Humblot.

Darwin, C. (1859). *On the origin of species by means of natural selection, or the preservation of favoured races in the struggle for life*. London: J. Murray.

Das, S. (2011). *Extreme money: Masters of the universe and the cult of risk*. Financial Times Prentice Hall (Pearson Education).

Dawid, A. P. (2003). Causal inference using influence diagrams: The problem of partial compliance. Kapitel 2. In P. J. Green, N. L. Hjort, & S. Richardson (Hrsg.), *Highly structured stochastic systems* (S. 45–65). *Oxford Statistical Science Series 27*. Oxford: Oxford University Press.

Dawkins, R. (1976). *The selfish gene*. Oxford University Press. Aktuelle deutsche Ausgabe: (2006). *Das egoistische Gen*. Heidelberg: Spektrum Akademischer Verlag.

De Tocqueville, A. (1835/40). *Über die Demokratie in Amerika*. Zürich: Manesse.

Dehaene, S. (2011). *The number sense. How the mind creates mathematics* (2. Aufl.). Oxford University Press.

Dewdney, A. K. (1994). *200 Prozent von nichts. Die geheimen Tricks der Statistik und andere Schwindeleien mit Zahlen*. Birkhäuser.

Diaconis, P. (1998). A place for philosophy? The rise of modeling in statistical science. *Quarterly of Applied Mathematics, 56*(4), 797–806.

Diamond, J. (1997). *Guns, germs and steel. The fates of human society*. New York: Norton. Deutsche Übersetzung: *Arm und Reich – Die Schicksale menschlicher Gesellschaften*. Frankfurt a. M.: S. Fischer.

Diamond, J. (2005). *Collapse: How societies choose to fail or succeed*. Penguin. Deutsche Übersetzung: *Kollaps. Warum Gesellschaften überleben oder untergehen*. Frankfurt a. M.: S. Fischer.

Diamond, J. (2006). *The third chimpanzee: The evolution and future of the human animal*. Harper. Deutsche Übersetzung: *Der dritte Schimpanse*. Frankfurt a. M.: S. Fischer.

Diamond, J., & Robinson, J. A. (Hrsg.). (2011). *Natural experiments of history*. Harvard University Press.

Dienes, Z. (2008). *Understanding psychology as a science*. Palgrave Macmillan.

Donald, M. (2008). *Triumph des Bewusstseins. Die Evolution des menschlichen Geistes.* Stuttgart: Klett-Cotta.

Dubben, H.-H., & Beck-Bornholdt, H.-P. (2005). *Mit an Wahrscheinlichkeit grenzender Sicherheit. Logisches Denken und Zufall* (5. Aufl.). Rowohlt.

Durant, W., & Durant, A. (1985). *Kulturgeschichte der Menschheit* (Bd. 18). Köln: Naumann & Göbel.

Eckstein, P. P. (2009). *Kostproben aus der Hexenküche der Statistik: Skurriles, Leichtbekömmliches und Schwerverdauliches.* München: Hampp.

Edwards, P. N. (2010). *A vast machine: Computer models, climate data, and the politics of global warming.* Cambridge, MA: MIT Press.

Ehlers, E. (2008). *Das Antropozän. Die Erde im Zeitalter des Menschen.* Darmstadt: Wissenschaftliche Buchgesellschaft.

Eimer, A. (2011). Manager-Ausbildung. Ökonomie ist Gehirnwäsche. *Spiegel Online* 05.04.2011.

Einstein, A. (1993). *Mein Weltbild* (1. Aufl. 1921). Frankfurt a. M.: Ullstein.

Engels, F. (1973). Die Entwicklung des Sozialismus von der Utopie zur Wissenschaft. In K. Marx, & F. Engels (Hrsg.), *Werke* (Bd. 19, 4. Aufl.). Berlin: Dietz Verlag.

Feigl, H. (1970). The "Orthodox" view of theories: Remarks in defense as well as critique. In M. Radner, & S. Winokur (Hrsg.), *Minnesota studies in the philosophy of science: Analyses of theories and methods of physics and psychology* (Bd. IV, S. 3–16).

Feynman, R. P. (2005). *Sie belieben wohl zu scherzen, Mr. Feynman! Abenteuer eines neugierigen Physikers.* München: Piper.

Fisher, L. (2010). *Schwarmintelligenz: Wie einfache Regeln Großes möglich machen.* Eichborn.

Fisher, R. A. (1938). Presidential address. *Sankhya, the Indian Journal of Statistics, 4*(1), 14–17.

Freedman, D. A. (2010). *Statistical models and causal inference. A dialogue with the social sciences.* Posthum herausgegeben und mit einer Einleitung (S. i–xvi) versehen von Collier, D., Sekhon, J.S., & P.B. Stark. New York: Cambridge University Press.

Friedman, J. H. (2001). The role of statistics in the data revolution? *International Statistical Review, 69*(1), 5–10.

Galbraith, J. K. (2010). *Eine kurze Geschichte der Spekulation* (1. Aufl. 1990). Eichborn.

Gassmann, O. (2010). *Crowdsourcing: Innovationsmanagement mit Schwarmintelligenz: Interaktiv Ideen finden – Kollektives Wissen effektiv nutzen – Mit Fallbeispielen und Checklisten.* Carl Hanser.

Gavrilets, S. (2012). Human origins and the transition from promiscuity to pair-bonding. *Proceedings of the National Academy of Sciences.* Siehe http://www.pnas.org/content/early/2012/05/21/1200717109

Gigerenzer, G. (2004). Mindless statistics. *The Journal of Socio-Economics, 33,* 587–606.

Gigerenzer, G., Krauss, S., & Vitouch, O. (2004). The null ritual. What you always wanted to know about significance testing but were afraid to ask. Kapitel 21. In Kaplan (Hrsg.), *The Sage handbook of quantitative methodology for the social sciences* (S. 391–408). Thoudsand Oaks: Sage.

Gore, A. (2006). *An inconvenient truth.* New York: Rodale.

Gottschalk-Mazouz, N. (2012). Toy Modeling: Warum gibt es (immer noch) sehr einfache Modelle in den empirischen Wissenschaften? Erscheint In P. Fischer, A. Luckner, & U. Ramming (Hrsg.). Berlin: Festschrift für Christoph Hubig.

Graeber, D. (2011). *Debt: The first 5,000 years.* Melville House.

Hacking, I. (1983). *Representing and intervening: Introductory topics in the philosophy of natural science.* Cambridge: Cambridge University Press.

Hahn, R. W., & Tetlock, P. C. (Hrsg.). (2006). *Information markets. A new way of making decisions.* Washington D.C.: The AEI Press.

Hand, D. J. (2007). *Information generation. How data rule our world.* Oxford: Oneworld Publications.

Hand, E. (2010). Citizen science: People power. *Nature, 466*, 685–687.

Harris, S. (2010). *The moral landscape. How science can determine human values*. Free Press.

Hart, K., & Hahn, C. (2011). *Economic antropology*. Wiley.

Hayek, F. (1996). *Die Anmaßung von Wissen*. Tübingen: Mohr Siebeck.

Heckman, J. J. (2005). The scientific model of causality. *Sociological Methodology, 35*, 1–162 (Mit einem Kommentar von M.E. Sobel, 99–133).

Heuser, H. (1988). *Lehrbuch der Analysis, Teil 1*. Stuttgart: Teubner.

Holland, P. W. (1986). Statistics and Causal Inference (mit Diskussion). *Journal of the American Statistical Association, 81*, 945–970.

Horn, K. (2008). Der Bankrott der Ökonomen. Die Finanzkrise enthüllt auch das Versagen der Wirtschaftswissenschaften. *Internationale Politik, 12*, 53–54. Siehe https://zeitschrift-ip.dgap.org/de/ip-die-zeitschrift/archiv/jahrgang-2008/dezember/der-bankrott-der-ökonomen

Huff, D. (1954). *How to lie with statistics*. New York: Norton. (Wiederauflage 1993).

Hüther, M. (2009). Die Krise als Waterloo der Ökonomik. *Frankfurter Allgemeine Zeitung (Online)* 16.03.2009.

Jackson, T. (2011). *Wohlstand ohne Wachstum. Leben und Wirtschaften in einer endlichen Welt*. oekom verlag.

Jaynes, E. T. (2003). *Probability theory. The logic of science*. Posthum herausgegeben von G.L. Bretthorst: Cambridge: Cambridge University Press.

Johnson, S., & Kwak, J. (2011). *13 Bankers: The wall street takeover and the next financial meltdown*. Vintage.

Kant, I. (1784). Beantwortung der Frage: Was ist Aufklärung? *Berlinische Monatsschrift, 4*, 481–494.

Kaulen, H. (2006). Das Eva-Prinzip in der Praxis. *Frankfurter Allgemeine Zeitung*, Nr. 223.

Kehlmann, D. (2006). *Die Vermessung der Welt*. Darmstadt: Wissenschaftliche Buchgesellschaft.

Kempthorne, O. (1971). Probability theory, statistics and the knowledge business. In V. P. Godambe, & D. A. Sprott (Hrsg.), *Foundations of statistical inference* (S. 471–499). Toronto, Montreal: Holt, Rinehart and Winston of Canada.

Keynes, J. M. (2008). *General theory of employment, interest and money*. New Delhi: Atlantic Publishers & Distributers.

Kirchgässner, G. (2009). Der Rückzug ins nationale Schneckenhaus. *Frankfurter Allgemeine Zeitung (Online)* 15.06.2009.

Kitcher, P. (1983). *The nature of mathematical knowledge*. Oxford: Oxford University Press.

Kleinert, A. (1988). „Messen, was messbar ist." Über ein angebliches Galilei-Zitat. *Berichte zur Wissenschaftsgeschichte, 11*, 253–255.

Kline, M. (1980). *Mathematics. The loss of certainty*. Oxford: Oxford University Press.

Kraft, V. (1997). *Der Wiener Kreis. Der Ursprung des Neopositivismus*. Springer.

Krämer, W. (2001). *Statistik verstehen. Eine Gebrauchsanweisung*. Piper.

Krämer, W. (2005). *So lügt man mit Statistik* (7. Aufl.). Piper.

Krugman, P. (2009). *Die neue Weltwirtschaftskrise*. Campus Verlag.

Lakatos, I. (1976). *Proofs and refutations. The logic of mathematical discovery*. Cambridge University Press.

Laplace, P.-S. (1812). *Théorie Analytique des Probabilités*. Paris: Courcier Imprimeur. In Œuvres complètes de Laplace (Bd VII, S. cliii). Paris: Gauthier-Villars (1878–1912).

Laughlin, R. B. (2007). *Abschied von der Weltformel*. München: Piper.

Laughlin, R. B. (2012). *Der Letzte macht das Licht aus Die Zukunft der Energie*. München: Piper.

Le Goff, J. (2008). *Wucherzins und Höllenqualen: Ökonomie und Religion im Mittelalter* (2. Aufl.). Stuttgart: Klett-Cotta.

Le Goff, J. (2009). *Kaufleute und Bankiers im Mittelalter*. Berlin: Wagenbach.

Lessig, L. (2006). *Freie Kultur: Wesen und Zukunft der Kreativität*. Open Source Press.

Lewis, M. (2010). *Wall Street Poker*. FinanzBuch Verlag.

Lewis, M. (2011a). *The Big Short: Wie eine Handvoll Trader die Welt verzockte*. Goldmann Verlag.

Lewis, M. (2011b). *Boomerang: Europas harte Landung*. Campus Verlag.

Li, M., & Vitányi, P. (2008). *An introduction to Kolmogorov complexity and its applications* (3. Aufl.). New York: Springer.

Lorenz, E. N. (1963). Deterministic nonperiodic flow. *Journal of the Atmospheric Sciences, 20*(2), 130–141.

Lybeck, J. A. (2011). *A global history of the financial crash of 2007–10*. Cambridge University Press.

Mallaby, S. (2011). *Mehr Geld als Gott: Hedgefonds und ihre Allmachtsphantasien*. FinanzBuch Verlag.

Marks, R. B. (2006). *Die Ursprünge der modernen Welt. Eine globale Weltgeschichte*. Stuttgart: Theiss.

Marx, K. (1867). *Das Kapital. Kritik der politischen Ökonomie*. Hamburg: Meissner.

Maynard Smith, J. (1982). *Evolution and the theory of games*. Cambridge University Press.

Meehl, P. E. (1967). Theory-testing in psychology and physics: a methodological paradox. *Philosophy of science, 34*, 103–115.

Milgram, S. (1967). The Small World Problem. *Psychology Today* (Mai), 60–67.

Mill, J. S. (1843). *A system of logic ratiocinative and inductive*. London. Zitiert nach der Ausgabe von Harper & Brothers, New York (1859).

Miller, P. (2010). *Die Intelligenz des Schwarms: Was wir von Tieren für unser Leben in einer komplexen Welt lernen können*. Campus.

Morgan, M. S., & Morrison, M. (1999). *Models as mediators: Perspectives on natural and social science*. Cambridge University Press.

Mormann, T. (2010). *Wien und München: Zwei Stationen der deutschsprachigen Wissenschaftsphilosophie im 20. Jahrhundert*. Manuskript. Siehe philpapers.org/rec/MORWUM.

Murray, J., & King, D. (2012). Climate policy: Oil's tipping point has passed. *Nature, 481*, 433–435.

Nelder, J. A. (1999). Statistics for the Millenium (mit Diskussion). *The Statistician, 48*(2), 257–269.

Nienhaus, L., & Siedenbiedel, C. (2009). Die Ökonomen in der Sinnkrise. *Frankfurter Allgemeine Zeitung (Online)* 05.04.2009.

North, K. (1998). *Wissensorientierte Unternehmensführung, Wertschöpfung durch Wissen*. Wiesbaden: Gabler.

Novak, M. A. (2006). Five rules for the evolution of cooperation. *Science, 314*, 1560–1563.

Olbrisch, M., & Schießl, M. (2011). Versagen der Uni-Ökonomen. Warum bringt uns keiner Krise bei? *Spiegel (Online)* 28.12.2011.

Orwell, G. (2009). 1984. *Ullstein*.

Ostrom, E. (2011). *Was mehr wird, wenn wir teilen. Vom gesellschaftlichen Wert der Gemeingüter*. oekom verlag.

Pearl, J. (2009). *Causality. Models, reasoning and inference* (2. Aufl.). Cambridge University Press.

Pearson, K. (1892). *The grammar of science*. London: Walter Scott (Revidierte Auflagen 1900 und 1911).

Pilavas, D., & Heller, S. (2012). *Unsere Welt in Zahlen. Spannende Statistiken für jeden Tag*. Dortmund: Harenberg (K & H Verlag GmbH).

Plickert, P. (2009). Ökonomik in der Vertrauenskrise. *Frankfurter Allgemeine Zeitung (Online)* 13.05.2009.

Pocock, S. J., & Simon, R. (1975). Sequential treatment assignment with balancing for prognostic factors in the controlled clinical trial. *Biometrics, 31*, 103–115.

Popper, K. (2003). Die offene Gesellschaft und ihre Feinde, Band 1: Der Zauber Platons, Band 2: Falsche Propheten Hegel, Marx und die Folgen. In K. Popper (Hrsg.), *gesammelte Werke* (Bd. 5 und 6, 1. Aufl. 1945). Tübingen: Mohr Siebeck.

Reichenbach, H. (1953). Der Aufstieg der wissenschaftlichen Philosophie. In A. Kamalah, & M. Reichenbach (Hrsg.) (1977). *Hans Reichenbach. Gesammelte Werke in 9 Bänden* (Bd. 1). Braunschweig: Vieweg.

Reinhart, C., & Rogoff, K. (2010). *Dieses Mal ist alles anders: Acht Jahrhunderte Finanzkrisen*. FinanzBuch Verlag.

Robinson, J. A. (2008). *Die Ursprünge der modernen Welt. Geschichte im wissenschaftlichen Vergleich*. Frankfurt a. M.: Fischer.

Roth, G. (2003). *Fühlen, Denken, Handeln. Wie das Gehirn unser Verhalten steuert*. Frankfurt a.M.: Suhrkamp.

Roubini, N., & Mihm, S. (2010). *Das Ende der Weltwirtschaft und ihre Zukunft: Crisis Economics*. Campus Verlag.

Ruse, M. (2003). *Taking Darwin seriously. A naturalistic approach to philosophy*. New York: Prometheus Books.

Ruse, M., & Wilson, E. O. (1986). Ethics as applied science. *Philosophy, 61,* 173–192.

Saint-Mont, U. (2002). *Das Spiel der Interessen*. Frankfurt a. M.: Peter Lang.

Saint-Mont, U. (2011). *Statistik im Forschungsprozess*. Heidelberg: Physica Verlag.

Saint-Mont, U. (2012). What measurement is all about. *Theory & Psychology, 22*(4), 467–485.

Sarrazin, T. (2010). *Deutschland schafft sich ab. Wie wir unser Land aufs Spiel setzen*. Deutsche Verlags-Anstalt (DVA).

Schaffer, L.-M., & Schneider, G. (2005). Die Prognosegüte von Wahlbörsen und Meinungsumfragen zur Bundestagswahl 2005. *Politische Vierteljahreszeitschrift, 46*(4).

Schlick, M. (1930). Die Wende der Philosophie. In Stoltzner & Uebel (2006), S. 30–38.

Schneier, B. (2005). *Angewandte Kryptographie – Der Klassiker. Protokolle, Algorithmen und Sourcecode in C*. Pearson Studium (Wiley).

Schumpeter, J. A. (1912). *Theorie der wirtschaftlichen Entwicklung* (Nachdruck 2006). Berlin: Duncker & Humblot.

Schwanitz, D. (2010). *Bildung: Alles, was man wissen muss*. Eichborn Verlag.

Schwenk, J. (2010). *Sicherheit und Kryptographie im Internet: Von sicherer E-Mail bis zu IP-Verschlüsselung* (3. Aufl.). Wiesbaden: Vieweg Teubner.

Seitz, V. (2012). *Afrika wird armregiert oder Wie man Afrika wirklich helfen kann*. Deutscher Taschenbuch Verlag.

Sen, A. (2000). *Ökonomie für den Menschen. Wege zu Gerechtigkeit und Solidarität in der Marktwirtschaft*. München: Hanser.

Siegmund, F. (2010). *Die Körpergröße der Menschen in der Ur- und Frühgeschichte Mitteleuropas und ein Vergleich ihrer anthropologischen Schätzmethoden*. Norderstedt: Books on Demand.

Smith, A. (1776). *An inquiry into the nature and causes of the wealth of nations*. Aktuelle deutsche Ausgabe: Der Wohlstand der Nationen (1999). Deutscher Taschenbuch Verlag.

Snow, J. (1855). *On the mode of communication of cholera*. London: Churchill.

Sokal, A. D. (2008). What is science and why should we care? Vortrag, gehalten am 27.02.2008. Siehe http://www.physics.nyu.edu/faculty/sokal/.

Sorkin, R. A. (2010). Die Unfehlbaren: Wie Banker und Politiker nach der Lehman-Pleite darum kämpften, das Finanzsystem zu retten – und sich selbst. DVA. (Mit einem Vorwort von G. Steingart).

Starbatty, J. (2008). Warum die Ökonomen versagt haben. *Frankfurter Allgemeine Zeitung (Online)* 03.11.2008.

Statistisches Bundesamt Deutschland (2007). Broschüre: „Zahlen und Fakten zur Geburtenentwicklung 2007". Publikationen im Bereich Bevölkerungsbewegung.

Steiger, H.-H. (2004). Produktionsschwerpunkte des Verarbeitenden Gewerbes. *Statistisches Monatsheft Baden-Württemberg, 11* (2004), 18–23.

Steinbrück, P. (2010). *Unterm Strich*. Deutscher Taschenbuch Verlag.

Stiglitz, J. (2010). *Im freien Fall. Vom Versagen der Märkte zur Neuordnung der Weltwirtschaft.* Siedler.

Stöltzner, M., & Uebel, T. (Hrsg.). (2006). *Wiener Kreis.* Texte zur wissenschaftlichen Weltauffassung von Rudolf Carnap, Otto Neurath, Moritz Schlick, Philipp Frank, Hans Hahn, Karl Menger, Edgar Zilsel und Gustav Bergmann. Hamburg: F. Meiner Verlag.

Sunstein, C. R. (2009). *Infotopia.* Frankfurt a.M.: Suhrkamp.

Surowiecki, J. (2007). *Die Weisheit der Vielen: Warum Gruppen klüger sind als Einzelne.* Goldmann.

Taleb, N. N. (2008). Der schwarze Schwan. Hanser.

Thorbrietz, P. (2011). Die neue Heilkunst. *GEO-Magazin, 8.*

Tukey, J. W. (1969). Analyzing data: Sanctification or detective work? *American Psychologist, 24,* 83–91.

Vanberg, V. (2009). Die Ökonomik ist keine zweite Physik. *Frankfurter Allgemeine Zeitung (Online)* 13.04.2009.

Verein Ernst Mach. (Hahn, H., Neurath, O., & Carnap, R. 1929). *Wissenschaftliche Weltauffassung. Der Wiener Kreis.* In Stöltzner, & Uebel (2006), 3–29.

Volland, E. (2007). Die Fortschrittsillusion. *Spektrum der Wissenschaft, 4,* 108–113.

Vollmer, G. (1985). Das alte Gehirn und die neuen Probleme. In G. Vollmer (Hrsg.), *Was können wir wissen?* (Zwei Bände, 3. Aufl. 2003, Bd. 1, S. 116–165). Stuttgart: Hirzel.

Vollmer, G. (2001). *Evolutionäre Erkenntnistheorie* (8. Aufl.). Stuttgart: Hirzel.

von Baeyer, H. C. (2005). *Information. The new language of science.* Cambridge, MA: Harvard University Press.

von der Lippe, P. (1996). *Wirtschaftsstatistik* (5. Aufl.). UTB.

von Mises, L. (1998). *Human action. A treatise on economics.* Auburn, ALA: Ludwig von Mises Institute.

von Neumann, J. (1947). The mathematician. In R. B. Heywood (Hrsg.), *The works of the mind* (S. 180–196). Chicago: University of Chicago Press.

von Randow, G. (2004). *Das Ziegenproblem. Denken in Wahrscheinlichkeiten.* Hamburg: rororo.

Weymayr, C., & Koch, K. (2003). *Mythos Krebsvorsorge. Schaden und Nutzen der Früherkennung.* Eichborn.

Whitaker, C. F. (1990). Ask Marilyn. *Parade Magazine, 9,* 16.

Wigner, E. P. (1960). The unreasonable effectiveness of mathematics in the natural sciences. *Communications on Pure and Applied Mathematics, XIII,* 1–14.

Wilder, R. L. (1981). *Mathematics as a cultural system.* Pergamon Press.

Willgerodt, H. (2009). Von der Wertfreiheit zur Wertlosigkeit. *Frankfurter Allgemeine Zeitung (Online)* 26.02.2009.

Wilson, E. O. (1975). *Sociobiology: The new synthesis.* Harvard University Press.

Wilson, E. O. (2000). *Die Einheit des Wissens.* München: Goldmann.

World Cancer Research Fund / American Institute for Cancer Research. (2007). *Food, nutrition, physical activity, and the prevention of cancer: A global perspective.* Washington DC: AICR.

Zimmermann, M. (1995). *Wahrheit und Wissen in der Mathematik. Das Benacerrafsche Dilemma..* Berlin: transparent verlag H. & E. Preuß.

Zuccato, E., Chiabrando, C., Castiglioni, S., Calamari, D., Bagnati, R., Schiarea, S., & R. Fanelli (2005). Cocaine in surface waters: A new evidence-based tool to monitor community drug abuse. *Environmental Health, 4*(14). Siehe http://www.ehjournal.net/content/4/1/14. doi:10.1186/1476-069X-4-14.

Namenverzeichnis

A

Acemoglu, D., 194
Ackroyd, P., 17
Aigner, I., 247f
Albert, H., 211
Archimedes, 60
Ariely, D., 25
Aristoteles, 26, 242
Aulinger, A., 25
Autier, P., 41
Axelrod, R., 118

B

Bacon, F., X, 59, 205, 236
Bagnati, R., 57
Bahr, D., 249
Barke, W., 13
Barnard, G. A., 77
Baumbach, G., 241
Beck-Bornholdt, H.-H., 9, 22, 26, 40, 56, 121, 171
Behrend, D., 25
Bellinger, O., 245
Benacerraf, P., 211
Benkler, Y., 118
Bentham, J., 196
Beran, R., 227
Bernays, P., 209
Berners-Lee, T., 232
Best, J., 22
Beutelspacher, A., 14, 93
Bodendorf, F., 59
Boniol, M., 41
Bosbach, G., 22
Brachinger, H. W., 57

Brandt, W., 240
Braunberger, G., 173
Brouwer, L. E. J., 209
Brunkhorst, R., 66
Buchmann, J., 93
Bunge, M., 214
Burger, R., 245, 251

C

Calamari, D., 57
Cantor, G., 210
Carnap, R., 214
Castiglioni, S., 57
Chiabrando, C., 57
Churchill, W., XV, 13, 16, 214
Cohen, J., 218
Condorcet, A. N. Marquis de, 25
Cover, T. M., 168
Cox, D. R., 77

D

D'Alembert J.-B. le Rond, 232
D'Arc, J., 207
Damasio, A., 207
Dammann, I., 89
Darwin, C., 192, 203, 207
Das, S., 164
Dawkins, R., 118, 193
De Finetti, B., 147, 224
De Pompadour. J.-A., 201
De Tocqueville, A., 142
Dehaene, S., 211
Dewdney, A. K., 22
Diamond, J., 193f

U. Saint-Mont, *Die Macht der Daten*, DOI: 10.1007/978-3-642-35117-4,
© Springer-Verlag Berlin Heidelberg 2013

Sachverzeichnis

U. Saint-Mont, *Die Macht der Daten*, DOI: 10.1007/978-3-642-35117-4,
© Springer-Verlag Berlin Heidelberg 2013